本书研究获国家自然基金委员会项目(30570276、31140039、41371501)及
河南省科学技术厅科技创新人才项目(124100510003) 的支持

滨河湿地生态系统服务功能形成机制与恢复理论研究
——以小浪底大坝下游滩区为例

赵同谦 徐华山 孟红旗 肖春艳 著

科学出版社

内 容 简 介

本书对滨河湿地的概念、生态学特征、人类活动对滨河湿地的影响、滨河湿地保护与生态恢复做了较为系统的阐述，并以黄河中下游干流自小浪底水库大坝至郑州花园口段河道两侧滩区为研究对象，系统介绍了作者在滨河湿地土壤环境特征、植被特征、土地利用格局动态变化、降雨产流及面源污染特征、地下水动态变化、地表水及地下水的补排关系、湿地植物氮净化功能及其净化机理、基于生态系统服务功能的滩区湿地生态恢复理论方法、湿地的生态恢复途径等多个方面的研究成果。

书中内容是作者及研究团队十余年来在滨河湿地生态系统研究方面所做研究的总结和展示，均为第一手研究资料，可供环境科学、生态学、地理学等相关专业的科研与管理人员及高等院校的本科生、研究生参考、阅读。

图书在版编目(CIP)数据

滨河湿地生态系统服务功能形成机制与恢复理论研究：以小浪底大坝下游滩区为例 / 赵同谦等著．—北京：科学出版社，2016

ISBN 978-7-03-048713-1

Ⅰ.①滨…　Ⅱ.①赵…　Ⅲ.①黄河-中下游-湿地资源-生态系统-服务功能-研究②黄河-中下游-湿地资源-生态恢复-研究　Ⅳ.①P942.440.78

中国版本图书馆 CIP 数据核字（2016）第 130104 号

责任编辑：林　剑 / 责任校对：邹慧卿

责任印制：徐晓晨 / 封面设计：耕者工作室

科学出版社出版

北京东黄城根北街 16 号

邮政编码：100717

http://www.sciencep.com

北京京华虎彩印刷有限公司 印刷

科学出版社发行　各地新华书店经销

*

2016 年 6 月第　一　版　开本：720×1000　1/16

2016 年 6 月第一次印刷　印张：21 3/4

字数：440 000

定价：119.00 元

（如有印装质量问题，我社负责调换）

前　言

河岸带生态系统作为水陆交错带，具有独特的植被、土壤、地形、地貌和水文特性，这些特性决定了河岸带生态系统的独特性、多变性和复杂性。自然河岸带是地球上陆地中最富于多样化、动态化和复杂化的生物物理生境，其所具有的独特的自然环境特征、群落组成、混杂的植物生活史和繁殖策略，以及多变的空间结构和生态功能，使得精确识别河岸带的空间范围变得非常困难。河岸带管理和生态恢复实践，要求河岸带的定义和空间范围必须进一步精确化和精细化，然而目前河岸带如此宽泛和不确定的空间范围，在一定程度上使得相关理论研究成果和实践应用缺乏系统性和针对性。在此背景下，作为河岸带与河道相邻接的特殊生态系统，滨河湿地以其独特的界面特征和生态功能，越来越受到研究者和管理者广泛的关注，进一步明确其生态学定义并深入开展系统研究，对于河岸带的保护与恢复实践具有极为重要的科学价值和现实意义。

滨河湿地是指河流两侧的河漫滩和低湿地，被洪水周期性淹没，常年或间歇性积水。与河岸带相比较，滨河湿地有着特有的内涵和外延，既是河岸带的一个重要组成部分，又直接与河流相邻接，水陆界面特征更加典型。滨河湿地是河流生态系统与陆地生态系统进行物质、能量交换的一个重要过渡带，边缘效应显著，生态系统结构、过程和功能独特。滨河湿地干湿条件的交替转换，为水生、陆生和湿地特有物种创造了适宜的生境；而且，滨河湿地呈廊道状延伸，从而为距离遥远的水生、陆生种群的基因流动提供通道。滨河湿地的周期性或间歇性积水，使得生物地球化学作用强烈而复杂，不同水文和环境条件下碳、氮循环过程及其生态学意义各异，碳累积和释放、氮不同价态的转化及其生态效应趋于复杂化。滨河湿地提供一些重要的生态服务功能，如水资源及产品提供、消减洪水、侵蚀控制、娱乐休闲等，具有重要的社会经济价值。由于长期人类活动的影响，滨河湿地生态系统结构和生态过程遭到严重破坏，已成为我国社会经济发展和生态环境保护矛盾最为尖锐的地区之一。如何充分发挥滨河湿地生态服务功能，有效控制水体面源污染、保护河流水质、维持生态廊道和生物多样性，已成为国际水文学、生态学和环境科学领域持续关注的热点问题。

从 2006 年开始，在国家自然科学基金的资助下，课题组在黄河中下游干流自小浪底水库大坝至郑州花园口段河道两侧滩区开展了一系列的野外调查、原位观测等研究工作，内容涉及滨河湿地的土壤环境特征、植被特征、土地利用格局动态变化、降雨产流及面源污染特征、地下水动态变化、地表水及地下水的补排关系、湿地的生态恢复途径等多个方面，可以说在滨河湿地生态系统方面做了比较系统、深入的探索性研究。本书是在三个国家自然科学基金项目研究报告的基础上，经过进一步修改、整理后形成的，是课题组全体成员十年来辛勤努力的总结和展示。

本书共分为九章。第 1 章绪论，对滨河湿地的概念、生态学特征、人类活动对滨河湿地的影响、滨河湿地保护与生态恢复做了较为系统的阐述；第 2 章对小浪底下游黄河滩区自然概况及其动植物群落特征、湿地土壤环境特征等进行了分析；第 3 章利用遥感数据对比分析了小浪底大坝建成前后下游黄河滩区土地利用格局的动态变化特征，揭示大坝建设导致的土地利用格局变化的空间规律、退化过程及其驱动力；第 4 章为滨河湿地水文过程研究，内容包括降雨产流及非点源污染特征、南北两岸滩区地下水文过程、地下水与河水的补给—排泄关系、滨河湿地水文交错带和生态修复关键地带等；第 5 章为滨河湿地水质净化功能与净化机制研究，介绍了利用氮同位素示踪技术开展不同湿地植物氮净化功能及其净化机理研究的过程和相关结果；第 6 章介绍了滨河湿地生态系统服务功能定量表达方法；第 7 章为基于生态系统服务功能的滩区湿地生态恢复模式研究，通过不同利用模式下生态系统服务功能比较研究，以及滨河湿地资源保护与利用社区意愿调查，探讨了滨河湿地生态保护与利用的模式；第 8 章为退耕湿地生态系统恢复特征研究，介绍了滩区农田退耕还湿以后土壤和植物氮素等的变化特征；第 9 章探讨了滩区农业非点源氮污染物来源辨识及控制措施。

本书由赵同谦教授组织撰写，徐华山、孟红旗、肖春艳、许静宜共同完成。其中，第 1 章由赵同谦主笔，第 2 章由徐华山、肖春艳共同完成，第 3 章由肖春艳主笔，第 4 章由孟红旗、肖春艳共同完成，第 5 章由徐华山主笔，第 6 章和第 7 章由赵同谦、许静宜共同完成，第 8 章由肖春艳主笔，第 9 章由赵同谦、肖春艳共同完成。此外，参与本书研究和撰写工作的还包括河南理工大学郜超教授、贺玉晓副教授、武俐副教授、郭晓明博士，以及张华、焦立恒、吴乐等多位研究生。全书凝结了上述研究人员多年的成果和心血，在此一并表示感谢。

特别感谢十年来国家自然基金委员会的多项项目资助（30570276，31140039，41371501），以及河南省科学技术厅科技创新人才项目（124100510003）的经费支持，感谢河南理工大学资源环境学院、环境科学与工程河南省一级重点学科在研究过程中给予的各种便利和鼎力支持。感谢中国科学院生态环境研究中心欧阳志云、王效科、郑华研究员的全过程指导，感谢中国科学院计算机网络信息中心王学志副研究员、赵江华老师在遥感影像获取、解译和数据分析过程中给予的大力帮助。

由于滨河湿地生态系统相关研究尚不成熟，本书受多种因素限制可能在实验方案、实验手段、结果分析等方面不尽完备，加之作者水平有限，书中不妥或谬误之处在所难免，欢迎读者和同行专家批评指正。

著　者

2016 年 3 月 1 日

目　录

1 绪　　论

1.1 河岸带与滨河湿地

1.1.1 河岸带

英文中的“riparian”一词，来源于拉丁文的“riparius”，原意为“of or belonging to the bank of a rive”，主要指河溪岸和湖岸的生物群落（Naiman and Décamps，1997）。早期在美国仅用于与水法、河岸水权相关联的政策和法规，河岸水权一般指靠近溪流、河流和其他水体的土地拥有者，拥有使用一部分水用于灌溉、生活用水和其他目的的权利（Committee on Riparian Zone Functioning and Strategies for Management，2002）。从20世纪70年代后期开始，随着人们对河流水量和水质的关注及对河岸带生态功能重要性的认识不断提高，围绕河岸带开展的各类研究和相关文献开始大幅度增加。

河岸带（riparian zones）是指与河流生态系统紧密联系的各种地形、生物群落和自然环境所构成的复杂景观镶嵌体组成的一个独特系统。河岸带特殊的位置，使之成为受水生环境强烈影响的陆地生境。其具有独特的自然环境特征、群落组成、混杂的植物生活史和繁殖策略，以及多变的空间结构和生态功能，使得精确表述河岸带的空间范围变得非常困难。关于河岸带的确切定义，一直存在着持续的争论（Committee on Riparian Zone Functioning and Strategies for Management，2002）。一般认为，河岸带是指河水—陆地交界处的两边，直至河水影响消失为止的地带，包括河流高水位与低水位之间的区域，以及从高水位延展至植被受到洪水以及土壤持水能力影响的台地区域（Naiman and Décamps，1997）。河岸带的宽度以及生态功能属性，取决于河流规模、流域特征、水文情势以及区域地形。一般上游源头区以及小型溪流的河岸带宽度较小，而河流下游冲洪积平原区域河岸带宽广。

河岸带生态系统作为水陆交错带，具有独特的植被、土壤、地形、地貌和水文特性（Brinson et al.，1981），这些特性决定了河岸带生态系统的独特性、复杂性和动态性。受空间和时间尺度变化、气候条件、水沙动态和环境基质特征的控制，河岸带生态系统的结构、过程和功能复杂多样。许多研究表明，河岸带通过过滤和截留沉积物、水分以及营养物质等来协调河流横向（河岸边高地至河流水体）和纵向（河流上游至下游）的物质和能量流，在与之相关的土壤侵蚀控制、稳定河岸、生态廊道、提供生物栖息地以及水质改善方面都起着重要的作用。然而，由于其独特的地理位置和丰富的功能，河岸带地区已成为受人类活动干扰最为剧烈的地带之一。人类出于社会和经济目的改变河流水文特征，对河岸带地区进行直接的开发利用，这些活动对河岸带生态系统产生了不同程度的干扰和影响，如原始植物群落退化、生物多样性减少、河流水文情势改变、地下水位降低、河岸带景观均一化等（张建春和彭补拙，2003）。如何加强河岸带生态系统的资源、生态、环境管理，促进河岸带所在流域的可持续发展，已成为生态学和环境科学研究的重要热点领域。

自然河岸带是地球上陆地中的最富于多样化、动态化和复杂化的生物物理生境（Naiman and Décamps，1997）。目前，河岸带如此宽泛和不确定的空间范围，一定程度上使得相关理论研究成果和实践应用缺乏系统性和针对性。河岸带管理和生态恢复实践，要求河岸带的定义和空间范围必须进一步精确化和细化。在此背景下，作为河岸带与河道相邻接的特殊生态系统，滨河湿地以其独特的界面特征和生态功能，越来越多地受到研究者和管理者的关注，进一步明确其生态学定义并深入开展系统研究，对于河岸带的保护与恢复实践具有极为重要的科学价值和现实意义。

1.1.2 滨河湿地

滨河湿地（riparian wetlands）是指河流两侧的河漫滩和低湿地，被洪水周期性淹没，常年或间歇性积水。已有研究者从不同的角度给出了滨河湿地的定义。例如，从水文学角度定义为“低洼陆缘生态交错区，其高水位和冲洪积土壤源于一侧邻接高地的排水与侵蚀以及另一侧河流的周期性洪水”，从功能角度定义为“陆地和水生生态系统相互影响的三维生态交错区”（Wantzen and Junk，2008）。两个定义都指出了滨河湿地的一侧是水体，另一侧是台地的生态交错区，以及周期性或间歇性积水的特征。Wantzent 和 Junk（2008）认为滨河湿地是河岸带中在洪水期间与主河道及含水层存在水交换的区域，是景观水分平衡的缓冲地带。在丹麦著名生态学家 Jørgensen 主编并于 2009 出版的《生态系统生态学》一书中，专门将滨河湿地作为一种独特的生态系统类型加以阐述（Jørgensen，2009）。

与河岸带相比较，滨河湿地有着特有的内涵和外延。首先，滨河湿地是河岸带的一个重要组成部分，是位于河流高水位与低水位之间的岸边区域，直接与河流相邻接，水陆界面特征更加典型；其次，滨河湿地具有较典型的湿地属性，常年或间歇性积水，群落组成兼有水生和陆生，空间格局和生态过程更趋动态化、复杂化。不同规模、不同发育条件的滨河湿地，其生态学意义存在着较大的差异。

现代生态学理论承认滨河湿地在维持生物多样性和能量、物质平衡中所扮演的重要作用。滨河湿地干湿条件的交替转换，为水生、陆生和湿地特有物种创造了适宜的生境，而且，滨河湿地呈廊道状延伸，从而为距离遥远的水生、陆生种群的基因流动提供了通道。滨河湿地的周期性或间歇性积水，使得生物地球化学作用强烈而复杂，不同水文和环境条件下碳、氮循环过程及其生态学意义各异，碳累积和释放、氮不同价态的转化及其生态效应趋于复杂化（白军红等，2002）。国内外研究表明，位于水陆界面的滨河湿地是河岸带氮素转化、去除的重点区域，而植物吸收和反硝化作用是湿地截留转化氮素的最主要过程（王洋等，2006），不同条件下滨河湿地氮净化功能的显著差异，反映了其除氮机制及其生态效应的复杂性和时空异质性。此外，滨河湿地提供一些重要的生态服务功能，如水资源提供、食物和原材料生产、侵蚀控制、消减洪水、娱乐休闲等，具有重要的社会经济价值（许静宜等，2010）。

总之，滨河湿地是河流生态系统与陆地生态系统进行物质、能量交换的一个重要过渡带，边缘效应显著，生态系统结构、过程和功能独特。由于长期人类活动的影响，滨河湿地生态系统结构和生态过程遭到严重破坏，导致生态功能减弱。滨河湿地已成为我国生态环境问题最为突出、经济发展和生态环境保护矛盾最为尖锐的区域之一。如何充分发挥滨河湿地生态服务功能，有效控制水体面源污染，保护河流水质，维持生态廊道和生物多样性，已成为国际水文学、生态学和环境科学领域持续关注的热点问题。

1.2　滨河湿地的生态学特征

与其他生态系统类型相比较，滨河湿地生态系统具备三个主要特征：①一般具有顺沿河流形态的线性外形；②廊道功能，从周围环境汇集和通过滨河湿地的能量与物质比其他类型的湿地丰富得多；③滨河湿地生态系统具有连接上下游以及陆地和水域的双重功能（Brinson et al.，1981）。

1.2.1 生态系统结构

1.2.1.1 空间结构

滨河湿地一般呈连续或串珠状沿河道两侧不规则分布。小规模的滨河湿地从水体边缘到周期性洪水淹没区仅数十米宽，而中等规模的滨河湿地可以形成河岸植被带，大规模的滨河湿地则一般沿大型河流形成延伸数十公里宽的洪泛区，复杂性大大增加（Wantzen and Junk，2008）。河流的上游、中下游、河口段，滨河湿地的空间形态及规模有着很大的差异。

河流上游，一般多峡谷，河流形态特点是落差大，河道相对狭窄，河流比降大，横断面小，水流侵蚀力强，河床一般由各种大小的岩石块、砾石或卵石组成，粒径较大；河道流量和流速变化大，洪水暴涨暴落，洪峰持续时间短，年径流变化大，水流挟沙能力强，水体水质较好，溶解氧含量高；滨河湿地一般不发育或规模较小，连通性差，形式上常常为碎石河漫滩、岩壁湿生生物带、岩石潮池、河漫湖等（Wantzen and Junk，2008）。河流上游基岩区，岩壁湿生生物带常在一些地下水涌出流经岩石表面的溪流地带形成，一般以附生藻类为主，常生长着多种缺乏研究的无脊椎动物种群，该地带生物必须适应岩石表面严酷的环境条件，如周期性的冰冻和季节性干旱等。岩石潮池则常出现在一些流经基岩区的溪流，在岩石坑洼处因洪水或降雨而形成储水池，该地带生物一般能够适应短暂的储水期、高水温和强太阳辐射。河漫湖是河漫滩因洪水淹没汇集而成的蓄水洼地，与浅层地下水和河流水力联系紧密，是河流生境的重要组成部分，也是水生、两栖和底栖生物等生物多样性相对丰富的区域。

河流中下游，河道横断面变宽，河流比降变缓，河流深度加大；汇入支流后流量增大，但是变化幅度变小，水流趋于平稳，水流挟沙能力变小，水体透明度变小，溶解氧含量相对较小；河道两侧一般发育宽广的洪泛平原区，滨河湿地比较发育，且规模较大、连通性较好，包括一些河滩湿地、浅水湖泊和沼泽湿地，具有较典型的湿地属性，常年或间歇性积水，洪水季节被周期性淹没，泥沙沉积过程强烈，洪水退后留下丰富的有机物，土壤条件优越，群落组成兼有水生和陆生，空间格局和生态过程更趋动态化、复杂化，常常是鸟类、昆虫和两栖动物的重要栖息地。

河口区，河流的终段，与上游、中游区具有很大的区别。河口区河流比降变得更为平缓，河水流速和挟沙能力降低造成泥沙沉积，地貌复杂多变；江海之间双向水流交换频繁，河流受到海洋潮流的影响，淡水与海水混合导致水体含盐量较高，这里既是洄游性鱼类的必经之路，也是淡水生物和海洋生物的栖息地。河口区泥滩、沙坝、沼泽、湖塘、沟汊纵横交错，湿地生态系统结构复杂，生物多样性更加丰富，生产力高，生物量大。

1.2.1.2　植被特征

1）植被分布型

滨河地带作为整个流域的廊道，其植被分布具有独特的沿河纵向分布特征，并对河水流动、营养物质、泥沙沉积和物种产生重要影响。滨河带植被分布特征受到河流水文条件和地理因子的显著影响，一般上游相对简单，而下游相对复杂。

除此之外，滨河带植被分布特征还会受到竞争、摄食、土壤、病害等生态因子的影响。在洪水等频繁的干扰下，物种的竞争作用尽管可能并不太显著，但是竞争作用形成的层级的确是存在的。动物种群的摄食对区域植被分布特征有着显著影响，一些大型动物的掘洞、筑坝等生理活动同样会促发生境的改变，其结果会增加滨河湿地生境异质性，造成N、P等元素分布和生物地球化学循环过程的改变。土壤水分条件是控制植物分布的重要因子，一些湿生或喜湿物种适应长期淹水状态，而一些陆生物种则无法在持续的土壤淹水条件下生存。关于病虫害对植物分布型影响的研究目前尽管不多，但是滨河带的廊道特征无疑为其传播提供了通道，其影响也是不容忽视的（Naiman and Décamps，1997）。

上述因素决定了滨河带植物分布型的复杂性。廊道纵向分布效应使得上下游植物种类的交流增多，水陆交错、干湿交替特征使得水相、陆相植被的重叠交错增加，水文条件、地理因子、生态因子又对局域植被生境产生显著影响，共同决定了滨河湿地植被分布的多样化、复杂化和易变性（Richardson et al.，2007）。

2）植物形态和生理适应性

滨河湿地的季节变化及随之而来的干湿条件变化，为其生物群落创造了复杂严酷的环境条件，几乎每年洪水冲刷、淹没、干旱、冰冻、盐碱以及氨等还原产物的毒害等，均会直接影响到物种的形态、生理和繁殖策略。一般而言，滨河湿地植物群落常由适应强干扰生境的物种组成，根据其功能适应性，可以分为四种类型（Naiman and Décamps，1997）。

（1）侵入种。生产大量依靠风和水传播的繁殖体，并能在冲洪积层中殖生。

（2）耐受种。干扰（如洪水掩埋或被啃食等）过后重新发芽生长。

（3）抵御种。在生长季短期承受洪水、火烧或者流行病侵袭。

（4）回避种。对特定干扰缺乏适应能力的物种，个体无法在不适应的生境生存。

一些广布种适应各类严酷环境条件，它们可以根据当地环境条件的不同而作为侵入种、耐受种、抵御种，具有多种类型的生活史策略。

洪水淹水胁迫对许多湿地植物的形态会产生显著的影响。湿地植物经过长期的进化与适应，常形成相应的形态适应机制，以增强对洪水冲刷和淹水缺氧条件，这些形态变化主要表现为通气组织和不定根的形成、根系孔隙度的变化以及根的向氧性生长、基茎明显变粗、节间和叶柄的伸长、叶柄偏上生长、皮孔膨大和增生等（潘澜等，2011）。此外，耐淹能力强的树种与弱的树种相比较，其形成层具有更强的透气能力，树种间形成层通气能力与形成层胞间隙大小有关。

3）繁殖适应性

部分滨河湿地植物适应干湿周期变化和洪水条件，会产生一整套组合的适应特征。常见的主要适应特征包括有性和无性繁殖、种子大小、休眠时机、种子传播时机、种子传播机制及存活寿命等。例如，一些植物繁殖过程中选择在洪水退后传播种子，以确保种子能够在湿润的土壤中萌发和成长；而一些植物以洪水为运输和传播媒介，从而实现远距离的扩散繁殖等；还有一些植物则能够进行无性繁殖，脱落或掩埋的枝条能够迅速生出根系，并成长为植株（Naiman and Décamps，1997；Richardson et al.，2007）。

1.2.1.3 生态因子

水文、地貌、光照、温度和火灾干扰等对滨河湿地生态系统的结构、动态和组成具有控制作用。其中，一些文献中认为水文因子是其最重要的控制因子（Wantzen and Junk，2008）。

1）水文因子

河流洪水的大小和频度决定了滨河湿地的范围、植被类型、群落结构和动态特征。一般频度相对较低的大洪水（如百年一遇洪水），其影响范围虽然往往很大，但对湿地植被生活型选择的影响相对较小；中等规模的洪水，发生频度中等，往往决定了滨河湿地生态系统的植被类型和组成；而规模较小的每年周期性洪水，则决定了植物的短期适应模式，如种子萌发和幼苗发育等。

在一些区域，旁侧支流、地下水流以及土壤和沉积层的持水能力是控制植被分布特征的重要因素。因与河流的距离不同及微地形特征差异，支流或地下水通过滨河湿地排泄和补给至主河道的滞留时间也具有很大差异。湿地保持饱和湿润状态的能力取决于土壤和沉积层的组成和蒸发蒸腾作用的强弱。而外部水源的存在，能够使植被不必过于依赖洪水情势，在一些滨河湿地区域，地下水补给对于植物的意义比洪水更大、更稳定（Wissmar and Beschta，1998）。

2）地形因子

地形因子控制着河流的流动过程和滨河湿地的发育与分布。从源头到河口，地形的变化决定着河道的坡降、稳定、侧向流动以及土壤侵蚀、泥沙运输和沉积过程，这些特征决定着滨河湿地的发育和持续变化。一般情况下，河流中下游开阔低洼的洪泛平原上滨河湿地的宽度通常较大，而上游陡峭河谷地段，只有地下水位足够高时才会形成区域性的滨河湿地。河道侧向迁移速率、土壤侵蚀与沉积作用对植被群落的分布特征的影响深刻且持久，一般河道下游平原区，河流侧向运动强烈、蜿蜒曲折，滨河湿地范围大、结构复杂、植被类型丰富，因而生态学意义更加显著。

植物群落对于其生存的土壤条件极为敏感。对于滨河湿地生态系统，土壤湿度是一个非常重要的变量，在看起来近乎平坦的洪泛平原，小的地形变化意味着淹水厌氧环境和干燥好氧环境两种截然不同的微环境；很多植物类型即使是较短期的淹水也无法适应，而一些植物则能够在持续淹水状态下生存。因此，在平原区，仅仅几个厘米的高度变化差异可能导致物种类型的彻底改变（Kershnerl，1997）。

3）气候因子

气候因子控制着湿地水分和生物活跃期。如果洪水与活跃期相匹配（如夏季洪水），洪泛平原生物就可以充分利用洪水资源。北温带区域，冬季的冰冻和干旱与春季的融雪洪水是滨河湿地地表水和地下水相互作用的主要驱动力，一般情况下冬季河溪径流减少，滨河湿地地下水向河溪排泄，而春季的融雪洪水比降雨洪水持续时间长，地表水会淹没滨河湿地并渗透补充地下水。

季节性干湿气候区（如地中海沿岸和热带稀树草原气候区），降雨局限于持续几个月的湿季，期间常有强降雨发生。这些强降雨事件，尽管短暂，但对于陆地、滨河湿地与河溪之间的溶质、有机质和生物交流是极其重要的。在干季，滨河湿地地下水位较低并出现季节性干旱，水生生物会夏眠或迁徙至永久性水体，大部分储存的有机质会发生矿化作用。当然，一些北部和热带潮湿气候区的滨河湿地能够保持持久的潮湿条件，这些湿地往往能够累积大量的有机碳（Wantzen and Junk，2008）。

4) 火灾干扰

一般情况下，自然火灾干扰事件很少发生在滨河湿地这种潮湿环境区域，但是在干旱地区或者干旱季节，其对滨河湿地植被类型及其分布的影响仍是非常显著的，尤其是它控制着植被的自然演替过程。

1.2.2 生态系统过程

两个相邻生态系统的界面，在时间和空间尺度上以及生态系统相互作用强度上具有一系列的独有特征。界面通常具有特殊的物理、化学和生物学特征，以及能量和物质流动过程。界面拥有资源，控制能流和物流，是生物种群及其控制变量之间相互作用的潜在敏感区，有相对较高的生物多样性，为稀有和濒危物种提供生境，一些界面可能是迁徙的居留地、基因库或者活跃的微进化场所。陆地和淡水生态系统的界面，包括河岸带、滨河湿地、湖滨带、洪泛平原，以及地下水与地表水交换区等，这些界面对于环境变化尤其敏感（Malanson，1993；Naiman et al.，1993）。

作为河流与陆地的界面，自然河岸带对于环境变化尤其敏感，无疑是地球陆地中的最富于多样化、动态化和复杂性的生物物理生境（Naiman and Décamps，1997）。滨河湿地是河岸带的重要组成部分，与河流邻接，水陆界面特征相比之下更为典型。

滨河湿地生态系统是典型的过渡区、复合区、生态交错区，具有特殊的界面系统、特殊的复合结构、特殊的景观、特殊的物质流通和能量转化途径与通道、特殊的生物类群、特殊的生物地球化学过程等，主要表现如下：①生境复杂化，生物多样性迅速提高；②植被与水文的相互作用最大化；③时间、空间上的氧化还原电位变化更复杂，产生不同于陆地和水体系统的更复杂的微生物和物理化学过程；④界面区与水体、陆地有着复杂的物质交换；⑤营养物质和沉淀物的持留效率与界面有着密切的联系等。滨河湿地作为典型的水陆交错带，是生态流的通道、过滤器、障、源、汇等，由于其在能量流、物流方面的特殊地位，因而受到人们的格外重视（王洪君等，2006）。

1.2.2.1 水文过程

不同河流、不同河段的滨河湿地生态系统，其水文特征和水文过程随着河流规模、地形和洪水事件等特征差异而存在巨大差异。一般而言，地表水是滨河湿地水文过程最常见的属性，与此同时地下水对于滨河湿地的水文过程也是极其重要的。因此，研究一个特定区域的湿地生态系统水文过程，不仅要考虑地表水及其各种因子的综合作用，还必须要考虑区域地下水的水文特征。

1）地表水

降水是地表水过程的主要驱动力，而洪水情势则无疑是控制滨河湿地发育程度的最主要因素。受气候、地形、河道倾斜度、土壤和地质等多种因素的影响，不同滨河湿地生态系统不同时空尺度下，洪水的规模、频率、持续时间差异显著。

洪水过程的持续时间与滨河湿地上游流域区的排泄面积直接相关，相同降雨条件下，上游面积越大则洪水淹没时间越长。一般上游山地河段以汇水区小、岸坡陡峭、“V”形河谷为特征，土壤层薄、储水能力弱，一旦有降雨发生，会形成比低海拔地区大的地表汇流，河道水文峰值陡而频繁。而中下游河段，洪泛平原发育，地势低平，汇水面积大，土壤层厚、储水能力强，只有大的降雨或持续降雨才会引起河道水位的显著变化，且水位上升较平缓。

一般来说，洪水淹没频率和淹没深度与洪泛平原的高程成反比。除了河道洪水排泄外，洪泛平原的局部地形变化也会因降雨造成滞水而形成洪水，此类型在牛轭湖、河流附近的洼地、沼泽等与主河道水力联系不太紧密的区域普遍发育。

除雨季降雨导致洪水外，北方春季冰雪融水也常形成洪水，尤其是冰冻的河道春季融化过程中形成冰坝，河水受阻水位快速抬升，一旦溃坝会形成大的洪流，冲击力极强。

由于洪水情势受到多因素制约，不同地区、不同河段的滨河湿地地表水过程差别很大。尽管洪水期通常较短，但是期间河流与滨河湿地之间会发生大量的交换作用。大的洪水事件，尽管很少却起到“重置功能”，对于改变沉积层结构和植被演替阶段起到决定性作用。同时，洪水是滨河湿地上游物质输入的重要过程，也是塑造湿地地表和水文特征的关键因素，一旦洪水过程受到有效控制（如河道筑坝等），这个重要的生态过程就会切断。

2）地下水

滨河湿地地下水与河流等地表水具有密切的水力联系，即便是在干旱季节湿地表层水消失的情况下，地下水与河流之间的联系和交换也从不会停止。一般地下水流向是朝向地表水体的，即地下水排泄补充地表水；但当地表水体维持较高水位时（如洪水期），地下水流向逆转，地表水补充地下水。

地下水与河流的补排强度常取决于冲洪积地下含水层的延展和规模大小。一般上游河段山地、阶地发育，两侧漫滩较狭窄、含水层较薄，地下水储存量相对较小，地下水与河流的补排强度有限，难以对河流水文过程形成大的影响；中下游河段地势低平，洪泛平原发育，两侧漫滩较宽，含水层延展宽度大且厚度大，地下水储存量大、与河流的补排强度大，因而地下水对河流水文过程的影响相对较大。此外，研究地下水与河流的补排关系，还需考虑地下水的植被吸收、人类取用与农业灌溉等。

1.2.2.2 生物地球化学过程

湿地生物地球化学过程是指碳（C）、氮（N）、磷（P）和硫（S）等生命必需元素在湿地生态系统内部及其周边进行的各种迁移转化和能量交换过程。其中，系统内过程是指发生在湿地生态系统内部各组分间的元素的吸收、积累、分配及归还过程，也是湿地中各种淤积物以及湿地内生物呼吸时进行的物质交换和化学物质转化过程，包括废物生产、再矿化和各种化学转化途径；而系统外过程则是指湿地与相邻生态系统之间进行的化学物质交换过程，包括流入以及流出。

虽然生物地球化学过程并不是湿地所特有的，但是湿地土壤以淹水（至少在洪水期）为特征，永久积水或间歇淹水使得一些生物地球化学过程具有湿地的特色，而不为陆生或水生生态系统所共享。湿地生物地球化学过程表现为元素在湿地生态系统中的生物地球化学循环，系统内部与其周围环境进行着剧烈的物质交换和能量转换，这种循环不是封闭的，而是一种开放的复式、螺旋式的循环。

1）C 的生物地球化学过程

C 是生命最基本、最核心的元素。湿地生态系统 C 循环研究主要是通过有机物进行的。湿地植物通过光合作用固定大气中的 CO_2进行有机物质生产，形成生物量的积累，然后通过食物链传递，最后通过分解和呼吸作用以 CO_2和 CH_4的形式排放到大气中，或以其他有机质形态保留于土壤中。

湿地生态系统的特点是相当一部分时间处于淹水或水饱和状态，通过好氧呼吸进行的有机物质的生物降解受到抑制，使得大量有机物以泥炭或块状腐殖质形式积蓄起来，因而大量 C 被固定于湿地系统中（熊汉锋和王运华，2005）。

滨河湿地土壤中有机物的有氧与厌氧分解是主要的 C 生物地球化学过程，导致大量的 CH_4和 CO_2排放进入大气环境中。干湿条件变化是影响湿地碳排放的重要因素，当湿地土壤处于淹水强还原环境时，有机物质可通过兼性或专性厌氧菌发酵形成各种低分子量酸、酒精和 CO_2，Eh 值①在−250 ~ −350mV 且有电子受体（O_2，NO_3^-，SO_4^{2-}）参与时，甲烷菌便可利用 CO_2或甲基体作为电子受体，生成

① Eh 值是溶液氧化性或还原性强弱的衡量指标。Eh 值越大，氧化性越强；Eh 值越小，还原性越强。

气态 CH_4，当沉积物受到扰动时便会释放到大气中（白军红等，2002）。在干旱条件下会出现表层泥炭分解释放 CO_2，而深部泥炭层厌氧环境下分解释放 CH_4，部分 CH_4在向上迁移过程中可能被氧化成 CO_2（宋长春等，2003）。

滨河湿地生态系统中 C 的储存与水文过程及水位变动、地貌、气候因素有关。水文过程控制了湿地中氧化还原能力的大小，稳定的水位使湿地在一段时期内处于缺氧环境而有利于 C 的储存，相反，若水位变动幅度大则沉积的有机碳被氧化，从而不能提高系统中的 C 的积累量。地形决定了水文状况、颗粒沉积物与有机物的迁移、沉积，坡度越大则系统中的沉积物与水的流动均不利于有机质的积累，相反对于低坡度的湿地则有可能产生大量的积累。湿地的气候条件决定了水文的季节变动、净初级生产力、化学过程、有机质的累积量等，从而也会对 C 的储存和累积产生影响（熊汉锋和王运华，2005）。

2）N 的生物地球化学过程

N 是湿地生态系统中最主要的限制性养分。N 是许多生物过程的基本元素，它存在于所有组成蛋白质的氨基酸中，是构成诸如 DNA 等的核酸的四种基本元素之一。在植物中，大量的氮素被用于制造可进行光合作用供植物生长的叶绿素分子。N 元素的常见价态有 7 种，分别是-3、0、+1、+2、+3、+4 和+5，而在湿地生态系统中这些常见价态均比较常见。滨河湿地生态系统独特的干湿条件、地形地貌和植被特征，决定了其生物地球化学循环是一个复杂的过程，N 的输入、迁移和转化的过程明显影响着湿地生态系统的结构和功能。

一般情况下，大气中的 N 是湿地氮素的主要来源。一方面，N 可以通过湿地土壤中固氮菌和蓝绿藻的生命活动转化为有机氮进入生物体；另一方面，大气中 N 的干湿沉降也是湿地中 N 的重要来源。干沉降 N 主要有气态 NO、N_2O、NH_3 以及 NH_4^+、NO_3^-离子和以吸附形式存在的有机氮和无机氮，湿沉降 N 主要是溶解于雨雪中的 NH_4^+、NO_3^-（王洋等，2006）。除此之外，对于滨河湿地生态系统而言，洪水带来的氮素也是重要的输入来源。随着人类活动的影响，滨河湿地氮素输入来源复杂化，N 的生物地球化学过程也随之呈现复杂化。

N 在滨河湿地生态系统的迁移和转化中受到淹水周期、土壤水分、土壤有机质、水位、温度、pH、氧化还原条件、植被水平等因素的影响和控制。N 的迁移主要指 NO_3^-、NH_4^+等随水的扩散、淋失等而在土壤、地表水及地下水等不同氮库之间及系统之间的迁移过程，而 N 的转化过程主要包括矿化作用、硝化过程、反硝化过程、植物同化利用过程等（白军红等，2002）。N 的矿化作用是指在土壤微生物作用下，土壤中有机态含氮化合物转化为无机态氮过程的总称，主要包括氨基化作用和氨化作用两个阶段。氨基化作用阶段是指由复杂的含氮有机物质逐步分解为简单有机态氨基化合物的过程；氨化作用阶段则是指经氨基化作用产生的氨基酸等简单的氨基化合物，在另一些类群的异养型微生物参与下进一步转化成 NH_3 和其他较简单的中间产物（如有机酸、醇、醛等）的过程，释出的氨除一小部分挥发和淋溶或被微生物用以合成其躯体的蛋白质以外，在土壤中大部分与有机或无机酸结合成铵盐。硝化作用是指 NH_3 或 NH_4^+ 通过亚硝化细菌及硝化细菌的作用被氧化为 NO_2^- 和 NO_3^- 的过程。微生物的硝化作用包括自养硝化与异养硝化作用，两者的本质区别是自养硝化作用微生物以 NH_4^+ 氧化所释放的化学能为能源，而异养硝化作用微生物是以有机碳为能源（王洋等，2006）。反硝化作用是 NO_2^- 和 NO_3^- 被还原生成 NH_3、N_2O 以及 N_2 的过程，从而使被固定的 N 又回到大气，包括生物反硝化和化学反硝化两种过程。缺氧环境、可利用的硝酸盐、充足的有机碳是反硝化作用的三个基本条件（Seitzinger et al.，2006；Editorial，2005）。一般反硝化在 O_2 浓度 $\leq 0.2\ mgO_2/L$ 时就能够进行，并不需要完全缺氧，硝酸盐浓度维持在较高水平有利于反硝化作用进行，一些典型湿地有氧/缺氧交替界面能够提供充足的硝酸盐，因而往往是反硝化作用的热点区域（Vidon et al.，2010）；反硝化过程中需要有机碳作为电子提供者，一些研究认为，反硝化菌可以利用 CH_4 氧化菌释放的 CH_4O、HCHO、HCOOH 等简单碳化合物中间体促进反硝化作用和自身生长，从而加速 N 的去除（Seitzinger et al.，2006）。除了受控于三个基本条件外，反硝化作用还受到淹没时间及土壤湿度、温度、pH、植被类型及多样性等因素的影响。

滨河带植物因自身生长需要而大量吸收土壤及水体中的 N 素加以同化利用。植物的生长初期，大量从土壤中吸收无机氮，而且不断供给新生的枝叶；随着季节的变化，在植物生长后期，枝叶中的 N 含量有一定的降低，这意味一部分 N 从中丢失，可能从叶中主动回收营养，以用于继续生长，一部分可能遭到淋失；相当一部分氮素会随着植物组织的衰老和凋落回归土壤，因矿化而释放返回湿地生态系统。植物的同化利用不仅减少了 N 的流动性并增加了 N 的停留时间，而且能够改变土壤氮素的存在位置并从地下水中吸收 N，通过人工收获和动物采食实现 N 的移出，或者通过凋落、死亡等输送到地表，提供的有机质及矿化分解产物为反硝化作用创造了条件。

现有研究已经证实，滨河水陆界面因其独特的自然条件和复杂、多变的水文过程，使得无论是植物同化吸收还是土壤反硝化作用过程，均呈现出显著的时空异质性。正如 Vidon 等（2010）10 位研究人员共同指出的那样，滨河水陆界面区存在着污染物输送、转化和生物地球化学过程的“hot spots”以及“hot moments”，深入研究其空间分异规律，探索迁移转化内在过程、机制并开展定量模拟，对于有效发挥滨河界面地带的净化作用、回避 N_2O 释放风险以及河流水资源优化管理都是极为重要的。

3）P 的生物地球化学过程

P 是生态系统中最重要的化学物质之一，很多湿地类型中常常将其作为主要的限制性养分。湿地生态系统中的磷素主要来自于地表径流、洪水等，其中相当部分来自黏土粒子上吸附的 P。自然界中，P 以磷酸盐的形式存在，主要为无机和有机、溶解态和不溶态，其中，无机形式主要是正磷酸盐，包括 PO_4^{3-}、HPO_4^{2-}和 $H_2PO_4^-$等离子。P 在还原条件下更易溶，研究表明还原性湿地土壤中溶解态 P 的浓度比氧化性土壤中要高（白军红等，2002）。

P 进入湿地系统后，一部分可溶态的磷被湿地生物群落吸收截获，通过食物链进行生物循环；而另一部分则被土壤和沉积物吸附而重新被固定，随着氧化还原等环境条件的变化，沉积 P 相应发生一系列变化，通过有机质分解及其与水体的相互作用，以溶解态 P 进入水体，重新参加循环。

湿地 P 的生物循环是植物对 P 的吸收及其体内分配和积累过程，植物体内的有机磷酸盐通过各级食物链，最后被微生物分解为无机磷酸盐，再次被植物吸收利用。湿地 P 的生物循环过程与植物种类、积水状况、土壤母质的化学特征等环境因素有关（熊汉锋和王运华，2005）。沉积物与水体之间 P 的交换过程十分复杂，它包括 P 的生物循环、含 P 颗粒的沉降与再悬浮、溶解态 P 的吸附与解吸附、磷酸盐的沉淀与溶解等物理、化学、生物过程及其相互作用（孙宏发等，2006）。沉积物 P 释放的影响因素很多，如温度、pH 、Eh 值、生物量、对水搅动及水体含 P 量等都有一定的影响。

4）S 的生物地球化学过程

S 是植物生长过程中除 N、P、K 外第四种重要的营养元素（李新华等，2007），在植物细胞结构和生理生化功能中具有不可替代的作用，如参与蛋白质、氨基酸的合成、光合作用、呼吸作用等。湿地淹水条件的变化造成氧化还原环境的交替，这种变化影响到湿地生态系统中 S 的存在形态，进而影响到 S 在整个湿地生态系统中的迁移转化。

S 在湿地生态系统中的生物地球化学转化与 N 相类似，也存在着不同的氧化态，包括有机硫、单质 S 和 S^{2-}、$S_2O_3^{2-}$和 SO_4^{2-}等离子，价态有−2、0、+2 和+6，并随 Eh 值的变化而改变。滨河湿地生态系统 S 的主要来源包括地表水、地下水输入，以及土壤无机硫、有机硫的自然矿化与生物分解。此外，大气沉降（包括干、湿沉降）是湿地生态系统获得 S 的重要途径之一，植物叶片吸收部分大气中 SO_2也是植物体 S 素的重要来源。

湿地土壤淹水条件下，还原硫的专性厌氧菌进行厌氧呼吸，使硫酸盐发生还原反应生成 H_2S，生成的 H_2S 在厌氧细菌作用下，可进一步转化为二甲硫［$(CH_3)_2S$］等。研究表明，湿地土壤能释放多种挥发性含 S 气体，主要有 H_2S、COS（羰基硫）、DMS（二甲基硫）、CS_2 等，这些气体的大气输送使得全球 S 循环有了相对比较快的周转速率。湿地沉积物 H_2S 排放相对普遍，其对高等植物的根和微生物都有毒害作用，在亚铁离子（Fe^{2+}）浓度高的土壤中能与 Fe 结合形成不溶的 FeS，从而可以降低游离 H_2S 的毒性。此外，土壤硫化物有时也可被化能自养微生物和光能自养微生物氧化成单质 S 和硫酸盐。

湿地植物体中的硫素主要以有机硫和无机硫的形式存在，绝大部分有机硫以蛋白质形式存在，少量以含硫氨基酸形式存在，无机硫则多以 SO_4^{2-} 形式存在于细胞液泡中。土壤有机硫主要包括碳键 S、酯键 S 和惰性 S 等，有机硫的矿化可以为植物提供可以吸收利用的 SO_4^{2-}。

1.2.3 生态系统服务功能

滨河湿地是人类活动密集的地区之一。滨河湿地生态系统服务功能是指滨河湿地生态系统与生态过程所形成及所维持的人类赖以生存的自然环境条件与效用。概括起来，滨河湿地生态系统服务功能主要包括为提供水资源、动植物资源、洪水调蓄、净化水质、护岸固堤、改善区域环境、气候调节、生物多样性维持、旅游休闲和教育科研等。

1）水资源

连片的湿地对地表径流具有重要的调节功能，特别是通过维持河流的基流而维系河道生态，并对地下含水层的补给起到重要的调节作用，使水资源在一定尺度上具有可持续性。

滨河湿地的水文过程和水文特征，决定了其能够为周围社区提供大量的地表及浅层地下水资源，也为人类生产、生活使用地表水提供了便利。其提供的直接服务就是为周边村镇提供生活用水，以及提供农林牧渔业生产用水。

2）湿地动植物资源

滨河湿地植物资源丰富，不仅可以提供芦苇等生产生活原材料，饲草和蜜源植物，还可以提供莲藕、菱角等水产作物，滩区经农业开发可用于水稻、小麦、玉米、棉花、大豆等农作物生产。此外，滩区也是杨、柳等林木和苹果等经济园林的重要产地，提供木材和水果产品。

湿地独特的水草条件为动物产品提供了良好的条件。滩区渔业养殖得天独厚，肥美的水草为牛、羊、猪、鸭、鹅等畜禽养殖提供了良好的场所。此外，还提供一些野生的鱼、虾、蟹、龟、鳖等水产品。

3）洪水调蓄

滨河湿地通过独特的水文过程能够起到调蓄径流洪水、防止自然灾害的作用。许多研究证明，湿地以低地条件和特殊的介质结构而有巨大的持水能力，具有突出的滞洪功能。天然条件下，湿地在汛期滞蓄大量洪水资源，在干旱季节通过蒸散和地下水转化等作用调节和维持局部气候及局部生态系统水平衡。对于季节性积水的湿地系统，经过旱季土壤水分的亏损为随后的汛期洪水腾出了有效的蓄滞空间，因此对洪水季节的径流具有较大的缓冲作用。

湿地与洪水的相互作用关系可以看做是大自然将洪水转化为资源水的过程。

4）水质净化

湿地水空间不仅对水资源量起到调节作用，还能通过水–土壤–生物复合系统的作用滤过截留污染物质、净化水质，起到消解污染物，减轻水体的富营养化和被污染状况的作用。湿地生态系统的高生产力，以及湿地中复杂的物理、化学、生物过程相互结合，形成一个强大的可吸收、转化并固定污染物质的环境。因此，湿地能够分解、净化环境物质，起到“排毒”“解毒”的功能，因此被人们喻为“自然之肾”，净化地球上的水环境。

湿地水–土壤–生物复合系统从周围环境吸收的化学物质，主要是它所需要的营养物质，但也包括它不需要的或有害的化学物质，从而形成了污染物的迁移、转化、分散、富集过程，污染物的形态、化学组成和性质随之发生一系列变化，最终达到净化作用。另外，进入湿地生态系统的许多污染物质吸附在沉积物的表面，而某些水体特别是沼泽和洪泛平原缓慢的水流速度有助于悬浮物的沉积，污染物黏结在悬浮颗粒上并沉积下来，从而实现这些污染物的固定和缓慢转化。因此，滨河湿地的水质净化作用，一方面体现在对截留、吸附河水中的污染物质；另一方面体现在控制滩区农业面源污染、减少入河污染物（尤其是 N、P 等）。

5）护岸固堤

滨河湿地生态系统能够减缓河水流速和冲击力，稳定河床，起到固土护岸的作用。湿地乔灌草植物根系可固着土壤，提高土壤持水性，增加土壤有机质、改善土壤结构与性能，从而增加河岸和堤岸的抗侵蚀能力和抗冲刷能力；植物枝叶可截留雨水、降低浪高，抵消波浪的能量，从而起到保护堤岸作用。

6）改善区域环境

湿地生态系统通过水面蒸发和植物蒸腾作用可以增加区域空气湿度，有利于空气中污染物质的去除，从而使空气得到净化。例如，湿度增加能够大大缩短SO_2在空气中的存留时间，加速空气中颗粒物的沉降过程，促进空气中多种污染物的分解转化及植物光合释氧等。此外，湿地对于调节区域微环境、小气候，提高湿度，诱发降雨，减低周围地区夏日温度，增加区域舒适度具有显著作用。

7）气候调节

滨河湿地植物通过光合作用固定大气中的CO_2，将生成的有机物质贮存在自身组织中；同时，植物通过凋落物等显著增加土壤有机物含量，一些区域形成泥炭累积并贮存大量的碳作为土壤有机质，一定程度上起到了固定并持有碳的作用。因此，滨河湿地生态系统通过固持CO_2而对全球气候变化具有缓冲作用。

当然，目前关于湿地淹水缺氧环境下N_2O、CH_4、CO_2等温室气体的产生和排放的研究和报到日渐增多，其副作用强度与区域自然条件、水文条件（淹水时间）等密切相关。评价过程中应予以考虑并区别对应。

8）文化功能

文化功能是指人类通过认知发展、主观印象、消遣娱乐和美学体验，从自然生态系统获得的非物质利益。湿地生态系统的文化功能主要包括文化多样性、教育价值、灵感启发、美学价值、文化遗产价值、娱乐和生态旅游价值等。

一方面，作为与人类生存密切的自然要素，水生态系统作为一种独特的地理单元和生存环境，对人类文化及民族文化的形成、演化和发展具有重要影响，对形成独特的传统、文化类型影响很大，可以说对产生和维持文化多样性具有十分特殊的意义；另一方面，水作为一类“自然风景”的“灵魂”，其娱乐服务功能是巨大的，由流域水体与沿岸陆地景观组合而提供的自然景观如河岸景致、河漫滩、江心洲风光等，在景观上的时空动态变化为人们带来的视觉及精神上满足和享受，从而减轻了现代人类的各种生活压力，改善了人们的精神健康状况，以水为载体的休闲娱乐活动如划船、游泳、渔猎和漂流等，更是给人们提供了消闲放松、强身健体的功用，是人类娱乐生活的重要组成部分；此外，河流湿地还是对人们实行教育，特别是环境教育的基地，越来越多的科学家投身于湿地功能的利用研究，湿地已成作为重要的科学研究地点。

9）支持功能

支持功能是指维持自然生态过程与区域生态环境条件的功能，是上述服务功能产生的基础，与其他服务功能类型不同的是，他们对人类的影响是间接的并且需要经过很长时间才能显现出来。例如，土壤形成与保持、光合产氧、氮循环、水循环、初级生产力和生物多样性维持等。

滨河湿地最突出的支持功能体现在生物多样性保护（提供生境）上。湿地以其高景观异质性为各种水生生物提供生境，它适于各类生物，如甲壳类、鱼类、两栖类、爬行类、兽类及植物在这里繁衍，是野生动物栖息、繁衍、迁徙和越冬的基地，在我国湿地生活、繁殖的鸟类有300多种，占全国鸟类总数的1/3左右，一些水体是珍稀濒危水禽的中转停歇站；湿地还是许多名贵鱼类、贝类的产区，一些水体养育了许多珍稀的两栖类和鱼类特有种。

1.3 人类活动对滨河湿地的影响

由于其独特的地理位置和丰富的功能，河岸两侧已成为受到人类活动干扰最为剧烈的地带之一。长期以来，人类出于社会和经济目的改变了河流水文特征，对滨河区域进行直接开发利用，这些活动使得滨河湿地生态系统结构和生态过程遭到不同程度的干扰和破坏，如原始植物群落退化、生物多样性减少、河流水文情势改变、地下水位降低、景观均一化等（Patten，2006；杨丽蓉等，2009；Zhao et al.，2011），导致生态功能减弱。

人类历史上很多文明的发展，都是从自然界夺取河滨加以开发利用而开始的。按照河道及滩区主要人类活动类型，分别就其主要影响做简要分析。

1.3.1 河流筑坝

大坝建设在早期一度被视为人类文明进步的标志（包广静，2008）。从20世纪70年代以来，人类在充分享受大坝建设带来的提供水资源、防洪、航运、发电及休闲娱乐等诸多福利的同时，也开始逐渐认识到大坝建设带来的生态环境问题，如河道变化、水文变化、水环境变化、河流鱼类及河岸带植被变化、区域及生态环境变化等（Petts and Gurnell，2005），大坝的生态效应为国内外学者所关注，并从不同的角度开展了相关研究。

国外有关大坝建设的生态效应研究是从大坝建设对洄游鱼类的影响开始的（姚维科等，2006），进一步对由于大坝建设引起的可识别物种、植被群落以及水生态的变化进行研究，并随着研究手段的发展，研究的深度和广度不断扩大。Gordon 和 Meentemeyer（2006）认为，大坝对下游河道和植被动态构成影响已是众所周知，但是有关大坝蓄水后对土地利用的显著影响和河道响应的案例研究很少；通过对美国加利福尼亚州北部的 Dry Creek 河流水坝建成前后（建成前 34 年、建成后 17 年）下游河道形态、滨河带植被和土地利用变化情况开展研究，结果表明，大坝建成后下游河道汛期过水面积减少 94%，河道长度减少 64%，滨河带自然植被面积也大幅度减少，引起河道和滨河带植被变化的主要原因为大坝运行和土地利用变化。Webb 和 Leake（2006）研究了美国西南部 Colorado 河等 14 条河流滨河带植被的长期变化及其地下水与地表水的相互作用关系，认为滨河植被的分布特征受地表水与地下水的相互作用控制，农业开发、地下水的过度利用、水库建设是导致滨河带植被发生巨大变化的主要原因。Graf（2006）选取美国 137 个超大型水坝（蓄水量 1.2 km^3 以上）中的 36 个为代表，系统研究了大坝建设对下游水文和地貌变化影响，研究结果表明上下游河段相比较，年洪峰流量减少了 67%（个别减少量达 90%），年最大流量与平均流量的比值降低了 60%，日流量波动值减少了 64%；大坝改变了高水位、低水位和最大、最小流量出现的时间，低水位期增加了 32%，高水位期减少了 50%，滨河带经常性淹没区减少了 79%，而长期未淹没区增加了 3.6 倍，地貌复杂程度降低了 37%；大坝导致河流水文和地貌复杂程度的大幅度改变，使得滨河湿地面积和环境发生了巨大改变，对滨河湿地植被及鸟类等动物生境构成了极大的影响。New 和 Xie（2008）在系统分析大坝建设对滨河带植被影响的基础上，阐述了三峡大坝建设对滨河带植被的直接影响和潜在影响，这种影响包括少量珍稀物种生境的丧失，以及植被组成、结构、分布特征的改变等。Sawyer 等（2009）认为大坝建成后会导致下游河道水位发生深刻改变，这种改变会导致河水与侧向滨河带的水力交换产生大的变化，并选取美国得克萨斯州 Colorado 河 Longhorn 大坝下游 15km 处的滨河带开展研究工作，结果表明，河水日变化幅度近 1m，河水与滨河带地下水的日交换量为每 1m 河岸 1m^3，滨河带地下水水位日波动影响范围为 30 m，地下水化学指标和温度也相应发生波动。Heath 和 Plater（2010）认为河流筑坝蓄水对下游洪泛平原水文特征、水质、地形地貌、自然生态和生态系统服务功能产生深远影响，在经济开发迅速扩张的大背景下，不及时开展潜在生态环境影响评估和监测，将会对区域生态安全构成威胁。Tealdi 等（2011）认为河流筑坝对滨河带植被的影响主要源于河水流量和泥沙输送的改变；大坝建设使洪水得到有效控制，河流年流量变化率减低，水文过程的改变直接影响滨河带植被的空间分布、群落结构和动态；河流泥沙输送特征的改变，会因沉积和侵蚀作用改变而影响河床地貌发生变化，植被生长环境随之发生巨大变化，从而很大程度上影响滨河带植被的空间分布和群落结构特征；大坝建设对滨河带植被的生物量也具有显著影响。Mayumi 和 Futoshi（2011）研究了日本北海道 Satsunai 河大坝对下游河流水文及滨河湿地植被的影响，利用历史水文监测数据和航片资料，模拟了建坝前、建坝后和大坝拆除后三种情景条件下两个研究点的河流水文、土地利用等变化情况，揭示了大坝建造对不同河段河道形态、河流水文及滨河带植被分布的影响是具有一定差异的。

国内有关大坝建设的生态效应研究，始于 20 世纪 80 年代后期的三峡工程生态环境影响论证工作，此后大部分的研究主要集中于大坝建设前期的环境影响评价。关于大坝建成后对河流生态系统及区域的生态环境影响方面的研究，多为一些论述性文章或综述性文献（姚维科等，2006；董哲仁，2006；陈庆伟等，2007；杨爱民等，2010；鲁春霞等，2011；杨昆等，2011），为数不多的案例研究主要集中在大坝建设对河流生态流量（王波等，2009）、水文情势（郭文献等，2008；汪迎春等，2011）、库周土地覆被（李道峰等，2003）、岸边植被及鱼类（陈求稳等，2010；郭文献等，2011）、浮游藻类（邱光胜等，2011）等的影响，有关大坝建设后对下游滨河湿地影响的系统性研究尚比较缺乏。

从目前已有的研究结果来看，河流大坝建成后，河流水文情势发生了非常大的变化（Nilsson and Berggren，2000），季节性洪水被有效控制，滩区湿地不再被季节性淹没，河流与地下水的补排关系发生变化。大坝控制下，滨河湿地水文过程趋于简单，水文调节功能已经几乎完全丧失，生物地球化学过程发生了深刻变化，生物多样性保护功能急剧衰退。

1.3.2　水资源过度利用

水是湿地生态系统结构与功能得以维持的关键因素，水文条件可直接改变湿地的理化性质，进而影响物种组成和丰度、第一性生产力、有机物质积累和营养循环等。由此，湿地生态系统结构的稳定性在很大程度上取决于水源补给的稳定性。水资源的过度开发利用，是导致湿地缺水性萎缩的主要原因（刘兴土，2007）。

由于人口的快速增长和经济发展速度的不断加快，为了满足水资源需求，目前我国水资源开发利用率已达 19 %，接近世界平均水平的 3 倍，个别地区更高，如 1995 年松海黄淮等片开发利用率已达 50 % 以上（张利平等，2009）。对河流水资源的过度开发利用，导致河流河道流量大幅度减少，部分河流断流现象日趋严重，导致了生态环境的进一步恶化。目前，河流断流已不仅仅出现在干旱少雨的西北部地区，在水资源相对充裕的西南地区也时有发生。不仅小河小溪发生断流，大江大河也发生断流。20 世纪 70 ~ 90 年代黄河上游径流量明显下降，自从 1972 年黄河下游首次出现断流以来，到 1997 年的 26 年中有 20 年出现断流，断流的频次、历时和河长均不断增加（国家环境保护总局，2004）。在降雨量相对偏少的海河流域水资源量减少最为明显，20 世纪 50 年代初天然湿地在海河平原广泛分布，白洋淀、衡水湖、七里海、大港、永年洼等湖泊密布、湿地连片，形成了白洋淀-文安洼等三大洼淀群，由于水资源开发利用程度提高等原因海河流域大面积的湿地已经消失或萎缩，从 20 世纪 50 年代到 21 世纪初主要湿地面积已经减少了六分之五（郭丽峰等，2005）。

水资源的过度利用，直接导致河道流量锐减以及河道断流，随之滨河区域湿地水文过程发生深刻改变，湿地淹水周期、淹水时间急剧缩短，地下水位降低，进而对滨河湿地植被产生重大影响，生态系统结构、过程和功能发生剧烈变化，部分河流或河段甚至湿地属性发生根本性改变，转化为永久性旱地。

1.3.3 滨河滩区开发利用

在河流筑坝、水资源过度利用等高强度人类活动的影响下，滨河湿地水文过程的改变为滩区人为开发利用提供了客观可能，在这种“水退人进”无节制的开发浪潮下，农田直抵河岸。部分地段开发为永久的城镇、乡村居住地，甚至一些工业、企业永久性入驻，畜禽养殖无序发展，直接威胁到河流水质安全。

1）农业开发

农业开发是人类活动对滨河滩区最直接和最基本的开发利用方式。一方面，河流滩地泥沙淤积，地势平坦，土地相对较肥沃，垦殖成本低，与山地、丘陵、沟谷相比较更加适于开垦耕种；另一方面，这些土地濒临河道，取水灌溉方便，一般年份或一年中大部分时间不会长期淹水，耕种容易取得好的收获。同时，随着人口的增长以及对经济发展的追求，对土地资源的需求快速增长，“向滩要地”几乎成为必然的选择。

长期以来，农业开发在滩区湿地人类活动中一直居于主导地位。以三江平原地区为例，1949 年耕地和湿地面积分别为 $81.1\times10^4 hm^2$ 和 $536\times10^4\ hm^2$，到了 2000 年耕地面积急剧扩张为 $350.9\times10^4\ hm^2$，而湿地面积减少至 $104\times10^4\ hm^2$，湿地面积缩小了近 80%，耕地增加量占湿地减少量的 62.5%（王韶华等，2004）。小浪底大坝修建前后的 1988 ~ 2014 年，大坝下游至花园口段，黄河干流两侧滩区自然裸地面积减少了 70.7 %，而滩区旱作农田增加近 1.9 万 hm^2，增加比例为 37.4 %，水田、鱼塘、荷塘和人工河渠等人工湿地面积的大幅度增加。

滨河滩区农业开发的形式一般为旱田、水田、果园、渔业养殖、莲藕等经济作物种植等。滩区农业开发的无序扩张一方面使得自然湿地面积急剧萎缩，湿地水文调节、污染物净化等生态功能发挥受到严重影响；另一方面，旱田、水田、果园等农作物种植以及渔业、家畜养殖，导致氮、磷等排放量增加，农业面源污染加剧。此外，农业生产中除草剂、杀虫剂的大量使用，也对湿地环境带来显著影响，生物多样性受到严重威胁。目前，加强滨河湿地资源保护迫在眉睫，如何坚持保护优先的原则，在湿地资源有效保护的前提下，实现湿地保护与合理农业开发利用的有机统一，以及社会效益、经济效益和生态效益的有机统一，是当前亟待解决的关键问题。

2）村镇城乡建设

随着滩区湿地农业开发强度的增大，村镇居民点自然会随之进入滩区，逐渐发展并成为人类活动对滨河滩区第二种最主要的开发利用形式。根据最新研究发现，小浪底大坝修建前后的 1988～2014 年，大坝下游至花园口段，黄河干流两侧滩区建设用地面积比例增加到原面积的 3 倍。

近年来，一些临近城镇的河段逐渐成为城镇扩张的热点区域，以自然滨河湿地为噱头的房地产开发越演越烈，一些城镇为了缓解建设用地紧张的局面，更是把一些新建工业企业或老企业迁址进入滨河滩区，随后，道路交通、电力、水利等城镇配套设施建设用地的扩张也愈演愈烈。

村镇城乡建设用地的扩张，使得自然滩区面积急剧减少，并对滨河区域的生态环境构成威胁。一方面，建设用地彻底改变滩区自然湿地属性；另一方面，城乡生活污水、工业企业废水排放对河流水质安全构成直接影响；此外，城乡的无序扩张也使得生物栖息地丧失，密集的人类活动对滨河滩区的生物多样性带来极大威胁。

3）旅游开发

滨河湿地与河流相邻接，长期的演化和发展过程中形成了独特的河流和河岸地貌景观、独特的湿地植物和动物世界、独特的局域小气候和独特的文化，给人类提供了良好的休闲和旅游场所。滨河湿地的旅游资源主要体现在以下几个方面。

（1）景观资源。以河流和河岸地貌景观为特点，水土植生各种湿地组分以不同类型、不同空间和外部形态的斑块或廊道形式镶嵌于其中，自然风景奇特，各具风姿，令人心旷神怡。

（2）生物资源。丰富的动植物多样性为滨河湿地植物观赏、野生动物观赏、鸟类观赏提供了珍贵的旅游资源。尤其是滨河湿地是候鸟和迁徙水禽的重要越冬地和停歇地，使得其成为冬季鸟类的天堂。

（3）环境资源。河流滩区独特的小气候、洁净的空气等宜人的环境条件，使其成为良好的疗养、消暑休闲的理想场所。

（4）文化资源。滨河湿地是人类赖以生存的重要区域之一，长期以来人类在利用湿地过程中发展并创造了光辉灿烂的文化，使得湿地具有重要的文化多样性、独特性。滨河湿地文化包括湿地历史文化、民俗文化、饮食文化、商品文化、园林文化、建筑文化、宗教文化，这些属性使得滨河湿地具有独特的旅游文化资源。

湿地旅游是以具有游赏的价值和可能性的湿地作为旅游目的地，在保护湿地生态环境的前提下，围绕湿地景观、生物、文化等资源开展湿地观赏和游憩活动，其宗旨是让游客在认识湿地的同时，提高湿地生态环保意识，以生态环境整体优化为目标，通过开展生态旅游来促进湿地的保护是现阶段一个较好的选择（张枫和卜文娟，2009）。但是，随着大规模建设活动以及频繁的旅游活动的介入，湿地生态环境遭受了较大的影响。金秋艳等（2014）对生态旅游对石羊河下游湿地景观影响进行了深入分析，认为开展生态旅游活动有利于湿地景观的恢复和重建、增强旅游者的环境保护意识、推动当地经济发展和社会进步；但同时也带来了一些负面影响，主要表现在对湿地原生植被的影响、野生动物的影响、生态环境的影响及湿地景观完整性的影响。张枫和卜文娟（2009）认为旅游开发活动对湿地生态影响可以分为建设过程和旅游活动过程两种类型，建设过程的影响包括旅游空间开发导致的湿地面积减少、建设活动影响湿地物种生境，如旅游步道、观景台、宾馆、饭店、纪念品商店、停车场、娱乐设施等；而旅游活动过程的影响则包括环境容量超标、游客不当行为、旅游企业的不合理运营行为的生态影响等，如不设限制让游客大量涌入、采摘、喂食、恐吓、垃圾随意丢弃、出售或食用野生动物制品、废水废气排放等。

合理发挥滨河湿地的旅游休闲功能，不仅可以取得巨大的社会效益，同样也可带来可观的经济收益，部分经济收益可以投入到湿地保护之中，形成湿地保护与开发的良性循环。但是，部分地区地方政府缺乏统一的认识和规划，急功近利，大量引入非政府资本，出让经营权，鼓励决策者和经营者充分利用廉价的自然资源，尽快地将其转化为经济指标的增长，而湿地经营企业作为“经济人”，为追求经济效益最大化，更多地注重湿地生态旅游开发，忽视湿地生态环境的保护，导致开发过度，建设强度过高，一些地区的湿地出现不可逆转的生态环境影响。

1.4 滨河湿地保护与生态恢复

作为直接与河流邻接、水陆界面特征典型的滨河湿地生态系统，不仅具有独特的生态系统结构和过程，还有着独特的生态系统功能，在维持生物多样性、能量和物质平衡、区域生态安全等方面扮演着非常重要的作用。由于长期受河流筑坝、水资源过度利用以及滩区农业开发、村镇建设、旅游过度开发等高强度人类活动的影响，滨河湿地生态系统结构和生态过程遭到严重破坏，生态服务功能衰退，保护与恢复滨河湿地，成为区域生态环境建设的当务之急。滨河湿地的保育与恢复，应着力从滨河生态系统管理和退化湿地的生态恢复与重建两个方面有效开展。

1.4.1 滨河湿地生态系统管理

生态系统管理是基于对生态系统组成、结构、过程和功能的最佳理解，在一定的时空尺度范围内将人类价值和社会经济条件整合到生态系统经营中，以恢复或维持生态系统整体性和可持续性（任海和邬建国，2000）。生态系统管理的目的是维持自然资源与社会经济系统之间的协调发展，确保生态服务和生物资源不会因为人类活动而不可逆转地被逐渐消耗，从而实现生态系统所在区域的长期可持续性（赵云龙等，2004）。

滨河湿地生态系统管理是建立在对滨河湿地生态系统独特的组成、结构、生态学过程和功能机制有深入理解的基础上，弄清控制生态系统动态演替的关键因素，阐明系统对外界环境胁迫的反应方式，并充分考虑滨河湿地生态系统的脆弱性和易变性，以维持生态系统产品和服务功能的可持续性为目标，制定合理的生态系统管理计划、规划、政策、法规等，付诸实现并确保其实施有效性，从而实现滨河湿地生态系统及其服务功能的持续、健康、稳定。滨河湿地生态系统管理应具备以下基础和要素。

1）生态系统结构、过程和功能的内在规律

作为滨河湿地生态系统科学管理的基础，首先，应该对滨河湿地生态系统的非生命组分和生命组分及其相互作用、动态变化等有较详尽的调查、观测和认知，如典型湿地植被类型、面积与分布，群落结构、多样性及其生物量、典型湿地植被群落土壤及沉积物环境特征等。其次，应进一步明晰生态系统的空间结构、等级结构、水文过程、健康状况、演化趋势等，充分理解各项生态系统服务功能及其形成机制。此外，还应厘清生态系统的干扰因子，确定影响湿地生态健康的关键因子，阐明湿地退化现状、退化过程、退化机制。

上述关于滨河湿地生态系统的系统认知是指导生态系统科学管理的重要基石。

2）生态系统管理目标

确定可持续的、明确的和可操作的管理目标是实现生态系统管理的关键。对生态系统进行管理，首要问题就是要确立明确的管理目标。杨荣金等（2004）认为，生态系统的可持续管理是一种面向目标的管理，相对于传统的具有时间滞后性的面向问题的管理，具有较大的优越性。它以可持续性为总体目标，下设一系列的具体的管理目标，如生态系统结构、功能和过程等生态系统自身的可持续性以及生态系统的产品和服务等对外输出的可持续性，再往下还可以有更加详细的管理目标，从而构成一个生态系统可持续性管理的目标体系。

管理目标必须是比较容易测度和可以操作的，不同空间尺度、时间尺度的生态系统其管理难度、管理强度差异巨大，管理目标制定要充分体现这些差异。于贵瑞（2001）认为“维持生态系统产品和服务功能的可持续性”是超越各种生态系统类型的生态系统管理目标，具体包括：①维持现有天然生物种的活性群体；②保护自然范围内的所有天然生态系统、自然景观和自然资源；③维持正常的系统演替和生态学过程（扰动、水文过程和养分循环）；④维持生物种和生态系统的良性演替；⑤维持良好的生态系统产品和生存空间及环境服务的持续供给。上述论述，对于滨河湿地生态系统管理而言也是非常恰当的。

3）管理计划与规划

以生态系统管理目标为核心，以生态系统内在规律认知为基础，制定科学的生态系统管理计划与规划，是实现滨河湿地生态系统管理的第三个重要步骤。生态系统管理计划与规划的制定，除了涵盖基本的计划与规划内容外，还必须着重考虑以下三部分内容。

（1）边界与尺度。生态系统并没有永久或绝对的边界，有多种因素在生态系统管理的多边界和多尺度中要考虑。对于一个完整的生态系统的管理，需要确定管理的边界、尺度和层级结构，因为生态系统的结构、功能和动态过程是以时空相互作用为特征的，既包括空间尺度也包括时间尺度。通常管理的空间尺度越大，相应的时间尺度就越长（杨荣金等，2004）。管理的边界与尺度，是制定管理计划与规划的基本要素。

（2）生态系统的保护、恢复与重建——生态系统管理的核心。对于保存比较完好的自然生态系统，主要的任务是保护，使之不受人为干扰或少受人为干扰；对于受到较大干扰的生态系统，应重点考虑生态系统的恢复；而对于受损严重已不能自行或干预恢复的生态系统，则要考虑生态系统重建。

（3）生态系统动态监测。生态系统具有复杂的时间、空间结构和开放性，使得生态系统本身及其外部环境中存在大量的不确定因素和动态变化特征。要对生态系统进行可持续管理，必须对生态系统的状态进行相对连续的和比较全面的监测和评价，了解生态系统的状态、生态系统发生的变化及生态系统可能发生的变化，以实现对复杂多变生态系统的快速响应，从而为管理决策的及时性和准确性提供保障。

4）实施与保障

首先，要根据生态系统管理的计划与规划制定切实可行的实施方案。以区域生态系统管理的中长期计划或者规划为依据，按照时间顺序、空间次序合理安排支撑项目与建设工程，确保计划与规划落实、落地，并达到预期目标。时间上要注重阶段性目标与任务的系统性和可实现性，空间上要特别注重重点区域、重点节点的建设目标与任务实施和有机衔接。

其次，实施方案要做好顶层设计，强调多方参与。生态系统管理是一个复杂的系统工程，需要科学家、政策制定者、经营管理者和公众参与其中。科学家主要任务是通过数据收集、系统监测和研究来回答生态系统管理中的科学问题，制定并研讨生态系统管理模式的可行性，制定相应的管理目标和管理策略；政策制定者主要是制定相关政策和法律，保障生态系统管理的有效实施，组织区域经济和人口政策研究和规划；经营者是生态系统的直接管理者，应保证对生态系统管理计划的充分理解，培养有关的专业技术人才；生态系统管理还必须得到公众的支持和参与，支持和参与生态系统管理计划，发挥他们的监督作用（于贵瑞，2001）。

此外，要特别重视生态系统管理的支持与保障。生态系统管理是涉及诸多领域、诸多部门和利益方的综合管理，其实施过程需要多方面的协调和联动才能够实现，因此，需要组建一个由各方共同参与的、高效的、能够支配各种资源、能够跨越部门与时间的专门管理机构，来统一负责生态系统管理的实施，并协调提供必需的资金保障、机构与队伍保障、法律法规政策保障等。

5）动态调整与改进

生态系统本身的复杂性、动态性、模糊性以及外来干扰的不确定性，使得对于生态系统的管理也要有较大的适应和变化的能力（杨荣金等，2004）。通过生态系统可持续管理的各个环节的不断调整，以适应不断变化的生态系统和生态系统外部环境以及人类需求，实现生态系统可持续管理的总体目标。

适应性管理是被广泛倡导的生态系统管理方式。生态系统事件的发生具有不确定性和突发性，适应性管理承认它只能依赖于我们对于生态系统临时的和不完整的理解来进行，允许管理者对不确定性过程的管理保持灵活性和适应性（于贵瑞，2001）。适应性管理提供了一个把科学有效地整合到生态系统管理中的途径，同时也提供了解决不确定性问题的可能。适应性管理是指在生态系统功能和社会需要两方面建立可测定的目标，通过控制性的科学管理、监测和调控管理活动来提高当前数据收集水平，以满足生态系统容量和社会需求方面的变化（Vogt et al.，1997）。根据管理前后的测量结果，可以对管理效果进行评价，根据评价结果，或调整管理手段和管理方法，或调整管理的边界和尺度，直至调整或修改管理的目标，进入生态系统可持续管理的又一次循环过程。适应性管理可能是不确定性和知识不断积累条件下唯一的合乎逻辑的方法，它在生态系统可持续管理中具有重要的地位。适应性管理要求充分发挥科学家的科学研究和组织实施作用，及时地对生态系统管理的效果进行确切的评价，提出生态系统管理的修正意见，真正落实生态系统的适应性管理计划。

1.4.2 退化湿地生态恢复与重建

退化滨河湿地生态恢复的理论基础是恢复生态学，即通过对一定生境条件下河岸带生态系统退化原因及退化机理的诊断，运用生物、生态工程技术和管理手段，使滩区滨河湿地生态系统结构、功能和生态学潜力尽可能地恢复到原有的或更高的水平（张建春和彭补拙，2002）。滨河湿地的生态恢复，可以是以群落自然演替理论为基础的自然恢复，即依靠生物群落的自然演替过程将生态结构简单、功能弱小的退化生态系统恢复到结构合理、功能高效和协调的原先自维持生态系统；也可以是以人类主导作用下的以生态恢复理论为基础的人工恢复，即遵循自然规律，根据人类需求并模仿自然生物群落构建生物多样的人工群落，自然演化过程中加以人工抚育，最后实现恢复（韩路等，2013）。

陈利顶等（2010）提出的河道系统生态修复六个基本原则，即道法自然原则、功能引导原则、时空尺度分异原则、生态循环与平衡原则、利益相关者参与原则、综合效益最优原则，同样适用于滨河湿地的生态修复。其中，道法自然原则是前提，生态恢复与重建应根据区域自然环境特征、地带性规律、生态过程、生态演替及生态位原理等进行方案设计；综合效益最优原则为根本目标，应从整体出发将近期利益与长远利益相结合，在考虑当前技术经济条件的同时提出最佳的修复方案，实现生态环境、社会、经济效益最大化。

退化滨河湿地生态恢复应该包括七个关键步骤，即生态系统特征分析、主要问题识别、现状评价、参考状态（退化前）描述、生态恢复目标确立、综合分析、恢复对策措施推荐（Kershnerl，1997；黄凯等，2007）。其中，生态恢复目标的确立十分关键，决定着生态恢复的工作量、难度与成效，生态恢复目标常常需要一系列的指标或指标体系来体现。此外，Wissmar 和 Beschta（1998）认为有效的河岸带生态恢复工程还应包括长远的生态恢复规划、实施和过程监测，这些对于生态恢复能否实现目标极为重要。

退化滨河湿地生态恢复的方法与途径主要包括以下三种类型。

1）干扰因子修复

干扰对滨河湿地生态系统的影响表现在组分、结构、过程、空间异质性等各个方面。尤其是在负向干扰的压力下，系统的结构与功能发生变化，从而使生态系统偏离常规状态造成退化。因此，应重点关注各种干扰形式及其强度对滨河湿地生态系统过程的影响，深入研究并阐明滨河湿地退化机制，明确导致湿地退化的主要干扰因子，从而采取有针对性的措施消除负向干扰，促进滨河湿地正向演替。例如，过度开垦造成湿地退化，则禁止开垦、退耕还湿成为湿地生态恢复的必然途径；水资源过度利用造成湿地退化，则减少水资源取用可以有效控制湿地退化。

在进行滨河湿地生态恢复时，首先应明确干扰行为排除后湿地生态系统是否能够自然恢复，当自然恢复无法达到预期目标时，则必须采取针对性的措施和主动的恢复方法（正向干扰）来加快湿地的生态恢复。

2）河流水文调控

水是湿地生态系统结构与功能得以维持的关键要素，湿地生态系统结构的稳定性在很大程度上取决于水源补给的稳定性。河道流量锐减以及河道断流，导致滨河湿地水文过程发生改变，湿地淹水周期、淹水时间急剧缩短，地下水位降低，进而影响物种组成和丰度、第一性生产力、有机物质积累和营养循环等，生态系统结构、过程和功能发生剧烈变化，从而造成湿地退化。

水文调控技术（生态输水）是滨河湿地生态恢复的有效途径。尤其在干旱半干旱区，通过生态输水工程，能够在一定程度上重现河流洪水过程，恢复滨河区域地表和地下水交换功能，抬升滨河带地下水位，使得滨河滩区保持一定周期的湿生环境，从而使得湿地生态系统结构、过程与功能得以恢复。

3）植被恢复

当前国内外大多数退化滨河带的生态恢复均是以植被重建为主要手段，通过物种筛选、群落构建与结构优化配置技术实现恢复（黄凯等，2007）。滨河带植被恢复与重建技术主要包括物种选育和培植技术、物种筛选与引入技术、种群结构与动态调控技术、群落结构构建与优化配置技术、群落演替控制与重建技术等（张建春和彭补拙，2002）。

滨河滩区植被恢复与重建的关键是要根据滩区特定的环境条件，结合植物生长特性、抗逆性及其护岸生态机理等，筛选出适合当地河岸特征的植被组合模式和配置方式，并提高物种多样性与稳定性。在植物选择方面应考虑以生态幅广和对土壤要求不严的植物为主，并结合速生与慢生植物和深根性、浅根性、须根发达植物及能够改良土壤的植物进行优化配置。同时，还应参照相应生境下的自然河岸带植被进行群落结构设计，适当增加物种丰富度和垂直结构层次，形成乔灌草立体植物网络，增强河岸带养分和污染物质吸收能力、护岸能力和水土保持能力（韩路等，2013）。

2　小浪底下游黄河滩区湿地生态系统基本特征

湿地是介于陆地生态系统和河流生态系统之间的过渡带，与森林生态系统、海洋生态系统一起被列为全球三大生态系统（Raddy and Patrick，1993；Mitsch and Gosselink，1993）。湿地生态系统与河流直接相邻，显著的边缘效应使得其结构和功能复杂多样。

湿地生态系统由湿生、沼生和水生植物，动物及微生物等生物因子以及与其紧密相关的阳光、水和土壤等非生物因子构成（陆健健，1989）。湿地特殊的生境也决定了湿地植物具有适应高湿、缺氧和贫营养环境的特征，湿地动物稀少，以鸟类和鱼类为主，此外还有两栖类、爬行类、无脊椎动物类、昆虫类和少量哺乳动物类。此外，湿地分解者主要为厌氧微生物，使得有机残体分解不完全，有机质积累明显。

2.1　小浪底下游黄河滩区自然概况

2.1.1　地理位置

河南沿黄湿地位于河南省北部，横跨三门峡、洛阳、济源、郑州、焦作和开封6市。本书选取了位于黄河中下游小浪底大坝以下至郑州花园口段黄河干流两侧的滨河湿地作为研究对象，地理坐标为东经112°21′~113°45′，北纬34°42′~34°59′（图2-1）。研究区包括河南省孟津县、孟州市、偃师市、温县、巩义市、荥阳市、武陟县和郑州市的交界地域，南北以黄河大堤两岸为界，高程为89~120 m，总面积为95 215 hm^2，主要由黄河水面及干流两侧的河漫滩组成，大面积的滩区土地已经被开垦为农田，一部分滩地转变为林地和建设用地。

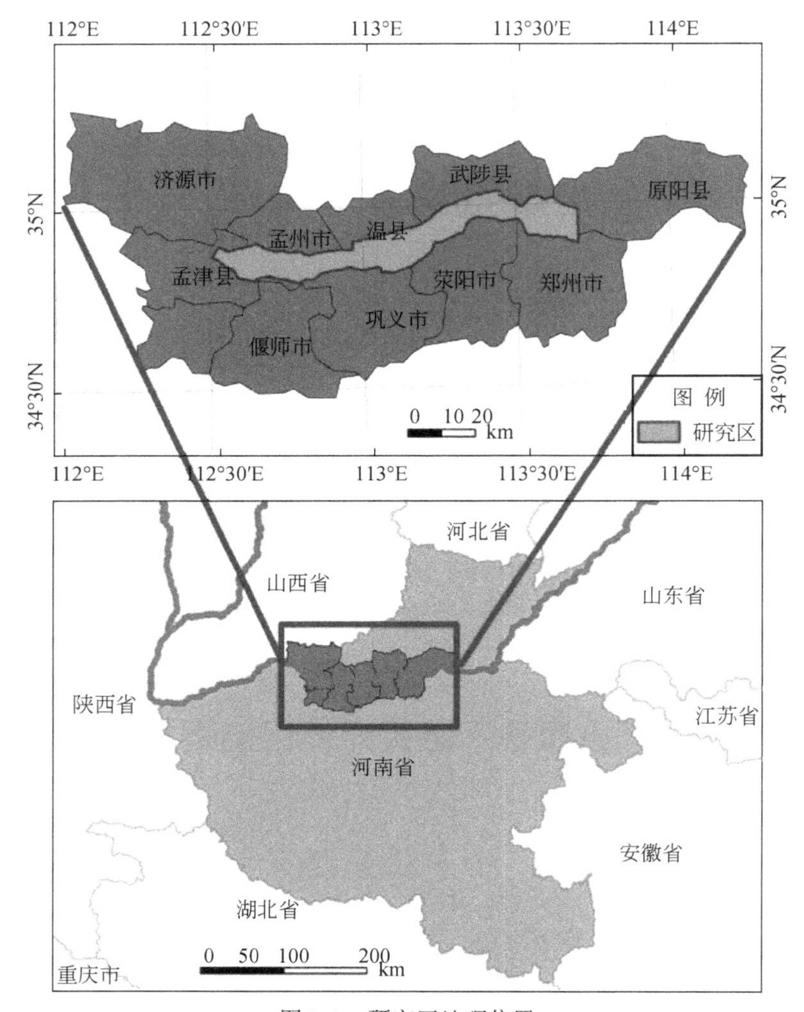

图 2-1 研究区地理位置

2.1.2 地形地貌

研究区位于小浪底水库大坝以下，沿黄河主河道东西向延展，地形、地貌差别较大。从小浪底大坝以下到郑州桃花峪，是山区进入平原的过渡地带；桃花峪以下，进入黄河下游的冲积平原区。研究区主要为中生代以来沉降的拗陷盆地形成的地势低平的冲积平原，并分布有大面积的第四纪河湖相和海相地层，为黄河流域第三地形阶梯，其地势西高东低，由海拔 400 ~ 1000 m 的低山丘陵和海拔 130 m 以下的冲积平原组成。南岸为高出河面 100 ~ 150 m 的邙山，属于黄土覆盖的岩石山丘，滩地狭窄，海拔为 120 ~ 130 m，高出黄河水位 5 ~ 15 m，阶地地面平坦，略向黄河倾斜，前沿局部有沼泽地分布，并与河漫滩相连。北岸是广阔的河漫滩和沁河冲积扇互为交错的地带，属黄河河床地貌，地势较为平坦，海拔为 80 ~ 98 m。研究区内，黄河主河道为游荡型河段，河床宽浅且两侧均有大堤，水流散乱分汊，河滩星罗棋布，河道在大堤之间摆动无常，河槽极不稳定（许炯心，2012）。

2.1.3　气象条件

黄河处于我国的中纬度地带，研究区位于黄河中下游的过渡区域，属于暖温带大陆性季风气候，有比较丰富的热、光、水及风能资源，春季风大干旱，冬季寒冷，季节性变化明显。年平均气温为 13.7 ~ 15.6 ℃，季平均气温呈现“夏季气温最高，春秋居中，1 月最低；春季升温快，秋季降温慢”的特点。多年极端最高气温为 41.7 ℃，一般多出现在 6、7 月；无霜期为 250 ~ 300 天；年平均相对湿度为 49.1% ~ 73.6%；年平均降雨量为 324 ~ 998 mm，年内分布不均，干湿季节分明，降水主要集中在 5 ~ 9 月，从 6 月开始形成较多的降水，7 月多年平均月降水量最大，8 月次之，为明显的雨季，11 月 ~ 次年 3 月为明显的干季。从全年降水的季节性变化来看，夏季降雨占全年的 53.3 %；秋季和春季次之，分别约占全年 21.7 % 和 19.3 %；冬季最少，仅占 5.7 %。年蒸发量为 1.3×10^3 ~ 1.8×10^3 mm，普遍超过年降水量 2 倍以上；其中，6 月蒸发量最大，12 月和 1 月蒸发量最小。年平均风速为 1.3 ~ 2.8 m/s，春季最大，平均风速为 1.5 ~ 3.2 m/s；冬季次之，平均风速为 1.1 ~ 2.9 m/s；夏季较小，平均风速为 1.4 ~ 2.6 m/s；秋季最小，平均风速为 1.1 ~ 2.7 m/s。年日照时数为 1.1×10^4 ~ 2.6×10^4 h，全年日照百分率为 41% ~ 57 %（河南省林业厅野生动植物保护处，2001）。

2.1.4　土壤类型

研究区主要为黄河岸边滩地，属于自然形成的河滩湿地，但随着近几十年来的气候变化，特别是上游小浪底水库修建引发的水文条件影响，使得距离河道较远的原季节性淹水滩地转变为永久旱地，开发利用程度变高。长期的水耕和旱耕等人类活动影响，不同的地貌类型、地层和岩性以及水文地质状况，决定了黄河滩区土壤复杂多样的形成过程。研究区土壤组成存在较大的差异，土壤类型也不相同。研究区内土壤类型主要有褐土、潮土、盐碱土和风沙土等。褐土在孟津、孟州、偃师、温县、巩义、荥阳、武陟和郑州均有分布，多已开辟为农田，系耕作历史悠久的旱作土壤；潮土主要分布在孟州、温县、巩义、荥阳、武陟和郑州等地，绝大部分已被开垦种植，原来潮土上生长的草甸植被已被人工植被所代替；盐碱土主要在巩义、荥阳和郑州零星有分布，其土壤质地多为壤土类，少数为黏土和砂土类。风沙土主要分布在郑州等黄河历史变迁的故道滩地，是由河流携带的沙质沉积物再经风力搬运而形成的，目前长期的人类活动也使得风沙地区的自然景观有了较大的改善（丁圣彦等，2007）。

2.1.5 水文地质条件

研究区处于黄河中下游，境内南有伊洛河，北有沁河、蟒河穿过。大量的松散沉积物在此堆积，形成了广阔的黄河冲积扇。混杂堆积的漂石、卵砾石和砂逐渐过渡为互层堆积的中砂、细砂和粉土，组成了巨大的地下水库。近代黄河堆积的多孔性介质地层，构成了河床、滩区及两侧滨河湿地，地下水和地表水水力联系密切。可开采地下水属第四系松散岩孔隙水类型，按含水层的埋藏深度、水力性质及开采条件，可分为深层含水层组和浅层含水层组。新近系上部湖积砂层、中更新统下段冲积和下更新统组成了深层含水层组，岩性主要为粉砂和细砂，砂层与黏土、粉质黏土互层堆积。砂层厚度与其成因类型有关，不同区域含水层岩性及底板埋深存在较大差异。例如，郑州境内，深层含水层底板埋深为300～380m，含水层岩性主要为中砂、中细砂和中粗砂，局部为沙砾石层；而武陟县境内，深层含水层底板埋深约为300 m，含水层岩性主要为粉细砂和中细砂。浅层含水层底板埋深呈现出自西向东、由浅到深再到浅的变化，主要由全新统与上更新统地层组成。全新统的上部以黄色粉层、粉质黏土为主，下部为灰黄色粉细砂夹粉土薄层；上更新统的顶部为厚层黄棕色粉质黏土，中部为灰黄色黏土，下部为灰黄色中细砂，粗砂及砾石层。浅层地下水补给主要由降水补给，以及黄河及境内伊洛河、沁河、蟒河侧渗和灌溉入渗（河南省林业厅野生动植物保护处，2001）。

2.1.6 动植物概况

研究区地带性植被属暖温带落叶阔叶林，由于历史悠久，垦殖历史漫长，自然植被多为人工植被所代替。研究区人工栽培植被以农作物为主，如小麦、高粱、玉米、花生、水稻、大豆、红薯等粮食作物，兼有少量林木，主要是小叶杨（*Populus simonii*）；野生植被为芦苇（*Phragmites australis*）、水烛（*Typha angustifolia*）、水蓼（*Polygonum hydropiper*）、甘蒙柽柳（*Tamarix austromongolica Nakai*）、藨草（*Scirpus triqueter*）、小飞蓬（*Conyza canadensis*）、野艾蒿（*Artemisia lavandulaefolia*）等，主要分布于邻近河岸的滩地以及积水地。这些水生挺杆草本群落，下部生物丰富，组成复杂，为水禽的栖息和觅食提供了良好的场所。

研究区原为大量候鸟迁徙过程中的停留所，根据当地湿地保护管理部门多年野外连续观测，共记录到鸟类144种，隶属于16目42科。其中，鸭科21种，占14.6%；鹰科12种，占8.3%；鹭科10种，占6.9%；鹬科10种，占6.9%；鸥科8种，占5.6%。属于国家重点保护的Ⅰ级和Ⅱ级鸟类34种。例如，国家一级保护鸟类有东方白鹳（*Ciconia boyciana*）、黑鹳（*Ciconia nigra*）、大鸨（*Otis tarda*）、白尾海雕（*Haliaeetus albicilla*）、白肩雕（*Aquila heliaca*）、玉带海雕（*Haliaeetus leucoryphus*）、白头鹤（*Grus monacha*）、白鹤（*Grus leucogeranus*）、丹顶鹤（*Grus japonensis*）等；国家二级保护水禽有白琵鹭（*Platalea leucorodia*）、白额雁（*Anser albifrons*）、大天鹅（*Cygnus cygnus*）、灰鹤（*Grus grus*）、白尾鹞（*Circus cyaneus*）、燕隼（*Falco subbuteo*）6种；属河南省重点保护的鸟类有灰雁（*Anser anser*）、苍鹭（*Ardea cinerea*）2种；列入中日候鸟保护协定的有中白鹭（*Egretta alba*）、夜鹭（*Nycticorax nycticorax*）、黄斑苇鳽（*Ixobrychus eruhythmus*）、黑鹳（*Ciconia nigra*）、白琵鹭（*Platalea leucorodia*）、豆雁（*Anser fabalis*）、白额雁（*Anser albifrons*）、大天鹅（*Cygnus cygnus*）、赤麻鸭（*Tadorna ferruginea*）、翘鼻麻鸭（*Tadorna tadorna*）、针尾鸭（*Anas acuta*）、绿翅鸭（*Anas crecca*）、绿头鸭（*Anas platyrhnchos*）、琵嘴鸭（*Anas clypeata*）、赤颈鸭（*Anas penelope*）、普通秋沙鸭（*Mergus merganser*）、红头潜鸭（*Aythya ferina*）、灰鹤（*Grus grus*）、白头鹤（*Grus monacha*）、董鸡（*Gallicrex cinerea*）、黑水鸡（*Gallinula chloropus*）、凤头麦鸡（*Vanellus vanellus*）、白腰杓鹬（*Numenisu arquata*）、青脚鹬（*Tringa nebularia*）、反嘴鹬（*Recurvirostra avosetta*）、海鸥（*Larus canus*）、银鸥（*Larus argentatus*）、红嘴鸥（*Larus ridibundus*）、普通燕鸥（*Sterna hirundo*）、白额燕鸥（*Sterna albifrons*）、白眉鹊鸲（*Copsychus luzoniensis*）31种；列入中澳候鸟保护协定的有黄斑苇鳽（*Ixobrychus eruhythmus*）、琵嘴鸭（*Anas clypeata*）、白腰杓鹬（*Numenisu arquata*）、青脚鹬（*Tringa nebularia*）、普通燕鸥（*Sterna hirundo*）、白额燕鸥（*Sterna albifrons*）、白眉鹊鸲（*Copsychus luzoniensis*）7种。野生兽类12种，隶属5目7科；两栖动物有1目3科6种；爬行类动物有2目6科15种；鱼类有6目8科24种。研究区内浮游生物主要有长圆沙壳虫（*Difflugia oblonga*

Ehrenberg)、爪形虫(*Cucurbitella sp.*)、沟痕泡轮虫(*Pompholyx sulcata*)、角突臂尾轮虫(*Brachionus forficula*)、矩形尖额蚤(*Alona rectangula*)、短腹平真蚤(*Pleuroxus aduncus*)、圆形盘肠溞(*Chydorus sphaericus*)、透明温剑水蚤(*Thermocyclops hyalinus*)、棘尾刺剑水蚤(*Acanthocyclops bicuspidatus*)、毛饰拟剑水蚤(*Paracyclops fimbriatus*)等;主要底栖动物有白尾灰蜻(*Orthetrum albistylum Selys*)、蜂蝇幼虫(*Eristalis tenax Linnaeus*)等(河南省林业厅野生动植物保护处,2001)。

2.1.7 农业开发概况

小浪底大坝下游滨河滩区是黄河汛期洪水行洪、滞洪和沉沙的区域,不仅在防洪工程体系中发挥着重要的作用,而且也是周围社区居民赖以生存的场所。黄河自西流入本区后,从峡谷过渡到平原地带,河床变宽,水流变缓,大量的泥沙在此堆积,形成了黄河两岸广阔的湿地生态系统。小浪底水库蓄水运行后,有效控制了黄河干流的夏季洪水。河漫滩常年裸露,大规模的农业开垦造成了研究区湿地生态系统的结构和类型发生剧变。河流两岸湿地面积逐渐萎缩,原生的动植物资源不断减少甚至消失,曾经良好的两岸湿地生态环境因开垦和淤积变得极为脆弱。同时,在现有的滩区土地开发过程中,基本执行的是“谁投资、谁开发、谁受益”的引导政策,形成了“各自为政”的开发格局,滩区土地开发缺乏统一规划、引导和管理,呈现出无序发展的态势。目前,黄河滩区自然湿地生态系统基本已不复存在,主要以农业开发利用为主。利用滩区资源环境优势,黄河干流两侧河漫滩形成了嫩滩为投机性耕地、新滩为临时性耕地、老滩为耕地耕种的农业开发利用现状。

滩区农业利用模式主要有农业种植、荷塘种植、林业种植和鱼塘养殖。农作物主要以小麦、玉米为主,兼顾种植高粱、棉花、油料、大豆和怀药等经济作物,并对其进行了农业水利设施的配套建设,已建成农田水利灌溉渠、农用灌溉井等。荷塘主要种植观赏性荷花和产莲菜荷花,荷花塘的水位平均深度为0.6~0.7 m。滩区局部区域种植有防护林和经济林,树种主要以小叶杨为主,兼有少量的柳树、桐树等,其中防浪林长度达40.1 m。鱼塘的平均水深在1.5 m左右,以草鱼、鲫鱼、鲤鱼和鲢鱼养殖为主,种类多样。

2.1.8 水利工程概况

黄河小浪底工程位于洛阳市以北40 km、三门峡大坝以下130 km的黄河干流上，控制流域面积 $69.4\times10^4\ km^2$，开发任务以防洪（防凌）和减淤为主，兼顾灌溉、供水和发电。小浪底大坝坝址南岸位于洛阳市孟津县的小浪底村，北岸是济源市的蓼坞村，黄河中游最后一段峡谷从此处流出。大坝高为 281 m，设计正常蓄水位为 275 m，总库容为 $126.5\times10^8\ m^3$，防洪最大泄量为 $17\ 000\times10^8\ m^3/s$。水库设计的汛期防洪限制水位为 254 m，防凌限制水位为 266 m，淤沙库容为 $75.5\times10^8\ m^3$，长期有效库容为 $51\times10^8\ m^3$。

小浪底水库于 2009 年 10 月开始下闸蓄水运行，2012 年 7 月首次开始调水调沙，截至 2015 年 8 月，已经成功进行了 19 次调水调沙试验。根据国家防总《关于小浪底水库汛期限制水位调整的批复》意见，前汛期汛限水位为 230 m，后汛期汛限水位为 248 m。目前，小浪底水库与万家寨、三门峡、故县和陆浑水库联合运用，能够较好地控制洪水。黄河下游防洪标准从 60 年一遇提高到千年一遇，黄河下游防洪能力大幅度提高。小浪底大坝大量拦截泥沙，截至 2015 年 4 月，累计淤积泥沙为 $30.5\times10^8\ m^3$，河底高程明显淤积抬高；同时，下游河道发生了明显的冲刷，累计冲刷量达到 $19.7\times10^8\ m^3$，进一步减缓了下游河床的淤积。

20 世纪 70 年代以来，受黄河两岸工农业迅猛发展的影响，用水量急剧增加，黄河屡屡出现断流现象，给下游的工农业生产及人民的生活造成严重影响。小浪底水库建成后，充足的长期有效库容可以充分调节非汛期的径流量，有效解决下游用水难的问题，每年可为黄河下游提供 $40.0\times10^8\ m^3$ 的水量，很大程度上缓解了下游水资源供需紧张的矛盾。同时，可以实现下游约 1500×10^4 亩①农田的灌溉用水保证率从之前的 32.0 % 上升到 75.0 %，大大提高了灌溉保证率。

2.2　植物群落特征

2.2.1　研究方法

采用样方法对研究区植被进行调查，在黄河干流两侧湿地及周边选取了 35 个典型样地（表2-1），样方随机布设，乔木样方面积为 10 m×10 m，灌木样方面积为 5 m×5 m，草本样方面积为 1 m×1 m，分别记录植物种的名称、高度、密

① 1 亩≈$666.67m^2$。

度、盖度、株数等指标及各样方的地理位置、土壤特征、海拔等。

表 2-1 采样点位置分布

样方	地理位置及生境特征	样方	地理位置及生境特征
1	黄河南岸，坡度平缓，土壤水分中等偏旱	19	黄河北岸，土坡度平缓，土壤水分中等偏湿
2	黄河南岸，坡度平缓，土壤水分中等偏旱	20	黄河北岸，间歇性淹水，坡度平缓，土壤水分中等偏湿
3	黄河北岸，坡度平缓，土壤水分中等偏旱	21	黄河北岸，河心滩地，土壤水分中等偏旱
4	黄河南岸，间歇性淹水，坡度平缓，土壤水分中等偏湿	22	黄河北岸，间歇性淹水，土壤水分中等偏旱
5	黄河南岸，间歇性淹水，坡度平缓，土壤水分中等偏湿	23	黄河北岸，坡度平缓，土壤湿润
6	黄河南岸，坡度平缓，土壤水分中等偏湿	24	黄河北岸，坡度平缓，土壤湿润
7	黄河南岸，河心滩地，土壤水分中等偏旱	25	黄河北岸，土壤水分中等偏旱
8	黄河南岸，间歇性淹水，土壤水分中等偏旱	26	黄河北岸，土壤水分中等偏旱
9	黄河南岸，坡度平缓，土壤湿润	27	黄河北岸，土壤水分中等偏旱
10	黄河南岸，坡度平缓，土壤水分中等偏旱	28	黄河北岸，坡度平缓，土壤湿润
11	黄河南岸，坡度平缓，土壤水分中等偏旱	29	黄河北岸，坡度平缓，土壤湿润
12	黄河南岸，土壤水分中等偏旱	30	黄河北岸，坡度平缓，土壤水分偏湿
13	黄河南岸，土壤水分中等偏旱	31	黄河北岸，坡度平缓，土壤湿润
14	黄河南岸，土壤水分中等偏旱	32	黄河北岸，坡度平缓，土壤水分中等偏旱
15	黄河南岸，土壤水分中等偏旱	33	黄河北岸，坡度平缓，土壤水分中等偏旱
16	黄河南岸，坡度平缓，土壤湿润	34	黄河北岸，坡度平缓，土壤水分偏湿
17	黄河南岸，坡度平缓，土壤水分偏湿	35	黄河北岸，坡度平缓，土壤湿润
18	黄河北岸，坡度平缓，土壤水分中等偏湿		

在物种重要值基础上，依据物种多样性测度指数应用的广泛程度以及对群落物种多样性状况的反映能力，本章选择以下 4 种指数测度物种多样性（孙儒泳，2002）。

$$重要值 = (植物高度 + 植物盖度 + 植物密度)/3 \tag{2-1}$$

Margalef 丰富度指数：$R_m = \frac{S-1}{\ln N}$ (2-2)

Simpson 多样性指数：$D = 1 - \sum_{1}^{s} p_i^2$ (2-3)

Shannon 多样性指数：$H = -\sum_{1}^{s} p_i \ln p_i$ (2-4)

Pielou 均匀度指数：$J = \frac{H}{\ln S}$ (2-5)

式中，p_i为种 i 的相对重要值；N 为样方中物种个体数；S 为种 i 所在样地的物种总数。

2.2.2 植物区系

植物区系是指某一地区（或分类单元、植物群落）所有植物的总和，是植物界在一定自然地理条件下，特别是自然历史条件下综合作用、发展、演化的结果（张桂宾，2003）。植物区系组成决定了群落的外貌和结构，调查研究某一地区植物区系是研究该区域不同时空尺度上植物多样性的重要基础（郭会哲，2006）。

2.2.2.1 基本组成

大坝下游黄河干流两侧被调查的 35 个样地中共有植物 76 种，隶属于 25 科 65 属（表 2-2）。其中蕨类植物 1 科 1 属 2 种，被子植物 24 科 64 属 74 种。草本植物占主导地位，其中菊科、禾木科、莎草科在种属数量上占明显优势，分别为 14 种、13 种和 8 种；木本植物为野生的灌木或人工种植的防护林，如甘蒙柽柳（*Tamarix austromongolica Nakai*）、小叶杨（*Populus simonii*）等。大坝下游黄河干流两侧滨河湿地的生境特征也很好地从滨河湿地植物的优势类种群组成体现出来。研究区生境特征类型多样，有林地、滩涂、沙丘、河心沙洲、水域、盐碱地等，河漫滩生态环境条件优越，水生、湿生植物分布广阔。调查的植物生长快，一般为一年生或两年生植物，可以迅速形成优势种群或小群落。研究区植物科和属的多样性较为丰富，优势物种没有局限于某一个或几个科，也反映出大坝下游黄河干流两侧植物区系组成不是植物系统发生关系，而是植物长期适应了生存的环境。

表 2-2 研究区湿地植物属种组成

类群		科名称	属数	占总属数/%	种数	占总种数/%
被子植物	双子叶植物	菊科 Asteraceae	10	15.39	14	18.42
		藜科 Chenopodiaceae	3	4.61	4	5.26
		豆科 Leguminosae	3	4.61	3	3.94
		蓼科 Polygonaceae	3	4.61	4	5.26
		十字花科 Cruciferae	4	6.15	4	5.26
		毛茛科 Ranunculaceae	2	3.08	2	2.63
		旋花科 Convolvulaceae	3	4.61	3	3.94
		唇形科 Lamiaceae	3	4.61	3	3.94
		苋科 Amaranthaceae	2	3.08	2	2.63
		杨柳科 Popnulus	1	1.54	1	1.32
		大戟科 Euphorbiaceae	2	3.08	2	2.63
		茄科 Sal. anaceae	1	1.54	1	1.32
		马齿苋科 Potulacaceae	1	1.54	1	1.32
		柽柳科 Tamaricaceae	1	1.54	1	1.32
		石竹科 Caryophyllaceae	1	1.54	1	1.32
		茜草科 Rubiaceae	1	1.54	1	1.32
		桑科 Moraceae	1	1.54	1	1.32
		蔷薇科 Rosaceae	1	1.54	1	1.32
		伞形科 Umbelliferae	1	1.54	1	1.32
		车前科 Plantaginaceae	1	1.54	1	1.32
被子植物	单子叶植物	禾木科 Poaceae	13	20.00	13	17.10
		莎草科 Cyperaceae	4	6.15	8	10.52
		香蒲科 Typhaceae	1	1.54	1	1.32
		天南星科 Araceae	1	1.54	1	1.32
蕨类植物		木贼科 Equisetcceae	1	1.54	2	2.63
合计		25	65	100	76	100

2.2.2.2 地理成分

根据中国种子植物属的分布区类型和中国蕨类植物科属志（吴征镒，1991；吴兆洪，1988），在调查区域内，种子的植物属的分布区可划分 10 个分布区类型和 1 个变型（表 2-3）。从表 2-3 可以看出，大坝下游黄河干流两侧滨河湿地植物世界分布属21个，占本区系植物总属数的32.31 %，居所有类型首位。泛热带分布属18个，占本区系总属数的27.69 %，仅次于世界分布。北温带分布属16个，占本区系总属数的24.61 %，位居第三位。各类温带性质属共23个，占研究区种子植物总属数的35.38 %，表明大坝下游黄河干流两侧滨河湿地植物区系有明显的温带属性。菟丝子（*Cuscuta chinensis*）、狗尾草（*Setaria viridis*）等泛热带分布属多数从热带至温带地区生产，不仅仅生长在南北半球的热带地区。泛热带分布、旧世界热带分布、热带亚洲至热带大洋洲分布和热带亚洲至热带非洲分布等热带性质属共21个，约占该区总属数的32.31%，说明研究区植物区系与热带植物联系较为密切，泛热带成分丰富。

表2-3 研究区湿地植物属的分布区类型

分布区类型	属数	所占比例/%
1. 世界分布	21	32.31
2. 泛热带分布	18	27.69
4. 旧世界热带分布	1	1.54
5. 热带亚洲至热带大洋洲分布	1	1.54
6. 热带亚洲至热带非洲分布	1	1.54
8. 北温带分布	16	24.61
8-4. 北温带和南温带间断分布“全温带”	(3)	
9. 东亚和北美洲间断分布	1	1.54
10. 旧世界温带分布	3	4.61
11. 温带亚洲分布	2	3.08
14. 东亚分布	1	1.54
合计	65	100

2.2.3 植物群落分布特征

根据野外样方调查的情况，小浪底水库大坝下游黄河干流两侧滨河湿地主要有16个植物群落，其特征分别如下。

（1）小叶杨群落包括样方1～样方3，距离水流150 m左右区域，坡度平缓，土壤水分中等偏旱。植物优势种为小叶杨（*Populus simonii*）。地表覆盖有结缕草（*Zoysia japonica*）、铁苋菜（*Acalypha australis*）、小藜（*Chenopodium serotinum*）、苍耳（*Xanthium sibiricum*）、曼陀罗（*Datura stramonium*）、马唐（*Digitaria sanguinalis*)、狗尾草（*Setaria viridis*）、广布野豌豆（*Vicia cracca*）、裂叶牵牛（*Pharbitis nil*）、马齿苋（*Portulaca oleracea*）、稗（*Echinochloa crusgalli*）、油芒（*Eccoilopus cotulifer*）、合欢（*Albizia julibrissin*）。小叶杨平均树高为15 m，单株直径为15 cm。小叶杨盖度为70%、其他盖度为30%。周围为大豆（*Glycine soja*）等人工种植的经济作物。

（2）甘蒙柽柳+唐松草+水莎草群落包括样方4、样方5和样方20，广泛分布于河滨两侧间歇性淹水区域，坡度平缓，土壤水分中等偏湿。植物优势种为甘蒙柽柳（*Tamarix austromongolica Nakai*）、唐松草（*Thalictrum aquilegifolium*）、水莎草（*Juncellus serotinus*），伴生种为结缕草（*Zoysia japonica*）、油芒（*Eccoilopus cotulifer*）、野塘蒿（*Conyza bonariensis*）、苦苣菜（*Sonchus oleraceus*）、地锦（*Euphorbia humifusa*）、菖蒲（*Acorus calamus*）、木贼（*Equisetum hyemale*）。甘蒙柽柳平均株高为90 cm、唐松草平均株高为70 cm、水莎草平均株高为73 cm。甘蒙柽柳盖度为40%、唐松草盖度为30%、水莎草盖度为20%、其他盖度为10%。周围植物为酸模叶蓼（*Polygonum lapathifolium*）和鬼针草（*Bidens pilosa*）。

（3）酸模叶蓼群落包括样方6、样方18和样方19，广泛分布于河滨两侧间湿地区域，坡度平缓，土壤水分中等偏湿。植物优势种为酸模叶蓼（*Polygonum lapathifolium*），伴生种为苍耳（*Xanthium sibiricum*）、甘蒙柽柳（*Tamarix austromongolica Nakai*）、唐松草（*Thalictrum aquilegifolium*）、狗尾草（*Setaria viridis*）、石龙芮（*Ranunculus sceleratus*）、葎草（*Humulus scandens*）、皱果苋（*Amaranthus viridis*）、节节草（*Equisetum ramosissimum*）。酸模叶蓼平均株高为1.2 m，最高为1.4 m。酸模叶蓼盖度为90%，其他盖度为10%。周围植物有甘蒙柽柳、唐松草等。

（4）芦苇群落包括样方7、样方8、样方21和样方22，分布于河堤河心区域之间的河心滩地，形成单优势种群落，在河堤下方间歇性淹水区域也有分布，有时与水烛（*Typha angustifolia*）等其他草本植物混生，土壤水分中等偏旱。植物优势种是芦苇（*Phragmites australis*），伴生种有狗牙根（*Cynodon dactylon*）、水烛（*Typha angustifolia*）、播娘蒿（*Descuminia sophia*）、打碗花（*Calystegia hederacea*）、风花菜（*Rorippa globosa*）、繁缕（*Stellaria media*）、稗（*Echinochloa crusgalli*）、野大豆（*Glycine soja*）、野艾蒿（*Artemisia lavandulaefolia*）、香附子（*Cyperus rotundus*）、画眉草（*Eragrostis pilosa*）、短叶水蜈蚣（*Kyllinga brevifolia*）、鬼针草（*Bidens pilosa*）、皱叶酸模（*Rumex crispus*）、荠菜（*Capsella bursa-pastoris*）。芦苇最高株高为2 m，平均株高为1.7 m。芦苇盖度为95%，其他盖度为5%。周围植物为水莎草、油芒等。

（5）水烛+藨草群落包括样方9、样方23和样方24，分布于河滨两侧间歇性淹水区域，坡度平缓，土壤湿润。植物优势种为藨草（*Scirpus triqueter*）和水烛（*Typha angustifolia*），伴生种为酸模叶蓼（*Polygonum lapathifolium*）、荠菜（*Capsella bursa-pastoris*）、苍耳（*Xanthium sibiricum*）、扁穗莎草（*Cyperus compressus*）、白茅（*Imperata cylindrica*）、千金子（*Leptochloa chinensis*）、稗（*Echinochloa crusgalli*）、棒头草（*Polypogon fugax*）、菖蒲（*Acorus calamus*）、黄花蒿（*Artemisia annua*）、一年蓬（*Erigeron annuus*）。水烛单株最高为1.6 m，平均为1.5 m。水烛盖度为50%，藨草盖度为20%，其他盖度为30%。周围植物为油芒、芦苇等。

（6）油芒群落包括样方10和样方11，分布于沙荒平缓地，根系发达，相互交织成网，土壤水分中等偏旱。植物优势种为油芒（*Eccoilopus cotulifer*），伴生种有芦苇（*Phragmites australis*）、酸模叶蓼（*Polygonum lapathifolium*）、菟丝子（*Cuscuta chinensis*）、拟南芥（*Arabidopsis thaliana*）、风花菜（*Rorippa globosa*）、繁缕（*Stellaria media*）、异型莎草（*Cyperus difformis*）、野燕麦（*Avena fatua*）、齿果酸模（*Rumex dentatus*）、葎草（*Humulus scandens*）、野胡萝卜（*Daucus carota*）、猪殃殃（*Galium aparine*）。油芒盖度为80%，酸模叶蓼盖度为10%，其他盖度为10%。

（7）野艾蒿群落包括样方12和样方25，分布于河堤上的河漫滩区，土壤水分中等偏旱。植物优势种为野艾蒿（*Artemisia lavandulaefolia*），伴生种为苦苣菜（*Sonchus oleraceus*）、拟南芥（*Arabidopsis thaliana*）、苍耳（*Xanthium sibiricum*）、夏至草（*Lagopsis supina*）、播娘蒿（*Descuminia sophia*）、猪殃殃（*Galium aparine*）、石龙芮（*Ranunculus sceleratus*）、蒲公英（*Taraxacum*）、艾草（*Artemisia argyi*）、地肤（*Kochia scoparia*）、小藜（*Chenopodium serotinum*）。野艾蒿盖度为50%，其他盖度为50%。周围植物为杨树、小麦等。

（8）柔毛益母草群落包括样方13和样方26，分布于河堤上的河漫滩区，土壤水分中等偏旱。植物优势种为柔毛益母草（*Leonurus villosissimus*），伴生种为野大豆（*Glycine soja*）、狗尾草（*Setaria viridis*）、拟南芥（*Arabidopsis thaliana*）、苦苣菜（*Sonchus oleraceus*）、夏至草（*Lagopsis supina*）、鳢肠（*Eclipta prostrata*）、灰绿藜（*Chenopodium glaucum*）、扁秆草（*Scirpus planiculmis*）、猪毛蒿（*Artemisia scoparia*）、刺儿菜（*Cirsium setosum*）、马齿苋（*Portulaca oleracea*）、野大豆（*Glycine soja*）、繁缕（*Stellaria media*）。柔毛益母草单株最高为1.8 m，平均为1.6 m。柔毛益母草盖度为90%，狗尾巴草盖度为5%，苦苣菜盖度为3%，其他盖度为2%。周围植物为小叶杨、小麦、棉花等。

（9）野大豆群落包括样方14，分布于河堤上的原河漫滩区，土壤水分中等偏旱。植物优势种为野大豆（*Glycine soja*），伴生种为野艾蒿（*Artemisia lavandu-*

laefolia)、繁缕(*Stellaria media*)、猪殃殃(*Galium aparine*)、荔枝草(*Saluia plebeia*)、皱叶酸模(*Rumex crispus*)、菟丝子(*Cuscuta chinensis*)、泥胡菜(*Hemistepta lyrata*)、猪毛蒿(*Artemisia scoparia*)、碱蓬(*Suaeda glauca*)、棒头草(*Polypogon fugax*)。野大豆盖度为90%,其他盖度为10%。周围植物为小叶杨、小麦、棉花等。

(10)牛筋草群落包括样方15和样方27,分布于河堤上的原河漫滩区,土壤水分中等偏旱。植物优势种为牛筋草(*Eleusine indica*),伴生种为野艾蒿(*Artemisia lavandulaefolia*)、繁缕(*Stellaria media*)、稗(*Echinochloa crusgalli*)、马唐(*Digitaria sanguinalis*)、千金子(*Leptochloa chinensis*)、狗牙根(*Cynodon dactylon*)、异型莎草(*Cyperus difformis*)、野塘蒿(*Conyza bonariensis*)、猪毛蒿(*Artemisia scoparia*)、曼陀罗(*Datura stramonium*)、荔枝草(*Saluia plebeia*)、葎草(*Humulus scandens*)、野胡萝卜(*Daucus carota*)。牛筋草盖度为80%,其他盖度为20%。周围植物为小叶杨、小麦、棉花等。

(11)水烛+芦苇+空心莲子草群落包括样方16、样方28和样方29,分布于河滨两侧间歇性淹水区域,坡度平缓,土壤湿润。植物优势种为水烛(*Typha angustifolia*)、芦苇(*Phragmites australis*)、空心莲子草(*Alternanthera Philoxeroides*),伴生种为野大豆(*Glycine soja*)、菟丝子(*Cuscuta chinensis*)、猪殃殃(*Galium aparine*)、打碗花(*Calystegia hederacea*)、车前(*Plantago asiatica*)、朝天委陵菜(*Potentilla supina*)、夏至草(*Lagopsis supina*)、荠菜(*Capsella bursa-pastoris*)、酸模叶蓼(*Polygonum lapathifolium*)、蒲公英(*Taraxacum*)、猪毛蒿(*Artemisia scoparia*)、野塘蒿(*Conyza bonariensis*)。芦苇单株最高为1.5 m,平均为1.3 m;水烛单株最高为1.6 m,平均为1.4 m;空心莲子草单株最高为0.9 m,平均为0.8 m。水烛盖度为40%,芦苇盖度为40%,空心莲子草盖度为15%,苦苣菜盖度为3%,其他盖度为2%。

(12)芦苇+酸模叶蓼群落包括样方17和样方30,分布于河滨两侧间歇性淹水区域,坡度平缓,土壤水分偏湿。植物优势种为芦苇(*Phragmites australis*)、酸模叶蓼(*Polygonum lapathifolium*),伴生种为水烛(*Typha angustifolia*)、打碗花(*Calystegia hederacea*)、葎草(*Humulus scandens*)、繁缕(*Stellaria media*)、野大豆(*Glycine soja*)、灰绿藜(*Chenopodium glaucum*)、水莎草(*Juncellus serotinus*)、马唐(*Digitaria sanguinalis*)、短叶水蜈蚣(*Kyllinga brevifolia*)。芦苇单株最高为1.5 m,平均为1.2 m;酸模叶蓼单株最高为0.8 m,平均为0.7 m。水芦苇盖度为48%,芦苇盖度为42%,其他盖度为10%。

(13)水蓼群落包括样方31,分布于河滨间歇性淹水区域,坡度平缓,土壤湿润。植物优势种为水蓼(*Polygonum hydropiper*),伴生种为马唐(*Digitaria san-*

guinalis)、繁缕（*Stellaria media*)、牛筋草（*Eleusine indica*)、狗牙根（*Cynodon dactylon*)、画眉草（*Eragrostis pilosa*)、菖蒲（*Acorus calamus*)。水蓼盖度为95%，其他盖度为5%。

（14）小飞蓬群落包括样方32和样方33，分布于河漫滩区，坡度平缓，土壤水分偏旱。植物优势种为小飞蓬（*Conyza canadensis*)，伴生种为繁缕（*Stellaria media*)、芦苇（*Phragmites australis*)、野大豆（*Glycine soja*)、野胡萝卜（*Daucus carota*)、马唐（*Digitaria sanguinalis*)、车前（*Plantago asiatica*)、皱果苋（*Amaranthus viridis*)、稗（*Echinochloa crusgalli*)、齿果酸模（*Rumex dentatus*)。小飞蓬单株最高为1.1 m，平均为0.9 m。小飞蓬盖度为80%，芦苇盖度为10%，其他盖度为10%。

（15）碱蓬群落包括样方34，分布于河漫滩区，坡度平缓，土壤水分偏湿。植物优势种为碱蓬（*Suaeda glauca*)，伴生种为灰绿藜（*Chenopodium glaucum*)、苍耳（*Xanthium sibiricum*)、猪殃殃（*Galium aparine*)、地肤（*Kochia scoparia*）、野艾蒿（*Artemisia lavandulaefolia*)、苦苣菜（*Sonchus oleraceus*)、朝天委陵菜（*Potentilla supina*)、小藜（*Chenopodium serotinum*)、一年蓬（*Erigeron annuus*)。碱蓬盖度为99%，其他盖度为1%。

（16）砖子苗群落包括样方35，分布于河滨间歇性淹水区域，坡度平缓，土壤湿润。植物优势种为砖子苗（*Mariscus umbellatus*)，伴生种为朝天委陵菜（*Potentilla supina*)、鳢肠（*Eclipta prostrata*)、猪殃殃（*Galium aparine*)、稗（*Echinochloa crusgalli*)、野胡萝卜（*Daucus carota*)、播娘蒿（*Descuminia sophia*)、裂叶牵牛（*Pharbitis nil*)、扁秆草（*Scirpus planiculmis*)、马唐（*Digitaria sanguinalis*)。砖子苗盖度为64%，朝天委陵菜盖度为20%，鳢肠盖度为10%，其他盖度为6%。

2.2.4 植物群落多样性特征

物种的多样性具有两种涵义，一是种的数目或丰富度，其反映了一个群落或生境中物种数目的多寡；二是种的均匀度，其反映了各物种个体数目分配的均匀程度，多样性指数正是反映丰富度和均匀度的综合指标（孙儒泳，2002）。

研究区植物群落Margalef丰富度指数如图2-2所示。

由图可知，小浪底下游黄河滩区植物群落Margalef丰富度指数（R_m）为3.47~7.91，其中小叶杨群落最高，野艾蒿群落次之，水蓼群落最低。丰富度指数高的植物群落为群落整体密度较低的植物群落，因而整体密度较低的乔木群落小叶杨群落丰富度指数最高。而高密度的群落中优势种的高资源竞争力导致其他

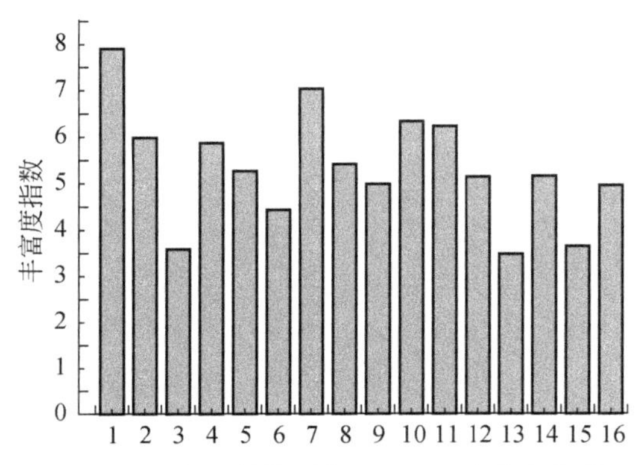

图 2-2 研究区植物群落 Margalef 丰富度指数

1. 小叶杨群落 2. 甘蒙柽柳+唐松草+水莎草群落 3. 酸模叶蓼群落 4. 芦苇群落 5. 水烛+薫草群落 6. 油芒群落 7. 野艾蒿群落 8. 柔毛益母草群落 9. 野大豆群落 10. 牛筋草群落 11. 水烛+芦苇+空心莲子草群落 12. 芦苇+酸模叶蓼群落 13. 水蓼群落 14. 小飞蓬群落 15. 碱蓬群落 16. 砖子苗群落

物种难以共存，使得水蓼群落、碱蓬群落和酸模叶蓼群落的丰富度指数较低。

研究区植物群落 Simpson 多样性指数如图 2-3 所示。

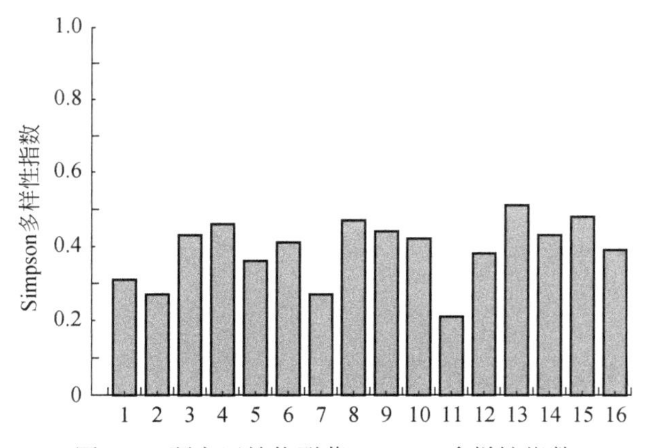

图 2-3 研究区植物群落 Simpson 多样性指数

1. 小叶杨群落 2. 甘蒙柽柳+唐松草+水莎草群落 3. 酸模叶蓼群落 4. 芦苇群落 5. 水烛+薫草群落 6. 油芒群落 7. 野艾蒿群落 8. 柔毛益母草群落 9. 野大豆群落 10. 牛筋草群落 11. 水烛+芦苇+空心莲子草群落 12. 芦苇+酸模叶蓼群落 13. 水蓼群落 14. 小飞蓬群落 15. 碱蓬群落 16. 砖子苗群落

由图可知，小浪底下游黄河滩区植物群落 Simpson 多样性指数（D）为 0.27～0.51，Shannon 多样性指数最高的是水蓼群落，而水烛+芦苇+空心莲子草群落和甘蒙柽柳+唐松草+水莎草群落 Simpson 多样性指数较低，其他群落处于中间水平，表明物种分布最集中的是水蓼群落，而物种分布最广的则是水烛+芦苇+空心莲子草群落。

群落中各种之间，个体分配越均匀，Shannon 指数就越大，即如果每一个体都属于不同的种，Shannon 指数就最大；如果每一个体都属于同一种，则 Shannon 指数就最小（尚玉昌，2002）。研究区植物群落 Shannon 多样性指数如图 2-4 所示。

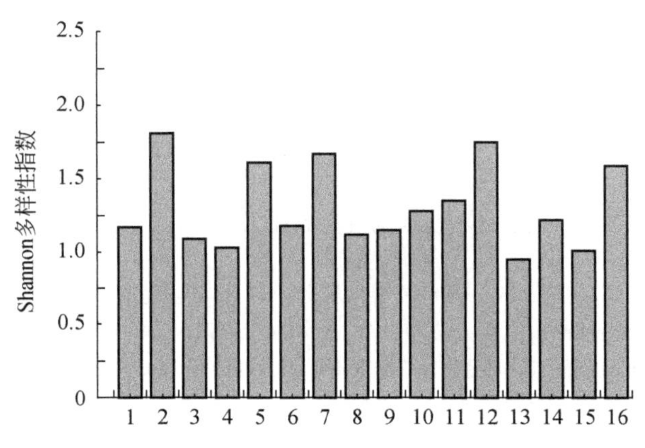

图 2-4 研究区植物群落 Shannon 多样性指数

1. 小叶杨群落 2. 甘蒙柽柳+唐松草+水莎草群落 3. 酸模叶蓼群落 4. 芦苇群落 5. 水烛+藨草群落 6. 油芒群落 7. 野艾蒿群落 8. 柔毛益母草群落 9. 野大豆群落 10. 牛筋草群落 11. 水烛+芦苇+空心莲子草群落 12. 芦苇+酸模叶蓼群落 13. 水蓼群落 14. 小飞蓬群落 15. 碱蓬群落 16. 砖子苗群落

由图可知，调查的 16 个植物群落中，Shannon 多样性指数（H）为 0.95 ~ 1.81，Shannon 多样性指数最高的是甘蒙柽柳+唐松草+水莎草群落，为 1.81；而最小的是水蓼群落，仅为 0.95。有研究表明，草本植物群落的 Shannon 多样性指数一般为 1.5 ~ 3.5（Gause，1937），研究区调查的 14 个草本植物群落中，Shannon 多样性指数值大于 1.5 的群落有 5 个，其他 9 个群落都低于 1.5，表明小浪底下游黄河滩区草本植物群落多样性水平较低，与韦翠珍等（2012）的研究结果一致。

均匀度是群落中不同物种多度分布的均匀程度（马克平和刘玉明，1994）。研究区植物群落 Pielou 均匀度指数如图 2-5 所示。

由图可知，调查的 16 个植物群落中，Pielou 均匀度指数（J）为 0.41 ~ 0.98，Pielou 均匀度指数最高的是甘蒙柽柳+唐松草+水莎草群落，而最低的是水蓼群落，这与由 Shannon 指数得出的结果一致。

群落的物种多样性直接或间接体现了群落结构类型、组织水平、发展阶段、稳定程度和生境差异等。研究区植物群落 Margalef 丰富度指数（R_m）为 3.47 ~ 7.91，Simpson 多样性指数（D）为 0.27 ~ 0.51，Shannon 多样性指数（H）为 0.95 ~ 1.81，Pielou 均匀度指数（J）为 0.41 ~ 0.98，由此可见，小浪底下游黄

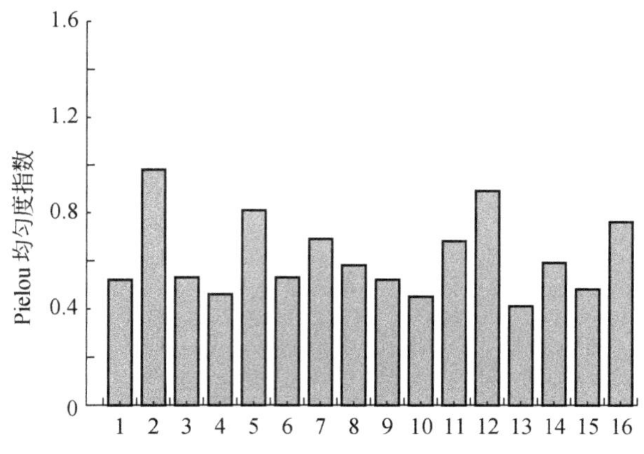

图 2-5 研究区植物群落 Pielou 均匀度指数

1. 小叶杨群落 2. 甘蒙柽柳+唐松草+水莎草群落 3. 酸模叶蓼群落 4. 芦苇群落 5. 水烛+藨草群落 6. 油芒群落 7. 野艾蒿群落 8. 柔毛益母草群落 9. 野大豆群落 10. 牛筋草群落 11. 水烛+芦苇+空心莲子草群落 12. 芦苇+酸模叶蓼群落 13. 水蓼群落 14. 小飞蓬群落 15. 碱蓬群落 16. 砖子苗群落

河滩区植物群落结构较为简单，组织水平较低。

2.3 湿地土壤环境特征

2.3.1 土壤基本特征及其成因

湿地土壤是湿地许多物质转化过程的媒介，也是大部分湿地植物利用化学物质的主要储存库，通常被称为水成土。美国农业部自然资源保护机构将它定义为“在水分饱和状态下形成的，在生长季有足够长的淹水时间使其上部能够形成厌氧条件的土壤”。湿地土壤类型通常可分为两种：矿质土壤和有机土壤。尽管所有的土壤都含有机质，但是当土壤中的有机质（干重）含量介于20%～35%时，可以视为矿质土壤。

2.3.1.1 有机土壤

有机土壤主要由不同分解阶段的植物残体组成，由于静水或排水不畅导致的厌氧条件而造成积累。有机物质的植物来源和土壤分解的程度是湿地有机土壤（包括泥炭和腐殖土）的两个更为重要的特征，容积密度、离子交换能力、水力传导率及孔隙率等往往依赖这些特征。

土壤有机物质的植物源可以是苔藓、草本植物、树木及落叶。例如，北方泥炭湿地的土壤有机质来源于苔藓植物；海岸盐沼湿地的土壤有机质可能来源于芦苇属（*Phragmites*）、米草属（*Spartina*）的草本植物；而有林湿地中，土壤有机质可能来源于木质碎屑或落叶。

湿地土壤的分解或腐殖化状态是有机泥炭的另一个重要特征。尽管分解作用在淹水条件下很慢，但随着分解的进行，原有植物结构的理化性质会发生明显改变。在泥炭分解时，随着物质的进一步破碎化，土壤的容积密度增加，水力传导率下降，粗大纤维颗粒（粒径>1.5 mm）含量减少。可溶于非极性溶剂的物质和木质素随着分解的进行而增加，而纤维素化合物和植物色素则下降。一些湿地植物如盐沼草本植物死亡时，碎屑物会通过淋溶作用丧失大量的有机化合物，这些易溶的有机化合物会随水流进入临近的水生生态系统而被其他生物利用或分解消耗。

有机土壤通常分为四类，其中三种是水成土。

（1）腐殖土分解的物质占2/3或者更多，并且可被确定的植物纤维不到1/3。

（2）泥炭土分解的物质不到1/3，并且可被确定的植物纤维超过2/3。

（3）腐殖泥炭土或泥炭腐殖土介于腐殖土和泥炭土之间。

（4）薄层土热带地区和北方高山地区积聚的过量水汽（降水量>蒸发蒸腾量）造成的有机土壤；这些土壤因为很少出现水分饱和状态，并不能划分为水成土。

有机土壤的颜色一般是暗色的，变化范围从暗黑色到暗棕色，前者如佛罗里达永乐湿地的腐殖土，后者如北方沼泽部分分解的泥炭土。与矿质土壤相比，有机土壤有低的容积密度和高的持水能力、更多地以有机物形式捆绑的植物不可利用的矿物成分和较高的离子交换能力。

2.3.1.2 矿质土壤

矿质土壤在长期淹水条件下，通过铁、锰氧化物的还原、迁移、氧化会形成特有的氧化还原形态。而形成过程要受微生物作用的调节，其形成的速率取决于三个条件，且这三个条件必须同时满足：①持续的厌氧条件；②足够的土壤温度（5℃经常被认为是“生物学零点”，低于这个温度，生物活动就会停滞或者相当缓慢）；③作为微生物活动基质的有机质。

许多半永久性或者永久性淹水的水成性矿质土壤的一个重要特征就是黑色、灰色，有时呈绿色或蓝灰色土壤形成的潜育过程，它是铁化学还原的结果。当土壤没有被水完全浸透时，铁（Fe^{3+}）氧化物是使土壤变成它特有的红色、棕色、黄色和橘黄色的主要化学物质。锰（Mn^{3+}或Mn^{4+}）氧化物则使土壤变成黑色。当土壤被淹且变成还原性土壤时，Fe^{3+}就会被还原成可溶性的Fe^{2+}，锰也被还原成可溶性的锰离子（Mn^{2+}）。这些可溶性的铁和锰会被淋溶出土壤，而使土壤恢复母质如沙、淤泥、黏土的自然颜色（灰色或者黑色）。通常也用氧化还原损耗来描述这一过程。同样，当铁和锰氧化物耗竭后，黏土也会沿着植物根系被选择性的去除，即黏土损耗。

某些矿质土壤的另一个特征就是氧化根周的存在。它是许多水生植物从地上茎和叶向地下根输送氧气形成的。超过根代谢的氧从根扩散到周围的土壤基质，沿着小根就形成氧化铁的沉积。季节性淹水的矿质土壤，特别是干湿交替进行时，会形成高度氧化的斑点或称为氧化还原集合。它们通常是橘黄色/棕红色（由于铁的作用）或者暗棕红色/黑色（由于锰的作用）。因为它可溶性差，所以即使被排干也能在土壤里保留较长时间。当植物死亡时，铁和锰氧化物的微孔隙内层仍然保留着。

实际上，要确定矿质土壤是否为水成土是一个复杂的过程。但是通常可以通过土壤颜色与标准色卡——蒙塞尔土壤色卡进行比对来确定。含很低色度的土壤就是水成土，一般色度小于等于 2；颜色为鲜红、棕色、黄色或橘黄色的，是非水成土壤。研究区滩地部分原为季节性淹水湿地，随着小浪底水库的修建，已基本转化为永久性旱地，地势低平，坡度平缓，开发利用程度高。河岸沙洲面积位于河道南侧，受小浪底调水调沙影响很大，季节性淹没，泥沙年淤积量大，水沟发育，局部泥炭层发育。

2.3.2 滨河湿地土壤沉积特征

结合样方调查结果，对滨河湿地 6 种典型群落土壤沉积特征进行分析。在土壤剖面分层特征上，不同的植物群落类型土壤层次变化较大（表 2-4）。

表 2-4 不同植物群落不同土壤沉积层位营养元素及理化性质

群落类型	土层厚度/cm	含水率/%	氨氮/(mg/kg)	硝氮/(mg/kg)	全氮/(mg/kg)	全磷/(mg/kg)	pH
油芒群落	0 ~ 16	22.21	0.00	0.03	0.28	71.62	8.75
	16 ~ 45	30.64	0.00	0.27	0.03	41.94	8.69
	45 ~ 195	31.21	0.00	0.00	0.11	69.50	8.25
甘蒙柽柳+唐松草群落	0 ~ 12	23.88	0.36	0.05	0.22	53.95	8.36
	12 ~ 22	13.58	0.00	0.57	0.34	60.67	8.18
	22 ~ 34	16.10	0.41	0.22	0.24	65.97	8.09
	34 ~ 63	23.20	0.14	0.02	0.50	40.88	8.17

续表

群落类型	土层厚度/cm	含水率/%	氨氮/(mg/kg)	硝氮/(mg/kg)	全氮/(mg/kg)	全磷/(mg/kg)	pH
酸模叶蓼群落	0～10	23.15	0.69	0.20	0.42	56.07	8.21
	10～19	17.13	0.84	0.52	0.11	43.00	8.1
	19～27	27.19	0.45	0.00	0.39	40.53	8.24
	27～34	20.04	0.53	0.32	0.45	33.46	8.24
水烛群落	0～10	28.43	0.27	0.31	0.39	33.11	8.33
	10～20	20.44	0.35	0.05	0.14	48.30	8.35
	20～25	28.06	0.34	0.01	0.56	50.42	8.32
	25～30	32.19	0.44	0.25	0.67	63.14	8.39
藨草群落	0～10	28.60	0.47	0.03	0.34	62.08	8.21
	10～20	21.30	0.29	0.06	0.28	38.05	8.17
	20～30	12.35	0.17	0.39	0.11	53.25	8.25
	30～35	25.68	0.56	0.02	0.56	46.53	8.3
	35～45	23.12	0.00	0.04	0.20	34.87	8.31
芦苇群落	0～10	7.74	0.42	0.33	0.14	73.03	8.24
	10～14	15.02	0.79	0.31	0.11	82.93	8.47
	14～18	20.64	0.00	0.00	0.14	45.83	8.46

底沙以上芦苇群落和油芒群落土壤可分为3层，而藨草群落可划分为5层，水烛、酸模叶蓼、甘蒙柽柳+唐松草群落3种植被类型则可划分为4层。其中，油芒群落位于河岸一侧，从土壤剖面看，45 cm深度以下发育有厚达1.5 m的泥炭层，反映了其典型湿地沉积特征，小浪底水库建成后受调水调沙的影响，逐渐沉积淤高，植被类型由原典型湿生植物演替为陆生植物。芦苇群落位于近河床一侧的沙坝上，地势相对较高，土壤沉积层厚度平均每层仅6 cm，反映了其受河水冲刷影响大，形成时间较短；其他4种群落类型位于滨河湿地中部，其中水烛群落位于中部的大面积地势低洼区，河汊发育、积水时间长，湿地特征明显，土壤沉积层次多、厚度变化相对较小。

由于距离小浪底水库较近，孟津滨河湿地受水库建设造成的河流水文变化影响非常大。土壤沉积特征反映了该段黄河湿地的演化特征，即随着上游小浪底水库的建成湿地逐渐向河道推移的过程。水库建成后，该河段常年流态比较平稳，河滩区已经大面积开垦为荷塘、鱼塘和农田，近岸湿地植被向陆生演替的特征十分明显；每年为期一个月的水库调水调沙，湿地大部分被水沙淹没，植被截留大量淤泥、河沙，导致滨河湿地土壤沉积加速，沙洲、滨河湿地不断向河道推进。

2.3.3 土壤理化特征

2.3.3.1 土壤含水率、pH 和粒度分布特征

土壤含水率、pH 是表征土壤物理化学性质的两个重要参数。土壤的粒度分布是土壤的一个稳定的自然属性，土壤粒径的粗细与土壤的物理、化学和生物性质密切相关，土壤粒度的组成及其特征影响土壤抗风蚀能力、土壤持水能力和土壤养分等（钱亦兵等，2005）。

土壤样品采集时间为 2006 年 11 月，试验区土壤 pH 为 8.09 ~ 8.75，属于碱性土壤；土壤含水率为 7.74% ~32.19%，变化较大，其原因为 6 种不同的植物群落分布于滨河湿地的不同位置，其地势高低不同，芦苇群落位于河心洲上，相对位置较高，其表层土壤的含水率也就相对较低，水烛群落则位于发育的河汊边，地势低矮，同时受到农田排水影响，土壤湿润，含水率较高（表 2-4）。

土壤粒径分布测定在中国科学院生态环境研究中心城市和区域生态国家重点实验室完成。其分析步骤如下：取 2 ~ 3 g 土壤样品加少量蒸馏水湿润（以能浸没样品为宜），然后加入 10 mL 30% 双氧水静置 24 h，再加入 10 mL 10% 的盐酸，待泡沫结束后加满蒸馏水放置 12 h 去除水层；再加入 10 mL 0.05N 偏磷酸钠，超声波振荡 10 min，制成悬浮液。用英国产 Mastersizer 2000 型激光粒度仪测定，测定范围为 0.2 μm ~ 2 mm，分析误差<2%，测定结果如图 2-6 所示。

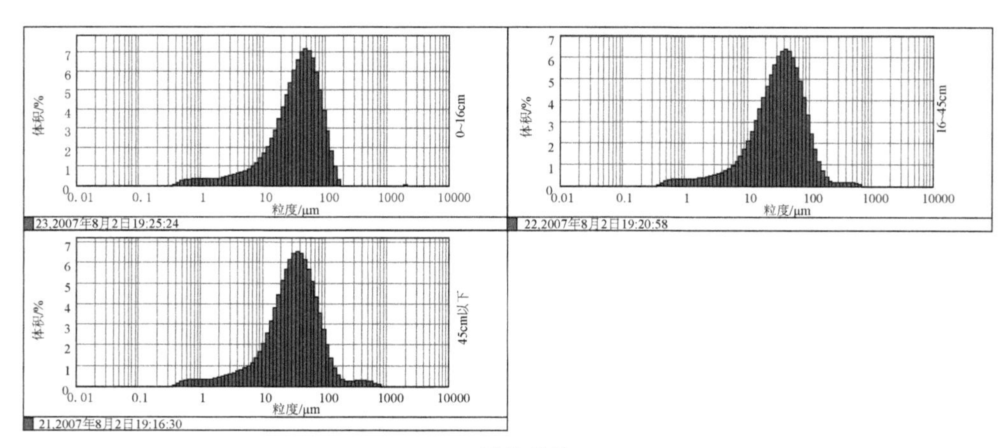

(a) 油芒群落

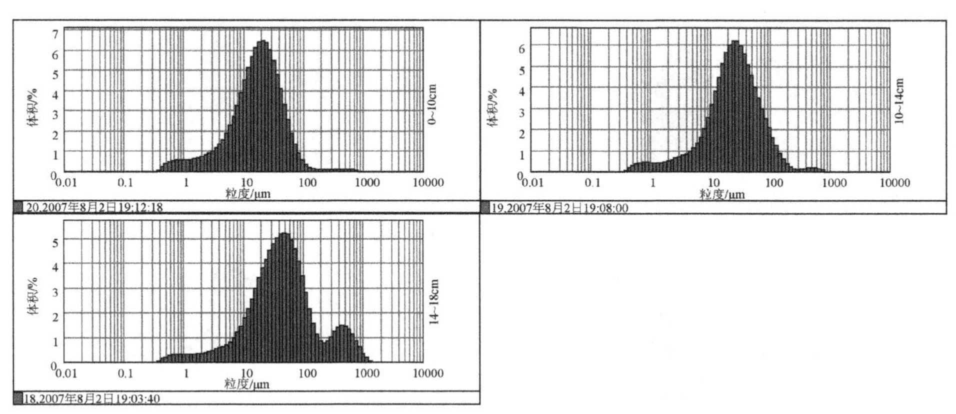

(b) 芦苇群落

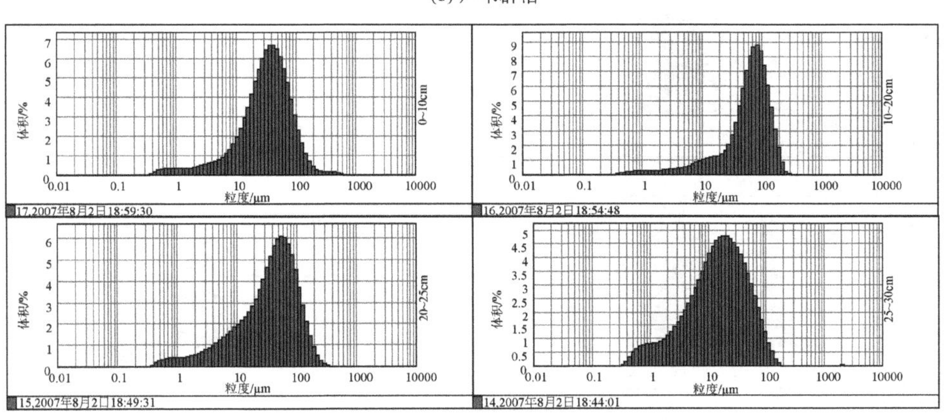

(c) 水烛群落

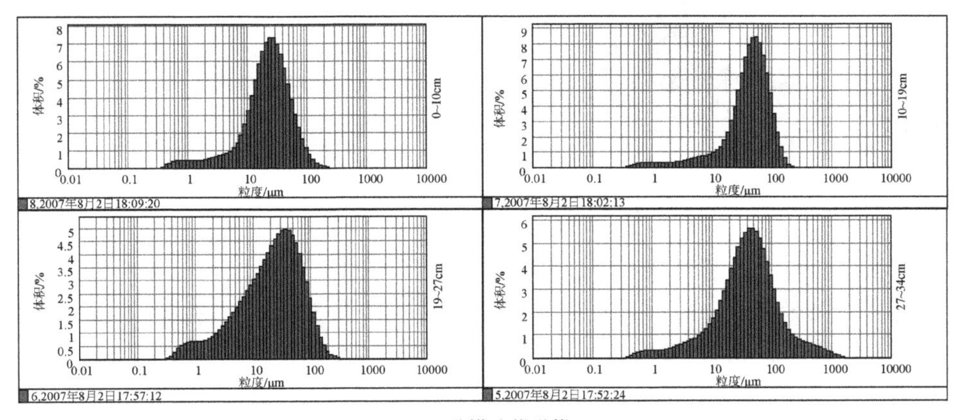

(d) 酸模叶蓼群落

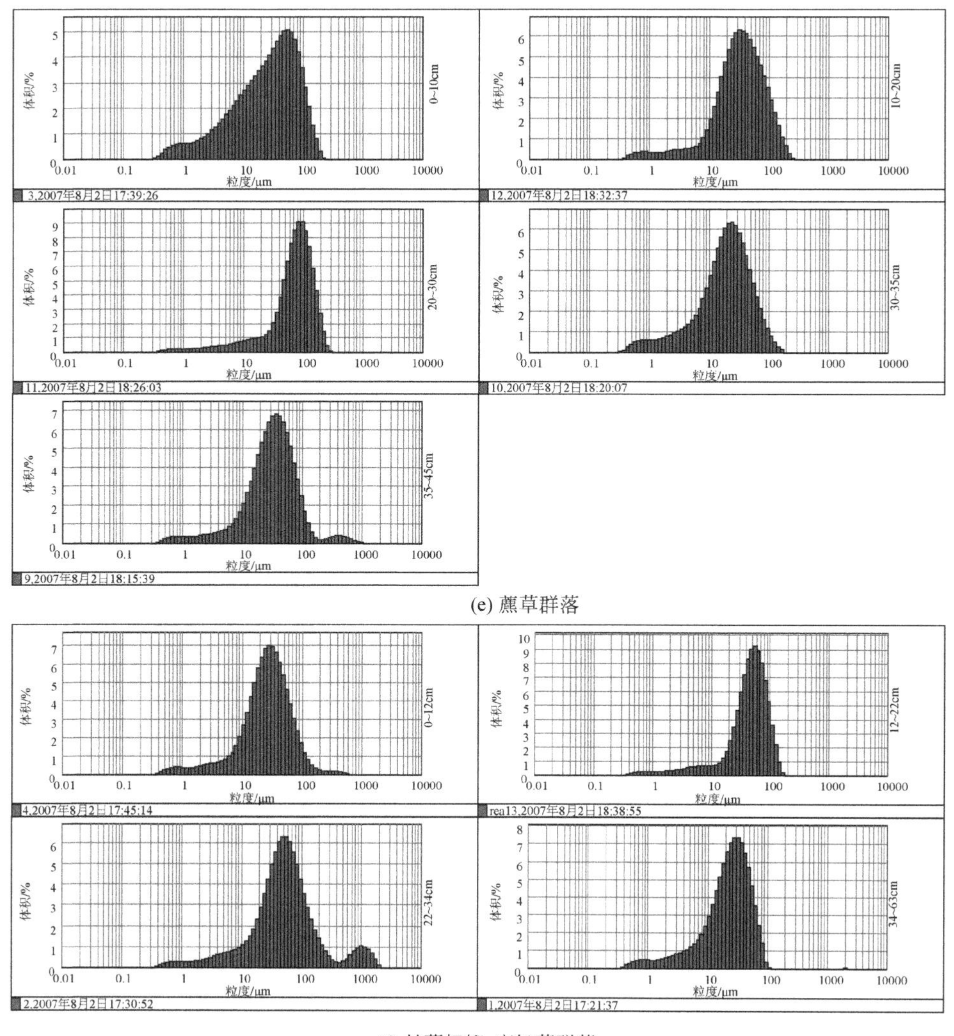

(e) 藨草群落

(f) 甘蒙柽柳+唐松草群落

图 2-6 不同植物群落不同沉积层土壤粒度分布直方图

土壤粒度组成分析结果显示，6 种植物群落不同沉积层位均以粉砂和细砂为主，这两个粒径范围的百分含量占到 84.12% ~ 99.32%；其粒级含量为黏粒 2.06% ~ 8.37%；粉砂 9.88% ~ 49.75%；细砂 41.88% ~ 88.14%；粗砂 0 ~ 12.81%。根据美国土壤质地命名，6 个样地以砂土、壤砂土或砂壤为主。由此可以看出，黄河湿地孟津段土壤主要由粉砂和细砂组成，质地较轻，说明它们都以河流冲、洪积物为成土母源。

表 2-5 不同植物群落不同沉积层位土壤/沉积物粒径分布特征

群落类型	层位/cm	比表面积/(m^2/g)	面积平均粒径/μm	体积平均粒径/μm	$D(0.1)$/μm	$D(0.5)$/μm	$D(0.9)$/μm	黏粒/%(<0.002mm)	粉砂/%(0.002～0.02mm)	细砂/%(0.02～0.2mm)	粗砂/%(0.2～2mm)	土壤质地
甘蒙柽柳+唐松草群落	0～12	0.567	10.591	37.969	7.096	27.239	73.281	3.74	31.43	63.60	1.23	砂壤
	12～22	0.386	15.563	52.745	13.029	48.745	96.028	2.69	11.18	88.14	0	砂土
	22～34	0.388	15.476	134.874	10.291	51.326	214.214	2.64	15.09	71.66	10.61	砂土
	34～63	0.667	8.991	28.139	5.012	24.451	56.102	4.62	35.67	59.71	0	砂土
酸模叶蓼群落	0～10	0.636	9.431	29.756	6.157	23.788	59.751	4.34	36.72	58.93	0.01	砂壤
	10～19	0.407	14.743	51.780	11.601	46.253	97.725	2.85	13.52	83.61	0.02	壤砂土
	19～27	0.864	6.942	34.176	3.099	23.432	79.697	6.76	38.28	54.67	0.30	砂壤
	27～34	0.467	12.840	79.238	7.676	41.207	157.224	3.17	21.93	67.34	7.56	砂壤
藨草群落	0～10	0.783	7.663	40.143	3.450	28.810	93.949	6.14	33.74	60.09	0.03	砂壤
	10～20	0.489	12.280	45.762	9.471	34.202	99.152	3.35	23.70	72.51	0.44	壤砂土
	20～30	0.298	20.115	83.257	15.133	77.575	153.655	2.06	9.88	85.48	2.58	砂土
	30～35	0.835	7.186	26.876	3.485	20.326	57.937	6.29	42.99	50.72	0	砂壤/粉黏壤
	35～45	0.5	12.002	50.403	8.261	32.755	87.102	3.31	25.38	68.47	2.84	砂壤
芦苇群落	0～10	0.829	7.240	26.408	3.748	18.006	49.629	5.87	49.01	44.28	0.84	粉黏壤/粉壤
	10～14	0.627	9.564	39.933	5.724	25.255	81.458	4.27	35.47	58.86	1.39	粉壤
	14～18	0.446	13.448	104.877	8.730	43.798	312.945	3.07	21.21	62.91	12.81	砂壤

续表

群落类型	层位/cm	比表面积/(m^2/g)	面积平均粒径/μm	体积平均粒径/μm	$D(0.1)$/μm	$D(0.5)$/μm	$D(0.9)$/μm	黏粒/%(<0.002mm)	粉砂/%(0.002~0.02mm)	细砂/%(0.02~0.2mm)	粗砂/%(0.2~2mm)	土壤质地
水烛群落	0~10	0.492	12.192	45.917	8.021	34.793	91.942	3.25	24.10	71.49	1.16	壤砂土
	10~20	0.316	18.962	74.442	13.090	68.719	139.566	2.12	11.55	84.90	1.43	砂土
	20~25	0.567	10.576	51.398	5.401	40.661	111.516	4.16	24.50	70.26	1.09	砂土
	25~30	1.06	5.675	24.317	2.424	15.809	58.309	8.37	49.75	41.88	0	粉黏壤/粉壤
油芒群落	0~16	0.493	12.179	45.079	8.079	38.714	90.713	3.46	21.23	75.32	0	壤砂土
	16~45	0.491	12.214	48.036	7.952	35.096	95.044	3.24	24.77	70.45	1.54	壤砂土
	45~195	0.509	11.777	48.308	7.415	32.888	90.624	3.33	25.94	68.55	2.18	壤砂土

注:D10 表示样品的累计粒度分布百分数达到10%时所对应的粒径,D50 表示样品的累计粒度分布百分数达到50%时所对应的粒径,D90 表示样品的累计粒度分布百分数达到90%时所对应的粒径

黄河湿地孟津段土壤质地结构较复杂，大多数剖面有不同质地的土壤层（表2-5），这反映出黄河湿地孟津段成土母质的粗细变异受河流改道和季节性洪水影响较大。

2.3.3.2　土壤有机质分布特征

土壤有机质是湿地生态系统中极其重要的生态因子，它不仅是湿地植物有机营养和矿质营养的源泉，也是滨河湿地土壤异养型微生物的能源物质，直接影响着滨河湿地生态系统的生产力大小（Mitsch and Gosselink，2000；白军红等，2002）。滨河湿地土壤有机质的含量及分布直接影响滨河湿地土壤系统的物理、化学和生物学特性（莫剑锋等，2004），尤其是 C、N 的生物地球化学过程，因而一直备受湿地生态学、全球气候变化与全球生态学、土壤学等多个学科的关注。滨河湿地土壤有机质的分布特征是研究滨河湿地生态系统 C、N 生物地球化学过程的基础，系统开展滨河湿地土壤有机质特征研究对于阐明滨河湿地生态系统的生物地球化学过程、探索脆弱生态系统的保护与恢复规律具有重要的理论意义。

研究区不同植物群落、不同土壤层次的有机质含量统计结果见表 2-6。

表 2-6　滨河湿地土壤有机质含量统计结果

群落类型	土层厚度/cm	有机质含量/(g/kg)	群落类型	土层厚度/cm	有机质含量/(g/kg)
油芒群落	0～16	3.31±0.35[b]	芦苇群落	0～10	8.71±0.70[a]
	16～45	3.79±0.20[b]		10～14	1.03±0.47[c]
	45～195	14.84±0.87[a]		14～18	2.03±0.46[b]
甘蒙柽柳+唐松草群落	0～12	1.42±0.44[b]	水烛群落	0～10	7.64±0.14[a]
	12～22	1.38±0.28[b]		10～20	3.01±0.43[c]
	22～34	1.17±0.17[b]		20～25	5.53±0.89[b]
	34～63	3.44±0.44[a]		25～30	3.40±0.19[c]
酸模叶蓼群落	0～10	4.89±0.64[a]	藨草群落	0～10	9.85±0.24[a]
	10～19	3.82±0.51[b]		10～20	1.26±0.10[c]
	19～27	3.69±0.17[b]		20～30	2.47±2.94[c]
	27～34	3.28±0.19[b]		30～35	5.67±0.76[b]
	—	—		35～45	2.02±0.41[c]

注：同一群落同一列中，具有相同字母平均数表示差异不显著，不同字母平均数表示差异显著（$p<0.05$）

从实验检测结果可以看出，该段湿地不同植物群落类型、不同土壤层次的土壤有机质含量差异十分显著（图 2-7）。

由图 2-7 可知，最高值为油芒群落的泥炭层，有机质含量达到 14.84 g/kg；最低值出现在芦苇群落的第二层土壤，有机质含量仅为 1.03 g/kg。底沙以上湿地土壤有机质的平均含量（加权平均值）为 8.06 g/kg，各个植物群落类型的排序结果为：油芒群落>芦苇群落>水烛群落>酸模叶蓼群落>藨草群落>甘蒙柽柳+唐松草群落。上述结果反映了滨河湿地不同植物群落类型、同一群落不同沉积层有机质含量的空间分异性十分显著。

从湿地不同沉积层次土壤有机质含量特征来看，具有典型湿地植被特征的水烛群落、藨草群落、芦苇群落和酸模叶蓼群落，表层土壤有机质含量（加权平均值为 7.77 g/kg）明显高于其他深部沉积土壤（加权平均值为 2.99 g/kg），反映了这些群落类型土壤长期处于渍水条件下，土壤温度相对低，通气条件差，其还原环境不利于有机质分解，表层土壤有机质易于累积、含量相对较高。而油芒群落与甘蒙柽柳+唐松草群落处于典型湿生植物向陆生植物的过渡类型，尤其是油芒群落土壤深部发育有厚层泥炭层，此类群落类型土壤表层由于淹水时间短，表层土壤有机质分解较快，含量相对较低。其 SPSS① 的 LSD 比较结果（图 2-8）也充分体现了这一显著性差异。

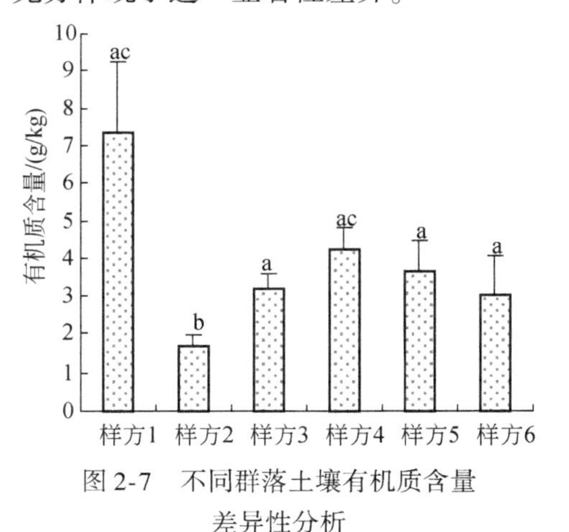

图 2-7　不同群落土壤有机质含量差异性分析

注：不同样方相同字母平均数表示差异不显著，不同字母平均数表示差异显著（$p<0.05$）

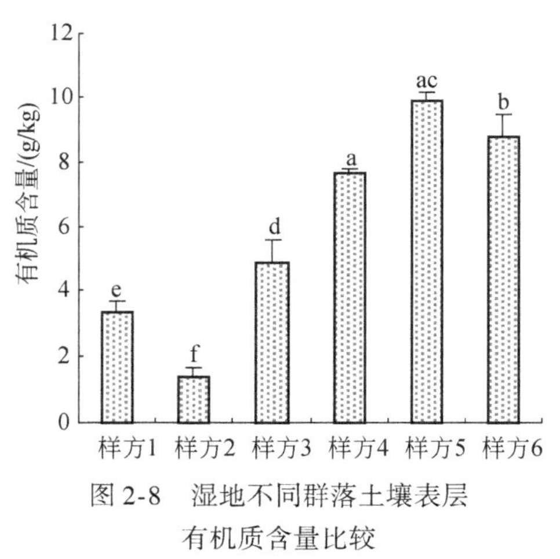

图 2-8　湿地不同群落土壤表层有机质含量比较

注：同图 2-7

由上述结果分析可以看出，滨河湿地土壤有机质含量随植物群落类型的不同以及土壤沉积时间和环境的不同，其差异十分显著。一般认为，滨河湿地土壤有机质的含量取决于有机物的输入量和输出量。天然湿地土壤中的有机质主要来源于土壤原有机物的矿化和植物残体的分解，植物凋落物的分解是一个重要的生态

① SPSS 即 statistical product and service solutions，“统计产品与服务解决方案”软件。

系统过程，这个过程支撑着碎食性食物网、土壤微生物活动、土壤组成物和肥料、C 循环和 N 持留（Andersena and Nelsonb，2006）。有机质的输出则主要包括分解和侵蚀损失，受各种生物和非生物条件的控制（白军红等，2002）。有机质的矿化分解与氧化还原环境相关，有机质的含量受淹水条件控制十分明显，同时也与植物的收获方式有关（段晓男等，2004），沼泽型和潜育型土壤地下水位高，土壤长期处于渍水条件下，土壤温度低，通气条件差，其还原环境不利于有机质分解，有机质含量相对较高（熊汉锋等，2005；张文菊等，2005）。试验区 6 个采样点所在区域的地形条件、淹水条件、水文条件和氧化还原环境变化较大，每年生物量和植物凋落物输入差异较大，造成不同的植物群落之间、同一群落不同沉积层有机质含量变化较大。同时，滨河湿地土壤有机质含量的显著差异性和受外部条件的显著控制作用，也充分反映了滨河湿地生态系统的脆弱性、生态过程的复杂性和自身演替的多变性。

滨河湿地是一个复杂的重要的生态系统，它支撑着许多非常重要的环境过程，包括 C 循环和 N 循环、削减洪峰、稳定河岸、补给地下水和改善水质等（Beauchamp et al.，2006）。世界范围内，约有半数的河流生态系统因为修建大坝受到影响（Nilsson et al.，2005）。大型水利枢纽工程的建成强烈地影响着下游滨河湿地的水文、植被和地形（William，2006），进而影响滨河湿地生态系统结构、生态过程和生态系统服务功能的正常发挥。

综合上述研究结果，得出如下一些结论。

（1）受上游小浪底水库建设的影响，滨河湿地不同植物群落类型土壤沉积层次和沉积厚度变化较大。其变化特征反映了水库建成后近岸湿地植被向陆生演替的特征十分明显，滨河湿地土壤沉积加速、并不断向河道推移。

（2）滨河湿地不同植物群落类型、不同土壤层次的土壤有机质含量差异十分显著，各个植物群落类型的排序结果为：油芒群落>芦苇群落>水烛群落>酸模叶蓼群落>藨草群落>甘蒙柽柳+唐松草群落。

（3）具有典型湿地特征的植物群落，其表层土壤有机质含量明显高于其他深部沉积土壤。

（4）滨河湿地土壤有机质含量的显著差异性和受外部条件的显著控制作用，充分反映了滨河湿地生态系统的脆弱性、生态过程的复杂性和自身演替的多变性。大型水利枢纽工程的建成强烈地影响着下游滨河湿地的水文和植被，进而影响滨河湿地生态系统结构、生态过程和生态系统服务功能的正常发挥。

2.3.3.3 土壤营养元素分布特征

土壤是生态系统的一种主要组成要素，是大部分化学元素的源和汇，是湿地生态系统生产的物质基础，湿地土壤中的氮、磷、钾元素是湿地生态系统中极其重要的生态因子，显著影响湿地生态系统的生产力（Mitsch and Gosselink，2000）。氮、磷是引发江河湖泊等湿地生态系统发生富营养化的重要因子之一（Judith and Jeffery，2001），因此研究湿地土壤的营养元素具有重要意义。目前国内外对湿地土壤营养元素大多都是对永久性湿地营养元素空间分布规律以及背景值的揭示（Vaithiyanathan and Richardson，1998；白军红和邓伟，2002；何太蓉等，2004；于君宝等，2004），而探讨自然滨河湿地生态系统内不同植物群落下不同土壤沉积层营养元素的空间分异规律（刘吉平等，2005）。本节研究了黄河湿地孟津段不同植物群落不同土壤沉积层全氮、全磷、硝氮和氨氮含量，为滨河湿地结构和功能、保护和管理的研究提供基础数据和科学依据。

试验区土壤各层氨氮、硝氮、全氮和全磷含量分别为0～0.84 mg/kg、0～0.57 mg/kg、0.03～0.67 g/kg、33.11～82.93 mg/kg（表2-4）。该区域土壤营养元素较低，土壤比较贫瘠，这与有机质的分析结果相一致。造成这种结果的主要原因如下：①研究区土壤主要以河流冲、洪积物为成土母源，在长距离的水流搬运过程中，有机质受水流冲刷严重，造成河流冲、洪积物有机质含量相对较低，也就影响土壤营养元素含量，每年调水调沙事件带来相对贫瘠的河流冲、洪积物覆盖于前期沉积物上，在2006～2008年实验期内，每年进行两次大的调水调沙，每次都会带来15～20 cm厚的河流冲、洪积物，新的沉积物营养元素相对较低；②植物根系的分布直接影响土壤有机碳的垂直分布，这是因为大量死根的腐解归还，为土壤提供了丰富的碳源（Jobbagy and Jackson，2002）。另外，大量的地表枯落物是表层土壤有机碳的重要来源（吕国红等，2006）。因此，表层内有机碳含量较丰富，下层植物根系分布也比较少，致使下层土壤有机碳含量开始明显降低。该研究区湿地生态系统受到小浪底水库调水调沙影响，水文状况变化较大，每年一次甚至数次调水调沙事件，导致湿地生态系统中一年生植被的凋落物相当一部分随洪水流失，营养元素积累仅能在深根植被的杆和没有与植物体脱落的侧枝中才能完成，供转化为有机质的植物体偏少，造成营养元素相对较低；③试验区土壤以砂土、壤砂土或砂壤为主，土壤颗粒较大，土壤间孔隙度较大，不利于营养元素的积累。

6种植被样方土壤营养元素层间分布差别变化较大。油芒群落三层氨氮均未检出，甘蒙柽柳+唐松草群落、藨草群落和芦苇群落也都有层位没有检出氨氮。油芒群落、酸模叶蓼群落和芦苇群落各有一层未检出硝氮。全氮和全磷含量在同种群落的不同层位之间变化较大，不同的群落之间四种营养元素均值差别也较大，氨氮为0～0.63 mg/kg、硝氮为0.1～0.26 mg/kg、全氮为0.44～0.13 g/kg、全磷为43.27～67.26 mg/kg，这也说明研究区营养元素含量受到地形、群落类型、水文条件和成土母质等多重因素影响，复杂多变。

2.3.4 土壤微生物特征

2.3.4.1 土壤微生物分布特征及微生物多样性

土壤微生物是土壤生态系统的重要组成部分，参与土壤 C、N 等元素的循环过程和土壤矿物质的矿化过程，通过不同的方式改变土壤的物理、化学和生物学特性，是植物营养转化、有机碳代谢及污染物降解的驱动力，对有机物质的分解转化、养分转化和供应起着重要的主导作用，在土壤肥力演变，尤其是养分循环中具有重要意义，推动着生态系统的能量和物质循环，维系生态系统正常运转，土壤微生物种类及数量构成在很大程度上影响并决定着土壤的生物活性。研究滨河湿地生态系统土壤微生物对了解滨河湿地微生物多样性及深入探讨滨河湿地生态系统结构和功能具有非常重要的作用（徐惠风等，2004；焦如珍等，2005；彭佩钦等，2005；赵先丽等，2006，2007）。

研究区微生物数量测定于 2006 年 10 月分两批进行，第一批主要是分析检测不同土地利用类型不同土壤深度微生物的数量，通过微生物数量计算微生物辛普森多样性指数，反映微生物的生物多样性（图 2-9，图 2-10）。

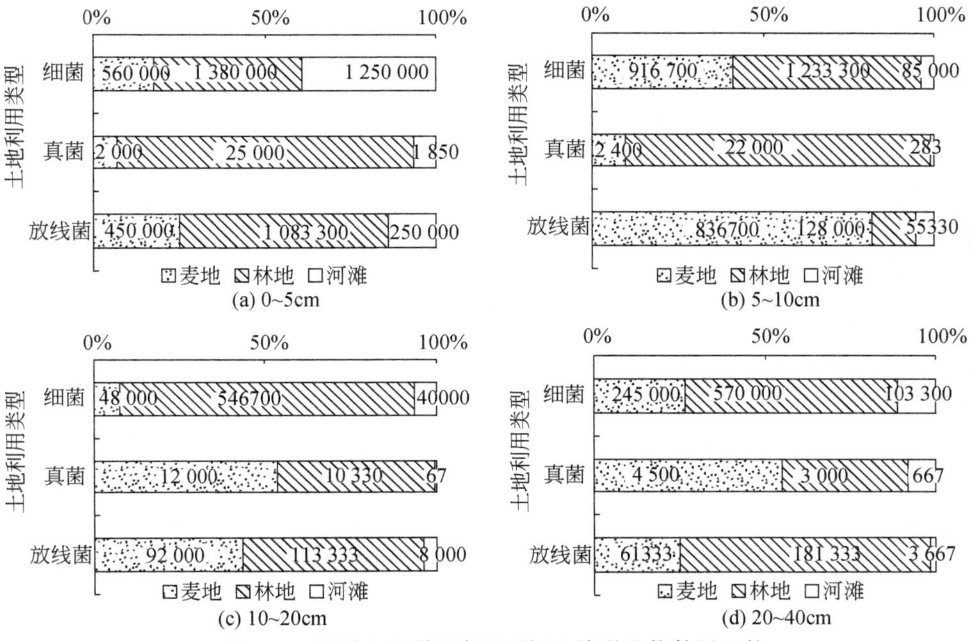

图 2-9 不同土地利用类型层间土壤微生物数量比较

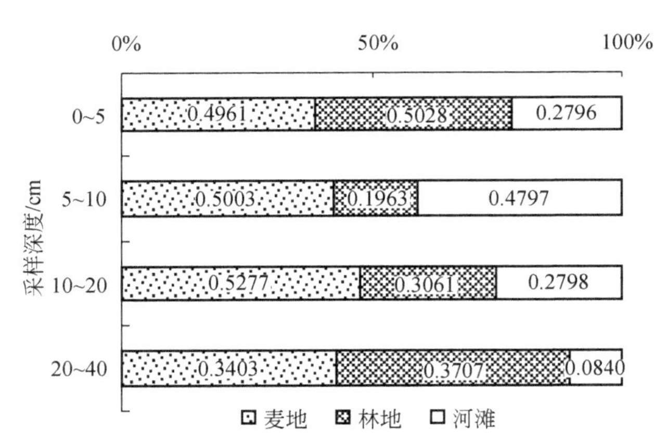

图 2-10 不同土地利用类型层间微生物辛普森多样性指数

从细菌、放线菌和真菌总数来看，不同土地类型的微生物总数差异较大，平均为每克土 8.6×10^5 个，最大值为 24.9×10^5 个，而最小值为 0.48×10^5 个。微生物数量主要受细菌数的影响，所占比例最大。根据辛普森多样性指数的计算结果可以看出土壤微生物多样性指数有较大的变化，范围值为 0.0777 ~ 0.5277，均值为 0.363。

细菌分布数量在林地和河滩中从 0 ~ 5 cm 为最多，而在麦地中则 5 ~ 10 cm 为最多，这主要是由于麦田中种植的小麦根部主要分布于这个层位，为微生物提供了适宜的生长环境，如养分、水分等。放线菌的数量分布则不同于细菌的数量分布，在麦田和林地中，以 5 ~ 10 cm 为最高，在河滩则表现为 0 ~ 5 cm 为最高，且变化规律非常明显，随着采样深度的增加，放线菌数量减少。真菌的分布在林地中最为明显，随着采样深度的增加，真菌的数量减少。从三类微生物数量上看，麦地由于受到人为干扰较大，其微生物数量变化规律不明显。河滩中微生物除了 0 ~ 5 cm 层的细菌数量较大以外，其他的各层的各种微生物数量明显低于麦地和林地，可能是由于河滩间歇性淹水，影响土壤的氧化还原条件，进而影响微生物的生长，具体的原因有待进一步研究。

研究区主要植物群落土壤微生物比例各层变化一致，均是细菌比例最大，为 54.56%（芦苇 10 ~ 14 cm）~ 97.81%（酸模叶蓼 10 ~ 19 cm），微生物数量主要受细菌数的影响；其次是放线菌，所占比例为 1.87%（酸模叶蓼 10 ~ 19 cm）~ 45.16%（芦苇 10 ~ 14cm）；比例最小的是真菌，为 0.09%（芦苇 14 ~ 18 cm）~ 2.56%（甘蒙柽柳+唐松草 0 ~ 12 cm）。研究区湿地土壤偏碱性，有利于细菌和放线菌的生长繁殖，抑制了真菌的繁殖，且季节性积水导致通气状况不良也抑制了真菌的生存，如水烛和藨草群落。研究结果显示同一群落中不同层位上微生物数量（细菌、放线菌、真菌）变化规律不明显，不同群落之间微生物数量变化也不明显。根据辛普森多样性指数的计算结果可以看出土壤微生物多样性指数有较大变化，范围值为 0.0429 ~0.4983，均值为 0.3637（图 2-11，图 2-12）。

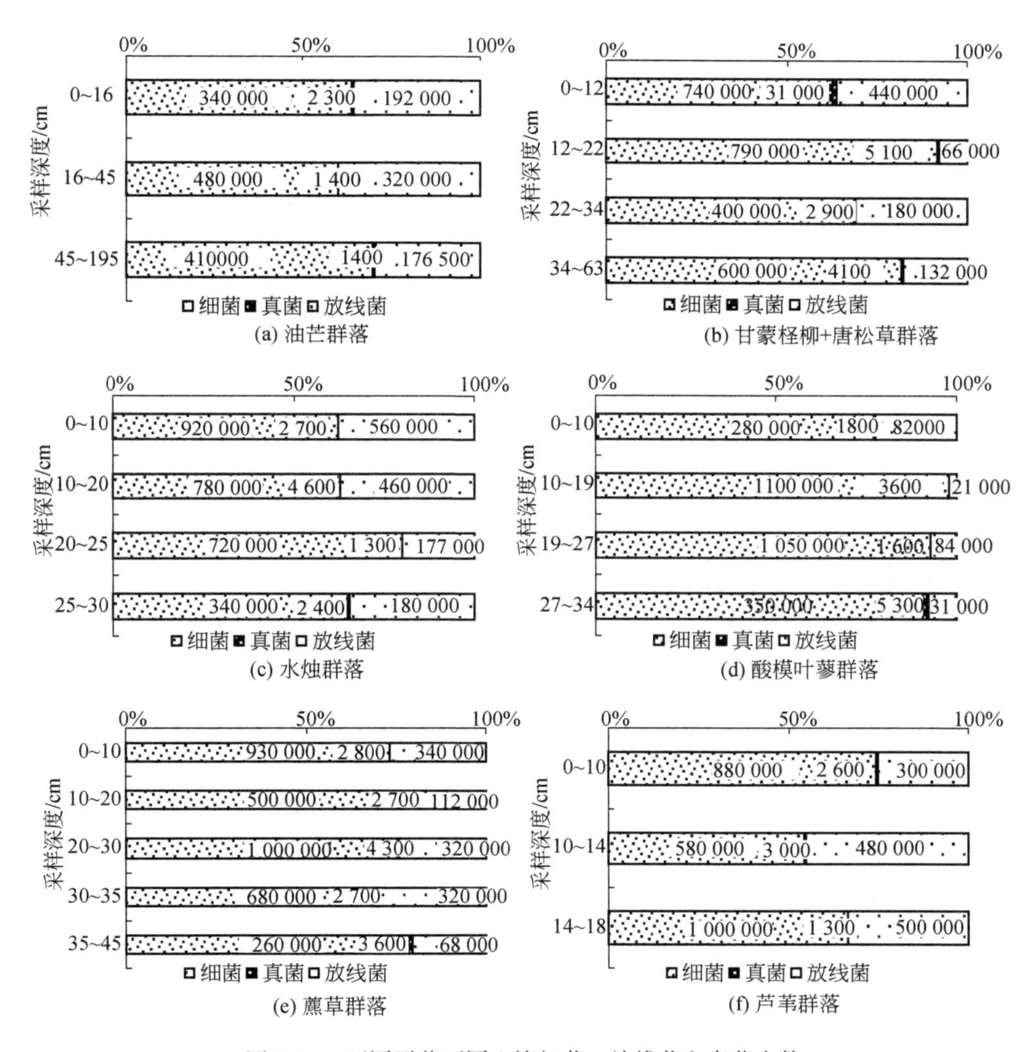

(a) 油芒群落

(b) 甘蒙柽柳+唐松草群落

(c) 水烛群落

(d) 酸模叶蓼群落

(e) 藨草群落

(f) 芦苇群落

图 2-11 不同群落不同土壤细菌、放线菌和真菌个数

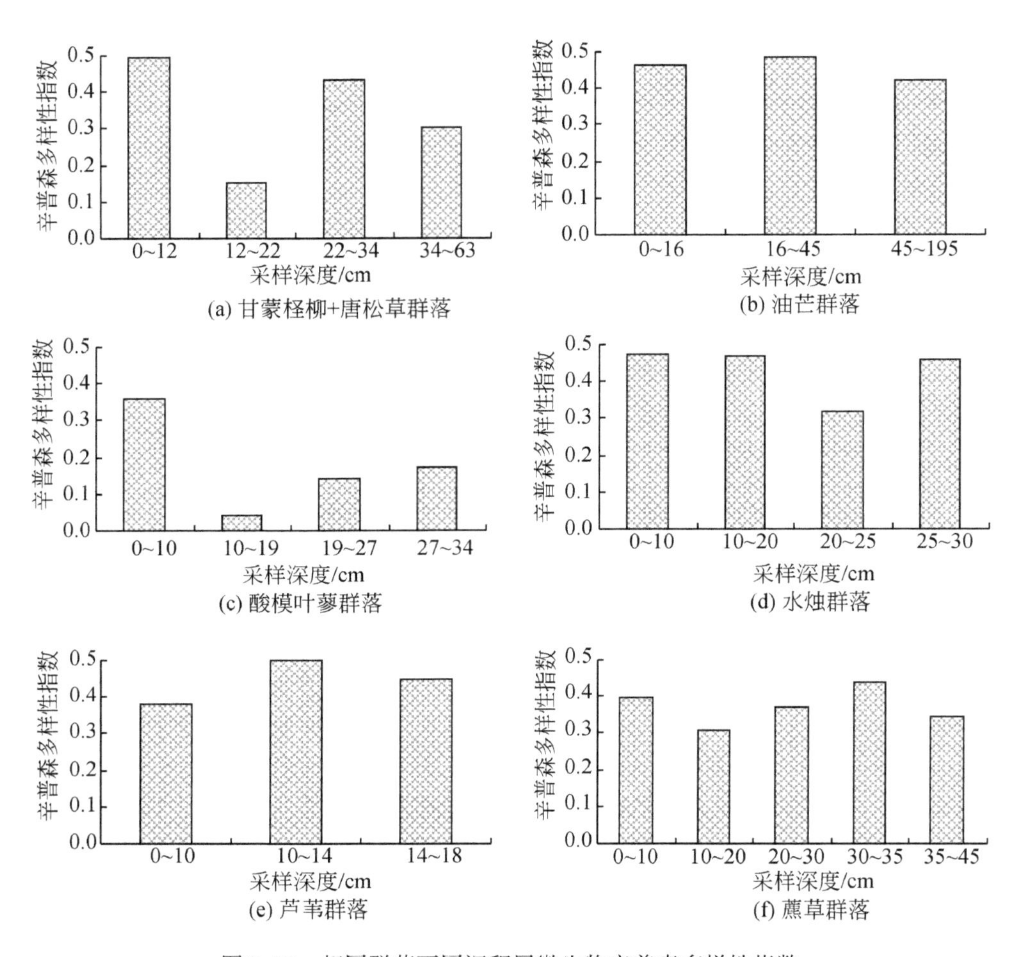

图 2-12 相同群落不同沉积层微生物辛普森多样性指数

2.3.4.2 土壤营养元素与微生物数量相关性分析

对研究区土壤有机质含量、含水率、pH、氨氮、硝氮、全氮、全磷、细菌总数、放线菌总数、真菌总数和辛普森多样性指数进行相关性分析，其结果见表 2-7。由结果知，研究区土壤环境因子除硝氮与含水率、放线菌与 pH、放线菌与辛普森多样性指数之间存在显著相关性以外，其他各检测指标之间相关性不显著。

表 2-7　土壤各环境因子相关性分析

环境影子		有机质	含水率	pH	氨氮	硝氮	全氮	全磷	细菌	放线菌	真菌	辛普森多样性指数
样本数 *N*		23	23	23	23	23	23	23	23	23	23	23
有机质	Pearson Correlation	1	0.371	-0.110	-0.049	-0.194	0.017	0.197	0.076	0.068	-0.253	0.113
	Sig.(2-tailed)		0.081	0.617	0.826	0.375	0.939	0.368	0.730	0.756	0.243	0.608
含水率	Pearson Correlation	0.371	1	0.278	-0.162	-0.534**	0.411	-0.282	-0.249	0.024	-0.049	0.234
	Sig.(2-tailed)	0.081		0.200	0.460	0.009	0.052	0.193	0.252	0.914	0.825	0.283
pH	Pearson Correlation	-0.110	0.278	1	-0.363	-0.204	-0.192	0.172	-0.225	0.417**	-0.004	0.568**
	Sig.(2-tailed)	0.617	0.200		0.089	0.350	0.381	0.433	0.302	0.048	0.986	0.005
氨氮	Pearson Correlation	-0.049	-0.162	-0.363	1	0.252	0.201	0.124	0.142	-0.053	0.043	-0.222
	Sig.(2-tailed)	0.826	0.460	0.089		0.246	0.357	0.572	0.518	0.809	0.846	0.308
硝氮	Pearson Correlation	-0.194	-0.534**	-0.204	0.252	1	-0.190	0.112	0.184	-0.141	-0.055	-0.368
	Sig.(2-tailed)	0.375	0.009	0.350	0.246		0.384	0.612	0.401	0.521	0.802	0.084
全氮	Pearson Correlation	0.017	0.411	-0.192	0.201	-0.190	1	-0.190	-0.205	-0.290	-0.088	-0.147
	Sig.(2-tailed)	0.939	0.052	0.381	0.357	0.384		0.385	0.349	0.180	0.691	0.503
全磷	Pearson Correlation	0.197	-0.282	0.172	0.124	0.112	-0.190	1	-0.139	0.166	-0.014	0.375
	Sig.(2-tailed)	0.368	0.193	0.433	0.572	0.612	0.385		0.528	0.448	0.951	0.078

续表

环境影子		有机质	含水率	pH	氨氮	硝氮	全氮	全磷	细菌	放线菌	真菌	辛普森多样性指数
样本数 N		23	23	23	23	23	23	23	23	23	23	23
细菌	Pearson Correlation	0. 076	-0. 249	-0. 225	0. 142	0. 184	-0. 205	-0. 139	1	0. 360	0. 074	-0. 274
	Sig. (2-tailed)	0. 730	0. 252	0. 302	0. 518	0. 401	0. 349	0. 528		0. 092	0. 738	0. 206
放线菌	Pearson Correlation	0. 068	0. 024	0. 417**	-0. 053	-0. 141	-0. 290	0. 166	0. 360	1	0. 223	0. 744**
	Sig. (2-tailed)	0. 756	0. 914	0. 048	0. 809	0. 521	0. 180	0. 448	0. 092		0. 306	0. 000
真菌	Pearson Correlation	-0. 253	-0. 049	-0. 004	0. 043	-0. 055	-0. 088	-0. 014	0. 074	0. 223	1	0. 147
	Sig. (2-tailed)	0. 243	0. 825	0. 986	0. 846	0. 802	0. 691	0. 951	0. 738	0. 306		0. 504
辛普森多样性指数	Pearson Correlation	0. 113	0. 234	0. 568**	-0. 222	-0. 368	-0. 147	0. 375	-0. 274	0. 744**	0. 147	1
	Sig. (2-tailed)	0. 608	0. 283	0. 005	0. 308	0. 084	0. 503	0. 078	0. 206	0. 000	0. 504	

** Correlation is significant at the 0. 01 level (2-tailed); * Correlation is significant at the 0. 05 level (2-tailed)

2.4 典型持久性有机污染物污染特征

2.4.1 研究方法

在野外实地调查的基础上，结合取样调查的结果，对研究区河滩湿地开发的荷塘和鱼塘水体及沉积物进行取样。本节选取典型持久性有机污染物（POPs）——有机氯农药为分析对象，分析了各样品中有机氯农药含量，研究有机氯农药的来源、污染特征及其在湿地环境水体及沉积物中的赋存特征。

2.4.1.1 仪器与试剂

研究用到的仪器有：安捷伦气相色谱仪（Agilent6890）；Ni63 电子捕获检测器（GC－μECD）；安捷伦质谱检测器（Agilent5975）；电热恒温鼓风干燥箱（DHG-9030A 上海齐欣科学仪器有限公司）；旋转蒸发器（RE-52 上海亚荣生化仪器厂）；冷冻干燥机（北京博医康实验仪器有限公司）；氮吹仪；Supelco Visiprep™ DL 十二管固相萃取装置，Waters C_{18}固相萃取小柱；索氏提取器；层析柱。

有机氯农药标准溶液含 20 种有机氯农药，包括 HCHs（α-HCH、β-HCH、γ-HCH、δ-HCH）、DDTs（4，4-DDT、4，4-DDE、4，4-DDD）、艾氏剂、狄氏剂、异狄氏剂、α-氯丹、γ-氯丹、硫丹Ⅰ、硫丹Ⅱ、硫丹硫酸盐、异狄氏剂醛、异狄氏剂酮、七氯、环氧七氯和甲氧滴滴滴。

2.4.1.2 样品采集

课题组分别于2007 年3 月（枯水期）、6 月（丰水期）和9 月（平水期）采集水样以及沉积物样品。采样点分布如图 2-13 所示（A1 ~ A3 为鱼塘、B1 ~ B5 为荷塘）。水样为 15 ~30 cm 的表层水，用聚乙烯桶采集；沉积物用抓斗式采泥器采集。样品采集后即放入冷藏室保存。

2.4.1.3 样品处理

水样样品预处理采用固相萃取法，即用固体物质作为萃取剂从样品中提取某些组分的方法。该方法具有耗时短、节省溶剂、操作较为简单等优点。本节采用固相萃取法进行样品前处理。取 2000 mL 水样于杯式过滤器中经 0.45μm 滤膜真空过滤待用。然后用 10 mL 丙酮活化 SPE 小柱，再用 10 mL 纯水平衡。上样

2000 mL，使水样连续通过，调节真空度控制流速为 15 ~ 20 mL/min。水样全部抽完后用 5 mL 纯水洗涤样品瓶，然后在真空下继续抽气干燥 30 min。最后用 5 mL 正己烷洗脱 SPE 小柱，收集洗脱液，经无水硫酸钠去水，用高纯氮气吹扫浓缩至近干，用正己烷定容至 0.5 mL，加入内标五氯硝基苯，进行气相色谱（GC）分析。

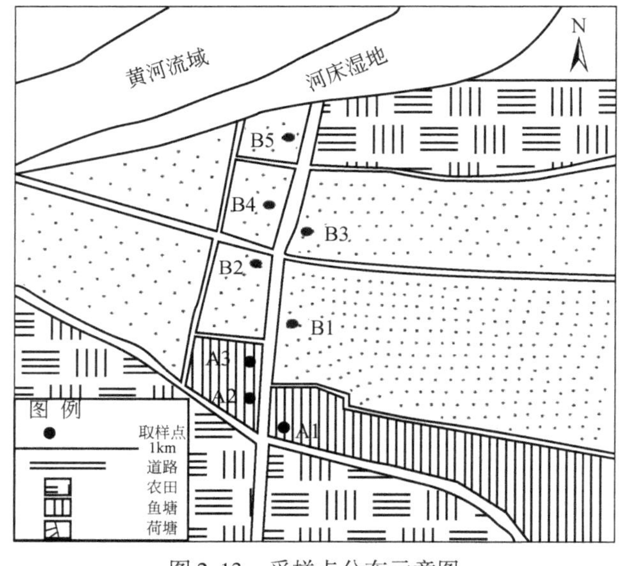

图 2-13　采样点分布示意图

沉积物样品预处理采用索式提取法，它是一种经典萃取方法，在当前有机氯农药样品的制备中仍有着广泛的应用。美国国家环境保护署（environment protection agency，EPA）将其作为萃取有机物的标准方法之一，其他方式制备分析的有机物一般都与其对比。索式提取法提取完全、无需昂贵设备。本节采用索氏提取法进行样品前处理。具体步骤如下：①样品冷冻干燥后，研磨过 80 目筛。②准确称取 25 g 土壤样品，加入内标物五氯硝基苯，置于索氏提取器中，加入 120 mL 二氯甲烷，萃取 48 h。③萃取后将提取液置于旋转蒸发器上进行浓缩至 1 mL 左右。④然后过层析柱（无水硫酸钠、氧化铝和硅镁酸盐各 10 g，活化）分离净化，用 60 mL 正己烷淋洗，淋洗液先用旋转蒸发器浓缩至 1 ~ 2 mL，用正己烷做溶剂转移到 5mL 容量瓶，然后用 N_2 吹至近干，再用正己烷定容至 0.5 mL，最后进行 GC 分析。

2.4.1.4 样品测定

目前，国内外使用最多的检测有机氯农药的方法主要是气相色谱法（或气相–质谱联用），其他的还有薄层色谱法、酶联免疫法等。有机氯农药由于在其分子结构中含有氯原子，而气相色谱中的电子捕获检测器（eleetronca pturedeteetor，ECD）对卤族原子具有高灵敏度（检测下限为10^{-8}ng/L），且气相色谱法具有高选择性、高分离效能、高灵敏度和快速等优点，因此，这里采用气相色谱–电子捕获（GC–ECD）检测、气相色谱仪–质谱（GC–MS）确证的方法对样品中20种有机氯农药进行分析和研究。

GC–ECD分析：色谱柱为HP–5色谱柱（60 m ×0.25 mm×25 μm）。程序升温：初始温度为150℃，以10℃/min速度升至270℃，保持3 min。进样口为无分流模式，温度为250℃，吹扫流速为15 mL/min，吹扫时间为0.5 min。检测器温度为300℃。进样量为1μL。每个采样点做3个平行，检验溶剂空白，用完全相同的提取–净化步骤测试程序空白。实验过程中用指示物的回收率来监测和评价实验质量。随机抽取30%样品，在样品进行处理前加入四氯间二甲苯作为回收率指示物。以2000 mL水样计算的方法检出下限范围为0.01～0.1 ng/L，回收率为86%～102%；以25 g土壤样品计算的方法检出下限范围为0.01～0.3 ng/g，回收率为73%～97%。

GC–MS分析：色谱–质谱接口温度为250℃，离子源温度为230℃，离子化方式：EI；电子能量：70 eV，溶剂延迟时间：3 min。全扫描定性，质量范围为40～500μ，选择离子定量。利用有机氯农药混合标样6次平行分析的平均保留时间结合GC–MS确证定性分析。

2.4.2 表层水体中有机氯农药含量和分布特征

2.4.2.1 表层水体中有机氯农药含量

对表层水体中20种有机氯农药组分进行分析，结果见表2-8。

表2-8 研究区表层水体中有机氯农药含量 （单位：ng/L）

污染物	A1	A2	A3	B1	B2	B3	B4	B5
α–HCH	Nd～2.82	Nd～1.99	Nd～1.28	Nd～1.51	Nd～1.41	Nd～1.88	Nd～3.39	Nd～1.80
β–HCH	Nd～4.46	Nd～2.61	Nd～1.42	Nd～1.30	Nd～1.21	Nd～1.52	Nd～2.38	Nd～1.59
γ–HCH	Nd～2.99	Nd	Nd	Nd～1.68	Nd	Nd～2.16	Nd～2.12	Nd～2.41

续表

污染物	A1	A2	A3	B1	B2	B3	B4	B5
δ-HCH	Nd	Nd	Nd	Nd	Nd	Nd	Nd	Nd ~ 3.68
七氯	Nd	Nd ~ 2.86	Nd	Nd	Nd	Nd ~ 1.85	Nd	Nd ~ 2.92
艾氏剂	Nd	Nd	Nd	Nd ~ 1.57	Nd	Nd	Nd	Nd
4，4-DDT	Nd ~ 1.94	Nd ~ 3.02	Nd	Nd ~ 1.96	Nd ~ 2.49	Nd ~ 3.00	Nd ~ 1.68	Nd ~ 1.99
∑OCPs	Nd ~ 12.21	Nd ~ 7.62	Nd ~ 2.70	Nd ~ 8.02	Nd ~ 5.11	Nd ~ 9.83	Nd ~ 6.75	Nd ~ 10.71

注：Nd 为未检出或低于检出限

从检测结果来看，在黄河湿地孟津段水体中能够检测到的有机氯农药为：α-HCH、β-HCH、γ-HCH、δ-HCH、4，4-DDT、七氯和艾氏剂。有机氯农药的含量范围为 Nd ~ 12.21 ng/L。7 种有机氯农药在水样中的检出率有很大的差异，检出率较高的组分有 β-HCH、α-HCH 、4，4-DDT，这 3 种组分在水体中的检出率分别为 62.5%、50% 和 37.5%，而 γ-HCH、七氯、δ-HCH 和艾氏剂分别只有 25%、12.5%、4.2% 和 4.2%。研究区表层水体（鱼塘与荷塘）中，丰水期总有机氯农药的含量范围分别为 5.11 ~ 10.71 ng/L 和 2.7 ~ 12.21 ng/L；平水期总有机氯农药的含量范围分别为 Nd ~ 5.77 ng/L 和 Nd ~ 3.7 ng/L；枯水期总有机氯农药的含量范围分别为 Nd ~ 4.83 ng/L 和 Nd ~ 5.24 ng/L。水体中有机氯农药含量的季节性变化较明显，从高到低依次为：丰水期>平水期>枯水期。孟津湿地滩区主要为农业区，在径流量较大的丰水期，水流对土壤的侵蚀作用加强，土壤中残留的有机氯农药随农田地表径流进入水体。这可能是丰水期表层水体中有机氯农药含量升高的重要原因，说明孟津湿地表层水体有机氯农药来源具有面源污染特征。

2.4.2.2 表层水体中有机氯农药分布特征

HCHs 和 DDTs 是有机氯农药的典型代表性污染物，美国、日本和中国等国家都将其列入优先监测污染物黑名单（孙剑辉等，2007），研究区表层水体中，检出物质以 HCHs 和 DDTs 为主，七氯和艾氏剂均在个别点位有检出。表层水体中有机氯农药含量分布特征如图 2-14 所示。

从图 2-14 中可以看出，表层水体中有机氯农药的分布呈非均一性。荷塘表层水体中有机氯农药检出率在各个时期均高于鱼塘，但 A1 采样点（鱼塘）在平水期时有机氯农药含量明显偏高。A1 采样点附近是大片的水稻田，分析认为农田地表径流及土壤流失带来的有机氯农药输入是造成 A1 采样点有机氯农药含量相对较高的重要原因。

研究区表层水体中 HCHs 和 DDTs 的含量分布特征如图 2-15 所示。

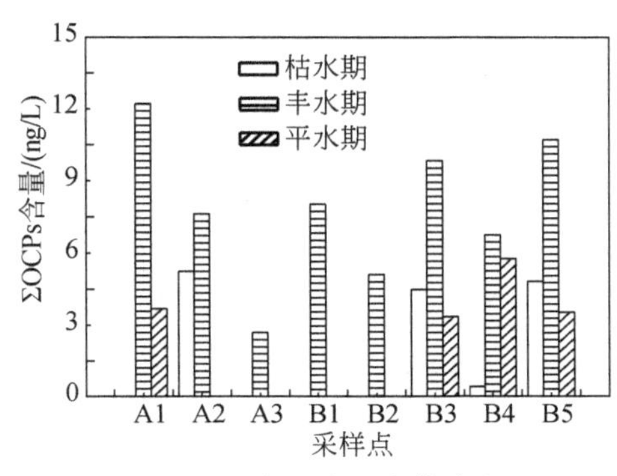

图 2-14 研究区表层水体中有机氯农药分布特征

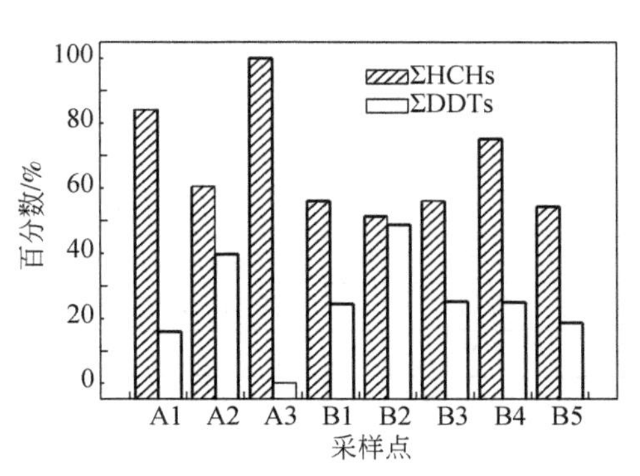

图 2-15 研究区表层水体中 HCHs 和 DDTs 分布特征

从图 2-15 可知，表层水体中，各采样点水体中 HCHs 浓度均高于 DDTs。这主要是因为 HCHs 在水中的溶解度要远远大于 DDTs，而辛醇–水分配系数（K_{ow}）、沉积物–水分配系数（K_{oc}）也均高于 DDTs，因此 HCHs 较 DDTs 更易向水体中迁移。国内的相关研究也验证了这一结论（安琼等，2006）。我国历史上 HCHs 的生产和使用量远远大于 DDTs，这也可能是造成 HCHs 的水体污染较 DDTs 严重的原因。研究区表层水体中有机氯农药的残留总量主要来源于 HCHs，DDTs 及其他有机氯农药的贡献很小。

研究区域 $\sum$ HCHs 和 $\sum$ DDTs 含量分析结果与国内外其他区域结果的对比见表 2-9。与国内外其他地区水体中相比较，研究区表层水体中 $\sum$ HCHs 和 $\sum$ DDTs 含量相对较低。与地表水环境质量标准限值 $\sum$ DDTs 含量为 0.001 mg/L、$\sum$ HCHs 含量为 0.005 mg/L[《地表水环境质量标准》(GHZB 1—1999)]相比，研究区表层水体中 $\sum$ HCHs 和 $\sum$ DDTs 含量均未超标。

表 2-9 不同地区表层水体中 $\sum$ HCHs 和 $\sum$ DDTs 含量

（单位：ng/L）

水体来源	$\sum$ HCHs	$\sum$ DDTs	文献
Mumbai 海（印度）	0.16～15.92（5.42）	3.01～33.21（12.45）	Pandit 等（2002）
Selangor 河（马来西亚）	10.1～90.3	29.3～147.0	Kok 等（2007）
Kucuk Menderes	187～337	72～120	Turgut（2003）
黄浦江	42.13～75.47（55.37）	3.83～20.90（11.97）	夏凡等（2006）
苏州河	17～90（43）	17～99（75）	胡雄星等（2005）

续表

水体来源	∑HCHs	∑DDTs	文献
珠江干流	5.83 ~ 99.7	0.523 ~ 9.53	杨清书等（2005）
九龙江口	0.58 ~ 353（71.8）	0.16 ~ 63.20（12.8）	张祖麟等（2001）
闽江口	52 ~ 515（206）	46.1 ~ 235（142）	Zhang 等（2003）
海河	300 ~ 1070（660）	9 ~ 152（76）	王泰等（2007）
淮河	1.11 ~ 7.55	4.45 ~ 78.87	郁亚娟等（2004）
研究区	Nd ~ 10.27	Nd ~ 3.02	本书

注：括号内数字为平均值；Nd 为未检出或低于检出限

研究区表层水体中 HCHs 的组成特征如图 2-16 所示。

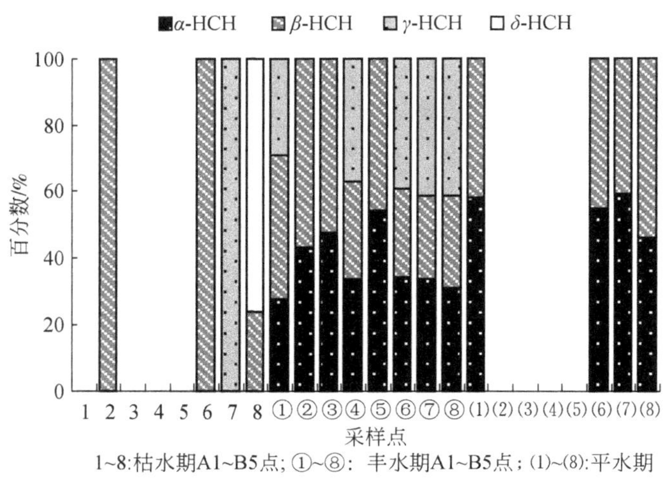

图 2-16 研究区表层水体中 HCHs 的组成特征

从图 2-16 中可知，HCHs 各同分异构体在 8 个采样点中浓度分布不同，同一采样点 HCHs 各同分异构体的组成季节性变化较大。研究区表层水体中，枯水期以 β-HCH 检出为主；丰水期以 α-HCH 和 β-HCH 为主体成分，γ-HCH 在荷塘中的检出率（80%）高于鱼塘（33%）；而平水期只有 α-HCH 和 β-HCH 被检出。

HCHs 农药作为一种残留于环境中的主要有机氯农药，主要来源于工业纯六氯环己烷（HCH）和作为杀虫剂的林丹。工业品 HCH 中 α-HCH、β-HCH、γ-HCH、δ-HCH 等异构体分别占总量的 65% ~ 70%、5% ~ 6%、12% ~ 14% 和 6%（Lee et al.，2001；吕建霞等，2007）；而林丹中 γ-HCH 含量达 99% 以上。对于新的工业品 HCH，α/γ 比值为 4.6 ~ 5.8；对于林丹，α/γ 比值约为 0。HCHs 各同分异构体在水体中的稳定性不同。已有研究表明，β-HCH 是环境中最稳定和最难降解的 HCH 异构体，其他异构体在环境中长期存在的情况下会转型成β-HCH（Rekha et al.，2004；赵炳梓等，2005）。本节中，除枯水期 B4 采样点只检出 γ-HCH 外，其余采样点 β-HCH/ $\sum$HCHs 比值范围为 0.24～1，说明研究区水体中 HCHs 主要源于有机氯农药长期降解后的蓄积残留。而丰水期大部分采样点 α/γ 比值接近 1，表明这一时期可能有林丹的近期输入或附近有林丹的使用，输入途径可能是地表径流的带入。

研究区表层水体中，DDTs 只检出 4，4-DDT。已有的研究表明，DDT 在厌氧条件下通过微生物降解还原脱氯转化为 DDD，在好氧条件下则转化为 DDE（孙剑辉等，2007）。因而，如持续存在 DDT 输入，DDT 在 DDTs 中的相对含量就会保持在较高水平；反之，则根据条件的不同，DDT 的相对含量就会不断降低，而其相应的降解产物含量就会不断升高。依此可以推断研究区有明显的 DDT 输入，可能存在使用三氯杀螨醇带入 DDTs 的情况。

2.4.3 表层沉积物中有机氯农药含量及分布特征

2.4.3.1 表层沉积物中有机氯农药含量

研究区表层沉积物中有机氯农药含量见表 2-10。

表 2-10 研究区表层沉积物中有机氯农药含量 （单位：ng/g）

污染物	A1	A2	A3	B1	B2	B3	B4	B5
4，4-DDE	Nd～7.29	Nd	Nd	Nd	Nd～26.89	Nd～40.43	Nd	Nd
4，4-DDT	Nd	Nd	Nd～30.75	Nd～11.83	Nd～17.19	Nd～64.58	Nd～27.66	Nd～59.43
$\sum$OCPs	Nd～7.29	Nd	Nd～30.75	Nd～11.83	Nd～26.89	Nd～64.58	Nd～27.66	Nd～59.43

注：Nd 未检出或低于检出限

在黄河湿地孟津段表层沉积物中只有 4，4-DDE 和 4，4-DDT 这两种组分被检出，其他组分均未检出，DDTs 检出率为 50%～75%。有机氯农药的含量范围为 Nd～64.58 ng/g。研究区表层沉积物（鱼塘与荷塘）中，丰水期 $\sum$DDTs 的含量范围分别为 Nd～64.58 ng/g 和 Nd～30.75 ng/g；平水期 $\sum$DDTs 的含量范围分别为 7.21～19.41 ng/g 和 Nd～24.17 ng/g；枯水期 $\sum$DDTs 的含量范围分别为Nd～40.43 ng/g 和 Nd～7.29 ng/g。大部分采样点中 $\sum$DDTs 含量：丰水期>

平水期>枯水期。这表明研究区沉积物中有机氯农药含量具有明显的季节性，与水体分布特征相似。

2.4.3.2 表层沉积物中有机氯农药分布特征

研究区表层沉积物中有机氯农药分布特征如图 2-17 所示。

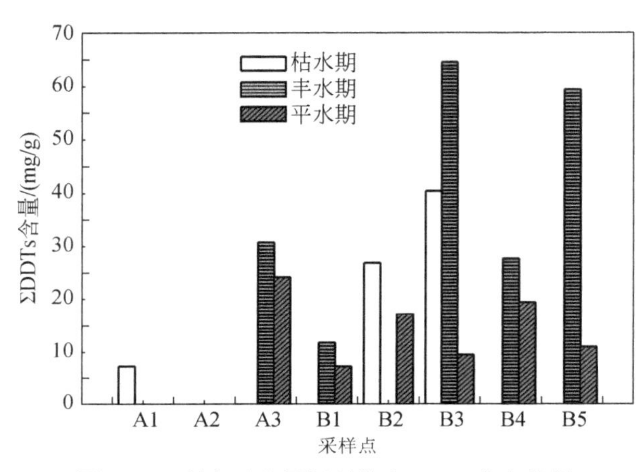

图 2-17　研究区表层沉积物中 DDTs 分布特征

从图 2-17 可知，表层沉积物中，在枯水期仅检出 4，4-DDE；在平水期和丰水期仅检出 4，4-DDT。此外，在沉积物中没有检出 HCHs 及其他有机氯农药。HCHs 未检出可能与其物化性质有关，与 DDTs 相比，HCHs 具有更好的水溶性和更高的蒸气压，从而导致 HCHs 更多地分散到大气和水体中，使得沉积物中的浓度低（Walker et al.，1999）。研究区表层沉积物中 DDTs 组分分布特征表明，在枯水期 DDTs 的污染主要源于残留在土壤中的农药及其风化土壤通过地表径流等进入水体所致，且 DDT 以好氧降解为主；而平水期和丰水期则可能存在使用三氯杀螨醇带入 DDTs 的情况。由此说明沉积物中有机氯农药的来源具有面源污染特征，与水体相似。

与其他地区相比，研究区荷塘沉积物中 $\sum$DDTs 的污染水平同 Singapore Coast（Wurl andObbard，2005）相当；明显高于黄河下游（孙剑辉等，2008）；但低于 Kolleru Lake Wetland（Sreenivasa，2006）和珠江三角洲地区（康跃惠等，2001）的污染水平。目前我国还没有关于沉积物中有机污染物质的环境质量标准。Long 等（1998）提出利用 ERL（生物效应几率<10%）和 ERM（生物效应几率>50%）来表征沉积物中有机污染物的潜在生物效应。应用此标准对孟津湿地表层沉积物中有机氯农药进行风险评价，结果见表 2-11。从中可知，样品中

DDE、DDD 含量基本上都低于 ERL 值，但所有检出的 DDT 含量均大于 ERM 值，$\sum$DDTs 大部分处于 ERL 和 ERM 之间。因此，从总体上看，研究区表层沉积物中有机氯农药存在一定的生态风险。

表 2-11 研究区表层沉积物中有机氯农药的生态风险评价

化合物	ERL/(ng/g)	ERM/(ng/g)	本书/(ng/g)	<ERL/%	ERL ~ ERM/%	>ERM/%
DDE	2.20	27.00	Nd ~ 40.43	88	4	8
DDD	2.00	20.00	Nd	100	0	0
DDT	1.00	7.00	Nd ~ 64.58	21	0	79
$\sum$DDTs	3.00	46.10	Nd ~ 64.58	42	54	4

注：Nd 未检出或低于检出限

2.5 小　　结

本章对小浪底下游黄河滩区不同植物群落特征、土壤环境因子、水体及沉积物中典型持久性有机污染物进行检测分析，得到以下结果。

（1）通过对典型植物样方的调查，结果表明研究区植物科和属的多样性比较丰富，共获得的 76 种植物分布隶属于 25 科 65 属，分布在 16 个植物群落。其中草本植物占明显优势，菊科、禾木科、莎草科为种数最多的 3 个科，优势明显。

（2）不同植物群落类型的物种多样性水平较低，且存在较大的差异，Margalef 丰富度指数（R_m）为 3.47 ~ 7.91，Simpson 多样性指数（D）为 0.27 ~ 0.51，Shannon 多样性指数（H）为 0.95 ~ 1.81，Pielou 均匀度指数（J）为 0.41 ~ 0.98，反映出小浪底下游黄河滩区植物群落结构较为简单，组织水平较低。

（3）研究区土壤属碱性，以粉砂和细砂为主，土壤质地较轻，以河流冲、洪积物为成土母源，土壤营养元素较低，土壤贫瘠。营养元素含量受到地形、群落类型、水文条件等多重因素影响，不同植物群落土壤营养元素层间分布差别较大。

（4）自然滨河湿地微生物受水文条件影响，细菌集中分布在 0 ~ 5 cm，随采样深度的增加，放线菌数量逐渐减少。研究区主要植物群落土壤微生物中细菌（54.56% ~ 97.81%）>放线菌（1.87% ~ 45.16%）>真菌（0.09% ~ 2.56%）。同一群落中不同层位上微生物数量（细菌、放线菌、真菌）变化规律不明显，不同群落之间微生物数量变化也不明显。辛普森多样性指数的计算结果表明土壤微生物多样性指数有较大的变化，范围值为0.0429～0.4983，均值为0.3637。

（5）研究区表层水体中 $\sum$HCHs 和 $\sum$DDTs 含量均未超过地表水环境质量标准，但表层沉积物中有机氯农药存在一定的生态风险。研究区表层水体中，有机氯农药残留总量主要来源于 HCHs；而表层沉积物中有机氯农药残留为 DDTs。可以认为，有机氯农药各组分在湿地水体–沉积物的迁移过程中，HCHs 在水体中含有较高的比例，沉积物仅检出 DDTs。表层水体及沉积物中有机氯农药含量及分布特征季节性变化明显，从高到低依次为：丰水期>平水期>枯水期，研究结果总体表明研究区水体及沉积物中有机氯农药的来源具有面源污染特征。

（6）有机氯农药组分分布特征表明，研究区表层水体中 HCH 各异构体主要转化为β-HCH、DDT 未发生降解；表层沉积物中，平水期和丰水期 DDT 未发生降解，而枯水期则以 DDT 好氧降解为主。

3 小浪底下游黄河滩区土地利用格局动态变化

土地是人类赖以生存和发展的基础，是人类从事一切社会经济活动和休养生息的基本场所。土地利用变化是在不同尺度上由自然和社会系统相互作用引起的一种复杂的变化，其不仅反映了自然环境与地表间的相互作用，而且表达了人类活动对它的改变（邢蓉蓉，2014）。大坝建设改变了流域水量的分布，引起了下游土地利用类型的变化。一方面，上游大坝建设使得下游河流的水文情势发生改变，影响了滩区湿地的水文过程，从而导致了下游滩区土地利用类型发生变化；另一方面，土地利用变化是导致区域气候与水文循环变化的重要因素，其通过改变流域的地面植被结构，使得流域的水文过程发生改变（Vorosmarty and Lough，1997；陈利群和刘昌明，2007）。

本章利用 1988 ~ 2014 年六个时段的卫星遥感影像数据，结合前期野外调查的实际情况，深入分析小浪底大坝建成前后下游滩区土地利用格局的动态变化特征，构建不同土地利用方式的空间转移矩阵，揭示大坝建设导致的土地利用格局变化的空间规律、退化过程及其驱动力。

3.1 土地利用变化研究概述

3.1.1 土地利用及其动态变化

土地利用是人类根据土地的特点，以经济社会效益为目的，长期性或周期性对土地进行使用和改造（史培军，2000）。土地利用变化是自然地理环境变化的一个重要的表现，人类在生产生活的过程中，通过不同的土地利用方式改变着原有的地表形态，对自然景观和土地开发利用产生深刻的影响，使土地利用发生变化。

土地利用的动态变化，实质上是人类为满足其社会经济发展需要，不断调整配置各类土地利用的过程，其可以改变土地覆被状况并影响许多生态过程，如生物多样性、地表径流和侵蚀、土壤环境等（苗长虹和钱乐祥，2006）。土地利用变化是人类活动作用于生态环境所呈现出的最显著形式，影响着全球的大气圈、水圈、生物圈和岩石圈的物质能量的循环交换过程，对气候变化、食物安全、土壤退化、生物多样性以及社会的繁荣稳定和可持续发展产生深远的影响（黄金良等，2011）。2007 年 12 月，《美国科学院院刊》刊发了由原土地利用变化研究计划主席、比利时鲁汶大学教授 Lambin 等人撰写的《全球环境变化和可持续性背景下的土地变化科学》一文，明确指出土地变化科学应加强以下四个方面的研究：①对全球的土地变化的观测和监测；②在人与环境耦合系统中理解这些变化；③土地变化的空间解释模型；④对土地系统的脆弱性、弹性和可持续性进行评价（杜习乐等，2011）。

3.1.2 土地利用变化的环境变化响应

随着人口的增长、经济发展和资源开发的迅速推进，人类对土地的利用开发以及由此引起的土地利用变化成为了全球环境变化的重要因素。土地利用变化与全球环境变化之间存在着十分密切的关系，土地利用变化既是全球环境变化的原因，又是全球环境变化的结果。土地利用与生态环境之间存在着复杂而非线性的动态反馈关系。一方面，土地利用通过改变地表物理和化学特征驱动生态环境的变化；另一方面，生态环境以土地为载体，由大气、水、环境等组成人类生命系统，既是土地利用的物质能量储备库，为土地利用提供资源支撑，又对土地利用产生重要的限制作用（张新荣等，2014）。

3.1.2.1 土地利用变化对气候和大气成分的影响

气候作为生态环境最活跃的因子，是生态环境形成和演化的重要动力（黄方等，2003）。研究表明，建设用地的扩张、湿地退化、森林砍伐等不合理的土地利用，使得过量的 CO、CO_2、CH_4、N_2O 等温室气体排放到大气中，改变了大气化学性质和过程，全球每年有 33% 的 CO_2、70% 的 CH_4 和 90% 的 N_2O 的排放来自土壤和土地利用变化（Sposito and Reginato，1992；Sumdquist，1998），由此造成的温室效应反过来又会影响环境变化。Crutzen 和 Andreae（1990）的研究表明，大气中 60% 的 CO 来源于土地利用类型的改变。Nasrallah 等（1987）研究了过去 150 年中温室气体增加的原因，结果表明，土地利用变化导致了大约相当于同期化石燃料向大气中净释放的 CO_2 净通量，成为导致全球 CO_2 释放仅次于化石燃料燃烧的第二个主要原因，同时使 CH_4 的浓度增加一倍多。由于在缺氧和富含硝酸盐和可氧化碳的土壤中，反硝化作用释放 N_2O 的速度非常快，因而频繁的农业活动带来的土地利用变化成为热带地区大气中 N_2O 的浓度升高的主要原因（Mastorp and Vitousek，1990；郭东旭等，

1999）。张润森等（2013）的研究也表明，N_2O 可以破坏臭氧层而引起地表辐射的增强，土地利用变化在所有的 N_2O 来源中占到了80%。

土地利用变化除影响大气的成分外，还通过改变下垫面性质，即由于地表反射率、粗糙度、植被叶面积以及植被覆盖比例的变化引起温度、湿度、风速以及降水发生变化，由此引起局地与区域气候变化（田宇鸣和李新，2006）。

3.1.2.2　土地利用变化对土壤环境的影响

土地利用变化对土壤环境的影响主要表现为不合理的土地利用方式，造成土壤理化性质变化（如土壤侵蚀、土壤板结等）、土壤污染和土壤养分的迁移，从而使土壤质量发生变化导致土地退化（土壤紧实、干燥等）（张新荣等，2014）。森林的破坏、过度放牧以及农业用地的不合理利用等动因带来的土地利用、覆被变化造成了全球范围内的土壤侵蚀和土地沙化，甚至对土地荒漠化也有一定的影响。由于过度开垦、过度放牧和过度砍伐，导致了我国北部、西部、农牧交错地带严重的土壤沙化（张新荣等，2014）。土地利用通过改变土壤养分循环引起土壤养分的积累或流失，根据Peterjohn和Correll（1984）对N、P、C流失的研究，结果表明自然植被及其土壤系统的营养循环能力远高于玉米地，N在林地中的循环远高于耕地，P也有类似的调查结果。Thomas等（1999）研究了持续种植紫花苜蓿、传统耕作方式、保护性耕作方式和森林四种土地利用方式的土壤养分，发现林地中径流带走的有效N和有效P，以及土壤侵蚀带走的总N和总P均为最少。土地利用变化也会造成土壤污染，Motelay等（2004）对法国Seine River盆地土壤中的多氯联苯、多环芳烃等有毒有机污染物的空间分布特征的研究表明，城市土壤中的含量显著高于农业土壤。靳治国等（2009）研究了上海崇明岛不同土地利用方式下土壤污染的情况，分析发现工业区土壤重金属Cu、Cr、Pb含量最高，而湿地最低。

3.1.2.3　土地利用变化对水环境的影响

土地利用变化对水环境影响深刻，主要体现在对水量、水质和水分循环的影响等方面。土地利用变化对水量具有较大的影响，通过改变下垫面的性质，影响截留、下渗、蒸发等水文要素以及产汇流过程。一方面，土地利用结构的变化特别是农业的扩张与工业的发展，使区域水资源需求量急剧增加，造成了区域地下水超采、水资源供求紧张等，影响了区域水资源的总量；另一方面，土地利用变化带来的土地覆被变化也对区域产水量产生重要的影响（林泽新，2002）。土地利用特别是农业用水对水资源的影响突出。目前全球取水量约占可再生水资源量的10%，农业用水占到了消耗性水量（不再返还到流域）的

85%左右（Gleick，2003）。灌溉农业和城市用地的扩张使用水量迅速增加，导致河流特别是半干旱区的河流水量锐减，甚至断流、干涸，如近年来黄河下游断流频繁且断流时间增长，就与中游地区的过度引水有关（杜习乐等，2011）。

不当的土地利用方式往往造成非点源污染，导致水质下降，如土地耕垦产生水土流失，继而引起泥沙、土壤养分和农用化学品流失到地下水和河流中。土地利用对水质的影响以农业用地和建设用地的影响最大。在荷兰，水环境中来自农田的N、P的负荷分别占60%和50%左右（Boers，1996），而美国60%以上的地表水环境问题是由农业活动引起（Tim and Jolly，1994）。宋述军和周万村（2008）在岷江流域的研究发现，林地和草地控制的小流域的地表水水质明显优于耕地主导的流域，在其他条件相似时，随着小流域内林地和草地比例的增加，非点源污染降低，而随着耕地比例的增加，非点源污染有增大的趋势。因此，农业生产已经成为内陆水域和沿海岸带过剩N、P的最大来源（Bennett et al.，2001；Carpenter et al.，1998）。

土地利用变化影响水循环，通过改变地表植被的截留量、土壤水分的入渗能力和地表蒸发等因素，扰乱地表水的平衡和降雨在蒸散、地表和地下径流间的分配，进而影响流域的水文情势和产汇流机制。Nunes 和 Augej（1999）认为，由土地利用变化引起的区域植被生态系统的变化对区域水文循环过程起着极其显著的作用。高俊峰和闻余华（2002）在太湖流域的研究发现，随着耕地面积的减少和建设用地的增加，流域产水量不断增加；且该流域土地利用方式的变化可改变河流与河流、河流与湖泊及湖荡之间的水力联系，影响洪水的排泄过程。

3.1.2.4 土地利用变化对湿地的影响

土地利用是导致湿地面积和生态功能变化的最重要的因素。Dimitriou 和 Zacharias（2010）对希腊西部 Trichonis 湖周围湿地的研究表明，气候因素对湿地变化的影响很小，而对土地利用变化和水利工程建设的影响起主导作用。那晓东等（2009）的研究表明，土地利用变化特别是农业开发深刻改变了三江平原的湿地景观及其生态功能，湿地被大面积开垦为农田，沼泽和草甸的面积大量减少，加上高强度的农业生产，使得湿地地下水位持续下降，沼泽和草甸被林地入侵，湿地原有植被退化严重。曾从盛等（2008）对闽江河口的研究发现，原生植被芦苇沼泽转化成其他土地利用类型（滩涂养殖地、水田、撂荒地和池塘养殖地）之后，表层沉积物（或土壤）的有机碳和活性有机碳含量均有不同程度的下降。

3.2 研究方法

3.2.1 研究资料获取与处理

研究采用的遥感影像从中国科学院计算机网络信息中心获取，选取了1988年、1993年、1999年、2002年、2007年、2014年六期成像时间在5～8月的遥感影像（表3-1），这六期影像云量覆盖比较少，能够提取不同土地利用类型的面积。

表3-1　遥感影像数据的基本参数

年份	数据类型	成像时间	轨道号/（p/r）	云量
1988	TM	1988-05-14	124/36	0.0
1993	TM	1993-05-16	124/36	1.25
1999	ETM	1999-08-10	124/36	0.0
2002	ETM	2002-08-02	124/36	0.0
2007	TM	2007-05-19	124/36	0.0
2014	ETM^+	2014-05-06	124/36	2.12

本节以Landsat TM遥感数据为基本源数据，在ArcGIS10.0软件系统下，对影像进行几何精度纠正、配准后，采用ISODATA分类法进行非监督分类，通过人机交互的方式对分类结果进行编辑修改，得到分类结果图像。对研究区六期土地利用类型图进行空间叠加分析，获得研究区土地利用变化信息。

根据国家土地利用现状分类体系《土地利用现状分类标准》（GB/T 21010—2007）和研究目的（表3-2），在综合考虑野外实地调查和遥感影像的具体情况下，本章归并和调整了土地利用现状分类，将研究区土地利用类型分为六类，分别为：河流（水域和水利设施用地中的主河流水面及水库水面）、湿地（滩涂、沟渠、沼泽地）、农田（耕地和田坎）、建设用地（工矿仓储用地、住宅用地、商服用地、公共管理与公共服务用地、交通运输用地和特殊用地）、裸地和林地（林地、园地和草地）。

表 3-2 国家土地利用现状分类标准

一级地类	二级地类
耕地	水浇地、水田和旱地
林地	灌木林地、有林地和其他林地
草地	人工牧草地、天然牧草地和其他草地
园地	果园、茶园和其他园地
工矿仓储用地	采矿用地、工业用地和仓储用地
住宅用地	农村宅基地和城镇住宅用地
商服用地	住宿餐饮用地、批发零售用地、商务金融用地和其他商服用地
水域及水利设施用地	河流水面、水库水面、湖泊水面、坑塘水面、内陆滩涂、沿海滩涂、水工建筑用地、沟渠、冰川及永久积雪
公共管理与公共服务用地	公共设施用地、机关团体用地、科教用地、新闻出版用地、文体娱乐用地、医卫慈善用地、公园与绿地和风景名胜设施用地
交通运输用地	公路用地、铁路用地、农村用地、街巷用地、港口码头用地、机场用地和管道运输用地
特殊用地	使领馆用地、军事设施用地、宗教用地和殡葬用地
其他土地	设施农用地、空闲地、田坎、沼泽地、盐碱地、裸地、沙地

3.2.2 数据分析

本章分析研究了小浪底大坝下游典型滨河滩区近 26 年土地利用格局动态变化情况，土地利用变化速度采用土地利用动态参数进行分析，不同土地利用类型间的转移情况运用土地利用转移矩阵进行计算，在此基础上，揭示大坝下游典型滨河湿地退化的现状。

1）土地利用动态度

一般用土地利用动态度来衡量土地利用变化速度，通过定量描述区域某种土地利用类型在一定时间的速度变化，对土地利用变化的区域性差异进行对比分析，也可用于预测未来土地利用变化趋势（卓静等，2013；王思远等，2002）。土地利用类型动态度可分为综合土地利用动态度和单一土地利用动态度。

综合土地利用动态度：整个研究区土地利用的速度变化用综合土地利用动态度来表示，其公式可以表达为（Zhao et al.，2013）

$$LC = \frac{\sum_{i=1}^{n} \Delta LU_{i-j}}{2\sum_{i=1}^{n} LU_i} \times \frac{1}{T} \times 100\% \tag{3-1}$$

式中，LC 为研究区综合土地利用动态度；T 为研究时段；LU_i为第 i 类土地利用类型面积；ΔLU_{i-j}为第 i 类土地利用类型转换为第 j 类土地利用类型面积的绝对值。LC 值在 T 的时段为年时，为该研究区土地利用的年综合变化率。

单一土地利用动态度：区域内某一土地利用类型在一定时间内数量的速度变化采用单一土地利用动态度来表示，其公式可以表达为（Zhao et al.，2013）

$$K = \frac{U_b - U_a}{U_a} \times \frac{1}{T} \times 100\% \tag{3-2}$$

式中，K 为研究期内某一土地利用类型的速度变化；T 为研究时段；U_a为研究初期某一土地利用类型面积；U_b为研究末期某一土地利用类型面积。K 值在 T 的时段为年时，为该研究区的某一土地类型年变化率。

2）土地利用转移矩阵

不同时期不同土地利用类型转换的数量和方向的变化以及土地利用变化结果的特征可以用土地利用转移矩阵来表征，土地利用转移矩阵能够定量表述不同土地利用类型之间相互转换的具体情况，有助于理解土地利用的时空演变过程（Wang et al.，2013；陈飞等，2012）。本章利用研究区 1988 年、1993 年、1999 年、2002 年、2007 年、2014 年土地利用数据，获得 1988～1993 年、1993～1999 年、1999～2002 年、2002～2007 年、2007～2014 年及 1988～2014 年土地利用变化的转移矩阵，分析 26 年大坝下游滨河滩区土地利用变化的空间分布格局，其公式可以表达为（王美玲等，2013）

$$C_{ij} = A_{ij}^{k} \times 10 + A_{ij}^{k+1}（土地利用类型 < 10） \tag{3-3}$$

式中，C_{ij}为由 k 时期到 $k+1$ 时期的土地利用变化过程，表征土地利用变化的类型及其空间格局分布；A_{ij}^{k}和 A_{ij}^{k+1}分别为 k 时期和 $k+1$ 时期的土地利用类型及其空间土地利用分布。

3.3 滨河滩区土地利用格局动态变化

3.3.1 土地利用变化特征

小浪底大坝下游滨河滩区土地利用在 1988～2014 年发生了显著变化（图 3-1）。

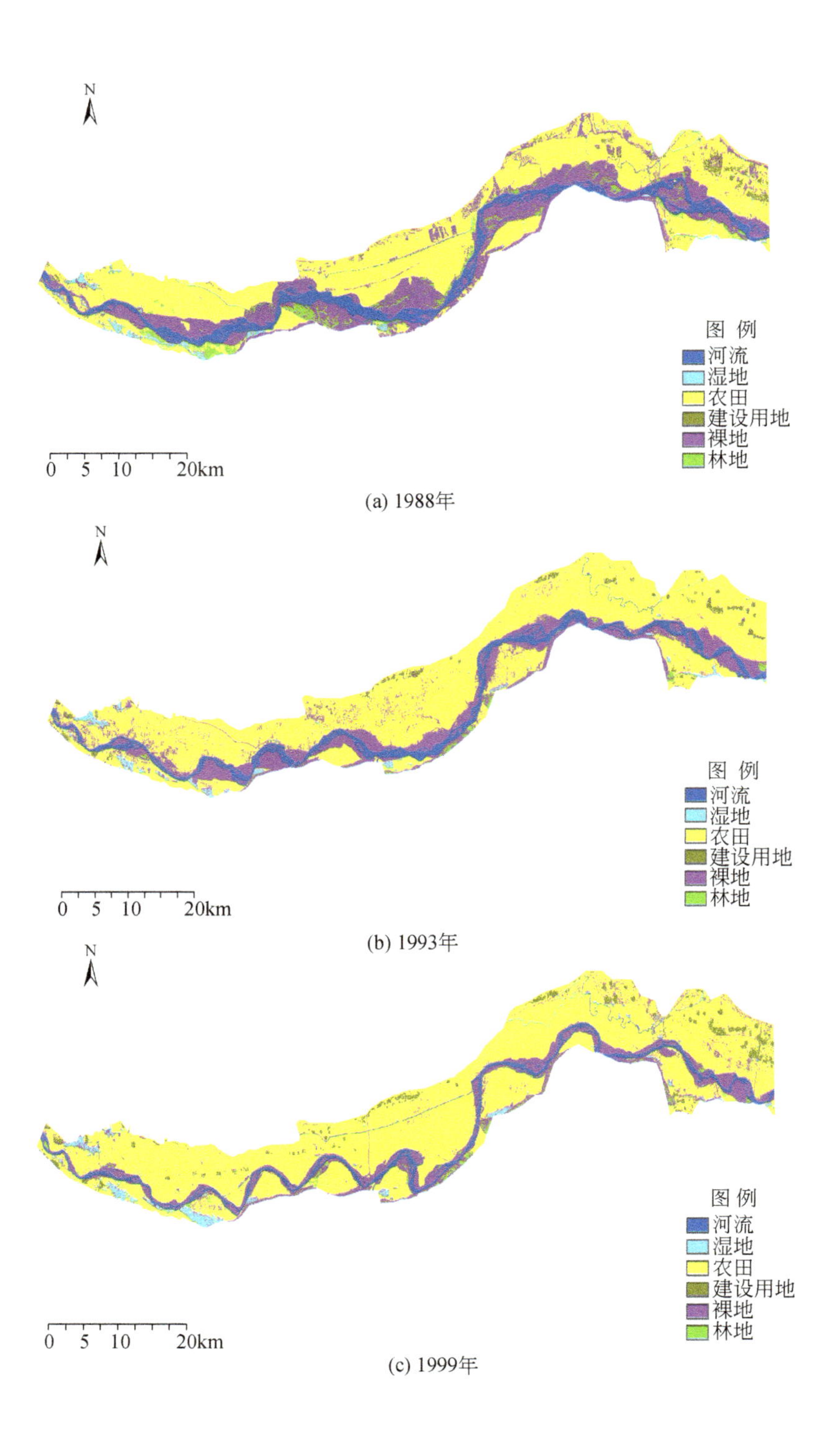

(a) 1988年

(b) 1993年

(c) 1999年

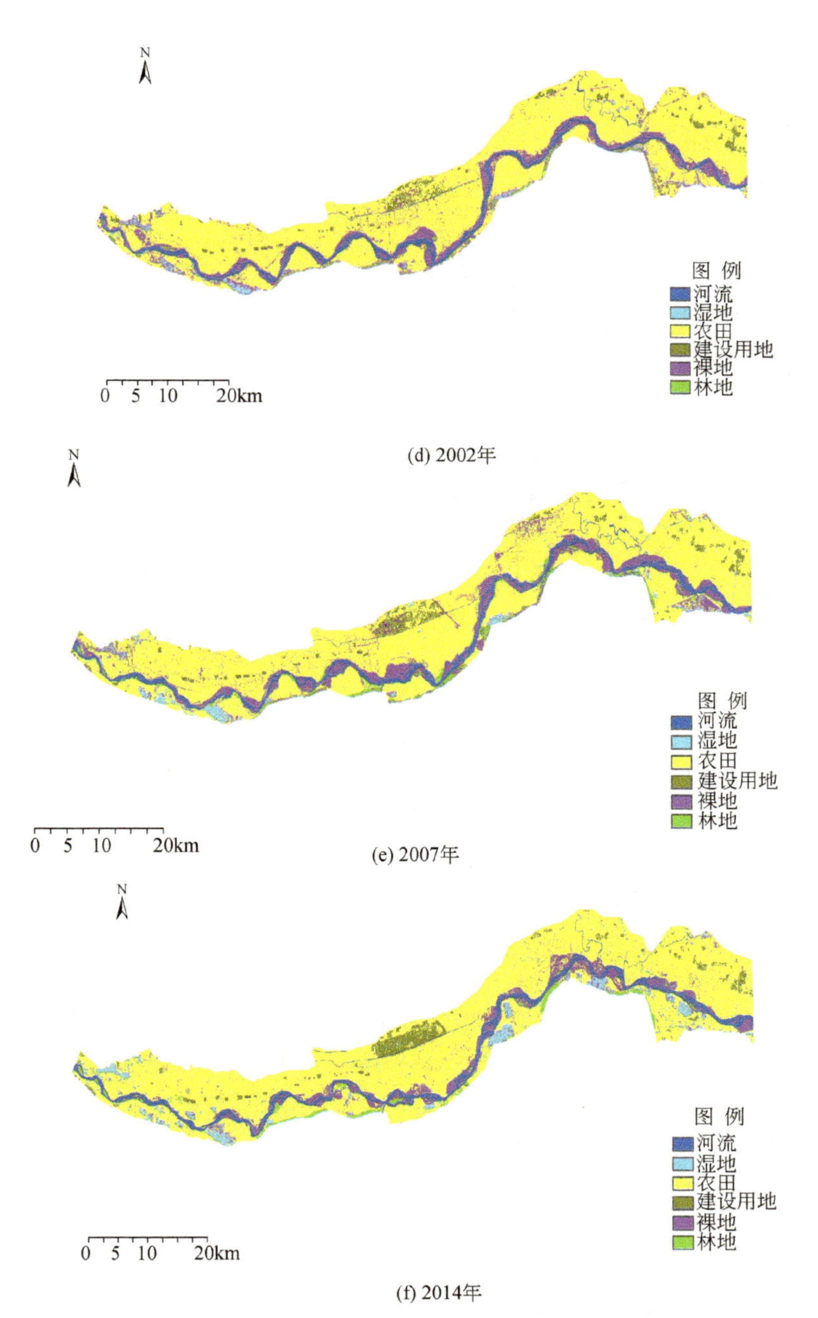

(d) 2002年

(e) 2007年

(f) 2014年

图 3-1　1988 ~ 2014 年六个时段研究区土地利用格局分布图

大坝下游滨河滩区土地利用变化及数量变化见表 3-3 和表 3-4。

表 3-3 1988～2014 年研究区土地利用变化

土地类型	1988 年		1993 年		1999 年		2002 年		2007 年		2014 年	
	面积/hm²	比例/%	面积/hm²	比例/%	面积/hm²	比例/%	面积/hm²	比例/%	面积/hm²	比例/%	面积/hm²	比例/%
河流	11 774	12.4	9 615	10.1	6 475	6.8	6 816	7.1	7 562	7.9	7 745	8.1
湿地	1 792	1.9	1 691	1.8	2 496	2.6	1 618	1.7	2 646	2.8	4 334	4.6
农田	51 076	53.6	63 889	67.1	69 426	72.9	70 283	73.8	67 680	71.1	70 161	73.7
建设用地	1 277	1.3	1 462	1.5	2 608	2.7	2 861	3.0	3 269	3.4	3 619	3.8
裸地	25 504	26.8	17 653	18.5	13 107	13.8	12 535	13.2	11 492	12.1	7 431	7.8
林地	3 792	4.0	905	1	1 103	1.2	1 103	1.2	2 566	2.7	1 926	2.0

表 3-4 1988～2014 年研究区土地利用数量变化 （单位：hm²）

土地类型	1988～1993 年	1993～1999 年	1999～2002 年	2002～2007 年	2007～2014 年	1988～2014 年
河流	-2 159	-3 140	340	747	183	-4 030
湿地	-101	805	-878	1 028	1 688	2 542
农田	12 814	5 537	857	-2 603	2 481	19 085
建设用地	185	1 146	253	408	350	2 342
裸地	-7 852	-4 546	-573	-1 043	-4 061	-18 074
林地	-2 887	198	0	1 463	-640	-1 865

1988～2014 年，研究区土地利用变化的总趋势是：农田、湿地和建设用地增加，而河流、裸地和林地减少。农田是研究区最主要的土地利用类型，农田面积从 1988 年的 51 076 hm²（占研究区土地总面积的 53.6%）增加到 2014 年的 70 161 hm²（占研究区土地总面积的 73.7%），增加了 19 085 hm²，尤其是自 1999 年后，研究区农田面积明显增加，占研究区土地总面积的 71% 以上。这主要是因为小浪底大坝自 1999 年开始截流后，有效控制了大坝下游的洪水，原来季节性淹没的滩地常年裸露，转变为永久性的旱地，当地社区居民农业开发利用规模增加迅猛。

研究区湿地面积呈增加趋势，从 1988 年的 1792 hm²增加到 2014 年的 4334 hm²，占研究区土地总面积的比例从 1.9% 增加到 4.6% 。根据课题组 2006～2014 年野外考察的情况分析，湿地面积增加主要是人工湿地的增加。随着人类对滩区开发活动的不断加强，鱼塘、荷塘和人工河渠不断增加，导致了人工湿地面积的大幅度增加。

滩区建设用地面积呈现逐年增加的趋势，从 1988 年的 1277 hm²增加到 2014 年的 3619 hm²，占研究区土地总面积的比例从 1.3 % 增加到 3.8% 。

1988～2014 年，研究区裸地面积下降幅度最大，裸地面积从 1988 年的 25 504 hm²（占研究区土地总面积的 26.8%）减少到 2014 年的 7431 hm²（占研究区土地总面积的7.8%)，共减少18 073 hm²；河流水域面积减小幅度次之，占研究区土地总面积的比例从12.4%减少到8.1%，共减少了4029 hm²；林地面积略有下降，占研究区土地总面积的比例从4.0%减少到2.0 %，共减少1865 hm²。

3.3.2 土地利用变化速率

研究区土地利用类型的整体稳定性一般用综合土地利用动态度来表示，区域内土地利用变化越剧烈，其综合土地利用动态度越高，土地利用整体稳定性也越差（宗玮，2012）。小浪底大坝下游滨河滩区六个时期土地利用动态程度较大(表3-5，图3-2)。

表3-5 研究区土地利用动态变化 (单位:%)

土地利用程度	类型	1988～1993年	1993～1999年	1999～2002年	2002～2007年	2007～2014年	1988～2014年
单一土地利用动态程度	河流	-3.7	-5.4	1.8	2.2	0.3	-1.3
	湿地	-1.1	7.9	-11.7	12.7	9.1	5.5
	农田	5.0	1.4	0.4	-0.7	0.5	1.4
	建设用地	2.9	13.1	3.2	2.9	1.5	7.1
	裸地	-6.2	-4.3	-1.5	-1.7	-5.0	-2.7
	林地	-15.2	3.6	0.02	26.5	-3.6	-1.9
综合土地利用动态程度	总计	3.6	2.4	3.3	2.5	1.9	0.9

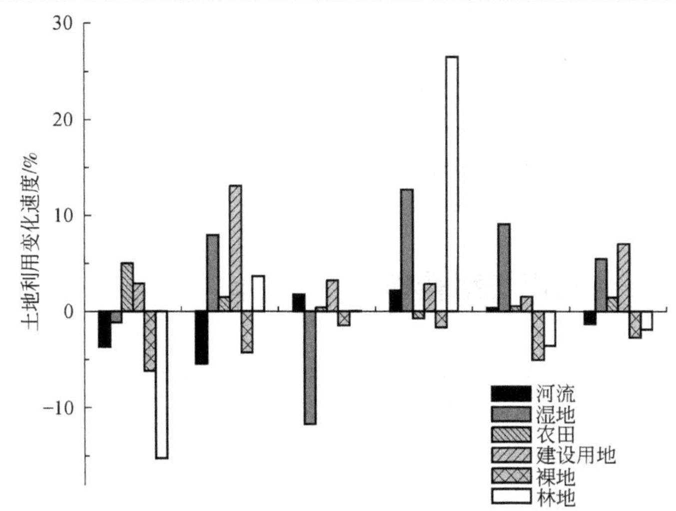

图3-2 1988～2014年研究区土地利用变化速度

1988～2014年，研究区综合土地利用变化速度为0.9%。其中，1988～1993年的综合土地变化速度最快，为3.6%；1999～2002年的综合土地变化速度次之，为3.3%；2002～2007年和1993～1999年的综合土地变化速度稍慢，分别为2.5%、2.4%；2007～2014年的综合土地变化速度最慢，为1.9%。研究结果表明，1988～2007年小浪底大坝下游典型滨河滩区土地利用发生了剧烈的变化，期间大型水利工程的建设使得大批的移民安置在黄河南北两岸滨河滩区，政府倡导的征地移民安置补偿静态投资措施加速了土地利用状况的变化；2007年后，研究区土地利用变化程度逐渐向平稳过渡。

研究区土地利用变化在某一时间段内的剧烈程度一般用单一土地利用类型动态度来表示（宗玮，2012）。小浪底大坝下游典型滨河滩区各类用地类型变化速率差异性较大。研究期内，建设用地的增长速度最快，年均变化率为7.1%，这与26年来滨河滩区开发利用程度有关，尤其是小浪底大坝建设后，洪水得到了有效的控制，政府基于发展地方经济，修建了大量的滩区水利灌溉渠等。裸地的减少速度最快，年均减少率为2.7%，也进一步表明了周边社区农民对滩区的大规模开发和利用。湿地、农田呈增加趋势，年均变化率分别为5.5%、1.4%，其中湿地的增加主要归功于人工湿地（如荷花塘、鱼塘以及农田水利设施）的增加；林地、河流呈降低趋势，年均减少率分别为1.9%、1.3%。26年，河流总体上呈减少趋势，但在1999年后逐年增加，在1993～1999年减少速度最快，为5.4%；湿地总体上呈增加趋势，但在1988～1993年、1999～2002年呈减少趋势，在2002～2007年增加速度最快，为12.7%；农田总体上呈增加趋势，但在2002～2007年略有减少，在1988～1993年增加速度最快，为5.0%；建设用地均呈增加趋势，在1993～1999年的增长速度最快，为13.1%；裸地均呈减少趋势，在1993～1999年的减少速度最快，为6.2%；林地总体上呈减少趋势，但在1993～2007年有所增加，在1988～1993年减少速度最快，为15.2%；在2002～2007年增加速度最快，为26.5%。

3.3.3 土地利用类型转移

区域土地利用类型动态演化是一定时期区域内自然、社会、经济发展的综合体现（卓静等，2013）。土地利用类型矩阵可以清晰地反映小浪底大坝下游滨河滩区不同时期各种土地利用类型面积的变化情况，可以研究土地利用类型由前一个时期向后一个时期的转移比率以及研究后一个时期中土地利用类型由前一个时期土地利用类型的转移比率来源（伍星等，2007；马婉丽，2010）。大坝建设引发了河流水文情势的深刻变化，同时，受自然环境演变及人类活动的影响，研究区各种土地利用类型转化频繁。本章根据遥感和 GIS 分析，对两期土地利用图进行空叠加运算，计算大坝下游滨河滩区在 1988 ~ 2014 年六个时段土地利用变化转移矩阵，探讨不同时期土地利用的演变过程。根据土地利用类型互相转化的原始转移矩阵，计算不同土地利用类型在两个时期相互转化的面积，分析探讨大坝下游典型滨河滩区 26 年来土地利用类型的动态演化特征。

1）1988 ~ 1993 年

1988 ~ 1999 年，土地利用变化的主要特征表现为河流向农田和裸地的转移，裸地向农田和河流的转移以及林地向农田的转移（表 3-6，图 3-3）。其中，农田的渐变过程最为显著，且面积大幅度增加，有 17 795 hm^2 的其他土地利用类型面积转变为农田；同时，有 4982 hm^2 的农田面积转变为其他土地利用类型。

表 3-6　1988 ~ 1993 年研究区各土地利用类型面积转化（单位：hm^2）

1988 年土地利用类型	1993 年土地利用类型						
	河流	湿地	农田	建设用地	裸地	林地	总计
河流	4 931	24	2 038	1	4 718	62	11 774
滩区湿地	21	970	526	16	256	3	1 792
农田	502	276	46 094	785	3 140	278	51 075
建设用地	10	13	589	527	135	2	1 276
裸地	3 687	221	12 465	129	8 456	548	25 506
林地	465	186	2 178	4	946	13	3 792
总计	9 616	1 690	63 890	1 462	17 651	906	95 215

该研究期间，有 12 465 hm^2 的裸地变为农田，而仅有 3140 hm^2 的农田转变为裸地；有 2178 hm^2 的林地转变为农田，而农田转变为林地的面积只有 278 hm^2；转变为农田的河流面积有 2038 hm^2，而农田转变为河流的面积仅有 502 hm^2。裸地、林地和河流转变为农田的面积分别占该时期转变为农田总面积的 70.0%、12.2% 和 11.5%。裸地面积明显减少，有 17 048 hm^2 的裸地面积转变为其他土地利用类型，同时，有 9197 hm^2 的其他土地利用类型面积转变为裸地，主要有河流和农田转变为裸地，分别占该时期转变为裸地总面积的 51.3% 和 34.1%。主要原因为一方面该时期小浪底水库首批移民安置在黄河滩区，大面积的裸地被开垦为农田；另一方面，湿地植物覆盖的土壤水分充足，土壤肥沃，利于农业开发利用。与此同时，黄河流域经济社会发展迅速，黄河两岸工农业用水量大幅度增加，黄河下游部分河道出现断流现象，加剧了下游河道萎缩、滨河滩区盐碱沙

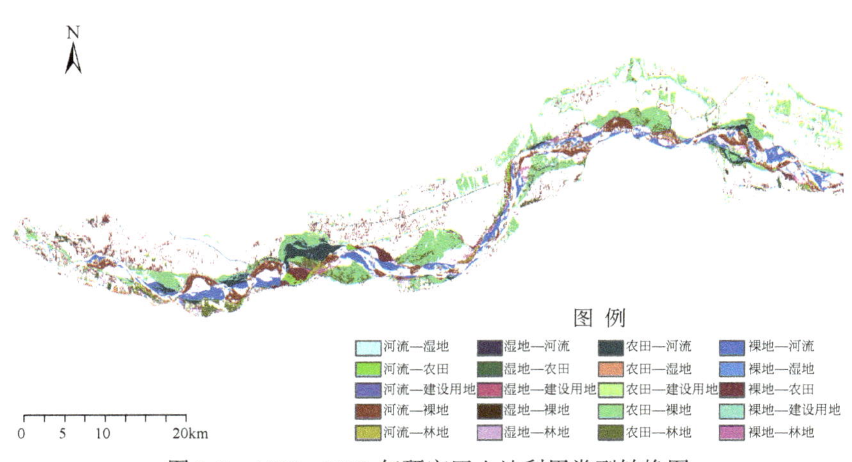

图 3-3 1988 ~ 1993 年研究区土地利用类型转换图

化。此外，该时期河流和林地的面积有所降低，湿地和建设用地的面积变化不明显。总体而言，周围社区居民对自然滩地的开垦、农业用地和自然河流的沙化是 1988 ~ 1993 年土地利用变化的主要形式，分别占土地利用转移全部面积的 52.0% 和 26.9%。

2）1993 ~ 1999 年

1993 ~ 1999 年，土地利用变化的主要特征表现为河流转化为裸地和农田，农田转化为裸地、河流和建设用地，裸地转化为农田和河流（图 3-4，表 3-7）。

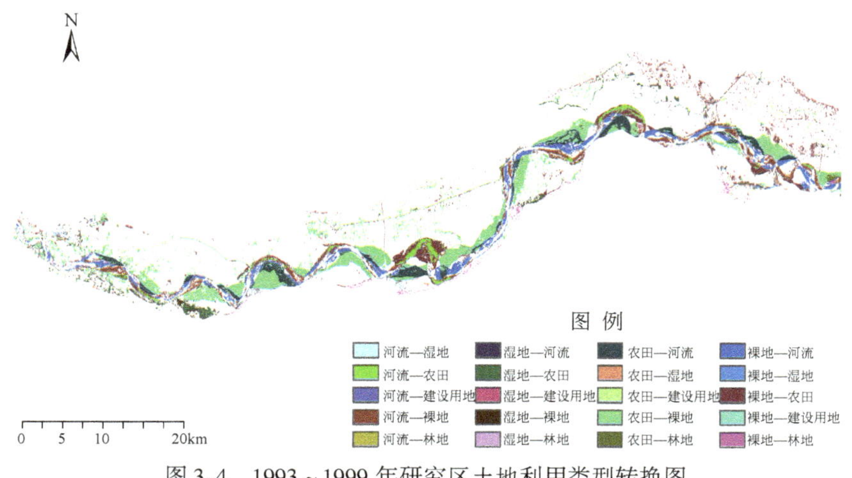

图 3-4 1993 ~ 1999 年研究区土地利用类型转换图

表 3-7 1993～1999 年研究区各土地利用类型面积转化 （单位：hm^2）

1993 年土地利用类型	1999 年土地利用类型						
	河流	湿地	农田	建设用地	裸地	林地	总计
河流	3 055	38	2 604	1	3 778	139	9 615
湿地	32	1 198	203	16	237	5	1 691
农田	1 380	922	56 545	1 202	3 727	113	63 889
建设用地	4	8	209	1 208	33	0	1 462
裸地	1 986	323	9 715	178	4 933	518	17 653
林地	18	6	150	4	399	328	905
总计	6 475	2 495	69 426	2 609	13 107	1 103	95 215

其中，农田的渐变过程仍然最为显著，且其面积大幅度增加，裸地和河流转变为的农田面积是其面积增加的最主要的形式。转变为农田的裸地面积有 9715 hm^2，而仅有近 1/3 的农田面积（3727 hm^2）转变为裸地；有 2604 hm^2的河流转变为农田，而仅有 1380 hm^2的农田转变为河流。研究结果进一步表明该时期滩区农业开发利用的程度高，致使大面积的裸地被开垦为农田。同时，黄河全年断流现象频发，仅 1995 年全年断流 122 天，加速了下游河道萎缩的进程。此外，湿地和建设用地的面积小幅度增加，农田转变为湿地和建设用地是其增加面积的主要来源，分别占转变为湿地和建设用地总面积的 71.0% 和 85.9%，表明由于不当的开垦，致使大面积农田进一步弃耕为湿地；此外，部分旱地开挖为鱼塘、荷塘以及灌溉水渠等人工湿地。小浪底大坝南岸引水口工程和黄河公路大桥等工程建设也进一步使得该时期建设用地增加。该时期，林地的面积变化不明显。总体而言，周围社区居民对自然滩地的开垦、农业用地和自然河流的沙化仍然是 1993～1999 年土地利用变化的主要形式，分别占土地利用转移全部面积的 46.1% 和 29.2%，但土地沙化现象有所增加。

3）1999～2002 年

1999～2002 年，土地利用变化的主要特征表现为河流向裸地的转移，农田向裸地和建设用地的转移，裸地向农田和河流的转移（表 3-8，图 3-5）。其中，裸地和农田的渐变过程较为显著，分别占发生转移的总体规模的 37.3% 和 31.7%。该期间，小浪底大坝自 1999 年开始截流，2002 年工程完工。随着洪水得到了有效的控制，大坝下游滩区有 3274 hm^2。同时，河流和裸地之间的相互转变明显，河流转变为裸地的面积为 2586 hm^2，而裸地转变为河流的面积为 2458 hm^2，分别占转变为河流和裸地的总面积的 73.8% 和 36.3%。大坝下游季节性淹水的区域转变为了永久的旱地，人类活动日益加剧，居民活动点也日益增加。这段期间，湿地、林地和建设用地的面积变化不明显。总体而言，自然河流的演化、周围社区居民对自然滩地的开垦是1999～2002年土地利用变化的主要形式。

表3-8 1999～2002年研究区各土地利用类型面积转化 （单位：hm^2）

1999年土地利用类型	2002年土地利用类型						
	河流	湿地	农田	建设用地	裸地	林地	总计
河流	3 485	63	306	6	2 586	29	6 475
湿地	37	1 124	402	15	915	3	2 496
农田	757	144	64 220	1 028	3 274	3	69 426
建设用地	2	35	635	1 766	170	0	2 608
裸地	2 458	252	3 998	45	5 402	952	13 107
林地	75	2	721	1	188	116	1 103
总计	6 814	1 620	70 282	2 861	12 535	1 103	95 215

4）2002～2007年

2002～2007年，土地利用变化的主要特征表现为农田转化为裸地、河流和建设用地，河流转化为裸地，裸地转化为农田、河流和林地（表3-9，图3-6）。其中，裸地的渐变过程最为显著，且其面积减少，有9067 hm^2的裸地变为农田（占裸地转变总面积的52.0%）、河流（占裸地转变总面积的24.2%）、湿地、建设用地和林地，而只有8025 hm^2的土地面积转变为裸地。

表3-9 2002～2007年研究区各土地利用类型面积转化 （单位：hm^2）

2002年土地利用类型	2007年土地利用类型						
	河流	湿地	农田	建设用地	裸地	林地	总计
河流	3 466	109	634	19	2 362	226	6 816
湿地	128	925	252	40	252	22	1 619
农田	1 612	754	61 060	1 126	5 077	653	70 282
建设用地	14	18	921	1 704	188	15	2 860
裸地	2 193	834	4 715	325	3 468	1 000	12 535
林地	149	6	97	55	146	650	1 103
总计	7 562	2 646	67 679	3 269	11 493	2 566	95 215

这一时期，人口的增长以及地方政府的资金和政策的支持，使得大部分的裸地被开垦为农田；与此同时，流水的侵蚀使得河岸坍塌现象频发，导致了部分裸地转化为河流。该期间，农田面积与其他时期发生了相反的变化，其面积呈减少趋势，减少面积为2603 hm^2，有9223 hm^2的农田变为裸地（占农田转变总面积的55.0%）、河流（占农田转变总面积的17.5%）、建设用地（占农田转变总面积的12.2%）、湿地（占农田转变总面积的8.2%）和林地（占农田转变总面积的7.1%），而只有6620 hm^2的其他土地类型的面积转变为农田，农田向其他土地类型发生转移的面积比其他类型向农田发生转移的面积都要大，也表明大坝下游滨河滩区农田因为开垦不当，部分农田弃耕，转化为裸地和湿地；同时，直抵河岸的农田在水流的侵蚀下发生大面积的坍塌，转化为河流。该时期农田水利设施的修建以及堤段放淤固堤工程的开工使得部分农田转化为建设用地。由于大量裸地和农田转变为湿地，使得湿地面积增加，增加面积为1028 hm^2，裸地转变为湿地和农田转变为湿地的面积分别占转变为湿地总面积的48.5 %和43.8%。此外，林地的面积有所减低，河流和建设用地的面积变化仍然不明显。总体而言，农业用地和自然河流的沙化、周围社区居民对自然滩地的开垦是2002～2007年土地利用变化的主要形式，分别占土地利用转移全部面积的33.5%和27.6%。

5）2007～2014年

2007～2014年，土地利用变化的主要特征表现为河流向裸地和农田的转移，湿地向农田的转移，农田向裸地、河流、湿地和建设用地的转移，建设用地向农田的转移，裸地向农田和河流的转移以及林地向农田的转移（表3-10，图3-7）。

表3-10 2007～2014年研究区各土地利用类型面积转化（单位：hm^2）

2007年土地利用类型	2014年土地利用类型						
	河流	湿地	农田	建设用地	裸地	林地	总计
河流	3 487	172	1 476	9	2 045	373	7 562
湿地	166	1 401	809	9	243	19	2 647
农田	1 939	1 763	60 060	1 025	2 685	208	67 680
建设用地	29	95	881	2 159	21	84	3 269
裸地	1 889	824	5 824	378	2 167	409	11 491
林地	235	77	1 112	39	270	833	2 566
总计	7 745	4 332	70 162	3 619	7 431	1 926	95 215

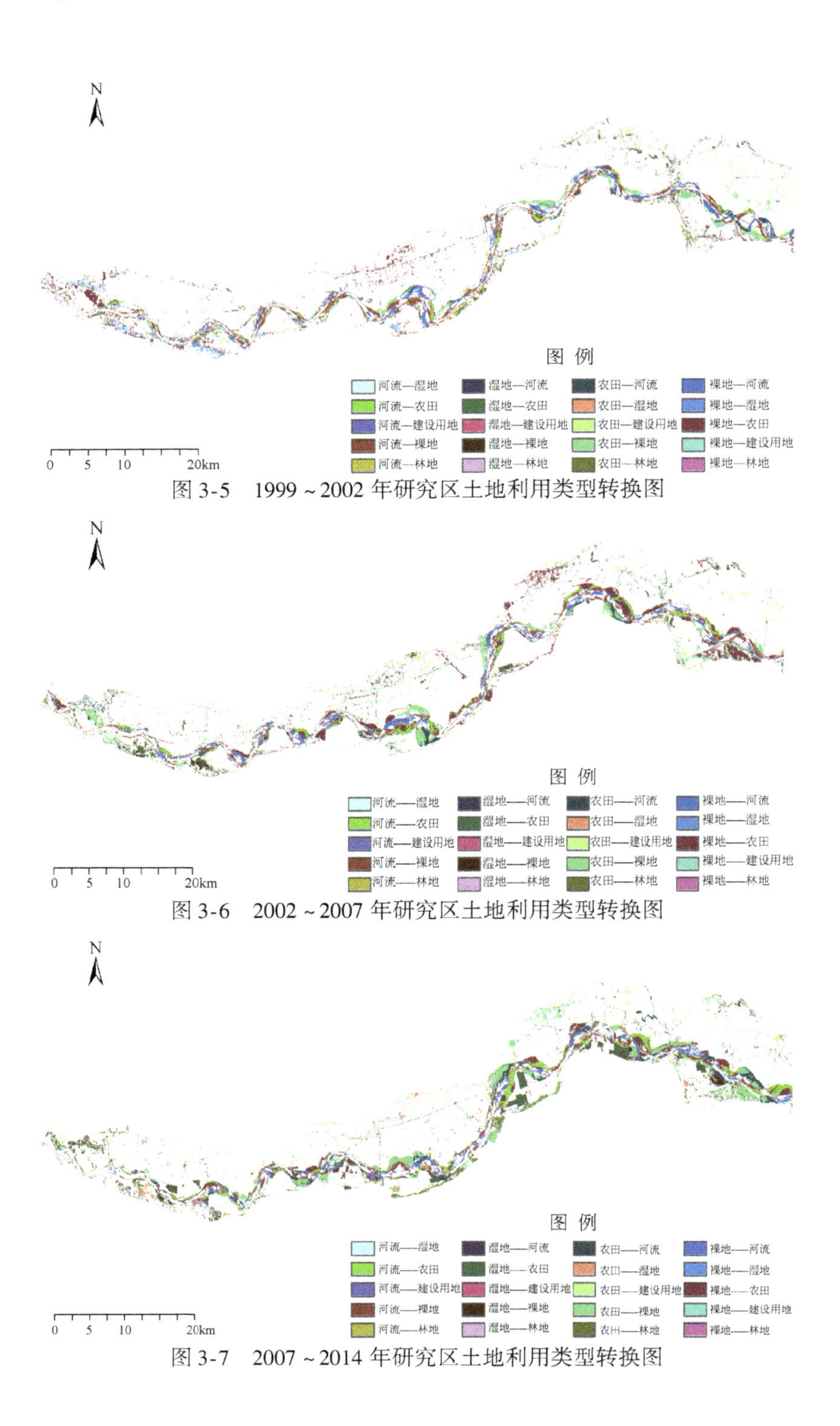

图 3-5 1999～2002 年研究区土地利用类型转换图

图 3-6 2002～2007 年研究区土地利用类型转换图

图 3-7 2007～2014 年研究区土地利用类型转换图

其中，农田的渐变过程仍然最为显著，且其面积大幅度增加，有 10 101 hm^2 的裸地（占转变为农田总面积的 57.7%）、河流（占转变为农田总面积的 14.6%）、湿地、建设用地和林地转变为农田，而只有 7620 hm^2 的农田转变为其他土地类型。研究结果进一步表明，河滩的裸露以及地方政府的支持，使得大坝下游滨河滩区农田化的进程仍然在继续。这段期间，湿地的转移概率和其他几个时期相比明显增加，其发生转移的面积占总体规模的 11.7 %，有 1763 hm^2 的农田（占转变为湿地总面积的 60.1%）转变为湿地，使得湿地的面积明显增加，主要原因仍是一方面由于不当的开垦，致使大面积农田进一步弃耕为湿地；另一方面，部分旱地开挖为鱼塘、荷塘以及农田水利设施等人工湿地。该时期裸地面积明显减少，主要转变为农田，河流和湿地，其中转变为农田的面积占裸地转变总面积的 62.5%，说明地方政府农业政策的倾向仍然在加速大坝下游滨河滩区的农业化进程。河流、林地和建设用地的面积变化不明显。总体而言，周围社区居民对自然滩地的开垦是 2007 ~ 2014 年土地利用变化的主要形式，占土地利用转移全部面积的 40.2%。

6）1988 ~ 2014 年

研究期间小浪底大坝下游滨河滩区土地利用类型渐变过程如下（表 3-11，图 3-8）。

表 3-11　1988 ~ 2014 年研究区各土地利用类型面积转化（单位：hm^2）

1988 年土地利用类型	2014 年土地利用类型						
	河流	湿地	农田	建设用地	裸地	林地	总计
河流	3 201	625	5 655	37	1 983	273	11 774
湿地	82	716	900	19	68	6	1 791
农田	669	1 409	44 924	2 846	1 088	141	51 077
建设用地	15	36	830	383	13	1	1 278
裸地	3 303	1 201	15 527	331	3 672	1 469	25 503
林地	475	345	2 326	3	606	37	3 792
总计	7 745	4 332	70 162	3 619	7 430	1 927	95 215

总体上，26 年来小浪底大坝下游滨河滩区土地利用类型转移以周围社区居民对自然滩地的开垦利用为主，占全部转化面积的 59.7%；自然河流的演化次之，占全部转化面积的 10.7%，裸地的开发利用占 8.9%；湿地（主要是人工湿地）的增加占 8.6%；建设用地的增加占 7.6%；林地的退化占 4.5%。

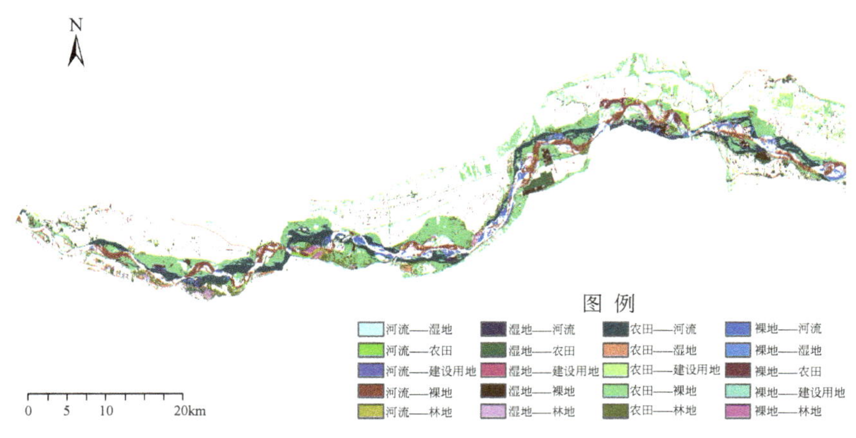

图 3-8 1988～2014 年研究区土地利用类型转换图

小浪底大坝下游滨河滩区土地利用变化主要存在“裸地→农田→建设用地”、“裸地→河流→农田”、“裸地→林地→农田”、“农田→裸地→河流”四类转移过程，大量自然滩地转变为农田。河流建坝改变了河流的自然季节流量模式，水流调控和泥沙悬浮物的截留效应影响了下游河道的水沙特性，使下游滨河滩区土地的水、沙及生物的补给规律发生变化而改变坝下河岸带植物群落多样性（Braatne et al.，2008；Kellogg and Zhou，2014）。因此大坝建设引发的河流水文情势变化，导致了人为土地利用开发加剧和土地利用格局深刻变化。尤其是大坝投入运行后，洪水得到有效控制，河漫滩由季节性淹水转化为常年裸露，便于当地的农业开发利用。地方政府基于发展地方经济出发，倡导并给予资金、政策等一系列的支持和帮助，如修建滩区水利灌溉渠、农用灌溉井等，组织周边社区居民进行大规模的滩区农业开发和基本农田建设，促进的当地滩区土地开发利用发展迅猛，部分区域农田开发利用已经直抵河岸。大规模的农业开发使得自然湿地和滩区裸地面积不断减少，大坝下游滨河滩区湿地不断退化。截至 2014 年，裸地的面积相对于 1988 年减少了 70.7%，农田的面积相对于 1988 年增加了 37.4%。

3.4 土地利用变化的驱动力分析

人类活动对自然资源和环境最为直接的影响表现为土地利用类型的变化，一方面是发生转化的可能性，主要与气候、土壤及其植被覆盖类型、地貌等有关；另一方面是人类活动的影响，主要是人类活动影响的程度及频率、人为选择的土地利用方式等（刘纪远等，2002）。作为一个特别复杂的现象和过程，土地利用变化的影响因素很多，主要包括自然、经济、社会和历史发展等方面（Turner et al. , 1990；刘殿伟，2006）。前人的研究表明，土地利用是在充分利用土壤、地貌、水文、气候等自然环境条件建立的，但影响土地利用变化的主要因素是人类对土地资源的开发利用以及所带来的土地性状特征的改变。自然环境条件对土地利用及其演变的发展过程的区域分布特点作用强烈，但社会经济因素，尤其是区域经济发展和人口增长在自然环境条件没有特别改变的情况下占据主导作用（Zorrilla et al. , 2014；Zhao et al. , 2013；刘殿伟，2006），时空尺度的变化改变了驱动力作用的强度（谭少华和倪绍祥，2005）。

3.4.1 自然因素

土地利用变化潜在的动力源是自然因素，影响着土地利用变化强度和速率（虞湘，2011）。滨河滩区的分布与地质地貌、气候、水文、植被、土壤等自然因素密切相关，但在较小的时间尺度内（本章研究的时间尺度是 5 ~ 7 年），地质、地貌以及土壤等自然因素没有发生很大改变，因此在自然因素中，气候和水文是影响滨河滩区土地利用变化的活跃因素（李颖等，2003）。

3.4.1.1 气候条件

气候通过不同水热条件的差异来限制湿地、林地等地类分布以及农作物长势，从而影响不同土地利用格局的形成（刘殿伟，2006）。气温和降水是影响土地利用变化最直接的自然因素（何彬方等，2010）。水面蒸发的过程以及强度受温度变化影响强烈，从而导致滨河滩区景观格局的变化（郭跃东等，2004）。由研究区年平均气温变化趋势可知（图 3-9），小浪底大坝下游滨河滩区年平均气温呈上升趋势，研究期间内研究区年平均气温升高了 1.38 ℃，温度的升高使得蒸发面的饱和水汽压比较大，饱和差大，因而易于蒸发，导致滩区水量减少，河道萎缩（李颖等，2003），1988 ~ 2014 年，河流面积大幅度减少，减少面积为 4030 hm^2。

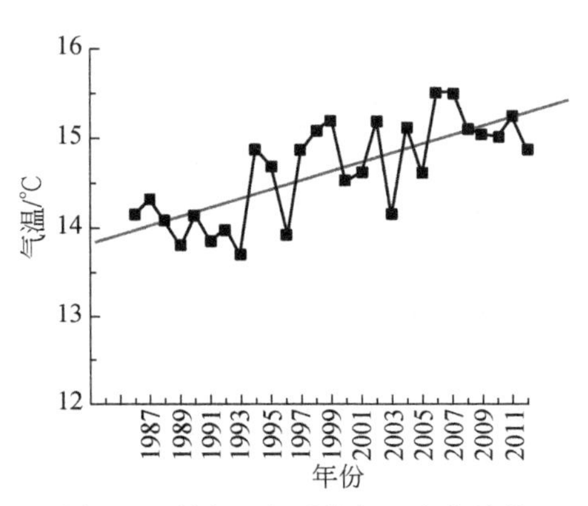

图 3-9　研究区年平均气温变化趋势

水是促进滨河滩区景观演化的直接动力因素，特别是自然滩区土地的演变受降水和气温的影响（曾业隆等，2015；虞湘，2011）。降水是大坝下游滨河滩区重要的补给水源，降水量的变化影响了研究区的土地利用变化。由研究区年平均降水量变化趋势可知（图3-10），研究区年降水量变化起伏，降水量整体上呈略微上升趋势。多雨的年份因滩区积水过多，周围社区居民为了保住滩区农田采取人为的排水，增加排水通道；而干旱将加剧周围社区居民对滩区水资源的开采，抽取地下水灌溉农田，加快自然湿地的退缩速度。湿地的退缩为农田的开垦让出了空间，人们一旦得到耕地，就会采取人为的方式去保住它。因此农田面积的变化受降水的年季波动影响显著，降水对裸地、湿地等土地利用类型转化为农田具有促进作用。1988～1993年，裸地转换为农田的面积幅度最大，占了该时期转换为农田总面积的70.0%左右，分析其原因，除了与黄河滩区的移民安置有关外，还与该时期降水量增加有关，充沛的雨量使得滨河滩区土壤水分充足，土壤湿润，为农业的开发利用提供了便利条件。

研究区年平均湿度变化趋势如图3-11所示。

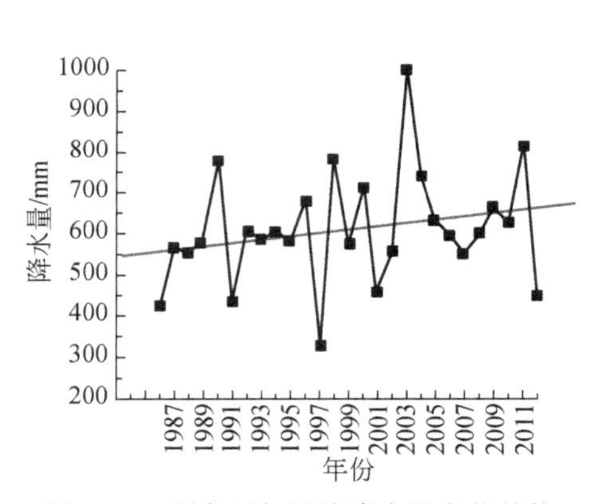

图3-10 研究区年平均降水量变化趋势

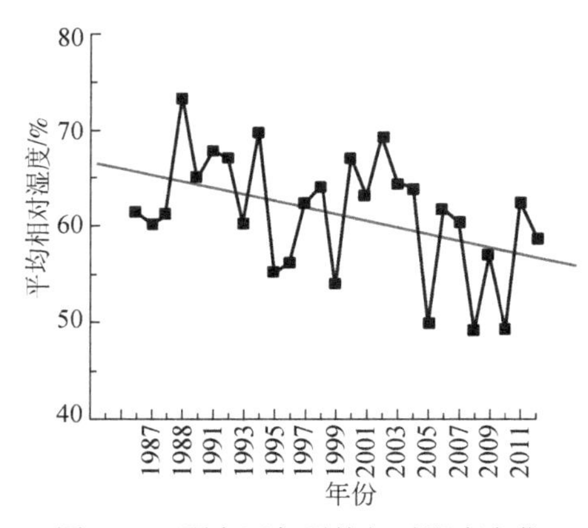

图3-11 研究区年平均相对湿度变化

由图3-11可知，研究区相对湿度呈下降趋势，尤其是1993年后，年平均相对湿度逐年降低，区域气候变得越来越干燥。研究区水面蒸发在区域气候干燥化影响下不断加快，地表水、潜水和土壤水受暖干气候的影响逐渐被蒸发，使得滨河滩区用水紧张的趋势加剧，引起了滨河滩区水文过程的改变，不可避免地导致其土地利用类型的变化。

总体而言，研究区气温有逐年升高趋势，降水量呈略微上升趋势，平均相对湿度表现为下降趋势，表明小浪底大坝下游滨河滩区气候向“暖干化”方向发展。受区域气候的影响，大坝下游滨河滩区土壤含水率下降，河流面积减少明显，自然湿地面积不断萎缩。前人的研究表明，气候趋干变暖是导致湿地发生退化的重要因素，气候变暖引起沼泽退化，趋向自然疏干，部分湿地因此变化转化为荒地和盐碱风沙地（廖玉静和宋长春，2009；张树清等，2001）。因此气候趋干是大坝下游滩区土地利用类型之间剧烈转化的一个重要原因，随着洪水的有效控制，大规模的农业开发利用使得农田面积增加，但是2002～2007年，农田面积反而呈减少趋势，有5077 hm^2的农田转换为裸地，占该时期农田转变总面积的55.0%，由此可见，农田与裸地之间的大面积转化过程中，气候的变暖、变干起到了不可忽略的作用。

3.4.1.2 水文条件

人类改造利用土地的重要条件之一是水文条件（刘桂芳，2009）。滨河湿地水文过程在其形成、发育、演替和消亡过程中起着直接的作用（王兴菊，2008）。湿地季节性或常年处于积水状态，其形成和演替的最根本的因素之一是水分（James and Gerg，2006；廖玉静和宋长春，2009）。水资源的缺乏和湿地水文情势的改变是湿地退化的重要原因（邓伟和胡金明，2003）。研究区位于黄河中下游的冲积平原，地形地貌条件特殊，黄河在本区从峡谷过渡到平原地带，河床变宽，水流变缓，大量的泥沙在此堆积，独特的水文条件为区域土地利用类型的形成、作物结构和生产水平提供了便利条件。大坝下游黄河干流两侧的滨河滩区，地下含水层透水性好、蓄水量大，同时河水不断补给地下水，使得该区域地下水较为丰富，开采条件好。冲积扇潜水埋深为5～10 m，地下水储量丰富，也为发展井灌农业提供了极好条件。1999年，小浪底大坝开始蓄水运行，2002年完工，滩区的水文条件彻底改变，季节性洪水得到有效控制，原有滩区湿地已基本转化为永久性旱地。该时期，河流与裸地之间的相互转变非常明显，分别占各自转变总面积的73.8%和36.3%。大坝的运行引发了滩区水文条件的变化，加剧了滩区农业的开发和利用，2007～2014年，转换为农田的裸地面积占裸地转变总面积的62.5%。因此，研究区受水库建成、季节性淹水条件变化的影响，大面积的滩区湿地失去了湿地的基本属性，湿地水文过程的改变为滩区土地利用变化提供了可能。

3.4.2 人为因素

人类活动近年已经成为公认的改变地表生物圈的主要动力。现代人类活动与自然因素相较，更能改变生物圈的状态和能力平衡（Turner et al.，1990）。尽管从长时间尺度上看，自然因素和人为因素都驱动着土地利用类型变化，但在短时间尺度上，土地利用变化的主要驱动力是人类活动的干扰，土地利用方式、数量、结构和强度的变化则主要受经济社会发展的影响（刘文俊等，2011）。

研究区位于黄河两侧，历史上滨河湿地的补给水源主要是洪水。据资料记载，黄河下游因多次泛滥被称为“害河”。自20世纪90年代末以来，小浪底大坝的修建，直接剥夺了黄河对滨河湿地的水源补给。水利工程的建设，将对库区或下游滨河湿地水文情势产生影响，湿地径流量季节性变化幅度减小，导致进入湿地的径流总量减少、河流湿地地下水补充量减少、河流湿地地表水位下降，并不可避免地引起滨河滩区水文过程的改变（刘正茂等，2007）。前人对三门峡水库建坝的生态效应研究也表明，水库运行水位的降低将大幅度减少库区的湿地面积，阻碍湿地生态需水的供给，使得部分湿地丧失了原有的生态功能，对区域环境和生态安全产生深刻影响（毛战坡等，2006）。小浪底大坝蓄水运行后，显著改变了下游河道水文情势，使得下游洪涝灾害发生的频率大幅度降低。此外，大规模的农业开发使得天然湿地面积逐渐减少，改变了湿地地下水位，影响了湿地水文周期，进而使得滩区水文过程也随之发生了显著变化，湿地的水文循环过程发生了改变，湿地蓄水量急剧减少，加快了湿地的破碎化程度，从而使得滨河湿地退化程度不断加剧。

3.4.2.1 工程因素

研究区位于黄河中下游的过渡地段，大量泥沙在本区沉积，河床逐年抬高。历史上，黄河在此处多次泛滥，水患不断。小浪底大坝的修建，不仅使得黄河的水势得到了有效控制，而且也可以调节下游沿黄地区工农业用水。同时，由于黄河小浪底大坝工程建设的需要，孟津、温县和孟州等黄河滩区成了移民的安置区，如小浪底库区移民最大的集中连片安置区——温孟滩移民安置区，东西长约40 km，南北宽0.2～3 km，总面积约53 km^2。人口的增长不可避免地增加人类对土地的需求，大片的滩区土地被开发利用。此外，大坝下游滨河滩区大规模的河滩地垦殖过程，对黄河径流过程的影响深刻。由于湿地的大量萎缩使得湿地蓄水功能减弱，从而减小了其对河流径流量的调节能力，导致了时间与空间上分配不均匀性增大；此外，受农田大幅增加的影响，农业用水量增加显著，造成了流域内水资源紧张的态势（宋晓林，2012）。为了满足工农业生产的需求，滩区大力发展井灌，仅焦作市国土资源局在武陟县嘉应观乡开展的土地开发规划项目，新打机井就有227眼。连续超量地开采地下水，导致了滩区地下水位连年下降，造成了土壤渗漏量加大，土壤沙化加剧，土壤盐碱化加重，湿地面积减少。小浪底大坝的建设导致了下游滨河滩区土地利用类型发生了巨大的变化。自1999年以来，小浪底水库蓄水运行后，水资源的时空分布被改变，上游河道的径流量不断减少，湿地面积在1999～2002年减少了878 hm^2。河流筑坝使得人类控制河流的能力不断增强，河水被限制在狭窄的河床，大坝下游黄河干流两侧的河漫滩由季节性淹水转化为常年裸露，促进了当地农业开发的迅速发展。当地社区居民无节制的开垦使得部分滩区农田直抵河岸，截至2014年，裸地的面积相对于1988年减少了18 074 hm^2，农田的面积相对于1988年增加了19 085 hm^2。因此，工程建设对土地利用方式的转变影响很大。

3.4.2.2 政策因素

作为一种激励机制或约束的机制，政府行为往往决定了土地利用空间演化的规模和方向（曾业隆等，2015；周玉杰等，2015）。国家和地方政策制度因素对区域土地利用方式及其变化起着强制性作用（Wood and Lenn，2005；吴坤等，2015）。政府通过出台一系列的政策来调整和干预土地的利用，从而导致土地利用方式发生变化。刘彦随等（2002）调查分析后得出中国近10年来土地利用变化的主要驱动力是政策调控和经济驱动。甄霖等（2005）通过对1980～2003年土地利用变化原因进行分析，结果表明引起泾河流域土地利用变化的主导因素是农业政策的调整。阳文锐（2015）的研究也表明，政策的变化是土地景观格局变化的主要驱动因素。小浪底水利枢纽因黄河特殊的水文、泥沙和复杂的自然地理条件，其成为世界上具有挑战性的工程之一，然而因水库蓄水而导致的近200个村庄、12个镇政府、20万移民的大规模搬迁，更是引世人瞩目。国家及地方相继出台了《黄河小浪底水利枢纽工程移民安置实施管理办法》《黄河下游滩区运用财政补偿资金管理办法》等惠民政策，鼓励滩区周围社区居民进行滩区土地开发利用。土地开发与农田灌溉、排水的需要，使得沟渠修建的长度在大坝下游滨河滩区急剧增加。相关资料显示，仅焦作市武陟县嘉应观乡土地平整工程占地$43.52\times10^4m^2$，修建了农田水利工程（排水工程、输水工程、农用井工程、输变电工程、水工建筑物）、田间道路工程等，鼓励周边社区居民进行大规模的滩区农业开发和基本农田建设。地方政府基于发展地方经济出发，不仅默认了已有的农业开发行为，甚至倡导并给予资金、政策等一系列的支持和帮助，为滩区农业利用提供了驱动力。随着当地政策的驱动，滩区有组织的被开垦为农用湿地，鱼塘、荷塘的增加以及小型的水利设施如农田水利设施的修建，在一定程度上增加了人工湿地的面积，使得研究区的湿地面积有所增加，截至2014年，湿地的面积相对于1988年增加了2542 hm^2。随着社会经济进入快速发展期，各类建设用地需求量大幅增加，占用了大量的农田，与此同时，为了补充不断减少的农田，较易开垦的河滩地被迅速开发利用，大多转化为农田和经济林、农田防护林地。因此，1988～2014年，研究区农田和裸地面积变化最为显著，建设用地的面积有所增加。

总而言之，大坝建设引起的湿地水文过程的改变、地方政府的政策资金主导、地方经济的发展和滩区湿地管理的缺失是大坝下游滨河滩区土地利用类型发生变化的主要原因。目前，滩区经济利用和开发已经成为事实，部分黄河滩区划分的湿地保护区界限实质上已经失去意义。

4 滨河湿地水文过程研究

湿地水文过程强烈影响着湿地的结构和功能，对湿地的形成、发育、演替直至消亡的全过程起着直接而重要的作用（邓伟，2003）。湿地水文过程不仅决定了土壤有足够的湿润程度，而且水在不同界面间的输入—输出、迁移—转化过程能够促成湿地土壤的发育和湿地植被的生长（Hunt et al.，1996）。小浪底大坝极大地改变了河流的水文过程，对黄河下游河漫滩的土壤和植被产生显著影响，漫滩洪水被控制在河床内，弱化了河漫滩与河流的水力联系，使河漫滩湿地向旱生化发育，进而面临迅速的农业开发。河漫滩原生湿地植被过渡为农作物和经济林等人工植被后，降雨—蒸散发—径流形成过程发生明显改变，并且由污染净化单元过渡为污染产生单元（孟红旗等，2009）。尽管漫滩洪水被控制，但小浪底水库调水调沙期间，河流高水位运行，通过河岸侧渗和地下水力通道，河漫滩仍可获得有效水力补给；同时，河漫滩大面积稻田、鱼塘和荷塘的农业湿地建设，水分垂直入渗增加又抬高了河漫滩地下水位，进而河漫滩地下水在平水期向河流的排泄量增加。河流、农业湿地和河漫滩地下水三者共同影响下的河岸区，成为地表水—地下水发生复杂交互作用的重要场所（Winter，1998）。各种水流、能量流和物质流在河岸区的交汇与转化，从而对滨河湿地的生境维持和生态功能产生重要影响（Hunt et al.，2006）。

在水库调水调沙和滩区农业开发的共同影响下，包括河漫滩与河岸沼泽在内的滨河湿地向怎样的方向演替是湿地研究人员与管理者共同关心的问题。对滨河湿地水文过程的定量化研究可加深对此河流生态问题的认识及其过程的有效调控。本章在综述滨河湿地水文过程研究进展的基础上，从河漫滩人工植被的降雨—蒸散发—径流产生过程、小浪底水库调水调沙影响下河漫滩地下水—地表水交互过程两个重要的湿地水文过程进行研究，以期对复杂的滨河湿地水文过程有初步的认识，进而为滨河湿地生态服务功能评价和河漫滩生态恢复模式的构建提供依据。

4.1 湿地水文过程概述

滨河湿地包括河岸沼泽和河漫滩两种形式，前者地势稍低，受河水的影响频繁，习惯上称为嫩滩；后者地势稍高，只在不同等级的洪水期间与河流发生水力联系，习惯上称为二滩或高滩（河南黄河湿地自然保护区科学考察集，2001）。滨河湿地作为典型的水陆交错带，具有特殊的水文特征（Correll，1996；Fränzle and Kluge，1996），表现如下：①受河水流速和泥沙含量的影响，沉积物空间变异大，有机泥炭和无机矿物呈层交替分布，土壤渗透性表现为极大的空间变异性；②受气象、水文和生物过程共同影响，并与周围水、陆生态系统发生交互作用的狭长地带；③是各种地上和地下排泄通道的岸边交汇区（洪水、地表径流、壤中流、垂直下渗流、土壤毛细上升流、不同深度的地下径流）；④受短期水文气象条件（降雨和蒸发）以及与植被构成相关蒸散发的直接影响；⑤是各种垂直流和水平流的交汇重叠区，因而水流模式具有高度的时间和空间变异性。

4.1.1 降雨—蒸散发—径流产生过程

降雨的时空分异是由流域尺度上气候的时空分异和下垫面性质的空间分异所决定，是区域湿地形成、演化和分异的基础（邓伟和胡金明，2003）。在大空间尺度上，罗先香（2002）利用信息熵原理和随机水文学的方法探讨了我国三江平原挠力河流域的降水时空分布特征，结果表明降水在大尺度空间上无明显分异。在小空间尺度上，湿地植被类型及其形成的局地小气候会影响到雨、雪和雾等降水的空间格局（Price and Waddington，2000）。在时间尺度上，月降雨量、降雨历时、降雨强度及其分布、降雨侵蚀力以及降雨间期等都是影响湿地水文的重要气象因子。

滨河湿地蒸散发是湿地水分损失的主要途径，尤其在干旱半干旱地区（Jacobson et al. ，2000）。湿地的可持续性决定于湿地的输入水量是否大于蒸散和排水输出水量（Woo and Young，2006）。田世英（2007）对西安泾渭河沿岸湿地的水量平衡进行分析表明，蒸散发占湿地总排泄水量的60%以上。Baird and Maddock（2005）采用非线性数学模型，基于对水的耐受性和根系分布深度将植被分成五个植被功能组，来阐明河岸湿地植被从不同深度地下水取水进行蒸腾的过程，并结合传统线性蒸散模型，能够更为精确地计算出河岸湿地的蒸散发值，进而改善了流域尺度的水负荷量，促进了河岸区与湿地的管理和保护。植被类型、季节水热条件和地下水水位等因素共同决定了湿地蒸散发量的大小。湿地植被对湿地蒸散发有显著影响，植被的遮蔽在一定程度上会减少湿地水分的蒸发损失，但植物蒸腾作用所损失的水分却增加。波兰 Narew 河谷沼泽湿地 1970 年以来形成的芦苇植被景观使区域实际蒸散发水分损失增加了 42%，由此使湿地地下水水位下降了 60 cm，并严重影响区域的水资源供给能力，通过适当的刈割或放牧等植被管理措施，使地区的年蒸散发下降 170 mm，才可能保证地下水水位不下降（Banaszuk and Kamocki，2008）。美国南部一海岸湿地林的蒸散量为开阔水面的 0.9 ~ 1.4 倍，而地势稍高的丘陵林为 1.9 倍（Sun et al.，2002）。Renz（2005）的研究表明，大西洋中部红枫树河岸林仅在初夏具有显著的“边缘效应”，即边缘树木的蒸腾量大于内部树木的蒸腾量，从而减少了生态敏感季节的河流径流量。

滨河湿地对降雨—蒸散发—径流产生过程的影响主要体现在湿地对降水的时空再分配过程。暴雨期间，湿地植被通过冠层截留，湿地土壤通过大孔隙的水分滞留和储存，以达到消减暴雨径流的目的；暴雨过后，湿地基流排泄以维持持续的河流流量，对暴雨或洪水的削峰均化是滨河湿地水文的重要特征。对巴西亚热带森林流域 10 年来月降雨量和径流量观测资料的分析表明（Fujieda et al.，1997），暴雨期间，由于林冠层截留和蒸发损失，只有 85% 的降雨到达地面，其中 5% 以地表径流的形式排泄，6% 以壤中流的形式排泄；非暴雨期间的土壤蒸发和植物蒸腾损失占 15%，因此有 59% 的降雨得以维持非暴雨期间的基流排泄（图 4-1），同时当月降雨量大于 250 mm 时，暴雨径流系数会显著增加 2 ~ 3 倍。美国南部的海岸湿地林，径流量为降雨量的 13% ~ 30%，而地势稍高的丘陵林为 53%（Sun et al.，2002）。三江平原的别拉洪河流域，1962 年和 1971 年降水超出正常年 100 mm，然而仅有 19% 的降水形成了地表径流，81% 的降水被滞留在河流两岸的沼泽湿地中，良好的湿地发育使河流常年流量均化稳定，最大流量与最小流量比值为 4.6（邓伟，2007）。我国鄱阳湖地区的退耕还林措施，使雨季河水流量减少，旱季增加，降低了沿岸洪灾和旱灾的风险（Guo et al.，2008）。

湿地植被通过多方面因素影响降雨的时空分配。植被冠层截流的蒸发量一般占降雨量的 10% ~ 35%（邓伟等，2003）。在计算湿地水量平衡时，植被冠层截流的蒸发量是重要的水分损失项，其影响程度取决于植被类型和盖度、降雨特征和季节等因素。当降雨量小且不超过植被冠层储水量时，植被冠层截流蒸发损失率较高；反之较低（Pook et al.，1991）。茎流是降雨被冠层截留后通过植被茎干进入湿地的水分，通常只占降雨的 1% ~ 3%，然而其在水化学特征方面显著有别于周围降雨（黄乐艳和闫文德，2007），因而会对湿地的土壤和水化学特征有重要影响。湿地植被的深根会形成降雨联系地下水的快速通道，形成优势流（程金花等，2006）。同时，湿地植被凋落层具有大的水分储蓄能力，三江平原沼泽 0.80 m 的土壤层（包括草根层、泥炭层和潜育层）平均蓄水能力达 5 178m^3/hm^2（刘兴土，2007）。

湿地土壤饱和程度和渗透性能也影响着湿地对洪水或暴雨的调蓄能力。Ferone and Devito（2004）对加拿大 Boreal Plains 边缘斜坡发育的泥炭-池塘复合体进行研究表明，在暴雨期间，开始时泥炭田滞留大量降雨，使池塘水位并没有

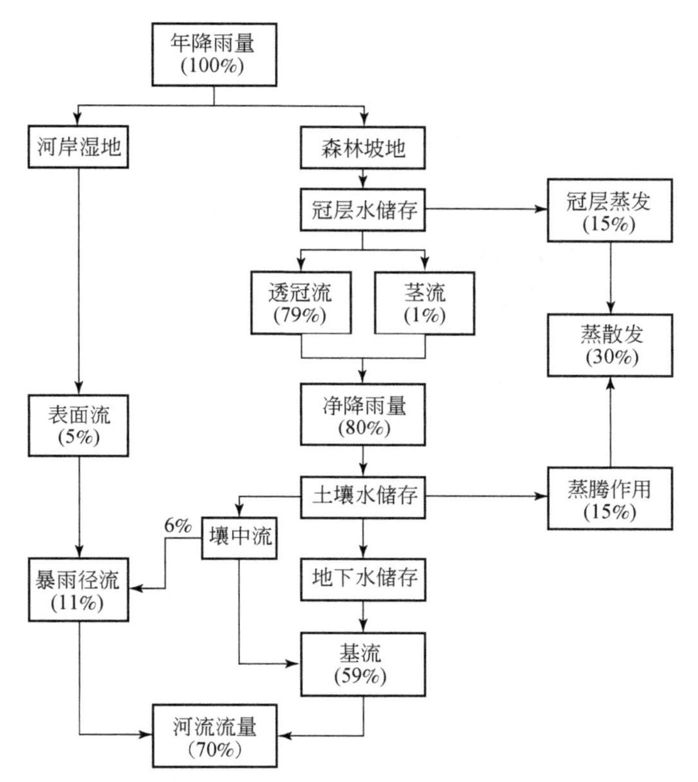

图 4-1 巴西 Paraiba 河谷降雨—蒸散发—径流形成的水文过程（Fujieda et al.，1997）

快速增加，当泥炭田达到饱和，湿地调蓄能力消失，水流又反向流入池塘。孟红旗等（2008）在孟津河滩湿地进行的径流场观测试验表明，当降雨侵蚀力较小，降雨强度小于土壤入渗能力时，降雨入渗转化为壤中流或地下水，径流量小，且变化不明显；当降雨侵蚀力增大（耕地大于 19，人工林大于 33），降雨强度显著大于土壤入渗能力时，形成超渗径流，径流量显著增加，且与降雨侵蚀力成正比。在三江平原开展的潜育沼泽径流试验表明（陈刚起，1988），降水首先被草根层吸收，并发生垂直排泄抬高潜水位和水平排泄形成表层壤中流，当草根层达到饱和、潜水位达到沼泽表面时，才形成表面径流。

因农业生产而开挖的湿地排水渠会显著改变湿地对降雨的时空分配过程。湿地排水渠的存在使湿地水流方式由漫流、表层壤中流和片流为主迅速过渡为明渠流（王万忠和焦菊英，1996），径流系数增加，湿地调蓄能力显著下降，并成为水流和污染物向河流水体运移的快速通道（陆琦等，2007）。贾忠华等（2003）利用 DRAINMOD 模型对美国湿润地区由于排水而引起湿地水文情势的变化进行模拟，对于年降水量大于1000 mm的平原地区，在没有人工排水的情况下，湿地特征十分明显；当排水间距为160～185 m时，则仅可保证在50%的年份内满足湿地判别临界准则的湿润条件（大于5%生长期的连续时段内，地下水位不低于45 cm）。美国爱荷华州洪泛平原受Walnut农灌渠道的切割作用，沿岸30 m的水位出现明显下降（Schilling et al.，2004）。1996～2002年，在三江平原洪河保护区周围的农田修建了直通黑龙江的排水干渠，且排水渠网格由2.4 km×0.8 km改成0.4 km×0.6 km（或0.3 km×0.8 km）后，保护区核心区的沃绿兰河水位平均每年降低近60 mm（周德民和宫辉力，2007）。

4.1.2 地表水—地下水交互作用

受河流水文影响显著的滨河湿地，附近通常存在地下水的出露点，是地表水与地下水发生交互作用的重要场所（Winter，1998），这成为近年来湿地水文研究的热点。地下水—地表水交互作用对滨河湿地的发育、生态功能和和生物多样性有非常重要的影响（Hunt et al.，2006；Whiles et al.，2009）。理解和认识滨河湿地的地下水—地表水交互作用，有利于水资源管理者解决诸如缓解洪水灾害、水质净化、地下水开发和生物多样性保护与地区水资源的综合可持续管理等方面问题（Schot and Winter，2005）。

河流是滨河湿地水量和营养物输入的重要来源。丰水期，河流通过洪水淹没、河岸侧渗、河岸沟渠和地下水力通道等途径对滨河湿地进行水量补给，湿地地下水水位升高，进而对周围地下水进行补给；平水期和枯水期，滨河湿地一方面接受上游地下水水量的补给，另一方面又向河流下游排泄以维持河流的基流流量。由此可见，无论河流补给地下水还是地下水排泄，滨河湿地都是重要的物质和能量交换场所。

出于滨河湿地管理的需要，地表水与地下水发生交互作用的河岸范围（即河岸带宽度）是研究的一个重要方面。上游洪水的强度、河岸渠道的分布、河岸土壤渗透性能和地下水水力梯度等因素决定着发生交互作用的河岸宽度和广度。田世英等（2008）的研究表明，漫滩洪水是西安泾渭滨河湿地水源的主要补给方式，可对离河岸300～400 m以内的滨河湿地水文产生重要影响。受Rhine河洪水的影响，在发生洪水漫滩的地区地下水水位波动幅度为2.0 m，而仅靠河岸侧渗补给的地区地下水水位波动幅度仅为0.5 m（Sánchez-Pérez and Trémolières，2003）。河岸带地下水位的最大波动幅度与河流流量呈正相关关系，河道水位的变化对2000 m以外地区的影响可以忽略（Wurster et al.，2003）。Pang等（2010）利用示踪剂（氢氧稳定同位素和氚）对新疆塔里木河流域生态调水过程中地表水与地下水交互作用进行研究，研究表明塔里木河中游河岸含水层受调水的影响范围为距河道 500 ~ 1600 m，在此范围内的河岸植被恢复并生长良好，在此范围以外的胡杨林受地下水埋深和含盐量增加的影响可能会发生进一步的退化。受小浪底水库调水调沙的影响，下游孟津河滩湿地地下水抬升高度与河流峰值水位呈正比，且与河岸距离呈指数衰减模式，在离河岸 650 m 处，水位抬升高度降为 0.35 ~ 0.40 m（徐华山等，2011）。Wolski 和 Sawenije（2006）对非洲 Okavango 河口沼泽进行为期 6 年的地下水水位和水文观测表明，在半干旱地区的洪泛湿地中，宽度小于 500 m 的岛屿地下水受地表水影响季节波动明显，只有宽度大于 500 m 的岛屿才存在长期稳定的地下水水文特征（Wolski and Savenije，2006）。宫兆宁等（2007）对北京野鸭湖湿地的研究表明，受官厅水库水位波动的影响，地表生物量的最高值往往出现在距离边岸 300 ~ 400 m 的区域，离水较近或较远，生物量均较低。河岸泥炭沟渠的存在可以使洪水直接上溯到沟渠与河流交汇点上游 30 m 的范围，交汇点上游 100 m 内水位受到明显抬升（Scholz and Trepel，2004）。

河岸土壤的有机碳含量在一定程度上决定了河岸带的宽度，当有机碳含量低时，渗漏作用使地表水和地下水交换弥散整个河床，而当有机碳含量高时，地下水排泄主要集中在河岸区（Langhoff et al.，2006）。Genereux 等（2002）利用氯离子、硫酸根和同位素氚示踪法研究了中美洲热带雨林一汇水盆地平水期地表水与地下水交互影响的范围，认为在河岸湿地或低洼沼泽地区，地下水与地表水混合并非出现在地表河道，而是在地表以下的潜水层，平水期河水的影响范围（水力转化因子大于 0.10）最远达离河岸距离 8 ~ 12 m。Harvey 等（2005）利用氚同位素研究了受地表水与地下水的共同影响的亚热带 Everglades 沼泽，在约 60 m 深的沼泽潜水含水层中，仅有上面 8 m 的薄层是与地表水交换的活跃层，部分水流可以在相对稳定的湿地地下水含水层停留时间长达 25 ~ 90 年。

除洪水淹没、侧渗和河岸渠道外，特殊的河岸地下水力通道是地表水和地下水发生交互的重要途径。频繁的生物和水文活动导致了河岸区土壤大空隙呈网状分布，这些土壤中大空隙能形成优势流，进而增加河岸带的水流渗透与排泄，形成地表水与地下水快速联系的水力通道（Angier et al.，2005）。同时，由河流冲积物形成的河滩湿地通常具有下粗上细的二元沉积结构，也容易形成地下水力通道。Ducharme（2005）对美国密苏里州河岸湿地水文的研究表明，滨河湿地通过地下水力通道（连通器）与河流发生着水力联系，河流与湿地间的水力坡度决定了地下水流的方向，河流洪峰与河岸湿地水位峰值的相关性平均大于 0.94，峰值差异只有 12 cm。然而，河岸区地下水力通道的存在可能导致河岸植被带的屏障和缓冲作用失效，从而使河流与离河岸较远的湿地直接发生水力联系（Cey et al.，1999）。Mccarthy（2006）对位于 Botswana 的 Okavango 内陆河湿地进行研究发现，洪水通过地下水力通道达到湿地，洪水中的可溶性盐分进入湿地地下水，引起地下水盐分的增加，洪水过后，盐分在湿地土壤中积累。Banaszuk 等（2005）的研究结果表明，平水期富集在河岸沼泽中的可溶性磷酸盐，当洪水期河流补给地下水时，发生垂直迁移，并通过沼泽下层的粗砂层水力通道进入地下水，进而对区域地下水造成污染。

对滨河湿地浅层地下水的硫酸根、硝酸根和氯离子进行观测，可以界定地下水与地表水的交互范围，同时也是研究湿地氮净化功能的经济有效的方法（Pauwels and Talbo，2004）。在滨河湿地的地下水涌出口通常氧化还原电位降低，硝酸根浓度升高而硫酸根浓度降低（Jacks and Norrström，2004）。河岸区适当厌氧的湿地条件，非常有利于氮的反硝化移除，而可溶性磷的浓度却与土壤的氧化还原电位呈反比。厌氧条件下，土壤铁发生还原反应，对磷的吸附和固定能力降低，使得磷的迁移和扩散能力增加（Banaszuk et al.，2005）。与之对应，Griffioen（1994）对荷兰西部营养丰富的地下水向地表水排泄过程的研究发现，厌氧的地下水流经相对富氧的非饱和河岸土壤层，可溶性磷几乎被土壤颗粒中的铁铝氧化物完全固定，能最大限度地减少地表水的磷污染负荷。

4.2 降雨产流及非点源污染特征

小浪底水库的运行将下游洪水控制在有限的河床内，下游扣马滩 112 ~ 115 m 的河漫滩不再被洪水季节性淹没，失去河流的水力补给后，河漫滩湿地旱生化发育，滩区农业进而获得快速发展。河漫滩原生湿地植迅速过渡为农作物和经济林等人工植被，降雨—蒸散发—径流形成过程发生明显改变，并且由污染净化单元过渡为污染产生单元。由于地理位置的毗邻关系，滩区的农业非点源污染往往对河流水质的影响更大、更直接。

本节通过观测滩区的降雨、蒸发和径流的形成过程，从而考察了滩区人工植被下人工林和农作物的降雨产流特征及非点源污染特征，对河岸区的降雨径流及其携带农业污染物向河流迁移的过程进行了初步研究。

4.2.1 材料与方法

4.2.1.1 试验场地及装置

野外定位实验地设在河南省洛阳市孟津县会盟镇扣马村的河漫滩上，如图 4-2

所示。为便于管理，降雨仪和蒸发器安装在村庄农户房顶，地势较高、且周围无干扰物，降雨量观测采用虹吸式雨量记录仪，蒸发量观测采用601 小型蒸发器。从2006 年5 月22 日起连续观测日降雨量和蒸发量，到2007 年9 月5 日终止观测。

两组共六个径流场（5 m×5 m）及其径流收集池（0.7 m^3）分别设置在靠近河岸的小麦-大豆地和人工杨树林（以下分别以耕地和林地表述）中，开发和种植期均为5 年，杨树林内主要草本植物为野艾蒿（*Artemisia lavandulaefolia*）、油芒（*Eccoilopus cotulifer*）等，盖度为75% ~80%。实验期内耕地的主要施肥情况是：2006 年6 月20 日，2007 年6 月25 日的大豆幼苗期追肥，投加量为氮80 kg/km^2，磷20 kg/km^2；2006 年10 月15 日的小麦播种底肥，投加量为氮260 kg/km^2，磷40 kg/km^2。自2007 年5 月，杨树林被当地村民砍伐种植花生，施肥情况同耕地，原有径流场继续进行观测。

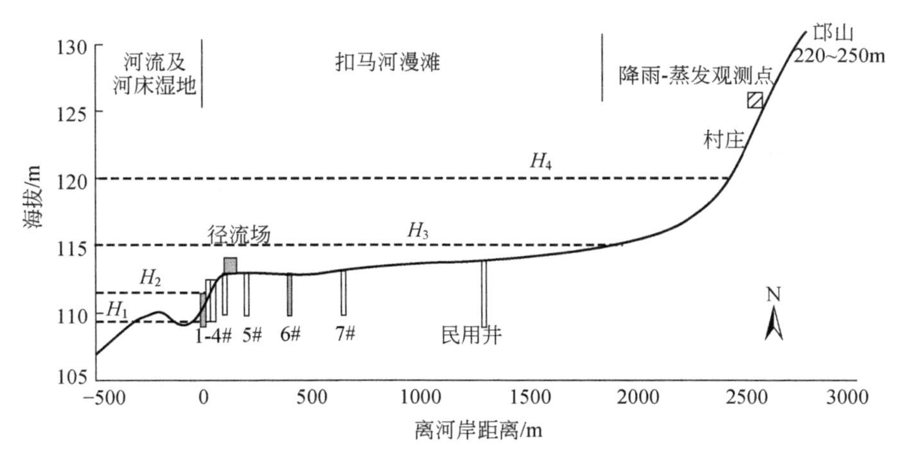

图4-2 野外定位试验布置图

H_1、H_2、H_3 和 H_4 分别表示河流旱季平均水位（109m）、小浪底调控后洪水水位（112m）、小浪底调控前洪水水位（115m）和历史记录最大水位（120m）

4.2.1.2 降雨特征统计

本节涉及的降雨特征参数包括降雨历时、降雨量、最大10 min 降雨强度、降雨侵蚀力以及单次降雨的雨强分布。单次降雨确定以6 h 内无明显降雨为一次降雨结束；根据12 h 降雨量对降雨类型进行分类：<5.0 mm 为小雨；5.0 ~ 14.9 mm 为中雨；15.0 ~ 29.9 mm 为大雨；>30.0 mm 为暴雨。对研究期间观测到的降雨量大于 10 mm 的 17 次降雨进行 10 min 雨强逐时计算，并按照不同的降雨类型进行时间统计，最后确定各类型降雨所占的时间百分比，即为单次降雨雨强分布。

4.2.1.3 径流场观测与水质检测

在降雨后 6 ~ 10 h 内对径流收集池内的径流液混匀后进行采样和分析。现场测定径流量、pH、电导率，一部分样品直接带回实验室测定悬浮物固体总量（TSS）；另一部分样品加酸调节 pH 小于 2.0 后，带回实验室通过 0.45 μm 的微孔滤膜过滤，测量样品中总磷、总氮和高锰酸钾指数的浓度。水质指标测量依照《水和废水监测分析方法》（第四版）A 类标准进行。

4.2.2 降雨—蒸发特征

4.2.2.1 降雨量与蒸发量统计

从 2006 年 5 月 22 日起进行降雨量和蒸发量的观测，观测结果如图 4-3 所示，横坐标以日为单位。在 2 年的观测期内，有效观测日 275 天（2006 年 106 天，2007 年 169 天），记录降雨量 582.9 mm，记录蒸发量 1365.9 mm，分别占多年平均年降雨量的 55.8% ~59.8%，年蒸发量的 28.3% ~47.7%，具体见表 4-1。观测期涵盖了整个雨季（7 ~8 月）和大部分的植物生长季节。

在降雨量与蒸发量的观测期间，有 8 个完整的月份，月统计结果如图 4-4 所示。

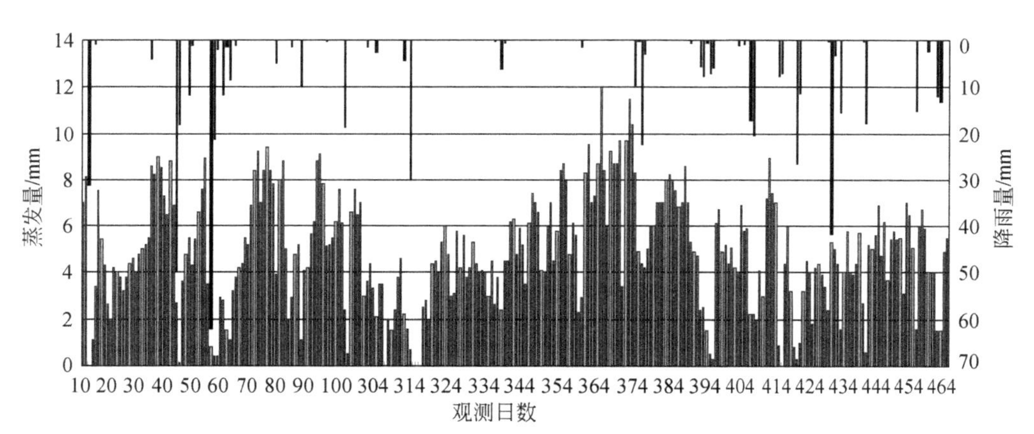

图 4-3 降雨量与蒸发量观测

表 4-1 降雨量与蒸发量统计信息

指标	降雨量			蒸发量		
	2006 年	2007 年	总计	2006 年	2007 年	总计
始末日期	05-22～09-05	03-20～09-05	—	05-22～09-05	03-20～09-05	—
有效观测日/天	23	32	55	106	169	275
占无霜期比/%	—	—	—	45. 1	71. 9	58. 5
观测值总和/mm	298. 4	284. 6	582. 9	508. 4	857. 5	1365. 9
占全年比/%	59. 8	55. 8	57. 8	28. 3	47. 7	38. 0
日最大值/mm	62. 0	41. 8	62	9. 4	12. 0	12. 0
日平均值/mm	13. 0	8. 9	10. 6	4. 8	5. 1	5. 0

注：根据孟津气象站数据，2006 年降雨量为 498. 6 mm，2007 年降雨量为 510. 2 mm

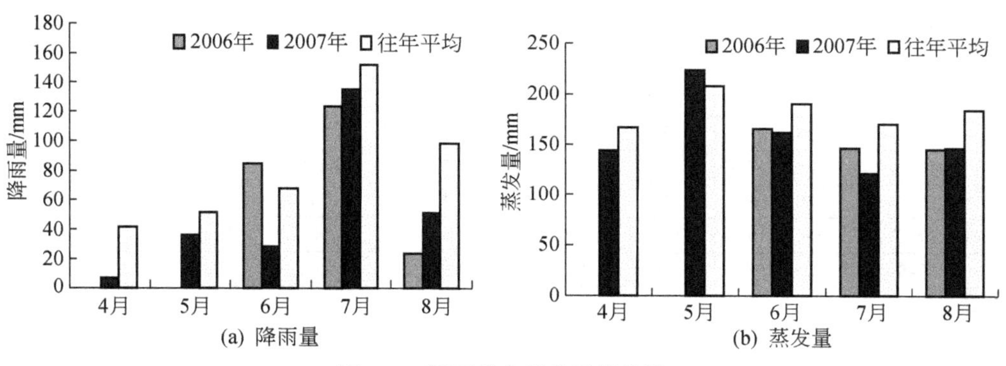

图 4-4 降雨量和蒸发量月统计

与往年平均比较，滩区降雨在时间分布上主要集中在 7 月，其中 2006 年和 2007 年分别占全年降雨量的 24. 9% 和 26. 7%；6 月份降雨变异很大，2006 年大于往年平均 18. 0 mm，2007 年却较往年平均减少 38. 8 mm；8 月降雨较往年平均明显偏少，2006 年 8 月降雨仅为 23 mm，而同期蒸发量为 145 mm，伏旱较为严重；2007 年 4 月降雨仅为 7. 2 mm，同期蒸发量为 143. 8 mm，春旱比较严重。

月蒸发量最大值为 5 月，观测期内月净降雨量（降雨量减去蒸发量）为 -188～15 mm，只有 2007 年 7 月出现降雨盈余 15 mm，其他月份均为降雨亏缺，其中 2007 年 5 月亏缺 188 mm。因此，仅依靠降雨，滩区湿地不足以维持湿地状态，必须有其他水源作为补充。

4. 2. 2. 2 次降雨历程

单次降雨确定以 6 h 内无明显降雨为一次降雨结束。在试验观测期间，对大于10 mm的降雨进行过程跟踪，共得到降雨事件17次，见表4-2。

表4-2 降雨事件表

降雨事件	降雨历时/min	总降雨量/mm	最大10min降雨强度/(mm/h)	降雨侵蚀力/R**	小雨/%(<0.42mm/h)	中雨/%(0.42～1.24mm/h)	大雨/%(1.24～2.50mm/h)	暴雨/%(>2.50mm/h)
*2006-5-24	908	31.1	22.5	13.07	21.54	35.29	16.52	26.65
*2006-6-22	1490	67.95	33	41.61	21.82	28.92	17.98	31.28
2006-6-25	160	11.6	12	2.72	2.69	9.65	25.9	61.76
*2006-7-2	1110	84.4	33.6	54.55	15.97	12.82	30.52	40.69
2006-7-31	690	10	25.2	4.63	68.88	10.98	11.11	9.03
*2006-8-14	60	15.6	48	19.31	1.76	7.9	11.86	78.48
*2006-9-4	1080	30	11.6	6.01	24.66	35.8	17.8	21.74
*2007-5-30	805	22.4	28.8	13.79	40.42	22.96	21.08	15.54
2007-6-18	1880	13.2	7.2	1.11	56.58	40.31	0.8	2.31
2007-6-20	1740	11.7	4.8	0.72	51.16	26.4	9.26	5.73
*2007-7-4	1900	37.6	15.6	9.75	51.12	15.99	19.69	13.2
*2007-7-19	2400	37.9	10	5.91	56.72	26.09	7.48	9.71
*2007-7-30	780	36.9	33.6	33.34	48.15	5.31	10.24	36.3
2007-8-2	250	15.6	13.8	4.13	3.56	18.41	29.54	48.49
*2007-8-10	500	17.7	18	6.22	31.99	27.34	11.56	29.11
2007-8-26	90	15.1	57.6	21.37	0.86	9.74	16.88	72.52
*2007-9-2	1530	24.9	8.1	2.95	44.57	31.03	14.27	10.13

*表示有径流产生；**降雨侵蚀力单位：100m·t·cm/(hm^2·h)

降雨历程通常以次降雨过程线描述。次降雨过程线是指每次降雨过程中降雨强度的变化曲线，它能清楚地反映次降雨强度的时间分布特征，如降雨的时间长短，最大降雨强度出现的位置等。2006～2007年试验期内典型的几次降雨过程线如图4-5所示。

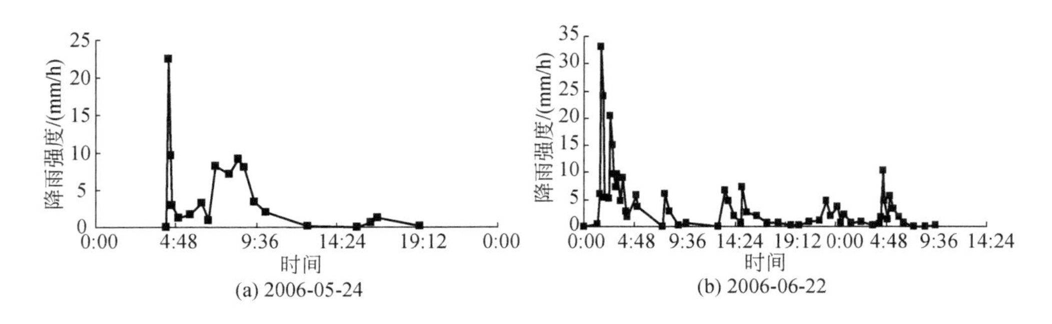

(a) 2006-05-24　　(b) 2006-06-22

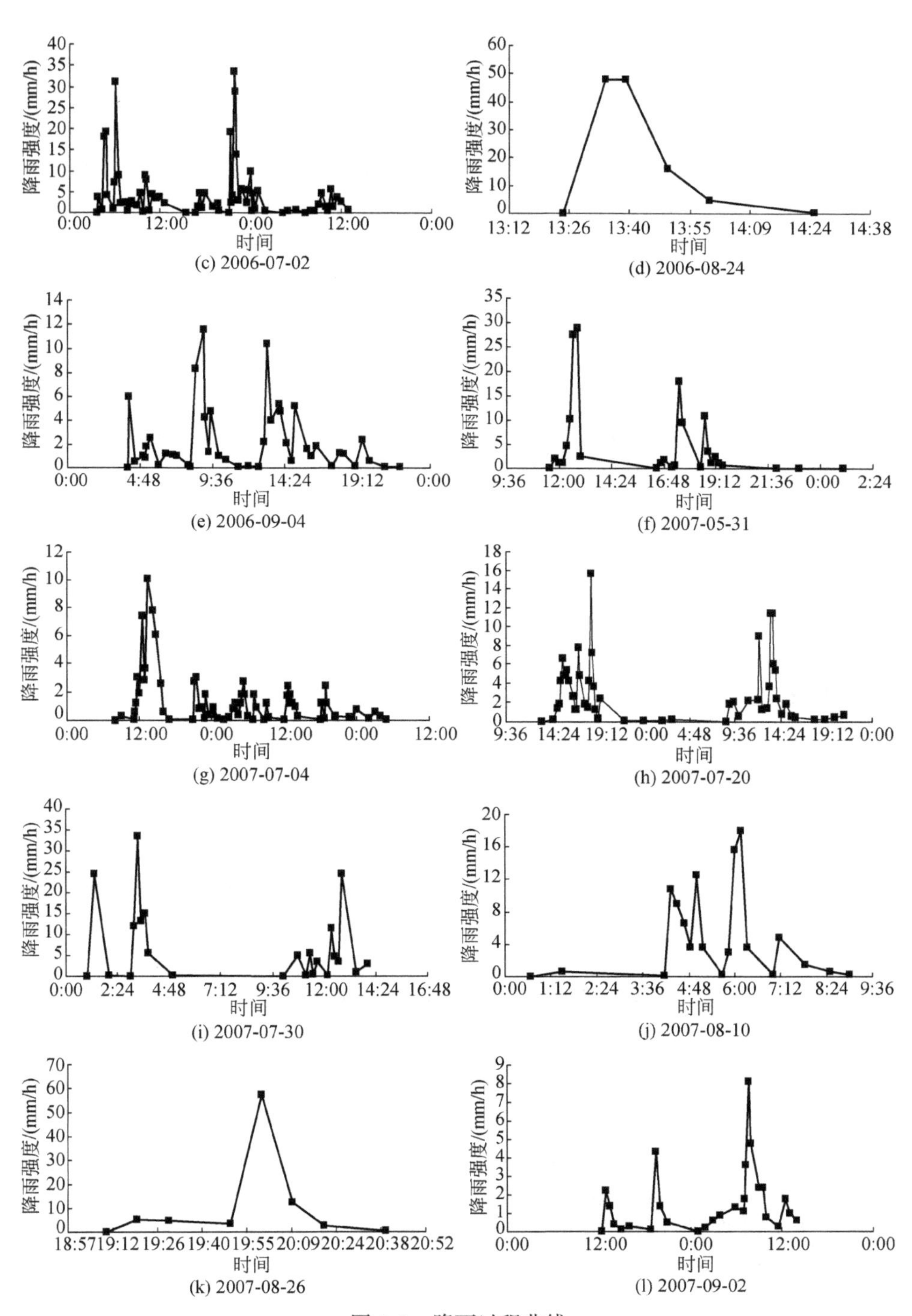
降雨强度/(mm/h)
时间
(c) 2006-07-02
(d) 2006-08-24
(e) 2006-09-04
(f) 2007-05-31
(g) 2007-07-04
(h) 2007-07-20
(i) 2007-07-30
(j) 2007-08-10
(k) 2007-08-26
(l) 2007-09-02

图 4-5 降雨过程曲线

从降雨过程线可以发现，不同月份的次降雨过程存在明显的差别。春末夏初（5~6月）的降雨过程线多呈单峰形分布，且峰值位于降雨前期；夏中（7月）的降雨过程线多呈双峰形分布，平均雨强偏大；夏末（8月）的降雨过程线呈单峰形分布，呈现暴雨的特点：历时短，最大雨强大，如2007年8月26日降雨，历时90 min，最大雨强达60 mm/h，只持续不到10 min；秋初（9月）降雨主要以小到中雨为主，雨强变化均匀，峰值多出现在降雨中后期。

4.2.2.3 次降雨类型

自然降雨的雨强是一个瞬时变量。依照降雨雨强分类方案（4.2.1.2节），对2006年5月~2007年8月监测的17次降雨事件进行10 min雨强逐时计算，对不同降雨强度临界值区间的时间进行统计，确定各类型降雨所占的时间百分比，即为单次降雨雨强分布（表4-2）。

对单次降雨雨强分布数据进行分析，孟津湿地的单次降雨可明显分为三种类型：小雨集中型、暴雨集中型、均匀分布型。

小雨集中型：小雨一般超过总降雨历时的50%，降雨历时较长，降雨侵蚀力小，一般不产生径流，如2006年7月31日、2007年6月18日降雨。

暴雨集中型：暴雨超过总降雨历时的50%，降雨历时短，产生的径流量较少，如2006年6月25日、2006年8月14日降雨。

均匀分布型：各类型降雨时间占总降雨历时的比例大致相等，降雨历时较长，降雨量偏大，一般都能产生径流。

4.2.2.4 次降雨侵蚀力

按照美国通用土壤流失方程（USLE），降雨侵蚀力值（R）表征单位面积上降雨雨滴冲击地面的总动能（E）与降雨强度（I）的乘积，是反映降雨侵蚀土壤潜在能力的一个重要指标。对次降雨进行降雨侵蚀力计算（王万忠和焦菊英，1996），结果见表4-2。通过线性拟合，次降雨侵蚀力与次降雨量P并不呈显著正相关，决定系数R^2仅为0.64。但若同时考虑降雨量P与次最大降雨强度I_{10}两个因素，通过拟合发现它们具有如下线性关系：

$$R = 1.94 \times P \times I_{10}$$
$$R^2 = 0.9875 \tag{4-1}$$

因此，降雨量和最大降雨强度是影响降雨侵蚀力的两个重要因素。同时通过线性拟合可以大大减少降雨侵蚀力值的统计工作量。

试验期内降雨侵蚀力总计236.41，其中2006年为137.94，2007年为98.47。逐月统计如图4-6所示。降雨侵蚀力以7月最高；2007年6月由于降雨量偏少，降雨侵蚀力偏低。

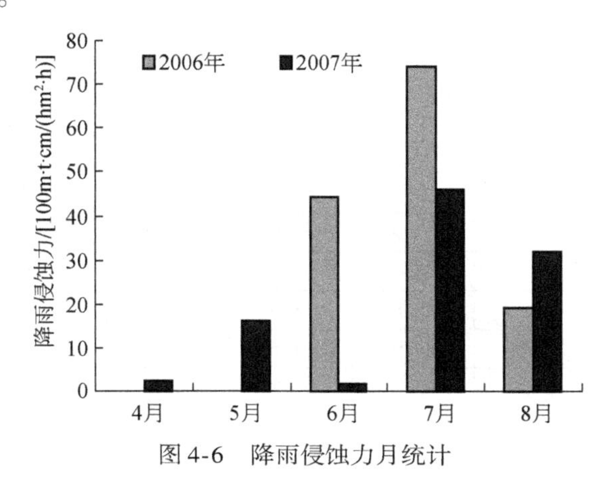

图 4-6 降雨侵蚀力月统计

4.2.2.5 降雨水质

对试验期间收集的降雨进行相关指标的检测，结果见表 4-3。

表 4-3 降雨水质统计表

水质指标	单位	观测值（Means±SE）	水质指标	单位	观测值（Means±SE）
pH	—	6.83±0.11	氨氮	mg/L	1.33±0.34
电导率	μs/cm	66.4±14.0	硝氮	mg/L	0.54±0.23
浊度	NTU	4.2±0.9	总氮	mg/L	2.75±0.29
总悬浮物	mg/L	41.1±10.1	总磷	mg/L	0.11±0.05
SO_4^{2-}	mg/L	8.37±0.04	高锰酸钾指数	mg/L	5.9±1.3
Cl^-	mg/L	4.12±1.67			

降雨水质特征如下，酸碱度呈中性，Cl^- 和 SO_4^{2-} 等盐分含量低，总悬浮物含量低，而氮、磷和有机物指标偏高，氨氮占总氮比例为 48.4±5.2%，硝氮占总氮比例 19.6±14.0%，反映了降雨水质在一定程度上受到区域农业生产的影响。按年均降雨 625 mm 计算，单位面积降雨污染物年产生量分别为：总氮含量 17.18kg/hm²，总磷含量 0.69 kg/hm²，有机质含量 36.93 kg/hm²。

4.2.3 地表径流产生特征

4.2.3.1 降雨径流量采集

2006 年 5 月～2007 年 9 月，对 8 次明显的降雨过程进行降雨与径流的观测，见表4-4。通过现场观察并结合降雨记录，发现降雨量小于20 mm的次降雨过程的径流产生微弱或消失（强降雨除外）。

表4-4 降雨事件与径流量采集表

降雨事件	降雨历时/min	次降雨量/mm	次最大雨强/(mm/h)	降雨侵蚀力值[b]	径流量/mm	
					耕地	林地
2006-06-22	1490	67.9	33.0	41.61	1.69±0.21	0.78±0.34
2006-07-02	1110	84.4	33.6	54.55	2.38±0.15	1.43±0.18
2006-08-14[c]	60	15.6	48.0	19.31	0.47±0.12	0.32±0.05
2006-09-04	1080	30.0	11.6	6.01	0.41±0.02	0.26±0.05
2007-05-30	805	22.4	28.8	13.79	0.43±0.11	0.27±0.18
2007-07-04	1900	37.6	15.6	9.75	1.09±0.33	0.82±0.30
2007-07-19	2400	37.9	10.0	5.91	0.98±0.10	0.58±0.21
2007-07-30	780	36.9	33.6	33.34	1.12±0.31	0.53±0.22

注：每组径流池为3个；b. 降雨侵蚀力值单位：100m · t · cm/（hm^2 · h）；c 为强降雨，仅观测了径流量未测量相关水质指标

4.2.3.2 耕地与林地径流系数差异性分析

根据表4-4的结果计算得出耕地、林地的径流系数如图4-7所示。

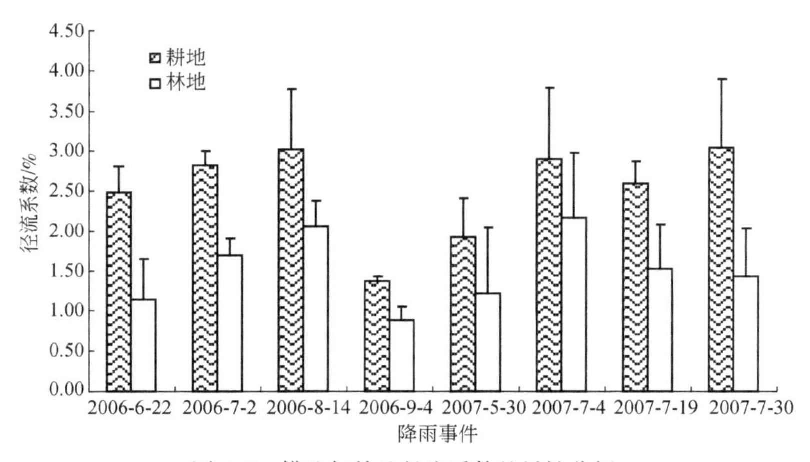

图4-7 耕地与林地径流系数差异性分析

由图4-7可知，能产生径流的次降雨事件，其径流系数普遍偏小：耕地为2.52±0.21%；林地为1.51±0.18%，耕地的径流系数显著大于林地（$p<0.001$）。2007年测量的径流系数较2006年升高7%～9%，而2007年径流系数的标准误

差显著大于2006年。河漫滩的自然植被改成人工植被后，农作物和人工林在植被冠层、根系深浅、凋落物蓄水特征、优势孔隙流方面都有较大的差异，因而对降雨径流产生较大的影响，耕地和林地的径流系数存在显著差异。

4.2.3.3 耕地与林地径流产生差异原因分析

1）次降雨侵蚀力值

降雨是形成径流的主要动力。径流产生量与次降雨量存在一定的关系，亦受降雨强度的影响。由表4-4可知，耕地径流量显著大于林地。整理降雨与径流观测结果，得到降雨侵蚀力与径流产生量之间的关系如图4-8所示。

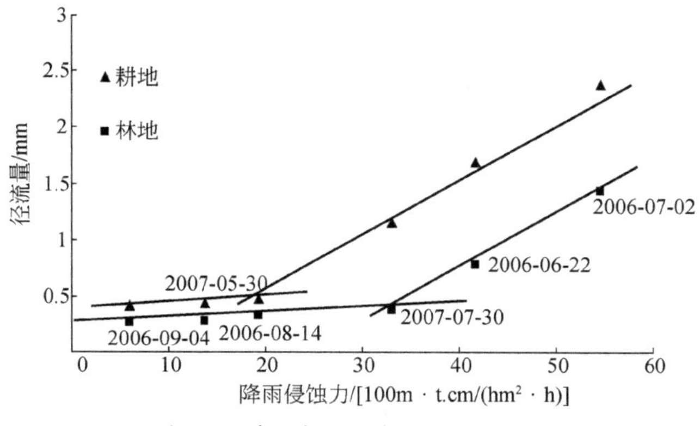

图4-8 降雨侵蚀力与径流量的关系

由图4-8可知，对于侵蚀力值小的单次降雨，滩区耕地和林地产生的径流量相差不大，均在0.15 mm左右。此时，由于降雨雨滴动能较小，植被的差异对降雨动能缓冲作用的差异不明显，因此对于侵蚀力小的降雨，地表植被类型的差异对径流产生量的影响不大。而对于侵蚀力值较大的单次降雨，滩区耕地和林地产生的径流量差异性增大，平均为0.85mm，当$R>19.00$（耕地）、$R>33.00$（林地）时，能产生超强径流，土壤侵蚀加剧。此时，由于降雨雨滴动能较大，相对于耕地，林地具有的林冠层、灌草层和枯枝败叶层对降水的截持和吸收，有效缓冲了雨滴动能，削弱了降雨侵蚀力，因此，地表植被类型的差异对径流产生量的影响显著。

Fujieda等（1997）在巴西丘陵区的亚热带森林地区建立径流场对降雨与径流的关系进行长期观测，建立了径流量与降雨量的线性函数关系，其中，当月降雨量超过到250 mm时径流量显著增加，并形成超强径流。而从本章研究结果看，相对于降雨量，降雨侵蚀力值与径流量之间存在更为明显的相关性，其统计关系如式（4-2）~（4-5）。

耕地：

$$Q = 0.3854 + 0.0041R \qquad R < 19.00 \tag{4-2}$$

$$Q = -0.5772 + 0.0544R \qquad R > 19.00 \tag{4-3}$$

林地：

$$Q = 0.2315 + 0.0042R \qquad R < 33.00 \tag{4-4}$$

$$Q = -1.3139 + 0.0504R \qquad R > 33.00 \tag{4-5}$$

式中，Q 为次径流量；R 为次降雨侵蚀力值。

因此，对于坡度平缓的河岸滩区，适当种植大冠层的乔木，对缓冲强降雨，减少径流产生量和土壤侵蚀将会起到明显的作用。

2）植物截留

湿地植被类型和分布影响着湿地的降水形式和时空分配特征，调控着湿地的水分和营养平衡。湿地上空的降水在植被影响下分成净降水、径流和植被截流蒸发三部分。植被截流蒸发多采用植物因子法，一般占到总降雨量的10%～35%。根据 Horton 模型：

$$I_n = a + bP^n \tag{4-6}$$

式中，I_n为次降雨截留量，mm，P 为次降雨量，mm，a，b，n 为常数，取值见表 4-5。

表 4-5　Horton 公式中常数 *a*，*b*，*n*

植被类型	a	b	n
果园	0.04	0.18	1.0
小麦	0.005 h	0.05 h	1.0
豆类	0.02 h	0.15 h	1.0
杨树林	0.03	0.18	1.0

注：符号 h 表示植物高度

资料来源：Horton，1919

通过计算得出：人工林地的降雨截留率为 31.4%，耕地小麦的截留为 8.5%，果园截留为 31.9%，豆类的截留为 20.7%。

3）土壤入渗

降雨产流过程明显受土壤入渗特征的影响。在降雨产流过程中，当降雨强度小于或等于土壤入渗率时不产流，并以降雨强度向下入渗；当降雨强度大于入渗强度时，则形成超渗产流。试验期间，通过双环刀法测定了离河岸不同距离的河漫滩土壤饱和渗透系数（表4-6），以分析河岸带的土壤入渗特征的空间变异性。河漫滩土壤饱和渗透系数的测定结果如图4-9所示。

表4-6　河漫滩土壤饱和渗透系数测量点

试验点	地点	表层土壤含水率/%	海拔/m	离河岸距离/m	植被描述
A	扣马村入口	22.6	117.500	3000	15年左右的速生杨树林
B	巩义县交界	16.8	113.290	900	河漫滩，5~6年速生杨树林
C	耕地径流场	10.2	112.846	15	河漫滩，小麦-大豆地
D	林地径流场	10.2	112.346	40	河漫滩，4~5年速生杨树林
E	河床嫩滩	25.4	109.637	-25	典型湿地植被：芦苇、甘蒙柽柳、水烛

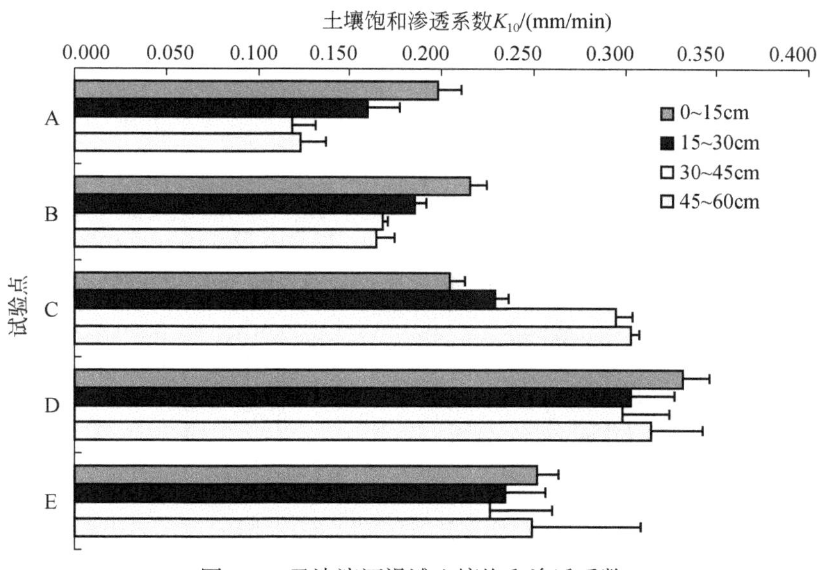

图4-9　孟津滨河漫滩土壤饱和渗透系数

数据表示方式：平均值±标准误，样本数4个

由上述结果可见，30 cm以下的土壤受人类活动干扰相对较小，其入渗特征可以反映河漫滩原生的土壤入渗空间特异性，即越靠近河岸的土壤，受河水水情影响越大，水力分选作用越突出，土壤大孔隙和优势流明显，则土壤入渗能力越大，即河漫滩岸边带具有特异的土壤入渗特征。表层30 cm的土壤入渗性能受植被的影响显著。即林地年龄越长，相对受人为干扰越小，表土的生物作用越显著，对土壤入渗能力的提高贡献越大（如A点）；河漫滩的农业耕作（C点）使

原生的土壤结构破坏，且在降雨溅蚀的作用下，大孔隙通道受到封堵，表土存在一定板结，土壤渗透能力相对亚表层显著降低0.10 mm/min，因而造成径流量和径流系数的显著增大。

4.2.4 径流非点源污染产生特征

4.2.4.1 地表径流水质的差异性分析

根据对7次降雨径流的收集和指标测量，其水质（包括pH、电导率、TSS、高锰酸钾指数、总氮、总磷）如图4-10所示。

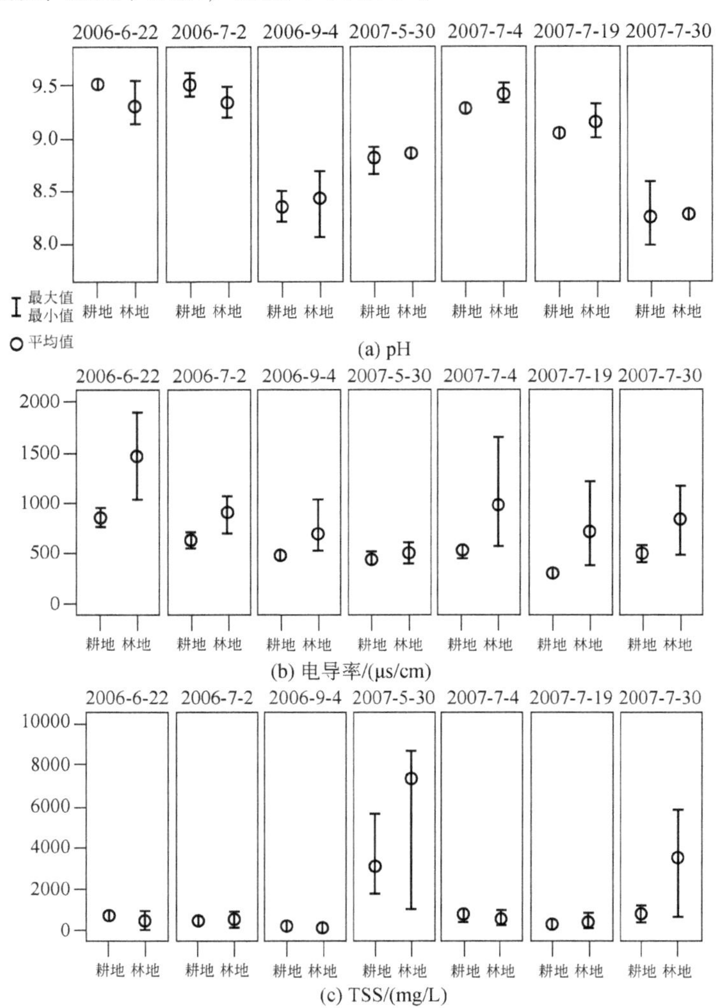

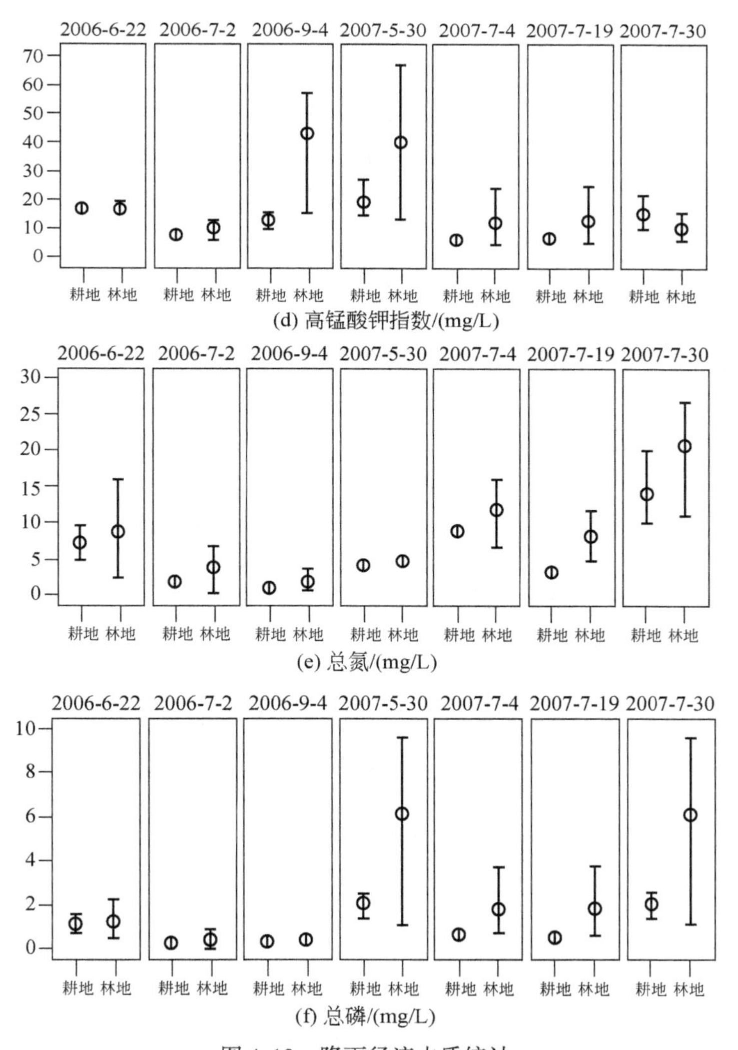

图 4-10 降雨径流水质统计

耕地、林地的径流 pH 总体呈弱碱性。耕地径流 pH 稍高于林地约 0.2 个 pH 单位。农业施肥后（2006 年 6 月 20 日，2007 年 6 月 25 日），降雨径流 pH 有所升高。

径流电导率在一定程度上反映了土壤盐分随径流流失的状况。从实验数据上看，径流电导率普遍高于国外文献（Fink and Mitsch，2004）1.5 ~ 3 倍。林地径流的电导率普遍大于耕地径流，且不随林改耕的改变而改变。径流电导率的变化受河岸区土壤的积盐与脱盐过程的影响，每年 6 月的黄河小浪底水库调水调沙，地下水水位升高超过临界值，是河岸区重要的积盐期。由图可知，6 月后的降雨径流电导率明显较之前升高。

径流 TSS 反映了土壤颗粒随降雨径流流失的状况。由图 4-8 可知，发生在耕地土壤翻动不久的降雨（2007 年 5 月 30 日）将会导致明显的土壤颗粒流失，约为平时的 5 ~ 10 倍，新垦农田尤为明显。对于长期未翻动的土地，耕地土壤 TSS 的径流流失水平稍大于林地。

径流高锰酸钾指数反映了土壤有机物随降雨径流流失的状况。由于林地调落物的影响，径流高锰酸钾指数大于耕地径流，尤其在 2006 年早秋，在能够形成径流的降雨依然存在的情况下，当地速生杨过早地落叶，加剧了林地有机物的径流流失。2007 年林改耕后，由于地表调落物的减少，径流高锰酸钾指数与参照耕地径流的差异性逐渐降低。

从径流总氮的数据看，林地径流的总氮浓度通常大于耕地径流，这种浓度的差异性在春季的降雨径流变小，而在汛期或秋季的降雨径流变大。径流总磷的浓度通常是林地稍大于耕地，且与径流 TSS 的变化特征相似。新垦农田土壤总磷随颗粒物流失非常明显，径流总磷浓度相对耕地参照平均增加 3 倍。

综上所述，从降雨径流水质的角度来看，由于滨河漫滩土壤具有一定的盐碱土特征，径流呈弱碱性，径流盐分含量普遍偏高；耕地径流的土壤颗粒物和总磷含量与林地径流相当，但高锰酸钾指数和总氮含量却明显低于林地径流。土壤颗粒物和总磷的显著流失通常发生在土壤翻动后的首次降雨，径流 TSS 和总磷含量较平时增加 5 ~ 10 倍。林改耕后，径流高锰酸钾指数和总氮含量相对参照耕地总体略呈上升趋势，但 TSS 和总磷含量却较参照耕地平均增加 3 倍。因此，在滨河漫滩的农田开垦初期，土壤颗粒物和总磷随降雨径流流失增加明显，尤其要是土壤翻动后的首次降雨。

4.2.4.2 径流污染物产生总量的差异性分析

根据径流水量和水质的关系，通过计算得出滨河漫滩降雨径流的泥沙、有机物、总氮和总磷的产生总量关系，具体如图 4-11 所示。

由图 4-11 可知，耕地径流的污染物（泥沙、有机物、总氮和总磷）总量约是林地径流的 1.5 ~ 3.0 倍。2007 年，两组径流场的径流污染物产生总量差异减小，林地土壤颗粒物、有机质、总氮和总磷的流失加剧，径流中的相应浓度增大。林改耕后其径流污染物产生总量呈上升趋势，其中，径流颗粒物和总磷产生总量已超过参照耕地径流，而径流有机质和总氮产生总量与参照耕地的差距减小。

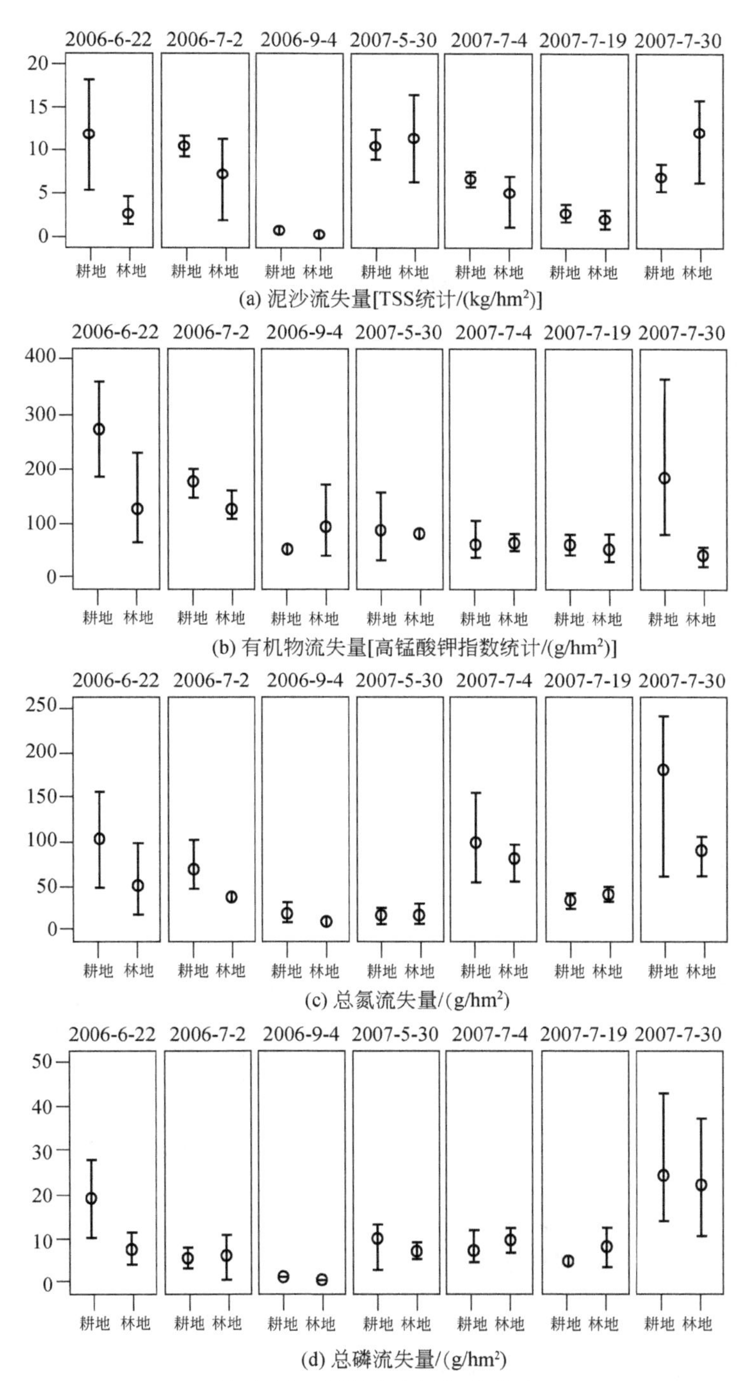

图 4-11 降雨径流流失量统计

4.2.4.3 年际径流非点源污染物产生量分析

与林地比较，滩区耕地由降雨引起的在土壤颗粒物、有机质、总氮、总磷的流失量差异性较大。污染物产生量不仅仅受降雨特征的影响，同时受地表植被状况和农业耕作制度的影响显著。例如，每年的6～7月存在农作物更替、幼苗施肥与喷洒农药等问题，径流污染物产生量远大于林地，此期间径流污染物产生量约占全年的50%；而林地则相对受降雨特征尤其是降雨侵蚀力的影响稍大。

通过次降雨对年际污染物流失总量进行统计，结果表明滨河漫滩的河岸带开发成农耕地后非点源污染物年际产生颗粒物含量为45.0 kg/hm^2、有机质含量为0.904 kg/hm^2、总氮含量为0.443 kg/hm^2、总磷含量为0.050 kg/hm^2，各污染物质量比为900∶18∶9∶1。

4.2.4.4 耕地径流污染物产生量的影响因素分析

1）次降雨侵蚀力值

由于降雨侵蚀力对降雨径流产生量的影响显著，径流非点源污染物随径流的产生而产生，因此，径流非点源污染物（以耕地为例）也受降雨侵蚀力的显著影响，如图4-12所示。

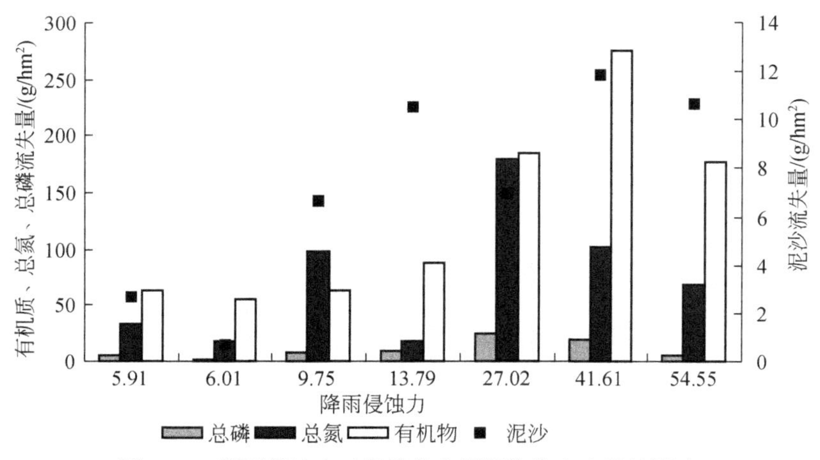

图4-12 降雨侵蚀力对径流非点源污染物产生量的影响

由图4-12可知，降雨侵蚀力显著影响着土壤颗粒及养分的流失量。各物质流失量随降雨侵蚀力存在先升后降的关系，即明显二次曲线关系，见表4-7。这是由于在低降雨侵蚀力下，雨滴动能有限，未能对土壤表层产生明显扰动，土壤养分流失状况不明显；在中等强度侵蚀力下，雨滴动能对土壤产生严重溅蚀，对表层土壤产生剧烈扰动，土壤颗粒与径流液充分接触并被夹带着流失，土壤养分流失最为严重；在过强的侵蚀力下，降雨强度显著大于地表入渗能力，地表快速积水并形成表面流，从而阻碍了雨滴对土壤的直接溅蚀，径流液与土壤中颗粒接触的程度和时间大大降低，因而土壤养分流失又呈下降趋势。根据滩区土壤的渗透特征，在降雨侵蚀力 $R=15.0\sim45.0$ 的中等强度降雨将产生较为严重的土壤养分流失。

表 4-7 径流土肥流失量与降雨侵蚀力的拟合相关

径流污染物	拟合曲线	相关性
颗粒物/(g/hm²)	$y=-5.4787x^2+467.02x+946.2$	0.6036
有机质/(g/hm²)	$y=-0.1371x^2+11.466x-19.822$	0.8712
总氮/(g/hm²)	$y=-0.1545x^2+10.211x-30.172$	0.5923
总磷/(g/hm²)	$y=-0.031x^2+1.9571x-8.4815$	0.9478

注：表中 x 为次降雨侵蚀力；y 为次降雨径流污染物的产生量

由表 4-7 中可知，总氮流失与降雨侵蚀力的相关性较差，这是由于在降雨观测期间，存在追加氮肥的过程。并且通过有机质与总氮、总磷流失量的关系分析得出，有机质与总氮的相关性差，而与总磷的相关性较好，因此分析河滩区耕地总氮的流失形态可能以无机矿物态（Gulley and Hore，1981）形式为主，而总磷的流失形态可能以颗粒态或有机态形式为主。

2）土壤初始含水率

降雨积水时间的表达式为（Smith，1972）

$$t_p = a \times i^{-b} \tag{4-7}$$

式中，t_p 为降雨积水时间；i 为降雨强度；a 为土壤初始含水量和土壤饱和导水率共同影响的常数；b 为常数。

两次降雨间期增加，土壤初始含水率降低，积水时间被推迟，径流产生量将相对减少。与此相反，2007 年 7 月 4 日和 2007 年 7 月 19 日两次降雨前，天气阴沉，经常有小雨，土壤初始含水率偏高（表层土壤含水率 25%～27%，相对其他次降雨偏高 10%～15%），在降雨初期就有径流产生，因而总体径流量偏大。

3）降雨间期

根据任玉芬和王效科（2005）关于城镇降雨径流污染的研究，随降雨间期的增大，污染物在地表的累积时间增大，因而径流污染物浓度增加，径流污染物总量也会增大。但本章研究结果显示，降雨间期对耕地土壤养分流失量的影响并不明显。

4）农业耕作制度

降雨前的施肥，将会产生明显的土壤养分流失，6 月底至 7 月初，是玉米、大豆等农作物的幼苗期，需要大量氮素营养物质。例如，2007 年 7 月 4 日降雨前，农田刚追加大量氮肥（如尿素和碳铵），从径流流失情况来看，存在明显的氮素流失，而有机质和磷素流失并不突出。

降雨前的土壤扰动则会增加土壤颗粒和磷素的流失，根据调查，2007 年 5 月 30 日和 2007 年 7 月 19 日两次降雨前均存在人工土壤扰动，前者是大豆种植前的深翻；后者是除草。因此土壤颗粒和总磷流失量相对偏高。

4.2.5 不同土地利用类型的氮磷输入–输出负荷

由于河漫滩处于农业开发初期，农业生态类型呈多样化趋势，主要土地利用类型包括：天然河岸湿地、人工经济林、果园、菜园、麦地、棉花地、水稻田、荷花塘、鱼塘等。试验期间，开展了对农户的施肥状况的调查，结果见表 4-8。由于河漫滩土壤是沙壤土，土壤保肥能力差，各种经济作物（大豆除外）较华北平原平均施肥量偏高 25% ~50%。氮磷等营养元素的过量输入，加上滩区土壤保肥能力差，大量的氮磷通过各种途径进入水体，直接影响着黄河的水质。

表 4-8 农田施肥基本情况统计 （单位：kg/hm^2 · a）

作物类型	肥料折纯量		作物类型	肥料折纯量	
	氮	磷		氮	磷
果园	620	192	鱼塘	1013	200
菜园*	125	60	水稻	190	34.2
经济林	60	20	棉花	138	45
苗圃	451	151	大豆	80	20
荷花塘	270	250	小麦	330	40

* 自家菜园多施用人畜粪尿，追加少量化肥，表中仅为化肥施用量

试验期间，在滩区农业生态调查的基础上，对滩区的荷塘、鱼塘、稻田地表水进行水质检测，结果见表 4-9。

表 4-9 农业水田地表水水质与径流污染物流失量

水质指标	单位	稻田	鱼塘	荷塘
pH	—	7. 17	7. 99	7. 63
浊度	NTU	79	57	10
TSS	mg/L	20 （40）	38 （266）	15 （30）
可溶性总氮	mg/L	3. 39 （6. 78）	6. 90 （48. 3）	2. 61 （5. 22）
可溶性有机氮	mg/L	2. 77	6. 28	2. 32
可溶性总磷	mg/L	0. 73 （1. 46）	1. 23 （8. 51）	0. 75 （1. 50）
高锰酸钾指数	mg/L	17. 25 （34. 5）	17. 98 （125. 9）	10. 57
有机氮比例	%	81. 7	91. 1	89. 0
氮磷比	—	4. 67	5. 62	3. 49

注：括号内表示为颗粒物、总氮、磷和有机物的流失量，单位为 kg/hm^2

鱼塘的氮磷和有机质的含量最高，稻田其次，荷塘由于开发较晚，水中营养物质浓度相对较低；地表水中有机氮占总氮比例高，平均为 87. 3%，氮/磷平均为 4. 6。综合上述结果，氮磷有机物的流失总量大小趋势为：鱼塘>稻田>荷塘>旱耕地>人工林地。这说明滩区的农业水田耕作比旱地耕作对径流非点源污染物产生量的贡献要大得多。尤其是鱼塘污染物产生量是耕地的 109 ~ 162 倍。每年 3 月，鱼塘清塘换水直接将高浓度的废水直接排放到附近排灌渠道，进而进入河流，对河流与湿地产生严重污染。因此，滨河湿地的农业开发应适当限制集约鱼塘的过度发展。

4. 3 黄河南岸滩区地下水水文过程

洪水事件是影响河岸带地下水水位波动的重要水文过程，直接影响着河岸的生物地球化学循环和生物多样性（Whiles et al. ，2009）。小浪底水库的调水调沙对下游河漫滩湿地而言是每年重要的洪水事件，河流通过高水位运行，对滨河湿地及其地下水进行水力补给。洪水期河流补给的强度和范围、河岸对洪水的调蓄能力、盐分与氮磷等物质在河岸地下水的迁移转化过程等都是滨河湿地地下水—地表水交互过程研究的重要内容。同时，平水期河流低水位运行，河漫滩湿地土壤贮存的水量进行基流排泄，在河岸湿地与河水发生复杂的交汇融合，由此直接影响着滨河湿地的生境维持与净化功能的发挥。本节通过对河漫滩湿地地下水水位和水质在洪水期（小浪底水库调水调沙期间）和平水期的观测，分析滨河湿地与河流之间的补给-排泄关系，以及物质和能量迁移转化过程，从而获得河岸区地表水与地下水发生交互作用的重要实证。重点研究的问题如下：①河漫滩地下水水位对洪水事件的响应程度和范围；②地下水理化性质对洪水事件的响应关系；③地下水可溶性氮、磷等营养物质对洪水事件的响应关系；④河漫滩地表水—地下水交互过程的时空变化特征。

4.3.1 材料与方法

4.3.1.1 试验场设计

野外试验场位于扣马滩公路西侧的农田上，垂直于河岸依次开凿的 7 口地下水观测井，如图 4-2 所示。各观测井的距河床距离、井深、井口标高和地表植被等信息见表 4-10。1 ~6 号井为 2006 年 4 月开凿，7 号井为 2007 年 4 月增加，另外以距河岸 1300 m 的民用井作为调水期间临时性水质观测。观测井采用 PVC 管，直径 30 mm，管下部 0.8 m 开 3 排间距为 10 cm、孔径 1cm 的入水孔，并用过滤纱网包裹，井管周围用细纱填充。

表 4-10 地下水观测井布置及高程情况 （单位：m）

观测井号	距河床距离	井深	井口标高	地表植被
1 号[a]	0	3.5	109.64	河床湿地、柳树林
2 号[b]	25	6.0	112.29	速生杨树林
3 号	50	7.0	112.43	农业旱地（小麦-棉花）
4 号	100	7.0	113.00	农业旱地（小麦-大豆）
5 号[c]	200	7.5	112.96	农业旱地（小麦-大豆）
6 号	400	8.0	112.94	荷塘湿地（荷塘）
7 号	650	8.0	113.29	荷塘湿地（荷塘）
民用井	1300	—	—	鱼塘

a由于洪水期被淹没，仅在平水期有水位和水质观测；b 2008 年春季杨树林砍伐变成农耕地；c 2008 年农业旱地改成荷塘

4.3.1.2 水位与水质观测设计

在平水期，地下水采样周期为间隔 30 天一次；在小浪底水库调水调沙期间（每年 6 月中下旬到 7 月初，持续约 10 ~15 天，试验期 2006 ~2008 年调水调沙时间分别为 6 月 15 日 ~7 月 3 日，6 月 19 日 ~7 月 7 日，6 月 19 日 ~7 月 3 日，洪峰流量（3500 ~4300 m^3/s），由于水位变化波动幅度大，多采取灵活的观测方

法：调水初期和末期水位观测间隔 12 h 一次；调水中期和调水结束后水位观测改为间隔 24 h 一次，调水结束后观测持续约 15 天。

调水期间及调水结束后水质监测采取间隔 2 ~ 3 天一次。地下水监测指标包括水温、pH、电导率、浊度、Cl^-、SO_4^{2-} 等一般理化指标，以及可溶性总磷、总氮、硝氮、高锰酸钾指数等营养物质指标。地下水的一般理化指标在野外观测站当天测量；营养物质指标采用加酸调节 pH 小于 2.0 保存，用 0.45 μm 的微孔滤膜过滤后测量。室内分析依照《水和废水监测分析方法》（第四版）进行。

4.3.2 地下水水位对洪水事件的响应

4.3.2.1 水位时空变化特征

地下水水位是反映河漫滩湿地接受河流补给或向河流排泄的动态指标。试验期间，各观测井水位的时间变化特征如图 4-13 所示。

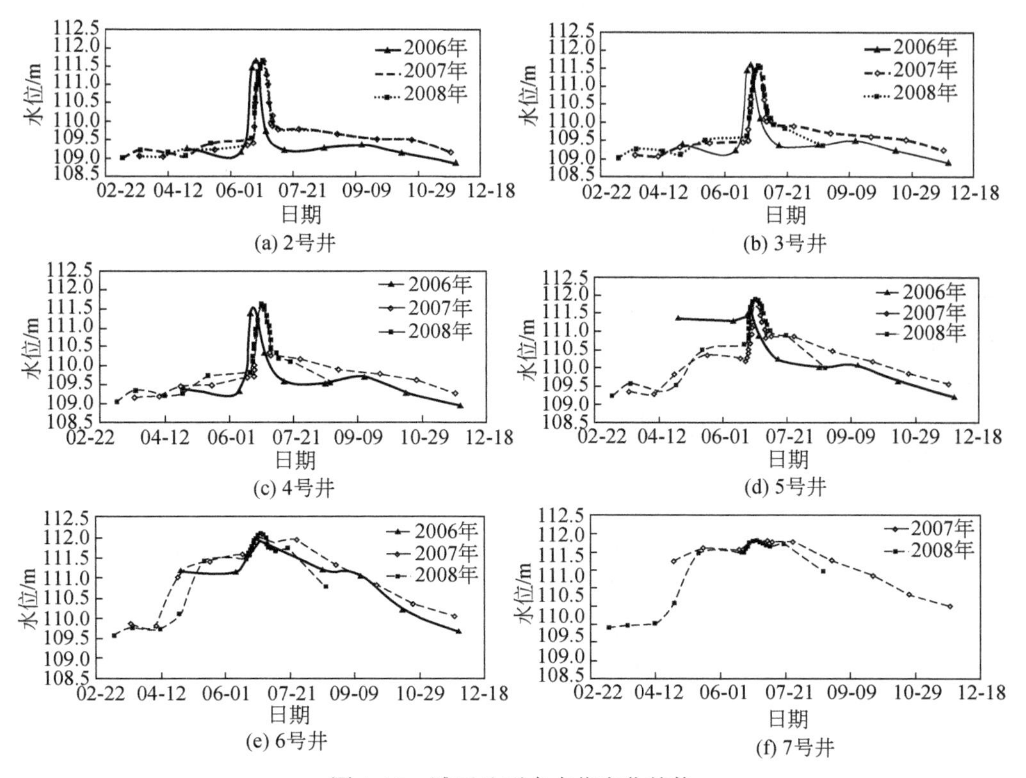

图 4-13 滩区地下水水位变化趋势

如图4-13所示，每年的11月至来年3月，河漫滩地下水水位达到最低，为枯水期；受小浪底水库调水的影响，每年6月中旬至7月初，河漫滩湿地地下水水位达到最高，为丰水期；其他时段为平水期。

湿地地下水水位受河流影响显著。小浪底水库调水期间（6月中旬至7月初），地下水水位明显上升，离河岸越近，水位波动幅度越大，到达离河岸650 m远的7号井已经不明显，各观测井水位的年波动幅度和调水期波动幅度见表4-11。各观测井水位的波动幅度与河岸距离之间存在负指数关系，其中年波动幅度差异性小，在一定程度上反映了滨河湿地滩区土壤母质的均一性；调水期波动幅度差异性大，反映了河水与滩区地下水之间发生相互作用的范围受空间的制约，即离河岸越近，河水与地下水发生相互作用的程度越大。关于地下水波动的时间响应上，鉴于监测仪器所限，各观测井之间未发现明显的滞后效应。除6月的惯例性调水外，小浪底水库也会根据沿黄农灌区的旱情进行临时性调水，如2006年9月初，2007年7月下旬的临时性调水，均在地下水的变化趋势图上有所反映。

表4-11　地下水观测井水位波动幅度　（单位：m）

观测井	年波动幅度			调水期波动幅度		
	2006年	2007年	2008年	2006年	2007年	2008年
2号	2.78	2.51	2.64	2.47	2.21	2.11
3号	2.72	2.53	2.58	2.38	2.15	1.97
4号	2.62	2.41	2.57	2.25	1.89	1.79
5号	2.41	2.44	2.68	1.38	1.56	1.29
6号	2.31	2.32	2.50	0.85	0.62	0.59
7号		1.86	2.44		0.33	0.37
与河岸距离（x）的指数关系 $Y=\alpha\cdot e^{\beta\cdot x}$	$\alpha=2.7658$ $\beta=-0.0005$ $R^2=0.912$	$\alpha=2.591$ $\beta=-0.0004$ $R^2=0.874$	$\alpha=2.6386$ $\beta=-0.0001$ $R^2=0.653$	$\alpha=2.7508$ $\beta=-0.003$ $R^2=0.977$	$\alpha=2.5490$ $\beta=-0.0032$ $R^2=0.985$	$\alpha=2.2695$ $\beta=-0.0029$ $R^2=0.984$

Y代表河岸地下水的抬升高度（m）；x代表背向河岸距离（m）；α代表河流的洪峰-基流水位差（m）；β代表河岸的动能阻滞系数（d/mm）

河漫滩湿地地下水水位除受河流的影响外，还受湿地开发类型和农业耕作制度的影响。荷塘附近的5~7号井年际变化趋势呈"宝盖头"形，明显不同于位于旱地上的2~4号井呈"尖顶"形。从4月中旬开始，荷塘开始灌塘蓄水，6号、7号水位因而明显上升，位于旱地的5号井上距离荷塘仅80 m，水位上升约滞后15天。8月上旬之后，荷塘停止从河流上游农灌渠道的补水，滩区地下水水位呈下降趋势。

对调水期间地下水水位进行空间变异性分析，能得出地下水的流向以及与河流之间的补排关系，如图4-14所示。以2007年为例，调水初期，河流水位从平水期水位109.33 m快速上升到最高水位111.57 m，受河流的侧向或河岸水力通道补给，滩区地下水受到明显抬升，抬升高度从0.33 m到2.21 m呈梯度变化。离河岸越近，地下水水位抬升高度越大，受河流补给量越大。6月27日河水及滩区地下水达到最高水位。7月1日，河流水位快速下降，河岸区地下水水位也明显下降，离河岸越近水位下降越明显，河漫滩湿地地下水排泄。

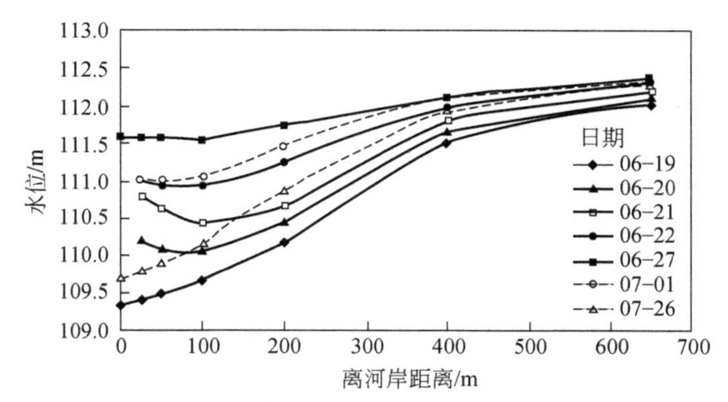

图4-14 滩区地下水水位的空间差异性

实线表示水位上升期；虚线表示水位下降期

4.3.2.2 地表水—地下水水力交互作用的范围

河漫滩农业性荷塘湿地的大量蓄水，通过垂直入渗补给地下水，滩区地下水的水位在平水期高于河流水位，水力坡度为河漫滩流向河流，平均水力坡度为0.24%，最大水力坡度可达0.80%，地下水排泄进入河流。对调水期各观测井间水力坡度的计算表明，仅在调水初期，河流水位迅速上升，出现河水补给地下水的情况，水力坡度为河流流向河漫滩。2007年和2008年，2号和3号井之间最大水力坡度分别为0.64%和0.69%，分别出现在地下水开始响应后45 h和48 h，最大影响河岸范围分别为120 m和100 m，持续时间约为200 h。

按河岸平均1200 m宽的荷塘湿地，水力坡度$I=0.24\%$，渗流系数$K=0.32$ m/d，荷塘平均蓄水期130天，粗略估算出年均地下水排泄的单宽流量Q = 120m^3/m。根据表4-11调水期各观测井的抬升高度，以52%的土壤孔隙率计算，650 m宽的河岸地区对洪水的蓄滞量为316～346 m^3/m。因此，河岸区每年接受河流的净补给量为196～226 m^3/m。

河岸农业性荷塘湿地的存在，增强了滩区地下水的排泄，使地表水与地下水交汇点向河流方向移动。在平水期，地表水与地下水的交互联系发生在河床湿地

(1 号井下游地区)；在洪水期（调水期)，交互的范围位于离河岸 100 ~ 120 m 的范围内（4 号井附近)。因此，荷塘湿地使滩区地下水水位升高，减少了河岸区土壤对洪水的蓄滞量和河流的净补给量；然而却增加了地下水的排泄量，对平水期河岸湿地生境的维持与净化功能的发挥具有重要意义。

4.3.3 地下水理化性质对洪水事件的响应

地下水的温度、电导率、pH、Cl^- 和 SO_4^{2-} 是水文地球化学的重要指标，能在一定程度上反映出地下水的运动状态、与地表水的补给排泄关系和水化学环境的变化（Pauwels and Talbo，2004)。相对于专门的地下水示踪剂氚（Harvey et al.，2005)，地下水的理化指标易于测量，对其动态的观测可以佐证河岸湿地地下水与河流之间的补排关系，同时还可以成为阐明其他河岸生态环境问题的基础性资料，如盐分积累、植物分布和污染物迁移扩散等问题。

4.3.3.1 水温时空变化特征

观测期内各观测井的水温变化情况如图 4-15 所示。

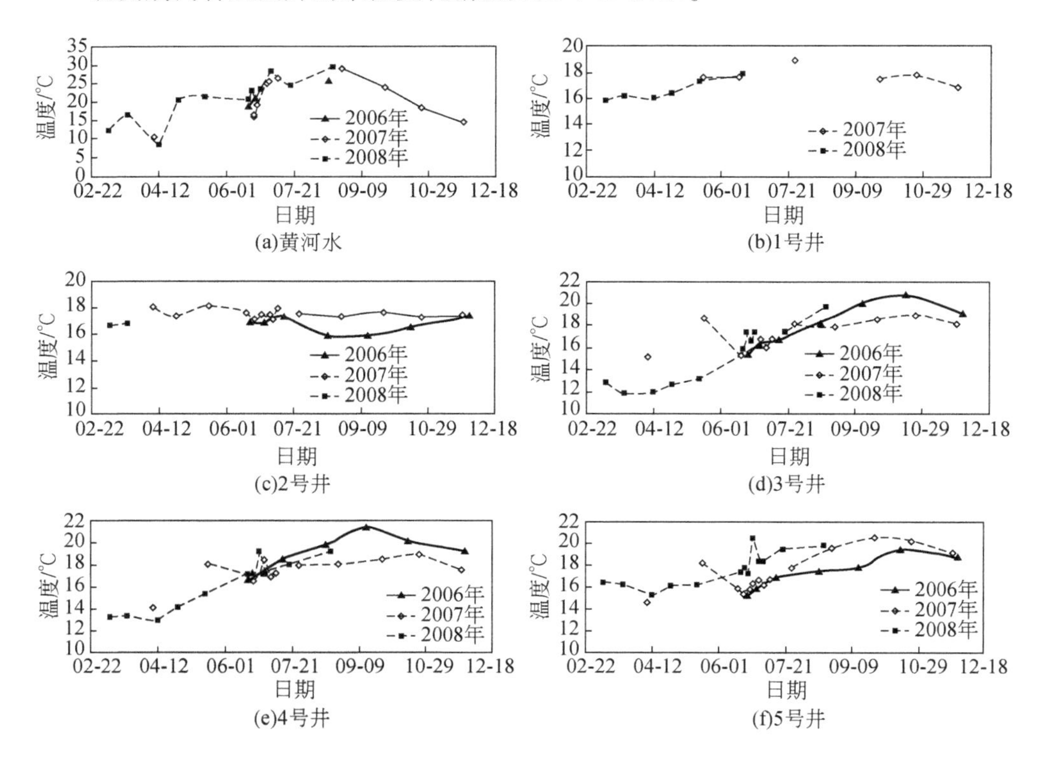

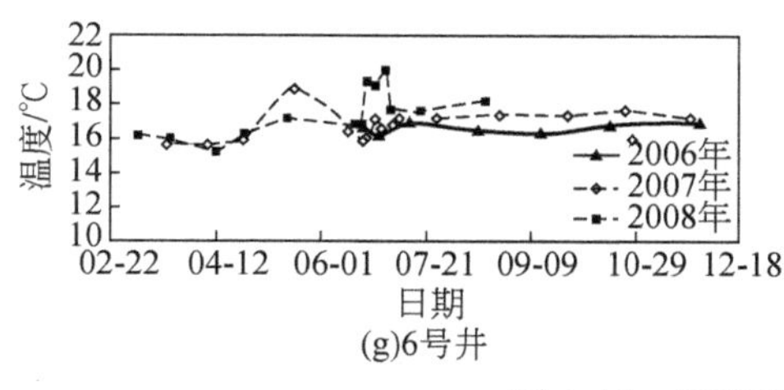

(g)6号井

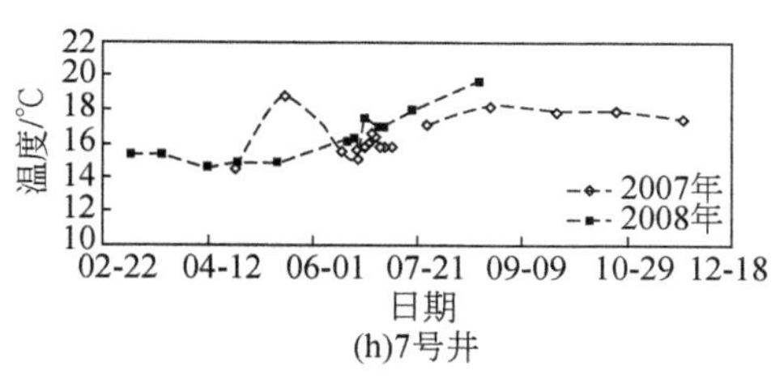

(h)7号井

图 4-15 滩区地下水水温变化趋势

河水受气温的影响最大，最高温度29.5℃出现在8月中下旬，最低温度8.5℃出现在4月初，全年温度变化幅度21℃；小浪底调水调水期间，库底水温偏低，下游河水温度变化幅度10.5℃左右。

监测数据表明，位于岸边河床内的1号井受河水影响较大，最高温度19℃出现在调水淹没后的7月下旬，最低温度15.8℃出现在3月初（冬季停止监测），全年温度变化幅度为3.2℃，变幅远小于河水；此井调水期内被淹没。位于岸边边坡上的2号井水温受河水和气温的双重影响，最高温度18.2℃出现在调水淹没前的5月下旬，最低温度15.9℃出现在9月下旬，全年温度变化幅度为2.3℃，变幅小于1号井；调水期内，初期水温有所下降，中后期水温有所升高，变幅为0.5~1℃。

位于旱地且离河流与荷塘有一定距离的3~5号井的变化趋势相同，最高气温出现在10月上旬，最低气温出现在3月底，全年温度变幅分别为5.6℃、6.3℃和5.2℃，变幅较大；调水期间，最高温度均出现在中后期，温度变幅分别为1.5℃、2.2℃和2.0℃。

6号井全年变化幅度不大，受荷塘蓄水的影响最高气温18.9℃出现在5月中旬，最低气温15.2℃出现在3月底，全年温度变幅为3.6℃；调水期间，在调水中期温度达到最高，变幅为1.3℃，2008年6月23日，受蓄水影响6号井被淹，因此水温偏高，并影响后2次的水温测量结果。消除5月下旬的荷塘蓄水的影响，7号井的年变化趋势与6号井相同，全年变化幅度为4.8℃；调水期间最高温度出现在调水末期，温度变化幅度为1.8℃。

对地下水的水温进行空间差异性分析如图4-16所示。

受河水与荷塘蓄水的影响，在孟津扣马滩沿岸的50~200m范围内，出现地下水水温变化幅度异常偏高的区域，温度最高点随着季节的变化在河流与荷塘之间移动。研究区地下水的最高温度通常出现在10月中旬，最低气温出现在3月底，年度温度差异在离河岸100m处达到最大；受河流与荷塘蓄水的影响，地下水温度最高点在它们之间往复移动，春季靠近荷塘，冬季靠近河流。

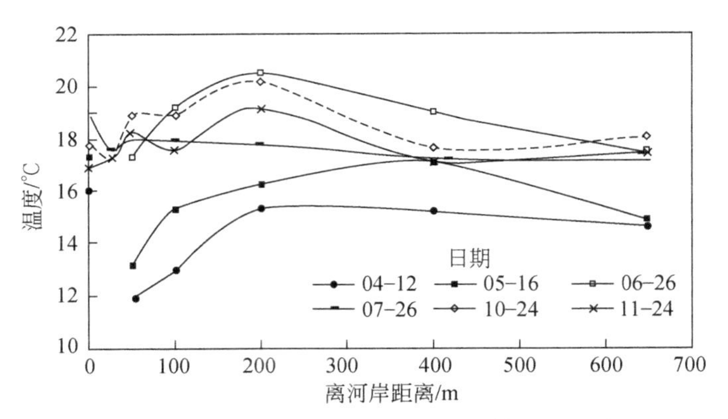

图 4-16 滩区地下水水温的空间差异性（2007 年）

4.3.3.2 pH 时空变化特征

观测期内地下水的 pH 的变化如图 4-17 所示。

由图 4-17 可知，除个别时段受荷塘蓄水的影响外，河水和地下水的 pH 在 6 月达到最低，冬季 11 ~ 3 月达到最高；河水 pH 呈弱碱性（7.5 ~ 8.5），通常高于湿地地下水 0.2 ~ 1.0 个 pH 单位。河水年度变幅偏大，约 1 个 pH 单位，调水期内变幅为 0.5 个 pH 单位；地下水的年度变幅总体差异性不大，最大 0.8 个 pH 单位出现在离河岸 50m 处，最小 0.3 个 pH 单位出现在河床湿地的 1 号井。

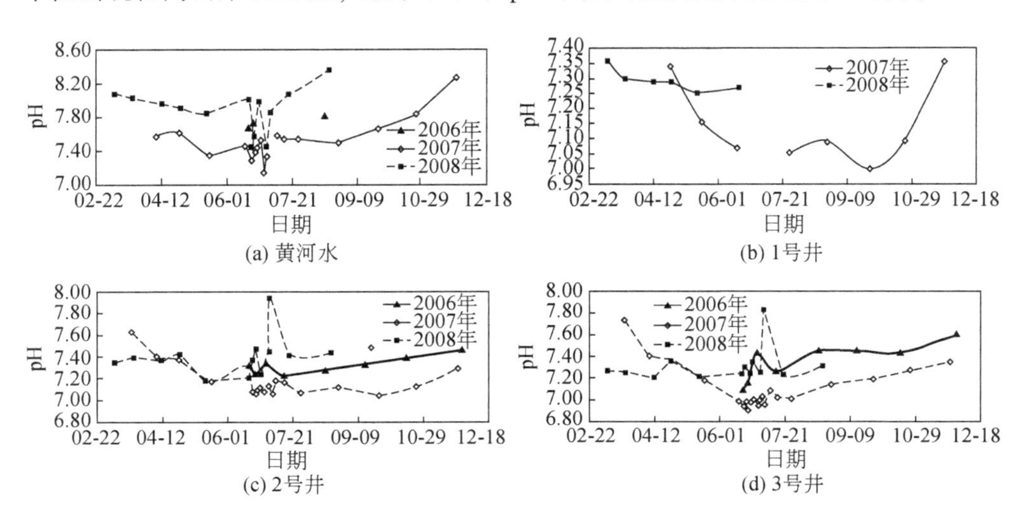

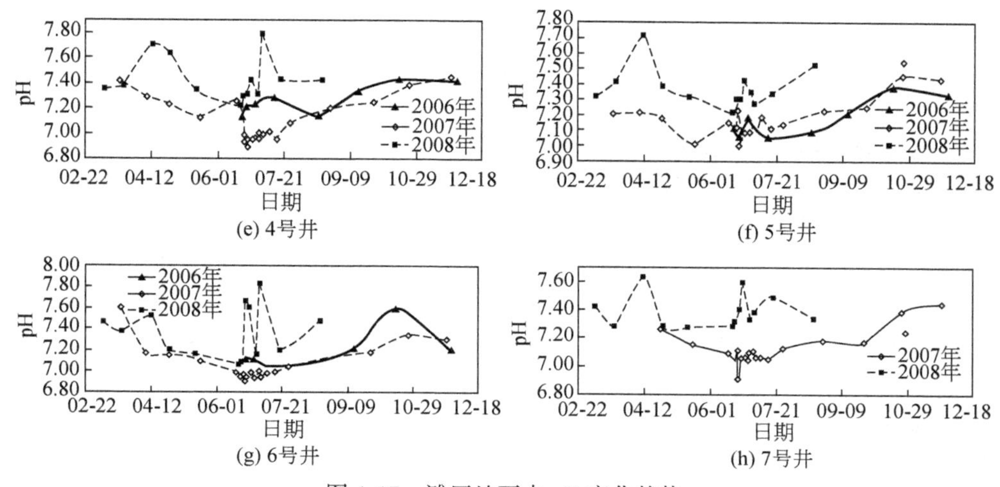

(e) 4号井　(f) 5号井　(g) 6号井　(h) 7号井

图 4-17　滩区地下水 pH 变化趋势

对地下水的 pH 进行空间差异性分析如图 4-18 所示。

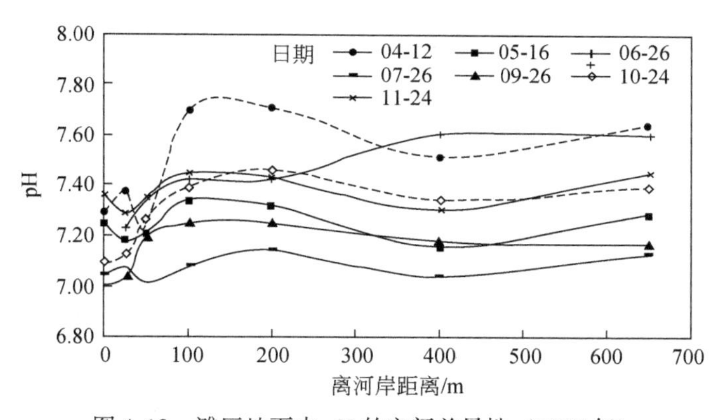

图 4-18　滩区地下水 pH 的空间差异性（2007 年）

由图可知，整个滩区地下水的 pH 差异性不大，但在沿岸 50 m 内，地下水 pH 较滩区其他区域偏低 0.2 ~ 0.4 个 pH 单位，在洪水期差值最小，在 10 月底差值最大。原因可能是在适宜的土壤湿润条件下，以及丰富的河流养分输入，河岸湿地的微生物硝化作用强烈（Banaszuk et al.，2005）。土壤微生物的硝化过程会伴随着游离氢离子的产生，消耗了河水和地下水的碱性物质，使地下水 pH 下降。相对雨水较丰的 7 月，8 月干旱炎热，滩区土壤蒸发和植物蒸腾强烈，河漫滩土壤呈一定的潮碱化趋势，微生物硝化作用减弱，地下水 pH 逐步上升，因而与河水及河床湿地地下水 pH 的差值逐渐增加。因此，滨河湿地地下水的 pH 的空间差异性在一定程度上反映了河岸滩区的微生物硝化作用强度的空间差异性。

4.3.3.3 电导率时空变化特征

电导率（EC）是水体中总溶解离子浓度的总体反映，在一定程度上反映了水分在流域水循环过程中径流路径和滞留时间的长短。水在运移过程中，随着运移路径和滞留时间的延长，不断溶解围岩和土壤中的溶解性盐类并发生离子交换，在未与电导率较小的水体混合、气体析出和溶解性固体沉淀的情况下，水体的电导率是逐渐升高的。因此，根据流域内不同水体的电导率在空间上的分布趋势，可以大致推断水的运移路径，进一步推断流域内地表水和地下水的补给排泄关系（宋献方等，2007）。

观测期内各观测井的电导率变化情况如图 4-19 所示。

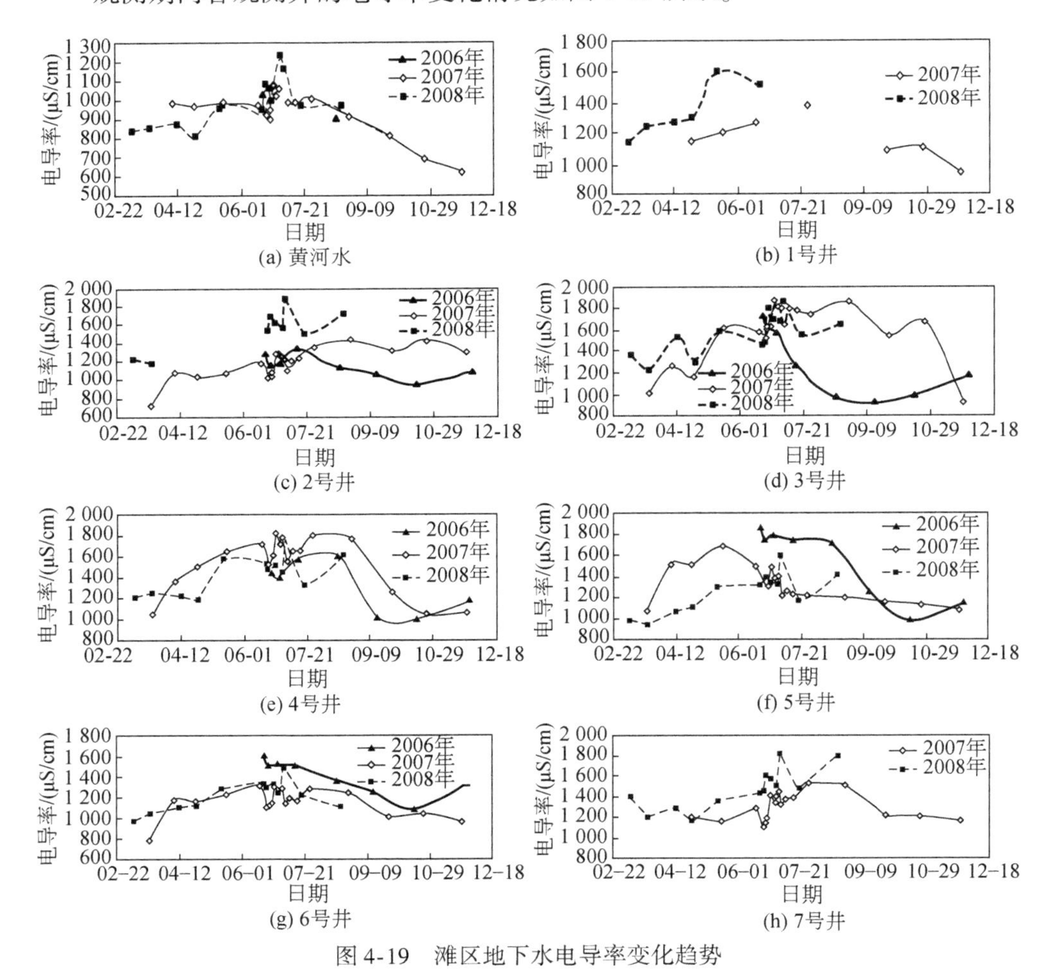

图 4-19 滩区地下水电导率变化趋势

河水与滨河湿地地下水的电导率在调水期间的6月达到全年的最大值，在枯水期达到全年的最小值。显然，地下水电导率受水位的显著影响，每年6月的黄河小浪底水库调水调沙，地下水水位升高超过临界值，是河岸区重要的积盐期。

在调水初期，受河水影响，各井电导率迅速下降，降幅为64～222 μS/cm；调水中期又快速上升；整个调水期内，地下水电导率的变化幅度为222～365 μS/cm，其中以3号井变化幅度最大。河水电导率低，地下水电导率高，滨河湿地地下水在调水期的剧烈波动，正好反映了河水与地下水在河岸区的补排关系（图4-20），调水初期，河水通过侧渗和地下水力通道等方式进入地下水，使地下水电导率迅速下降；调水中期，地下水水位升高，对土壤中的盐分进行溶解，地下水电导率快速升高；调水期后，水位回落，充填在土壤层的河水垂直下渗与地下水混合，表现为与洪水初期相似的电导率下降。这种河水与地下水之间复杂的补排关系通过地下水电导率的变化清晰地反映出来。对整个观测期的地下水电导率与水位进行线性相关分析表明，3、4号井的决定系数 R^2 最大，分别为0.44和0.33，均达到极显著相关（$P < 0.001$，$n = 40$）。因此，除地下水水位外，电导率是反映滨河湿地水文过程的重要理化参数之一。

地下水的电导率的空间差异性如图4-21所示。位于河岸50～200 m的3～5号井的地下水电导率最大，是河岸区重要的积盐带。河岸区积盐带宽度随着季节的变化而变化。在冬季枯水期11月，河岸积盐带宽度最小（<100 m）；进入春季逐渐加宽，在5月的荷塘蓄水初期达到最大（>200 m）；之后随着河流影响力的减小而逐渐降低。位于积盐带上的土壤具有一定的盐碱土特征，一般旱地农作物受土壤盐分的胁迫会导致营养元素的利用率下降和产量的降低。

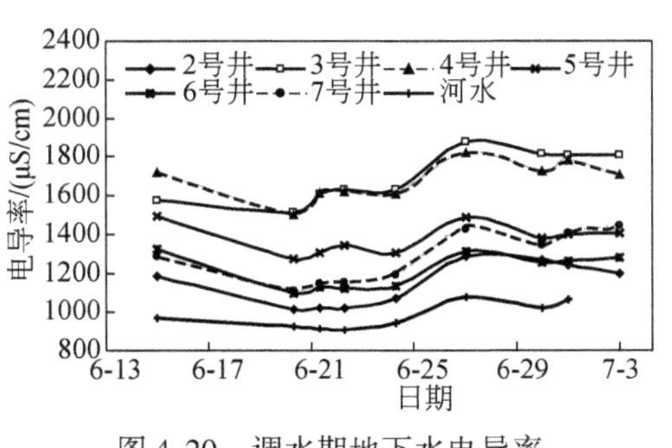

图4-20 调水期地下水电导率变化趋势（2007年）

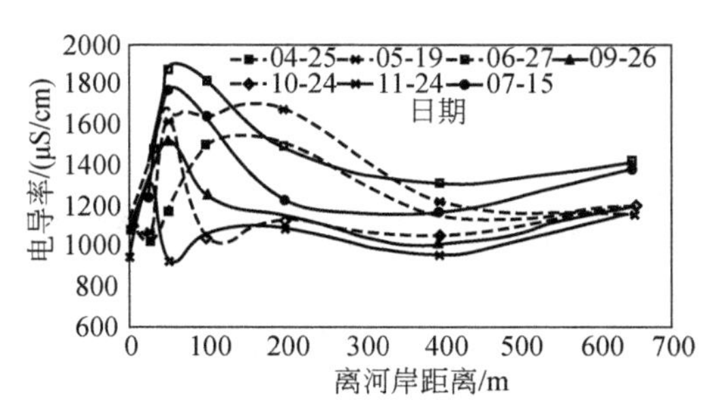

图4-21 滩区地下水电导率的空间差异性（2007年）

4.3.3.4 浊度时空变化特征

观测期内各观测井浊度变化如图4-22所示。

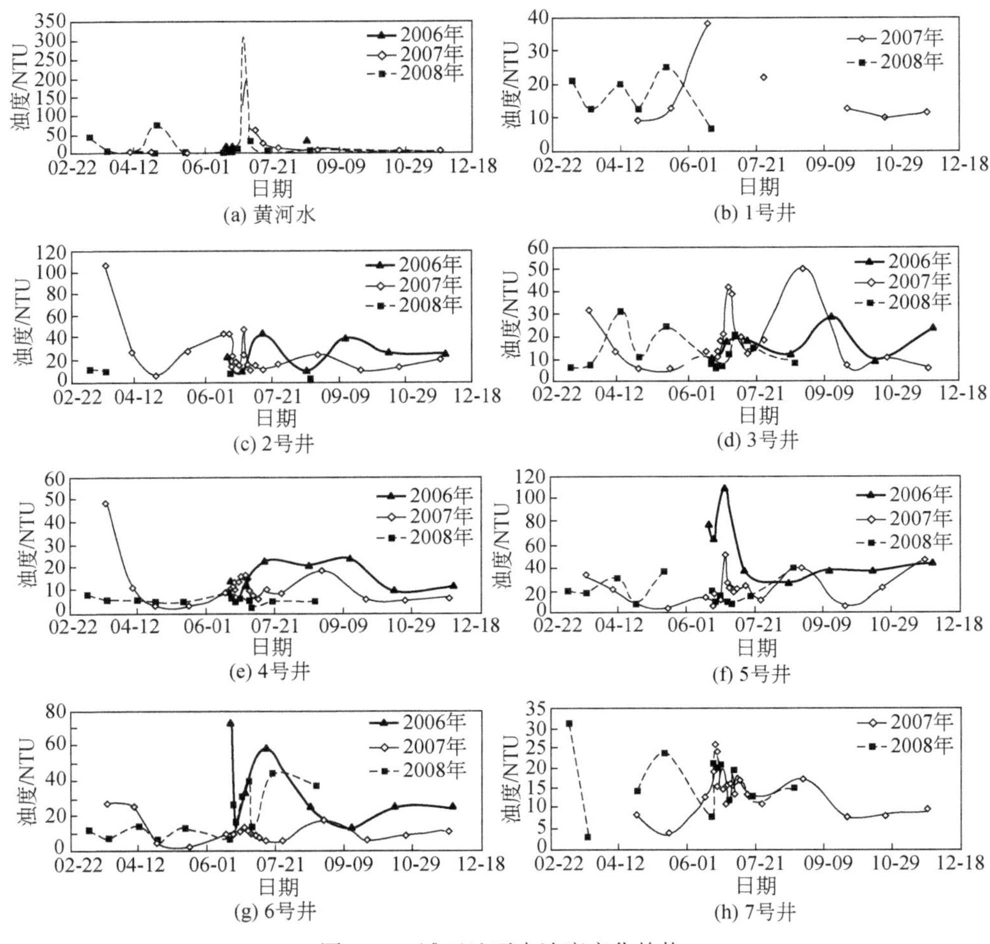

图4-22 滩区地下水浊度变化趋势

在平水期，滨河湿地地下水受灌溉和荷塘蓄水的影响，3～5月地下水浊度最低，全年整体规律性不明显；在调水期内，初期地下水浊度有所降低，之后又逐渐回升，在退水初期，湿地地下水浊度达到最大。通过调查发现，退水初期在河岸50 m内常出现地下空洞，边坡底部形成暗流，水力携带大量的泥沙进入河流，致使在退水初期河水浊度达到321 NTU，是平时的100倍，形成较为严重的水土流失。因此河岸边坡的稳定性成为影响洪水退却初期土壤侵蚀程度的主要因素之一。

4.3.3.5 Cl^-时空变化特征

滨河湿地由于土壤通透性好，土壤水分的下渗和毛细蒸发均偏大，过浅的地下水水位容易引起土壤的盐碱化，进而影响植物的发芽以致减产。除对滩区的影响外，湿地排水进入河流，也引起河水盐分（Cl^-和SO_4^{2-}）的升高，进而对下游农灌区的农业生产产生不良影响（Quinn and Hanna，2003）。地下水观测井Cl^-变化趋势如图4-23所示。

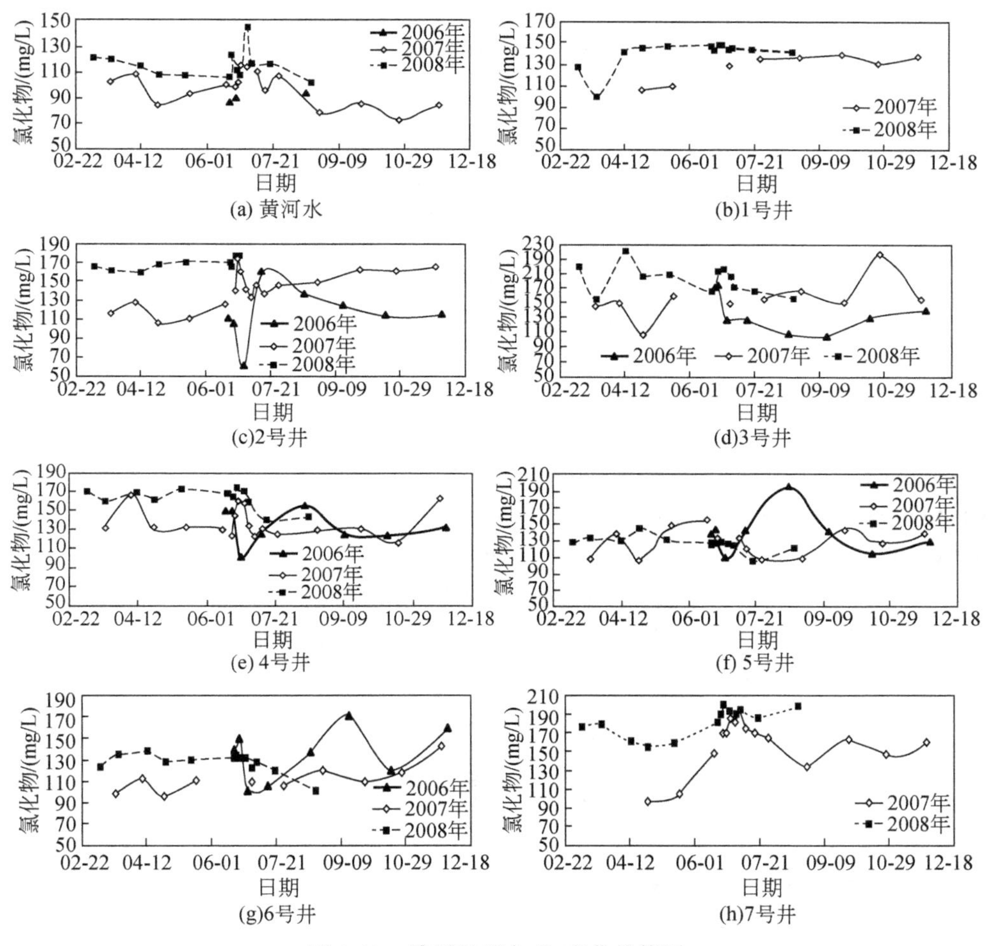

图4-23 滩区地下水Cl^-变化趋势图

在每年6月的调水期，河水和地下水的Cl^-含量升高。河岸200 m内的地下水Cl^-波动比较显著，成为河岸区重要的积盐带。通过植物样方调查表明，此带生长的原生植物具有一定的盐土植物特征，植物类型由泌盐性植物甘蒙柽柳向透盐性植物野艾蒿、油芒过渡。

地下水Cl^-空间差异性表明（图4-24），50～200 m的河岸带内存在一个地下

水 Cl^-异常升高的区域，这一区域是由于水位的剧烈波动造成的，是河水与地下水相互交汇的区域，为河岸积盐带。河岸积盐带的宽度会随着季节的变化而变化，春季达到最大，秋冬季节最小。

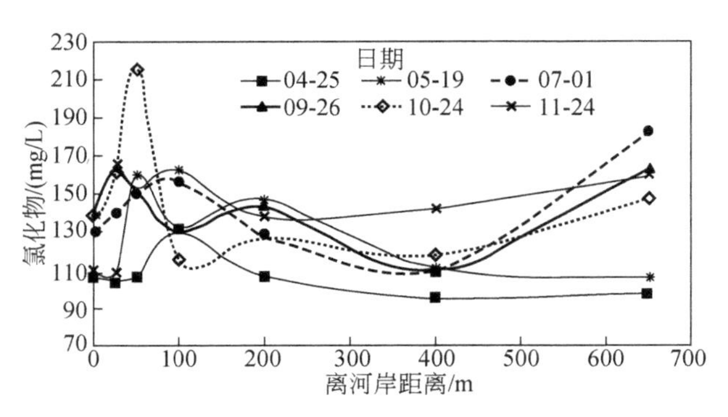

图 4-24 滩区地下水 Cl^-的空间差异性（2007 年）

4.3.3.6 硫酸根时空变化特征

滩区地下水硫酸根变化趋势如图 4-25 所示。河水硫酸根表现出与电导率和 Cl^-相同的变化趋势，在调水初期和末期分布出现 2 个异常峰值，全年其他时段基本稳定。地下水各观测井硫酸根的时间变化趋势不统一。通常认为，在厌氧条件下，如果有机物来源丰富，产硫菌微生物具有较高的硫降解能力，硫酸根含量降低；在好氧条件下，硫化物被氧化成硫酸根，地下水中硫酸根盐含量升高（Jacks and Norrström，2004）。

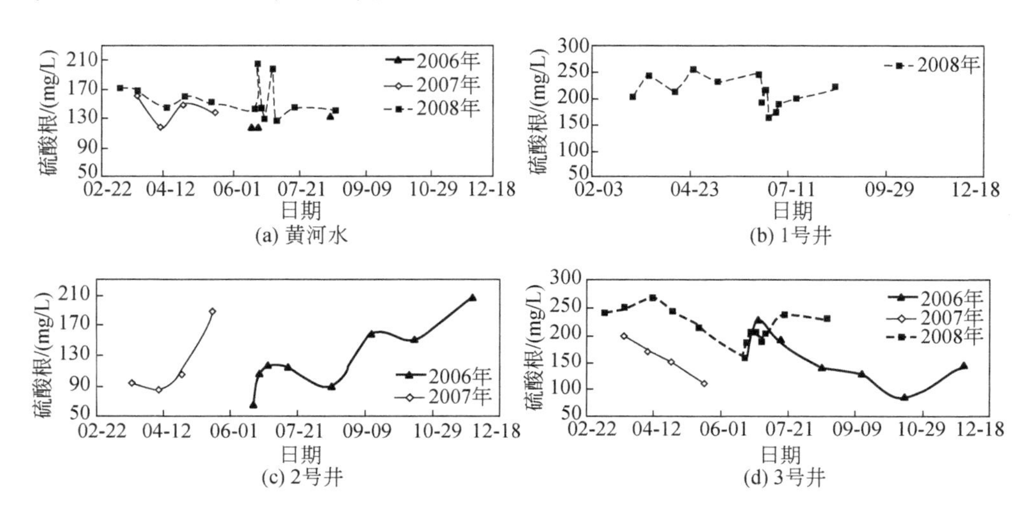

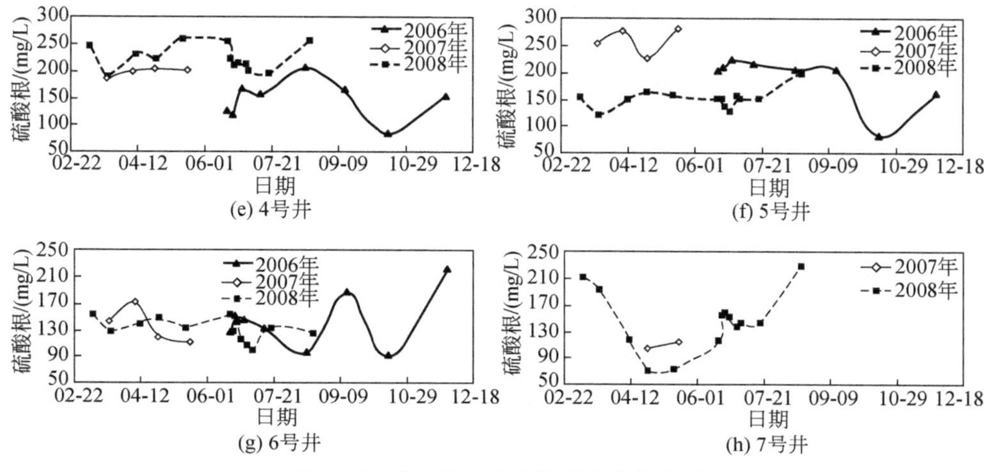

图 4-25 滩区地下水硫酸根变化趋势图

地下水硫酸根的空间差异性表明（图 4-26），在河岸带的积盐带上 50 ~ 200m，地下水硫酸根异常升高，且年波动幅度大。此区域作为河岸特殊的污染控制单元，受有机质来源和厌氧/好氧环境交替的影响，成为一个重要的 S 元素还原/氧化反应带。

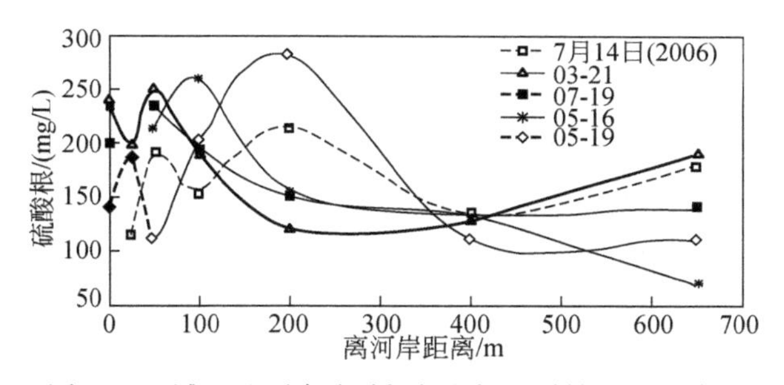

图 4-26 滩区地下水硫酸根的空间差异性（2007 年）

4.3.4 地下水营养物质对洪水事件的响应

河漫滩农业开发面临着巨大的非点源污染风险。由于紧邻河岸，农业生产活动中产生的污染物，如氮磷等营养元素、农药和植物残体等，可以通过地表径流、地下渗流迁移、大气挥发等多种方式进入相邻的河流生态系统，进而污染河流，影响河流正常的生态服务功能。

4.3.4.1 总氮时空变化特征

观测期内各观测井总氮变化情况如图 4-27 所示。从全年的变化趋势看，河水与地下水在三个时间段内形成总氮的观测峰值：荷塘蓄水初期、调水调沙期和 10 月中下旬。4 月荷塘蓄水初期，水温相对偏低，土壤中的微生物活性最低，农作物进入青苗的快速生长期，需要大量的氮磷营养物质，但是地下水总氮却出现峰值，其主要原因可能是荷塘蓄水初期，荷塘底肥结合水力下渗作用，使荷塘表层土壤中的氮迅速迁移进入地下水。调水调沙期，河水与地下水的总氮波动最大，并在调水中后期达到峰值。受河流高水位的影响，河水在通过河岸侧渗或地下水力通道对地下水补给的同时，也携带大量氮元素进入滩区地下水，进而引起地下水总氮的快速上升，调水期波动幅度为 0.99 ~ 2.05 mg/L。同时，地下水水位的升高，河岸包气带厚度减小，使地表土壤积累的营养物质向地下水迁移的路径缩短，也会引起地下水的总氮浓度升高。10 月中下旬为荷塘排水晒塘期，地下水温度达到全年的最大值，土壤表层的微生物硝化作用强烈，同时生长季末期植被氮吸收能力减弱，因此表土层积累硝氮会随水力下渗进入地下水，地下水总氮会出现一个生物峰值（4 号井和 6 号井）。

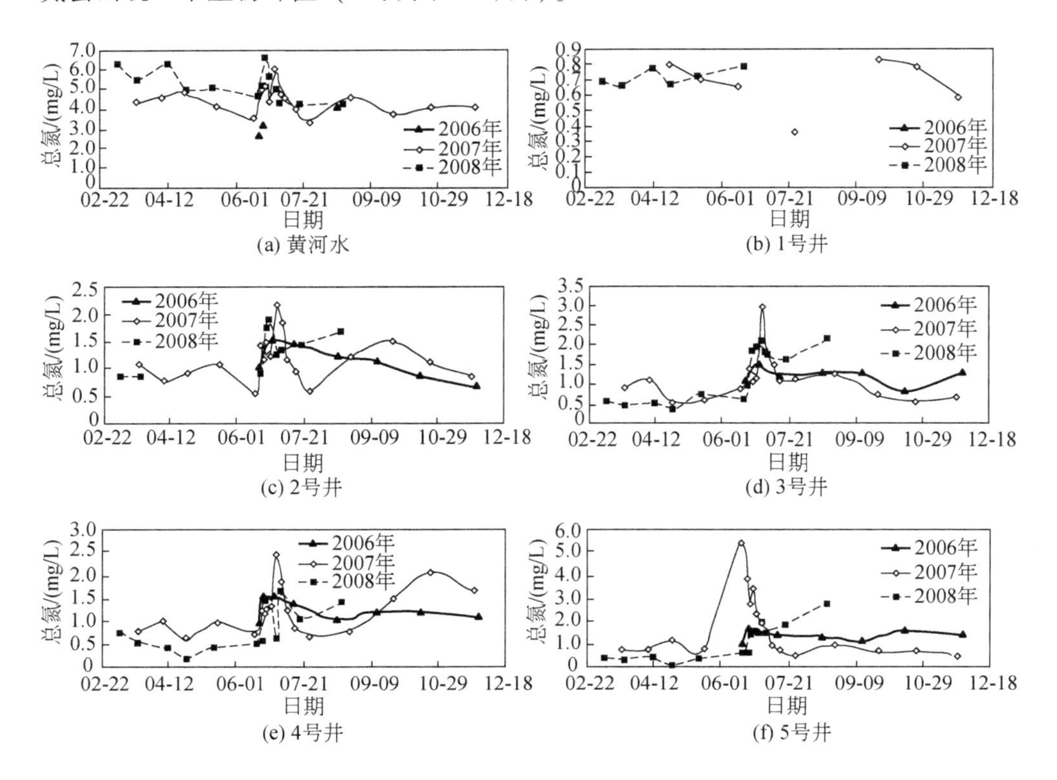

(a) 黄河水 (b) 1号井
(c) 2号井 (d) 3号井
(e) 4号井 (f) 5号井

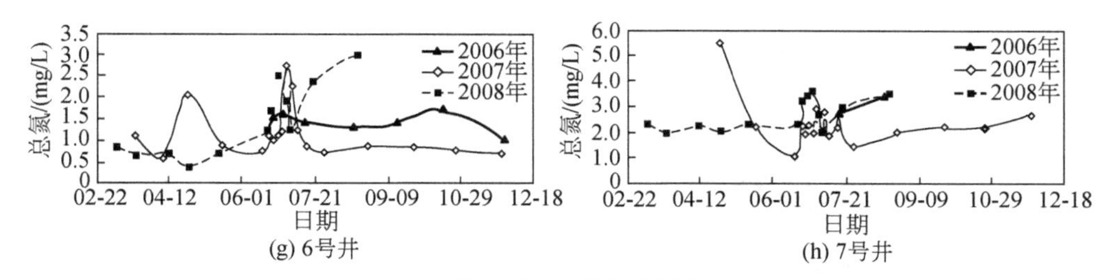

图 4-27 滨河湿地地下水总氮变化趋势

黄河水总氮一般为 3 ~7 mg/L，河漫滩旱地的地下水总氮为 0.5 ~1.5 mg/L，荷塘地下水总氮为 1 ~2 mg/L，在荷塘上游的鱼塘附近的民用井水总氮为 4 ~8 mg/L。结合图 4-28 和图 4-29 可以认为，无论是平水期还是洪水期，位于河流与荷塘湿地之间的河岸旱地或人工林是一个特殊的氮污染物净化单元，对地下水和河流之间的氮元素迁移起着极为重要的屏障作用。

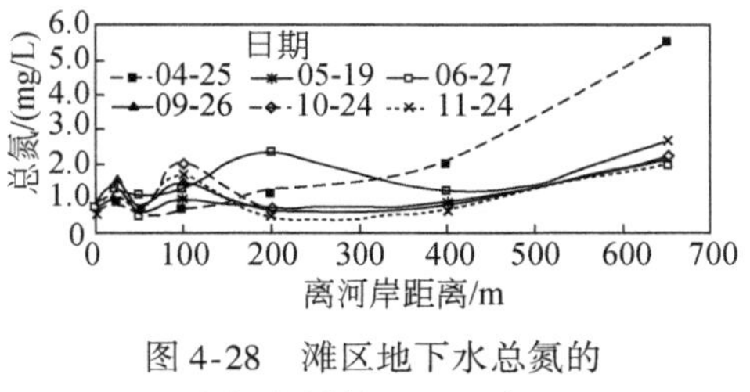

图 4-28 滩区地下水总氮的空间差异性（2007 年）

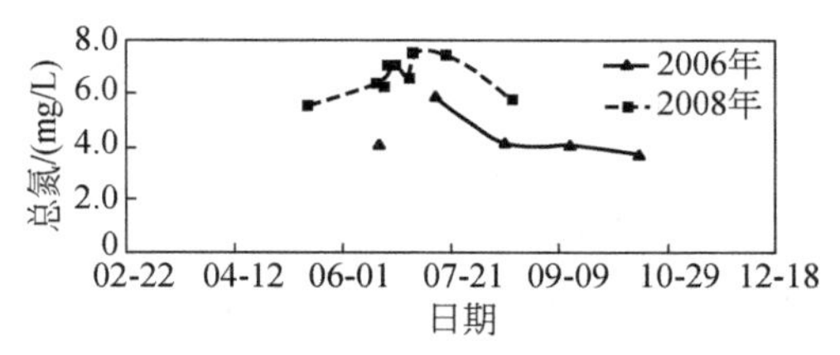

图 4-29 滩区鱼塘附近民用井水总氮含量变化

4.3.4.2 硝氮时空变化特征

地下水观测井硝氮变化趋势如图 4-30 所示。

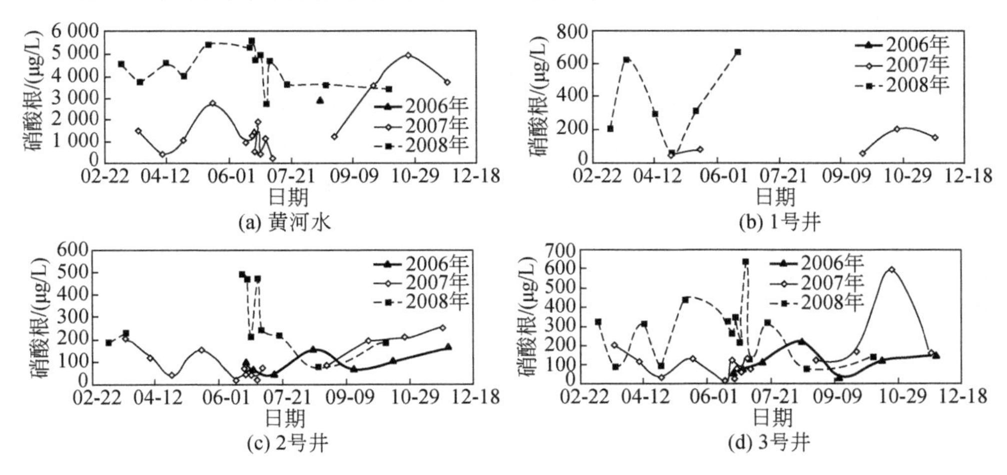

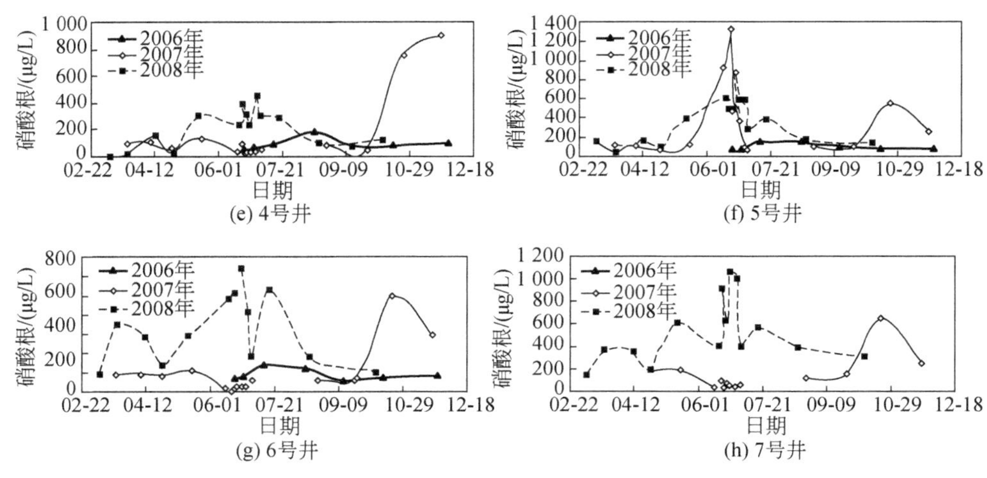

图 4-30　滩区地下水硝氮变化趋势

河水硝氮浓度为 2000～6000μg/L，在调水前的 5 月达到全年最大值。湿地地下水通常小于 1 000 μg/L，通常整个汛期内，硝氮浓度均有所偏高，但 2007 年数据表明，在秋季末 10 月底为全年的最高值。硝氮年变化趋势与总氮有一定的相似性，尤其在调水期和生长季末期。在调水期，各观测井的硝氮出现明显的升高。2006 年调水期，地下水硝氮变化幅度为 31～97 μg/L；2007 年调水期，去除异常升高的 5 号井，地下水硝氮变化幅度为 57～109 μg/L；2008 年调水期，地下水硝氮变化幅度为 220～650 μg/L。在河流与滩区地下水中，硝氮是总氮的重要组成部分。2006～2008 年，河水硝氮平均浓度由 3 565 μg/L 上升到 5 125 μg/L，增加 43.8%；硝氮占总氮的比例由 2006 年的 58.3% 上升到 2008 年的 85.2%。滩区地下水硝氮平均浓度由 2006 年 100 μg/L 上升到 2008 年的 289μg/L，增加近 3 倍；硝氮比例由 7.9% 上升到 41.4%。这种逐年升高的趋势，一方面来源于河流硝氮浓度和比例的逐年升高，另一方面与滩区农业活动的日益增强有关。

河岸区植物的吸收、土壤微生物的硝化作用和下渗迁移是影响地下水中氮存在的重要因素，三个因素作用并不同步，植物/农作物最大吸收发生在夏季；土壤微生物作用最大发生秋季，下渗迁移发生在春季。因此，春季荷塘湿地地下水中总氮偏高，但硝氮比例较小（15% 左右），随着土壤微生物的硝化作用，总氮中的有机氮逐渐被降解氧化成硝氮，硝氮比例升高；进入秋季，植物吸收作用减弱，土壤微生物作用达到最大，硝氮占总氮的比例达到全年最大值（66%）。

滩区地下水硝氮空间差异性如图 4-31 所示。

由此可见，在洪水期，由于滩区地下水水位的升高，荷塘和鱼塘产生的硝氮

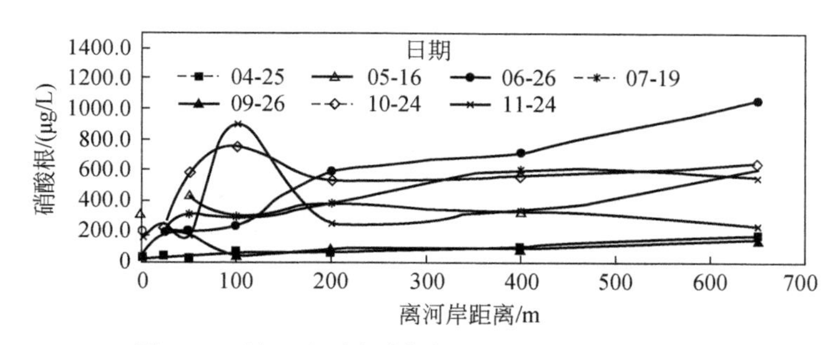

图 4-31 滩区地下水硝氮的空间差异性（2007 年）

通过地下水向河流迁移的风险和强度增大。而河岸 50～200 m 范围生长的河岸旱生植被（人工林）通过发达根系的截留和吸收，地下水硝氮浓度显著下降（从 600 mg/L 下降到小于 200 mg/L），成为荷塘与河流之间硝氮通过地下水迁移的重要屏障区。生长季末期，河岸旱生植被的氮吸收能力消失，受上游荷塘晒塘的影响，此区硝氮浓度呈现年度峰值。

4.3.4.3 总磷时空变化特征

观测期内各观测井总磷变化情况如图 4-32 所示。

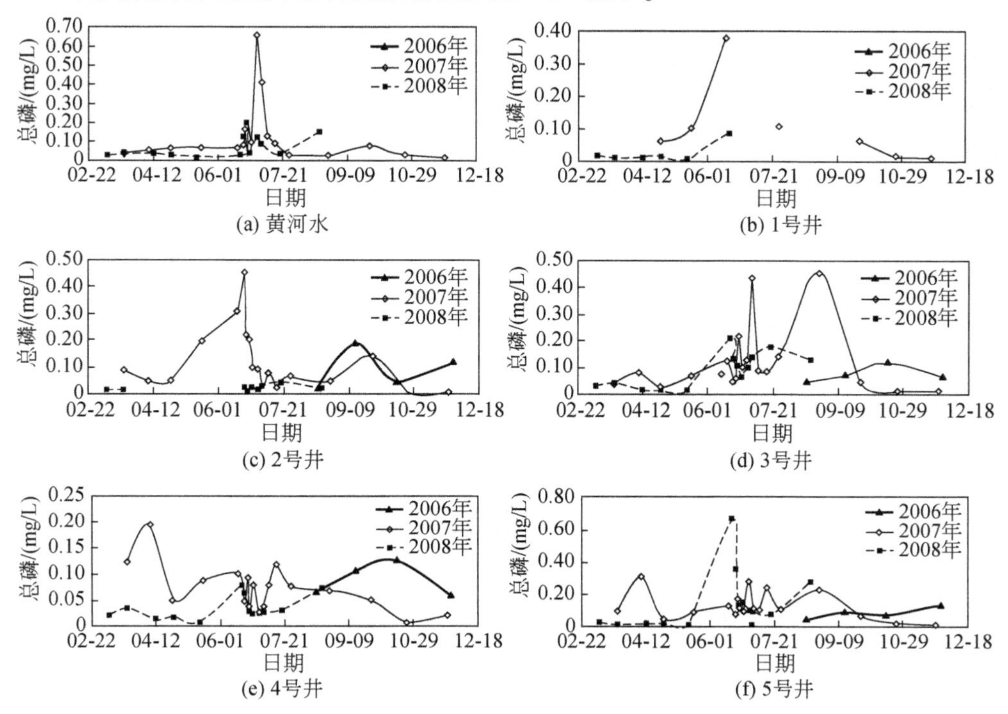

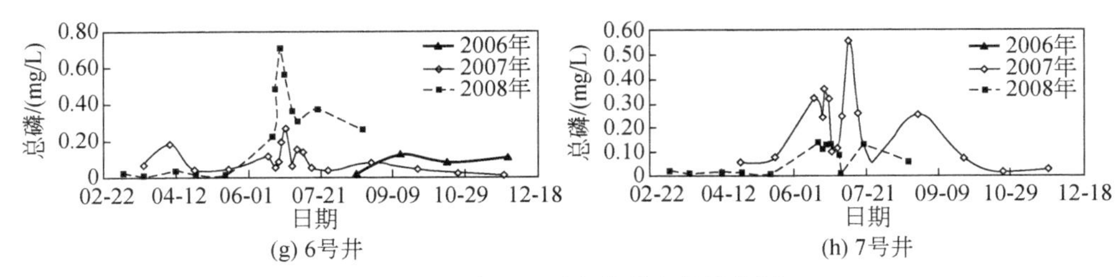

(g) 6号井 (h) 7号井

图 4-32 滩区地下水总磷变化趋势图

平水期内河水总磷浓度一般为 0.01 ~0.05 mg/L，在调水期内，河水总磷含量明显升高，并在调水中后期达到峰值。河岸滩区地下水总磷一般为 0.01 ~ 0.1mg/L，各观测井总磷浓度峰值并不一致。虽然调水期间也发生明显的波动，但地下水中磷的富集似乎发生在调水前的 5 ~6 月，如 1 号井、2 号井、5 号井、7 号井。总磷的全年和调水期波动的空间规律性在年际间差别较大。

通常认为，磷在土壤中迁移的可能性很小，一般通过表面径流以颗粒态形式流失，因此平原区农田的磷流失问题一直未引起足够的重视。吕家珑（2003）对土壤磷元素的淋溶迁移进行的研究表明，农田中磷也会以某种方式进入地下水进而污染地下水。通过对滩区农民的询问和取样时发现，位于荷塘的观测井刚开始抽出的是“黑水”，并有臭味，以 6 ~7 月最为严重，这表明荷塘蓄水前投加的有机底肥部分已经迁入地下水表层。滩区水田的耕作会加速磷元素向地下水的迁移。但滩区旱地地下水的总磷含量也会产生峰值（2 号井），这源于某种途径的垂直迁移或是外源的横向迁移过程，还需要进一步的试验研究。

地下水总磷的空间差异性如图 4-33 所示。

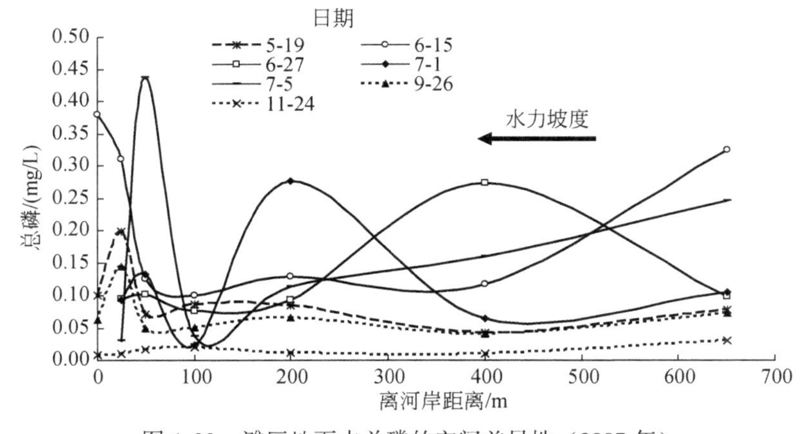

图 4-33 滩区地下水总磷的空间差异性（2007 年）

2007 年调水期及后期的地下水总磷空间变化表明，地下水中磷元素的迁移存在着缓慢地随水力坡度向河流迁移的过程。荷塘在蓄水前投加的农家底肥是地下水磷污染的主要来源。在沿河岸垂直的方向上，6 月 15 日之前，7 号井总磷达到最大；6 月 27 日，6 号井总磷达到最大；7 月 1 日，5 号井总磷达到最大；7 月 5 日，3 号井总磷达到最大，这种总磷浓度峰值依次交替的过程，是否能作为磷在地下水中迁移的一个重要论证。磷在如此大尺度上的迁移过程还未见报道，但实验结果表明，河岸滩区的荷塘湿地是重要的磷元素污染源，不但能够通过水力下渗迁入地下水，并且能随着地下水水流发生横向迁移。造成这种结果的原因可能是调水调沙期间河水补给地下水，地下水位上升，潜水面达到上层土壤层，同时这段时间地下水和河水交互作用强烈，地下水在运动的过程中携带的细小颗粒物较多，磷附着在颗粒物上发生迁移。调水调沙期间地下水浊度变化上看出，初期地下水浊度有所降低，之后又逐渐回升，在退水初期，地下水浊度达到最大，反映了地下水中细小颗粒物较多，具体的原因尚需进一步的研究。

4.3.4.4 高锰酸钾指数时空变化特征

高锰酸钾指数表征的是水中有机质的含量，在一定程度上表征地下水受有机物污染的程度。各观测井高锰酸钾指数变化趋势如图 4-34 所示。

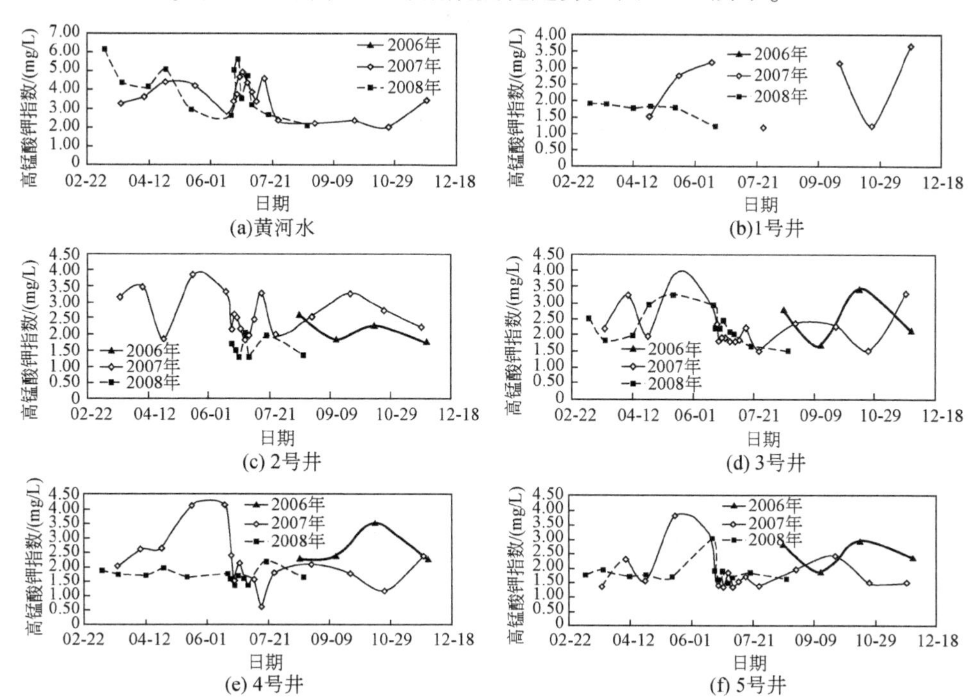

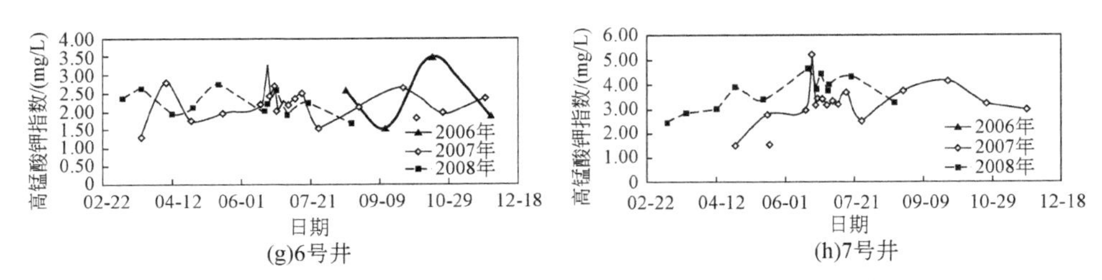

图 4-34 滨河湿地地下水观测井高锰酸钾指数变化趋势

河水高锰酸钾指数一般为 2.0～6.0 mg/L，生长季末期、5 月和调水期分别出现 3 个明显的峰值，这与河水总氮有相似之处；最低值出现在调水期后至冬季的 3～4 个月内。滩区地下水高锰酸钾指数一般为 1.5～3.0 mg/L，7 号井较其他井偏高 1 mg/L。位于旱地的 2～5 号井在调水前的 1 月内出现一个全年峰值，掩盖了调水期内的微弱变化；相反位于荷塘的 6～7 号井的全年峰值位于调水期内，调水期内变化相对明显。全年和调水期变化幅度最大的均是 4 号井，原因的解释有待进一步研究。

地下水的高锰酸钾指数空间分布如图 4-35 所示。

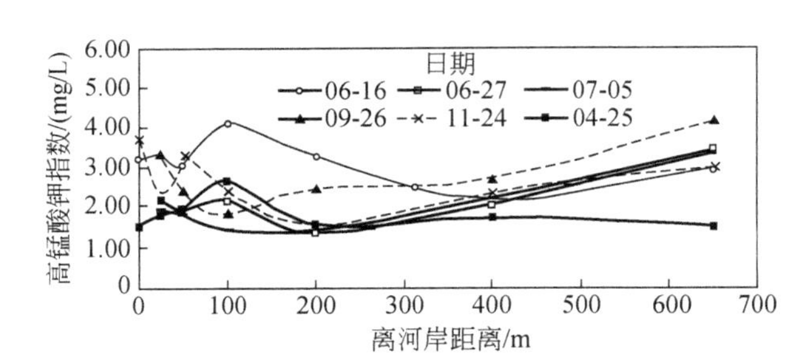

图 4-35 滩区地下水高锰酸钾指数的空间差异性（2007 年）

位于河流与荷塘之间的农耕旱地或人工林，地下水高锰酸钾指数变化最大，对总氮的空间变化特征分析中，此段被视为一个特殊的河岸污染控制单元。结合图 4-9 滩区土壤渗透性能的测量结果，表明在紧邻河岸的地区，土壤孔隙率大，质地呈沙性，土壤保水保肥性差，在此区进行农业活动更容易造成土壤表层有机质和养分的因灌溉或降雨而导致下渗流失，进而污染地下水与河水。因此，建议在离河岸 50～200 m 范围内应减少人类农业活动，保护滩区地下水与河流水质。

4.3.5 水文过程分析

4.3.5.1 降雨产流及非点源污染过程

河岸带是一个特殊的水文地质单元，由于受到河流水文波动的影响，以及水力的分选作用，土壤孔隙和优势流发育良好，导水渗透性能强。在原生湿地植被发育下，降雨入渗显著，地表径流产生微弱或消失，同时对上游来说具有较强的缓冲和屏障功能，大大减少了径流污染物直接进入河流水体的可能性。邓红兵等（2001）研究表明，河岸植被缓冲带可以减少56%～72%的上游农田排水，转移73%的径流沉积物。本章研究结果表明，河漫滩地势平缓，土壤入渗能力强，径流量仅为降雨量的1%～4%，径流污染物产生量较降雨和水田污染物显著降低。在侵蚀力较大的强降雨情况下，滩区地表植被类型的差异对径流产生量的影响显著，当降雨侵蚀力 $R>19.00$（耕地）、$R>33.00$（林地），分别产生超渗径流，地表径流量显著增加。因此，在河岸区适当种植大林冠层的植被，对缓冲强降雨，减少径流产生量和土壤侵蚀将会起到明显的作用。

随着各种河流水利设施的修建，人类对河流的控制能力越来越强，河水被局限在狭窄的河床，大量的河漫滩常年出露，为当地的农业开发提供了原生动力。在这种"水退人进"无节制的开发浪潮下，农耕地直抵河岸，滨河湿地生物多样性不复存在，河岸天然植被缓冲带的缓冲、屏障等生态功能尽失。农业旱地耕作使河漫滩土壤原生物理结构破坏，表土板结，入渗能力显著下降，土壤侵蚀和径流污染物产生量增加，更为重要的是由污染净化单元向污染产生单元的本质性转变，产生的农业非点源污染物则直接进入河流水体，对河流水质产生严重影响。农业水田耕作通过持续的渗流作用，对滩区非点源污染物产生量的贡献远超过旱地和人工林，其中以精养鱼塘排水对河水影响最大，氮磷污染物以有机态的形式排入河流，河水的氮磷比下降，富营养指数增加。因此，河漫滩的农业开发一定要严格控制，已开发地区应注意恢复保留一定距离的河岸原生缓冲带，以减少降雨引起的水土流失量和农业非点源污染物的产生，从而降低人类活动对河流生态与水环境的负面影响。

4.3.5.2 地表水—地下水交互过程

地表水与地下水的水力联系和水量交换过程是湿地系统水文过程的重要环节，直接关系到湿地系统的水量平衡，并对湿地功能的发挥和湿地生境的维持产生重要影响（Woo and Young，2006）。对于季节性积水的滨河湿地，地下水在水文交换中的作用非常显著，地下水和河流地表水存在复杂的交互作用，相互的补给-排泄关系明显（Burt，2002）。洪水事件是影响滨河湿地地表水—地下水交互作用的重要水文过程。在洪水事件中，滨河湿地土壤水和地下水得到快速、充分地补给。研究区多年降雨量为 625 mm，而蒸发量为 1796.6 mm，蒸降比为 2.87∶1，且主要降雨集中在 7 月，生长季的其他月份均为降雨亏缺。在此生境下，洪水补给成为滨河湿地得以维持的重要水源。

由于小浪底水库的调控，漫滩洪水垂直下渗不再是河漫滩湿地水力补给的主要形式。通过河岸边坡侧渗，河流洪水对河漫滩湿地的水力补给将大大减弱。在洪水侧向补给河岸地下水的过程中，洪水动能转化为势能，地下水水位抬升，且随背向河岸距离的增加，势能迅速衰减。通过三年的在小浪底水库调水调水期间滩区地下水水位动态观测表明，河岸地下水的波动幅度（抬升高度）与和洪水峰值水位呈正比，且在背河方向上呈指数衰减特征，其数学模型为：

$$Y = \alpha \cdot e^{\beta \cdot x} \tag{4-8}$$

式中，Y 为河岸地下水的抬升高度，m；x 为背向河岸距离，m；α 为河流的洪峰-基流水位差，m；β 为河岸的动能阻滞系数，d/mm，为土壤渗透系数 K 的负倒数，详见表 4-11。此经验模型符合界面能量衰减 Steer-Philips 模型。由此可以根据河岸土壤的渗透系数和河流的洪峰-基流水位差计算出洪水事件对河岸地下水的影响范围。表 4-12 预设了三种洪峰强度和加固河岸堤防情景下洪水事件对扣马滩地下水的影响范围。据此可根据河岸地下水水位抬升高度，来划定不同管理目标的滨河湿地范围。

表 4-12　四种情景下扣马滩地下水的影响范围（离河岸距离/m）

地下水水位抬升高度/m	当前洪峰高差/2.5m	升高洪峰高差/3.0m	降低洪峰高差/2.0m	加固河岸堤防/2.5m
>2.0	71	130	0	7
>1.5	163	222	92	16
>1.0	293	352	222	29
>0.2	808	867	737	81

注：滩区土壤渗透系数取 0.32m/d；加固河岸堤防情景下，土壤渗透系数为当前的 1/10

河漫滩的土地利用类型对河岸地表水—地下水交互作用有显著的影响。在旱地和人工林，地下水水位变化呈“尖顶”形，水位变化明显；在荷塘等农业性湿地地下水水位变化呈“宝盖头”形，水位变化不明显。地下水位的快速上升和下降受洪水水位的强烈影响。因此，与旱地相比，荷塘湿地具有较强的抗洪水干扰的能力。然而与旱地相比，荷塘湿地土壤水分达到饱和，且地下水位高，对洪水的蓄滞量明显小于旱地。并且由于荷塘湿地的高地下水位，滩区地下水排泄增强，地表水与地下水交汇点位置明显向河流方向移动，如图 4-36 所示。

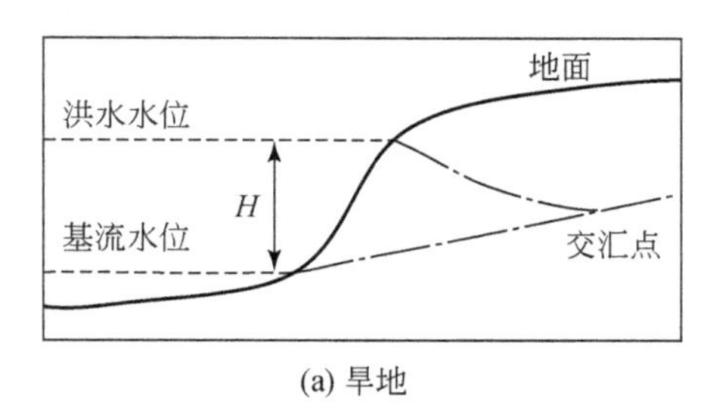

(a) 旱地

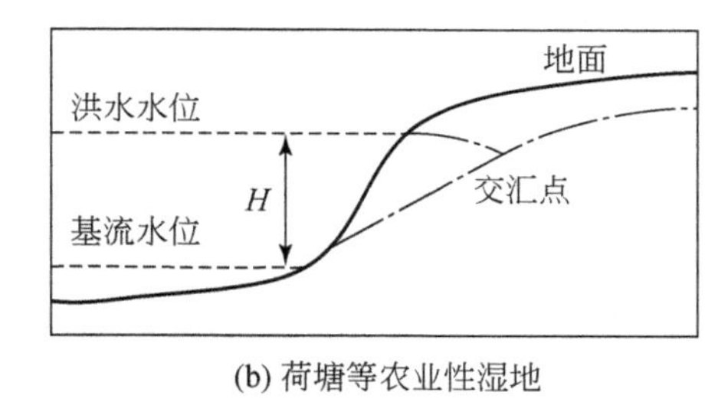

(b) 荷塘等农业性湿地

图 4-36 河滩土地利用类型对地表水-地下水交汇点位置的影响

河漫滩土地利用类型的差异，将影响农业非点源污染物通过地下径流迁移扩散过程的差异。Banaszuk 等（2005）研究表明，河岸区适当厌氧的湿地条件，非常有利于氮的反硝化去除，而厌氧条件反而会增加磷迁移。Schilling 等（2006）研究表明，农业排水渠道对暴雨径流的调蓄集中在岸边 1. 6 m 范围，此区植被的移除将成为暴雨期间硝氮向渠道迁移的源头。Griffioen（1994）的研究表明，厌氧的地下水流经相对富氧的非饱和河岸土壤层，可溶性磷几乎被土壤颗粒完全固定，能最大限度地减少河水的磷污染负荷。本章研究表明，在调水期，滩区地下水位高，地下水呈厌氧状态，磷沿地下水水力梯度向河流横向迁移的强度与风险增大；硝氮在荷塘区地下水发生快速迁移，在河岸 50 ~ 200m 范围内，被河岸植被根系截留吸收或发生反硝化反应，硝氮浓度迅速下降。在平水期，滩区地下水位低，土壤呈好氧状态，磷在进入地下水之前被土壤颗粒吸附和截留，因而地下水总磷浓度均相对较低。

4. 3. 5. 3 滩区水文过程的概念模型

一些研究者曾经对典型湿地水文过程开展研究工作，并提出了其概念模型（Dallo et al. , 2001；杨青等，2004；崔保山和杨志峰，2006；张修峰和陆健健，2006）。对于河流下游的滨河湿地而言，其独特性主要表现在：对河流水文条件依赖性大，积水时间相对较短，陆生特征更加明显，农业开发影响大，地下水在水文交换中的作用非常显著等特点。

研究区所在的孟津扣马滩区，位于小浪底水库下游约 40 km，小浪底水库建设前，在黄河丰水期受漫滩洪水的显著影响，滩区季节性大面积淹没，湿地生态系统比较完整。小浪底水库建成后，洪水得到有效控制，为滩区农业开发提高了很好的条件。近几年快速的农业开发导致自然湿地面积急剧萎缩，残存的具备典型自然湿地特征的区域仅沿河道狭窄条状展布。滩区水文过程发生了显著的变化，由以漫滩洪水垂直补给向以上游农灌渠道输入结合河流侧向补给过渡。研究区的水文过程可以用以下概念模型表示（图4-37）。我国很多河流下游的河滩湿地面临农业开发，普遍地以农业旱地和人工林为主，河岸旱地灌溉量偏小，地下水位低，且向河流的基流排泄量小，如图4-36（a）所示，滩区生境旱生化明显，物种单一；研究区滩区荷塘湿地大量蓄水，地下水位高，且向河流的基流排泄量大，如图4-36（b）所示，滩区湿生生境明显，部分野生湿地植被得以在沟渠、岸边洼地立地生存，生物多样性较丰富。Hunt 等（2006）研究了美国威斯康星州河流的渗流模式与底栖生物的关系，结果表明，地下水排泄高的河岸区底栖生物丰富；地下水排泄弱或受河流净补给的河岸，底栖生物少。滨河湿地除对洪水具有削峰蓄滞功能外，维持相对稳定的基流排泄也是其重要功能。本章研究分析表明，河岸平均1200 m宽的荷塘湿地，粗略估算出年均地下水排泄的单宽流量 $Q=120\ m^3/m$。因此，荷塘湿地的地表水下渗引起的地下水排泄量增加，虽然在洪水期减少了河岸区土壤对洪水的蓄滞量和增加了氮磷等非点源污染物的横向迁移风险，然而对平水期河岸湿地生境的维持与净化功能的发挥具有重要的意义。

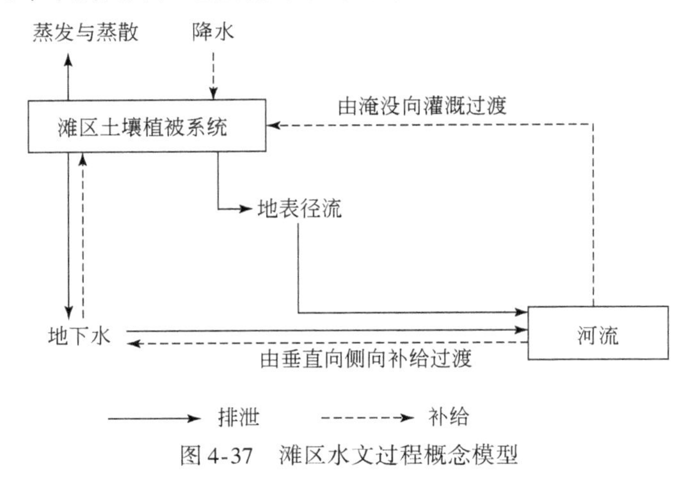

图4-37 滩区水文过程概念模型

4.4 黄河北岸滩区地下水水文过程

研究区黄河主河道北岸是广阔的河漫滩和太行山前冲洪积扇互为交错的地带，地势较为平坦，海拔为80～89 m；南岸为邙山，山河之间滩地狭窄，海拔为120～130 m，高出黄河水位为5～15 m，略向黄河倾斜。两岸地形地貌的显著差异，决定了黄河主河道两侧滩区水文过程存在显著差异。本节通过对河漫滩湿地地下水水位和水质在洪水期（小浪底水库调水调沙期间）和平水期的观测，分析滨河湿地与河流之间的补给-排泄关系，为合理地划分滨河水文交错带和生态修复关键地带提供科学依据。

4.4.1 研究方法

4.4.1.1 地下水位定位观测

本章选择大坝下游黄河北岸的河南省武陟县嘉应观乡东营村河滩湿地（沁河入黄河口附近）为典型区的野外试验观测场地。研究区位于广阔的冲积平原，地势平坦，土质肥沃，水资源丰富，交通便利，人类开发历史悠久。目前，滩区土地几乎已经全部开发成农业用地，主要种植小麦、玉米、花生等农作物，零星种植地黄、牛膝等经济作物，此外，在距离河岸 1500 m 处有一个畜禽养殖场，滩区湿地退化现象严重。

本章选取了武陟黄河滩地国土土地整理项目的一排农田灌溉井为地下水观测井。试验区位于黄河大堤以南，垂直于河岸边界共选择 12 口农田灌溉井为野外定位试验的观测井（图 4-38），观测井之间间距为 200 m。12 口观测井距河床距离及井口标高见表 4-13。该地区含水层底板埋深为 45.0 ~ 69.0 m，层厚为 18.6 ~ 54.8 m，其中砂层厚度为 20 ~ 35 m，灌溉井深度为 50 m，单井出水量为 33 m^3/h，过滤器长度为 0.35 m，沉淀管长度 3 m，井管高出地面 0.3 m。

表 4-13 黄河北岸地下水观测井位置及高程 （单位：m）

观测井号	距河床距离	井半径	井口标高	井深	地表植被描述
1	200	0.2	96.71	50	农业旱地
2	400	0.2	96.64	50	农业旱地
3	600	0.2	96.89	50	农业旱地
4	800	0.2	97.06	50	农业旱地
5	1000	0.2	96.88	50	农业旱地
6	1800	0.2	97.35	50	农业旱地
7	2000	0.2	96.85	50	农业旱地
8	2200	0.2	96.70	50	农业旱地
9	2400	0.2	96.79	50	农业旱地
10	2600	0.2	96.37	50	农业旱地
11	2800	0.2	96.74	50	农业旱地
12	3000	0.2	96.00	50	农业旱地

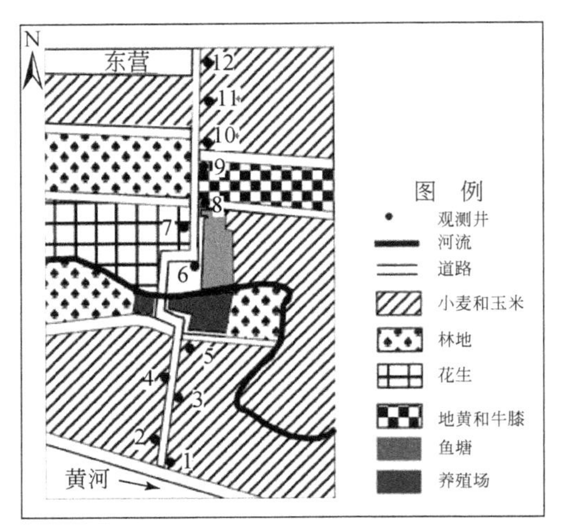

图 4-38　黄河北岸观测井位置图

采取长期观测与调水调沙期间加密观测相结合的方法开展野外定位观测试验。地下水与河水水位每月中旬观测 1 次，6 ~ 7 月小浪底水库调水调沙期间加密观测，每日 1 次。地下水和河水水质指标每月中旬检测 1 次，小浪底水库调水调沙期间加密检测，每 3 日 1 次。检测内容包括高锰酸钾指数、总氮、电导率和浊度。

地下水位观测采用中科光大便携式水位计进行测定；河水水位通过河务局在该区域设置的水位标尺进行读数观测。

在河边水流速度较大的地方采集河水水样，一般选取远离河岸 20 cm 的区域，每个样品用 2 个 1000 mL 的聚乙烯采样瓶装满。采样时首先用河水将采样瓶冲洗 3 遍，然后用采水器（3 L 有机玻璃采水器）将河水提上来，采水器上有两个单向阀门，提水时阀门自动关闭，下放时阀门打开，立即将水样装入采样瓶，采样瓶装满后马上盖好瓶盖，最后用胶带密封瓶口，防止与空气交换。用同样的方法采集地下水，每次采集地下水水样时将采水器标定长度的绳索下降至 25 m 附近，确保每次采集相同埋深的地下水样品。

水样采集后，加酸调节至 pH 小于 2.0，当天运回实验室进行分析。每批样品采用 0.45 μm 的微孔滤膜过滤后，置于 4 ℃条件下冷藏保存，24 h 内完成各项水质指标的测定。电导率采用美国哈希 HQ40d 便携式多参数测定仪进行现场测定，浊度采用美国哈希 2100Q 便携式浊度仪进行现场测定，总氮含量采用碱性过硫酸钾消解紫外分光光度法测定（HJ636-2012），高锰酸钾指数采用酸性高锰酸钾氧化法测定［水质高锰酸盐指数的测定（GB/T 11892-1989）］。

4.4.1.2 抽水试验

1）试验设计

野外定位试验观测结果表明，黄河南岸观测井受农业灌溉影响较小，而在黄河北岸广阔的黄河滩地，农业用水量大，每年的3月、5月、6月和7月，因农作物生长的需要，周围社区居民大量抽取地下水浇灌农田，对该地区地下水位影响很大。为了研究黄河北岸抽水过程中滩区水位随时间的变化规律，分析抽水降落漏斗的形成过程和停止抽水后降落漏斗的消失过程，阐明抽水过程水位的空间差异，课题组于2015年6月~7月在黄河北岸野外定位试验的观测场开展了抽水试验研究。

抽水井和观测井均为农业灌溉井。分别选择在距离河岸200 m（1号井）、400 m（2号井）、600 m（3号井）、800 m（4号井）、1800 m（6号井）的5眼农业灌溉井作为抽水井（图4-38）。1号井为抽水井时，因南边傍黄河，选择北边的2号井和3号井为观测井；2号井为抽水井时，选择南边的1号井，北边的3号井和4号井为观测井；3号井为抽水井时，选择南边的2号井、1号井，北边的4号井和5号井为观测井；4号井为抽水井时，选择南边的3号井、2号井，北边的5号井为观测井；6号井为抽水井时，因南边傍沁河，选择北边的7号井和8号井为观测井。抽水井以恒定流量向外抽水（单井出水量为33 m^3/h），抽水时观测抽水井及不同距离观测井在规定时间内的水位降深；停止抽水后，观测水位恢复时的水位降深。

定时观测抽水过程和停止抽水后抽水井及观测井的水位变化。开始抽水的时刻为0 min，前10 min间隔1 min观测1次，之后依次间隔2 min、3 min、5min、10 min进行观测，1 h后间隔20 min观测1次，该时期水位变化趋于平稳，2 h后间隔30 min观测1次，该时期水位变化基本平稳。水位稳定1 h后停止抽水。抽水结束时，马上进行水位恢复观测，观测时间间隔与抽水时相同，直至水位稳定。动水位稳定标准为抽水井的水位变动值不大于3 cm，观测井的水位变动值不大于1 cm。抽水使用农业灌溉的电泵进行，水位动态变化采用便携式水位计进行观测。

2）计算公式

抽水井以恒定流量向外抽水，选用库萨金经验公式和裘布依（Dupuit）公式计算抽水的影响范围（抽水半径 R）和渗透系数 K（范敬龙等，2013）。

库萨金经验公式：

$$R = 2S\sqrt{KH} \tag{4-9}$$

Dupuit 公式（裘布依公式）：

$$(2H - S)S = \frac{Q}{\pi K}\ln\frac{R}{r} \tag{4-10}$$

式中，R 为抽水影响范围，m；K 为含水层渗透系数，m/d；S 为抽水井中水位降深，m；H 为浅水含水层厚度，m；Q 为出水量，m^3/d；r 为抽水井半径，m。

4.4.2 地下水水位变化特征

4.4.2.1 地下水位月变化

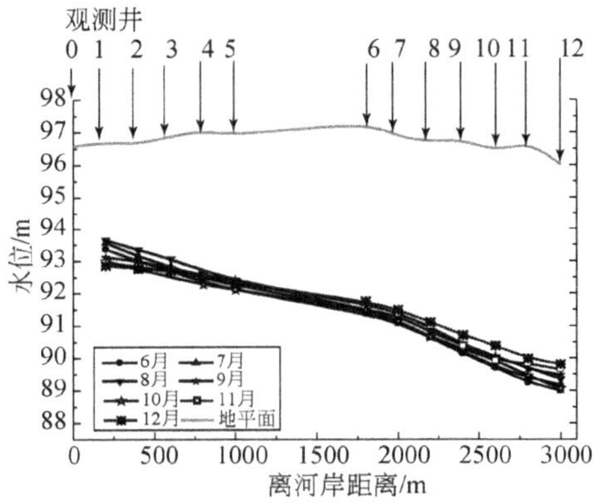

图 4-39 武陟滩区 2013 年水位月变化特征

研究期间黄河北岸滨河湿地地下水位月监测结果变化特征如图 4-39 ~ 图 4-41 所示。研究期间内，黄河北岸滨河湿地地下水位均低于河流水位，距离河流越远，地下水位越低。根据地下水流动规律，水流从水位高的地方流向水位低的地方（郑玉虎等，2015），因此，黄河北岸滨河湿地地下水与河水的补排关系表现为河水补给地下水。

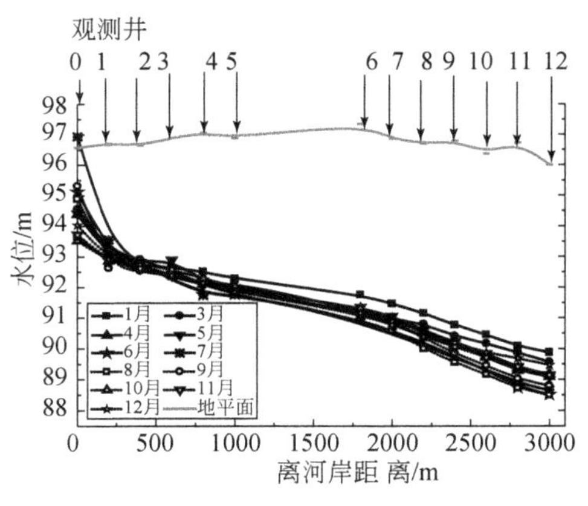

图 4-40 武陟滩区 2014 年水位月变化特征

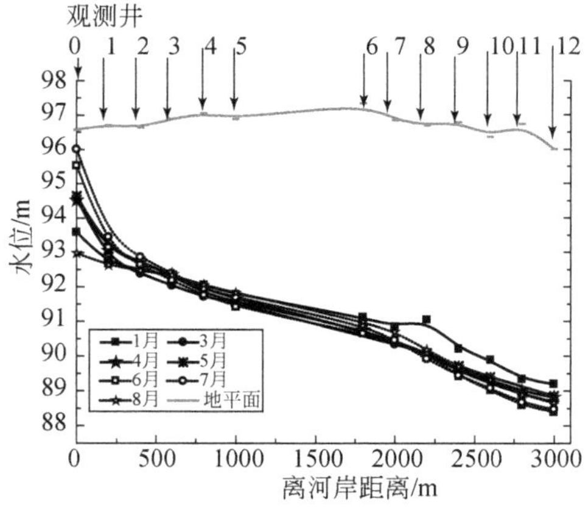

图 4-41 武陟滩区 2015 年水位月变化特征

武陟滩区地下水位受黄河水位涨落和农业灌溉的双重影响。一方面，农田灌溉抽水使得滨河湿地地下水位迅速下降，短时间内能导致观测井地下水位下降 2 ~6 m；另一方面，滨河湿地地下水位与河流水位密切相关，地下水位升降与黄河涨落同步。

2013 年，武陟滩区观测井地下水位年均变化幅度较小，振幅为 0.24 ~0.82 m，农业灌溉对地下水的抽采影响十分明显，抽水时观测井水位变化振幅最大为 3.01 m，影响程度非常显著（图 4-39）。观测井地下水最高水位出现在不同的月份，距离河岸 1000 m 以内的区域（1 号井 ~5 号井），观测井地下水位最高出现在 7 ~8 月，与小浪底水库调水调沙的时间基本一致，最低水位在 12 月，为黄河流量的枯水期；距离河岸 1000 m 以外的区域（6 号井 ~12 号井），观测井地下水则表现出相反的变化特征，水位最高出现在 12 月，最低水位出现在 6 ~7 月，具体原因有待进一步的分析。

2014 年，河水的振幅为 3.27 m，武陟滩区观测井地下水位年均变化振幅为 0.44 ~0.93 m，农业灌溉抽水时观测井水位变化振幅最大为 6.66 m（图 4-40）。观测井地下水位月变化波动较大，尤其是距离河岸 1000 m 以内的区域，地下水位变化规律性不明显；距离河岸 1000 m 以外的区域，观测井水位最高出现在 1 月，最低水位出现在 8 月。

2015 年，河水的振幅为 3.02 m，武陟滩区观测井地下水位振幅为 0.31 ~0.52 m，农业灌溉抽水时观测井水位变化振幅最大为 6.39 m（图 4-41）。距离河岸 1000 m 以内的区域（1 号井 ~5 号井），观测井地下水水位最高出现在 7 月，与小浪底水库调水调沙的时间一致，最低水位在 1 月，为黄河流量枯水期；距离河岸 1000 m 以外的区域，观测井地下水位最高出现在 1 月，最低水位出现在 6 月，具体原因有待进一步分析。

黄河北岸，滩区农业开发利用现象十分剧烈，农田直抵河岸，农业灌溉全部依靠地下水，滩区到处可见用于灌溉的农用水井。农田灌溉导致了该区域地下水位下降，在旱季和枯水年尤为突出。从 2013 年 6 月 ~2015 年 8 月观测的结果来看，农业灌溉是影响滩区地下水位变化的重要因素。随着上游黄河来水量的增加，距离河岸较近的区域（大约 1000 m 左右），滩区地下水位随着河流水位的升高而升高，在小浪底水库调水调沙期间表现最为显著。距离河岸较远的区域（大约 2000 m 以外），滩区地下水位则主要受农业灌溉的影响，受上游黄河来水量的影响较小。在河流水位最高的 6 ~7 月，部分观测井地下水水位相对较低，而在黄河水量最枯期的 12 月至次年 1 月，部分观测井地下水水位相对较高，可见河流水位对该区域地下水水位的影响较小，水位出现波动的原因主要与农业灌溉有关。

4.4.2.2 调水调沙期间水位变化特征

武陟滩区小浪底水库调水调沙期间地下水位变化特征如图4-42～图4-44所示。在小浪底水库调水调沙期间，水库释放的水和沉积物使得河水水位急剧增高，河水补给地下水，导致湿地地下水位上升。该期间也是全年农业灌溉用水量最大的时期，抽水灌溉仍然是影响滩区地下水位波动的主要因素。

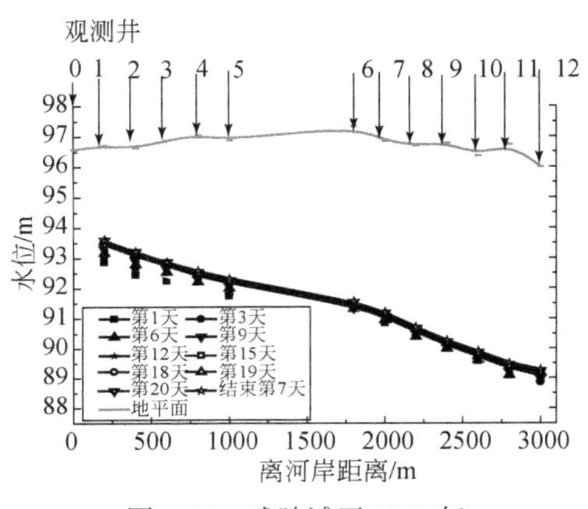

图4-42 武陟滩区2013年调水调沙期间水位变化特征

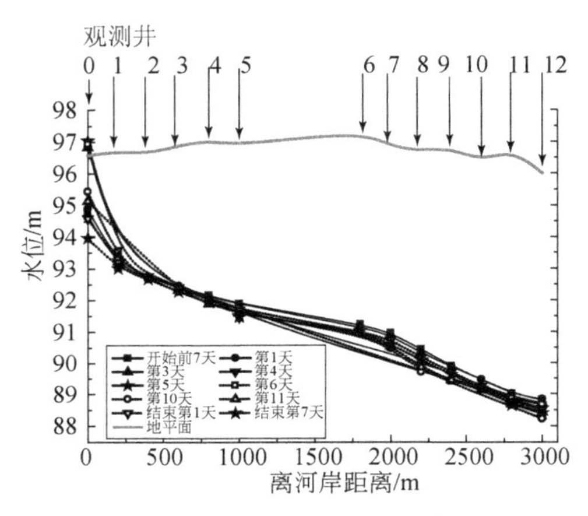

图4-43 武陟滩区2014年调水调沙期间水位变化特征

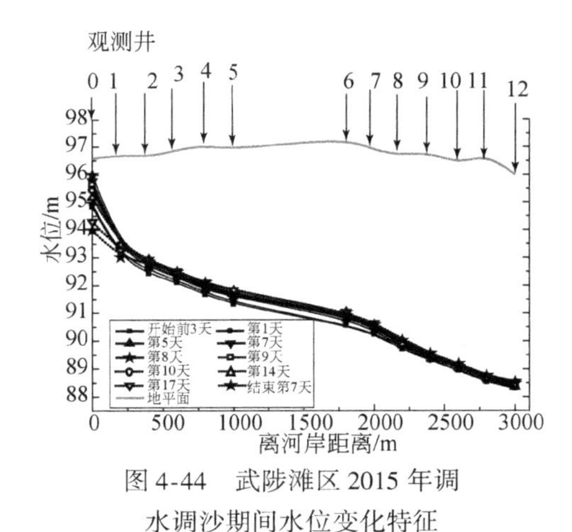

图4-44 武陟滩区2015年调水调沙期间水位变化特征

2013年武陟滩区地下水位受调水调沙的影响发生了变化（图4-42），但变化幅度较黄河南岸小（Zhao et al.，2011；徐华山等，2011）。由于研究区野外观测采用的不是专门构建的水文观测井，而是正在使用的农田灌溉井，因此，观测过程中地下水位受抽水灌溉影响大，正在抽水的观测井水位波动幅度较大。调水调沙期间，武陟滩区观测井地下水位变化振幅为0.59～0.67m，农业灌溉对地下水的抽采影响十分明显，抽水时观测井水位变化振幅为2.06～6.68 m，影响程度非常显著。

调水调沙初期，河流水位开始增高，河水补给地下水增加，滩区地下水位随之开始上升；随着上游来水量加大，河流水位急剧升高，滩区地下水位达到每年的峰值，各个观测井水位波动幅度有差异，离河岸越近差异性越显著；调水调沙结束后，河流水位迅速下降，地下水位相应地回落。地下水位的波动与河岸距离呈负相关关系，距离河岸 2200 m 远的 8 号观测井水位波动幅度不大，但是距离河岸较近的观测井水位波动幅度差异性较大，距离河岸 2000 m 左右的区域内水位变化较为显著，尤其是距离河道 1000 m 的区域变化强烈。在观测的横断面上有两个关键的位置，即距离河岸 1000 m 和 2000 m 处。

武陟滩区 2014 年观测井地下水位在小浪底水库调水调沙期间的变化趋势如图 4-43 所示。2014 年小浪底水库调水调沙期间，滩区农业灌溉用水量大，不间断的抽水使得观测井地下水位波动较大，其地下水位呈不规则变化。调水调沙期间，河流水位波动振幅为 3.21 m，观测井水位变化振幅为 0.43 ~ 0.55 m，农业灌溉对地下水的抽采影响十分明显，抽水时观测井水位变化振幅为 1.96 ~ 6.65 m，影响程度非常显著。

调水调沙初期，河流水位开始增高，河水补给地下水增加，滩区地下水位随之开始上升；调水调沙中期，随着上游来水量加大，河流水位急剧升高，滩区地下水位达到每年的峰值，各个观测井水位波动幅度有差异，离河岸越近差异性越显著；调水调沙后期，河流水位迅速下降，地下水位相应地回落。地下水位的波动与河岸距离呈负相关关系，受抽水的影响，地下水位变化的规律不明显。

武陟滩区 2015 年观测井地下水位在小浪底水库调水调沙期间的变化趋势如图 4-44 所示。2015 年小浪底水库调水调沙期间，河流水位波动振幅为 2.01 m，武陟滩区观测井地下水位变化振幅为 0.26 ~ 0.46 m，地下水位受农业灌溉抽采影响十分明显，抽水时观测井水位变化振幅为 1.91 ~ 5.22 m，影响程度仍然非常显著。

调水调沙初期，河流水位开始增高，河水补给地下水增加，滩区地下水位随之开始上升；调水调沙中期，随着上游来水量加大，河流水位急剧升高，滩区地下水位逐渐达到每年的峰值，各个观测井水位波动幅度有差异，离河岸越近差异性越显著；调水调沙结束后，河流水位迅速下降，地下水位相应地回落，回落的时间稍有滞后。观测井地下水位波动与河岸距离的关系与 2013 年规律一致，仍表现为地下水位的波动与河岸距离呈负相关关系，距离河岸 2000 m 左右的区域内水位变化较为显著，尤其是距离河道 1000 m 的区域变化强烈，距离河岸 2000 m 以外的区域水位波动幅度不大。

从 2013 ~ 2015 年小浪底水库调水调沙期间观测的结果来看，农业灌溉是影响武陟滩区地下水位变化的重要因素，其影响在 2014 年表现得尤为显著。2013 年和 2015 年小浪底水库调水调沙期间，雨水较为充足，农业灌溉需水量较小，滩区地下水位波动主要受河流水位的影响。研究结果表明，距离河岸 1000 m 以内较近的区域，滩区地下水与河流水力联系强烈，地下水位与黄河水位同涨同落；距离河岸 2000 m 以内的区域，地下水与河流水力联系较为密切，而距离河岸 2000 m 以外的区域，地下水位波动受河流水位的影响较小。

农业灌溉抽水显著影响了滩区地下水位变化，从观测结果来看，地下水位波动振幅为 1.91 ~ 6.68 m，观测井受抽水影响的水位波动差异性较大，具体的影响将通过 4.4.3 节的抽水试验来进行研究。

4.4.3 地下水水位对单井抽水的响应过程

野外定位观测试验结果表明，黄河北岸滨河滩区地下水受抽水灌溉影响很大。根据实际观测的情况来看，观测期内，农田灌溉抽水使得观测井地下水位迅速下降，抽水结束后，水位又快速回升。为了阐明人工抽水对周围滨河滩区地下水位的影响，在野外定位观测试验区布设了抽水试验的观测场，利用连续定位观测数据，分析地下水位降深与时间的关系，并在此基础上，确定滨河湿地渗透系数及抽水影响半径。

4.4.3.1 抽水过程水位随时间的变化规律

距离河岸 200 m 的 1 号井进行抽水时，选择了分别距离 1 号井 200 m 和 400 m 的 2 号井和 3 号井作为观测井（图 4-45）。抽水流量为 33 m^3/h，抽水时间持续 540 min。根据野外观测的结果，在抽水和水位恢复的过程中，2 个观测井的水位降深为 0 ~ 0.03 m，影响几乎可以忽略不计。抽水过程中，1 号抽水井水位降深和水位恢复随时间的变化过程如图 4-46 所示。抽水开始后，抽水井水位迅速下降，1 min 后下降了 3.58 m，随后，水位下降速度稍有减缓；水位的下降主要发生在开始抽水的前 30 min，水位下降了 4.44 m；此后很长一段时间内，水位缓慢下降，下降幅度很小，约为 0.1 m，大约 5 h 后趋于稳定，抽水井水位最大降深为 4.54 m。停止抽水后，水位恢复过程经历了一个快速恢复转为缓慢恢复的过程。停止抽水的瞬间，水位迅速回升，1 min 后水位恢复了 3.88 m，与抽水前相比较，水位降深仅为 0.66 m，随后，水位恢复速度稍有减缓；停止抽水 10 min 后，水位恢复到降深仅为 0.11 m，此后很长一段时间内，水位缓慢上升，上升幅度很小，约为 0.1 m，大约 1 h 后趋于稳定，24 h 后抽水井水位上升 0.02 m。

距离河岸 400 m 的 2 号井进行抽水时，选择了南边距离 2 号井 200 m 的 1 号井，北边分别距离 2 号井 200 m 和 400 m 的 3 号井和 4 号井作为观测井（图 4-47）。抽水流量为 33 m^3/h，抽水时间持续 540 min。根据野外观测的结果，

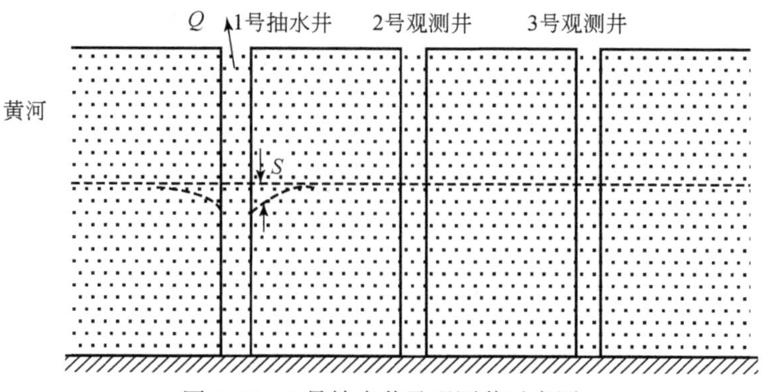

图 4-45 1 号抽水井及观测井示意图

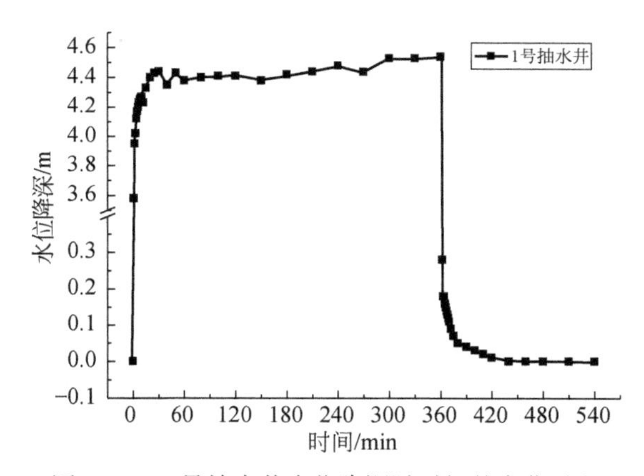

图 4-46 1 号抽水井水位降深随时间的变化过程

在抽水和水位恢复的过程中，3 个观测井的水位降深为 0 ~ 0.03 m，影响几乎可以忽略不计。抽水过程中，2 号抽水井水位降深和水位恢复随时间的变化过程如图 4-48 所示。抽水开始后，抽水井水位下降速度很快，1 min 后下降了 2.88 m，随后，水位下降速度稍有减缓；水位的下降主要发生在开始抽水的前 40 min，水位下降了 3.60 m；此后很长一段时间内，水位缓慢下降，下降幅度很小，约为 0.42 m，大约 4.5 h 后趋于稳定，抽水井水位最大降深为 4.02 m。停止抽水后，水位迅速回升，1 min 后水位恢复了 3.69 m，与抽水前相比较，水位降深仅为 0.33 m，随后，水位恢复速度稍有减缓；停止抽水 5 min 后，水位恢复到降深仅为 0.07 m，此后很长一段时间内，水位缓慢上升，上升幅度很小，约为 0.01 m，大约 30 min 后趋于稳定，24 h 后抽水井水位上升 0.03 m。

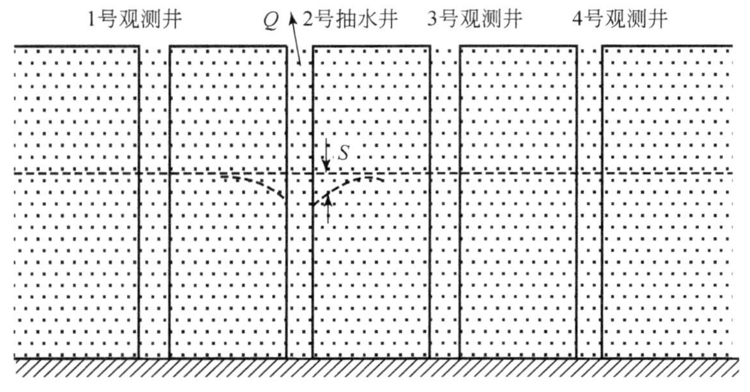

图 4-47 2 号抽水井及观测井示意图

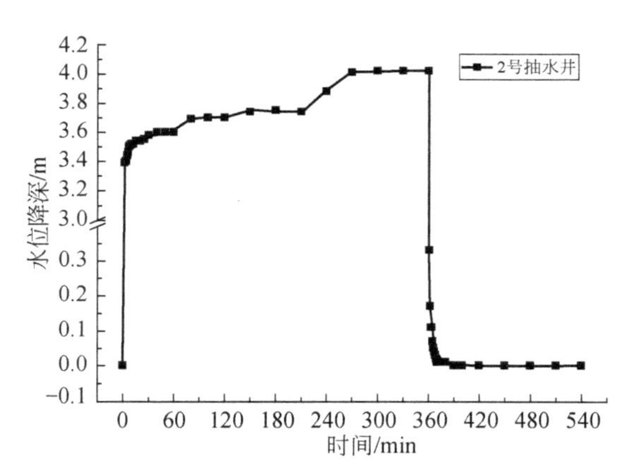

图 4-48 2 号抽水井水位降深随时间的变化过程

距离河岸 600 m 的 3 号井进行抽水时，选择了南边分别距离 3 号井 200 m 和 400 m 的 2 号井和 1 号井，北边分别距离 3 号井 200 m 和 400 m 的 4 号井和 5 号井作为观测井（图 4-49）。抽水流量为 33 m^3/h，抽水时间持续 540 min。根据野外观测的结果，在抽水和水位恢复的过程中，4 个观测井的水位降深为 0～0.02 m，影响几乎可以忽略不计。抽水过程中，3 号抽水井水位降深和水位恢复随时间的变化过程如图 4-50 所示。抽水开始后，抽水井水位迅速下降，1 min 后下降了 2.08 m，随后，水位下降速度稍有减缓；水位的下降主要发生在开始抽水的前 30 min，水位下降了 2.36 m；此后很长一段时间内，水位缓慢下降，下降幅度很小，约为 0.16 m，大约 5 h 后趋于稳定，抽水井水位最大降深为 2.52 m。停止抽水的瞬间，水位迅速回升，1 min 后水位恢复了 2.15 m，与抽水前相比较，水位降深仅为0.37 m，随后，水位恢复速度稍有减缓；停止抽水10 min后，水位恢复到降深仅为0.1 m，此后很长一段时间内，水位缓慢上升，上升幅度很小，约为0.1 m，大约2 h后趋于稳定，24 h后抽水井水位未发生变化。

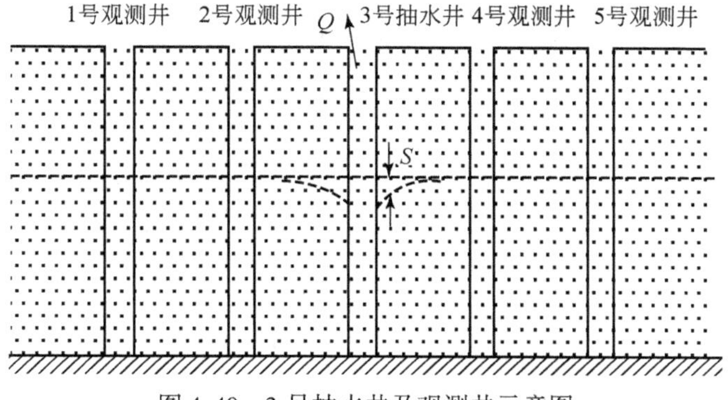

图4-49 3号抽水井及观测井示意图

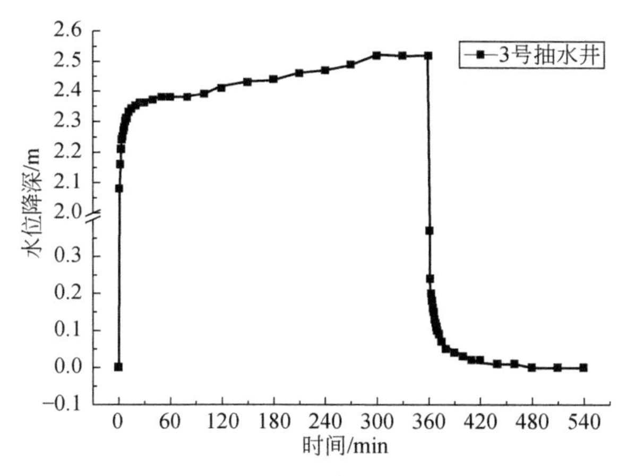

图4-50 3号抽水井水位降深随时间的变化过程

距离河岸800 m的4号井进行抽水时，选择了南边分别距离4号井200 m和400 m的3号井和2号井，北边分别距离4号井200 m的5号井作为观测井（图4-51）。抽水流量为33 m^3/h，抽水时间持续540 min。根据野外观测的结果，在抽水和水位恢复的过程中，3个观测井的水位降深为0～0.03 m，影响几乎可以忽略不计。抽水过程中，4号抽水井水位降深和水位恢复随时间的变化过程如图4-52所示。抽水开始后，抽水井水位迅速下降，1 min后下降了1.91 m，随后，水位下降速度稍有减缓；水位的下降主要发生在开始抽水的前30 min，水位下降了2.25 m；此后很长一段时间内，水位缓慢下降，下降幅度很小，约为0.12 m，大约3.5 h后趋于稳定，抽水井水位最大降深为2.37 m。停止抽水的瞬间，水位迅速回升，1 min后水位恢复了1.94 m，与抽水前相比较，水位降深仅为0.36 m，随后，水位恢复速度稍有减缓；停止抽水10 min后，水位恢复到降深仅为0.2 m，此后很长一段时间内，水位缓慢上升，上升幅度很小，约为0.14 m，大约2 h后趋于稳定，抽水井水位降深未恢复到开始抽水前水平，与抽水前相比，水位下降了0.04 m，24 h后抽水井水位未发生变化。

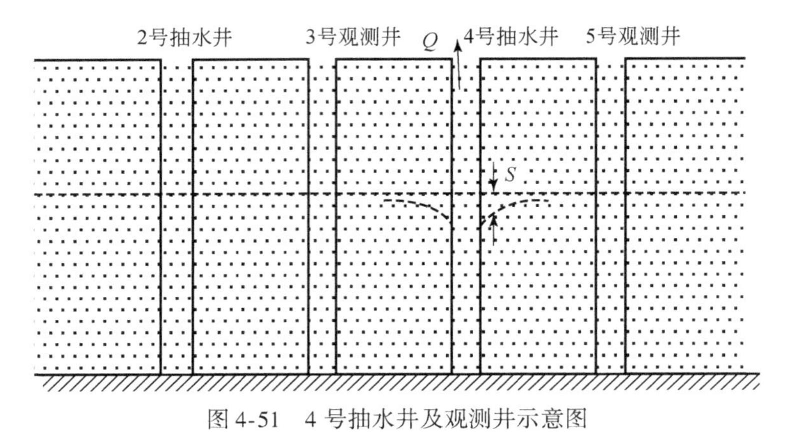

图4-51　4号抽水井及观测井示意图

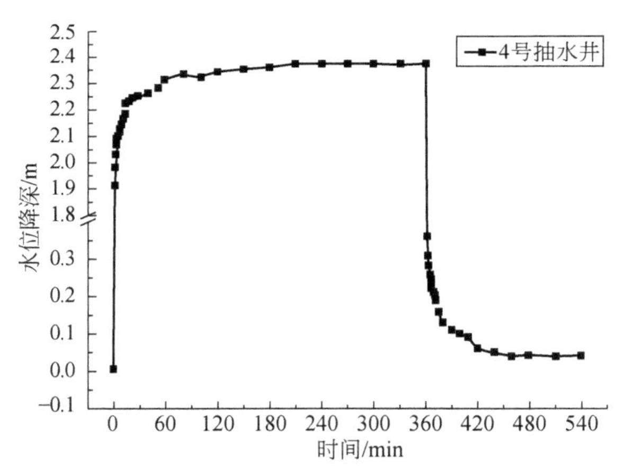

图4-52　4号抽水井水位降深随时间的变化过程

距离河岸1800 m的6号井进行抽水时，选择了北边分别距离6号井200 m和400 m的7号井和8号井作为观测井（图4-53）。抽水流量为33 m^3/h，抽水时间持续540 min。根据野外观测的结果，在抽水和水位恢复的过程中，2个观测井的水位降深为0～0.01 m，影响几乎可以忽略不计。抽水过程中，6号抽水井水位降深和水位恢复随时间的变化过程如图4-54所示。抽水开始后，抽水井水位迅速下降，1 min后下降了4.61 m，随后，水位下降速度稍有减缓；水位的下降主要发生在开始抽水的前30 min，水位下降了5.50 m；此后很长一段时间内，水位缓慢下降，下降幅度很小，约为0.16 m，大约5 h后趋于稳定，抽水井水位最大降深为5.66 m。停止抽水的瞬间，水位迅速回升，1 min后水位恢复了4.39 m，与抽水前相比较，水位降深为1.27 m，2 min后水位恢复到降深仅为0.44 m；随后，水位恢复速度稍有减缓；停止抽水5 min后，水位恢复到降深仅为0.1 m，此后很长一段时间内，水位缓慢上升，上升幅度很小，约为0.01 m，大约30 min后趋于稳定，24 h后抽水井水位上升0.01 m。

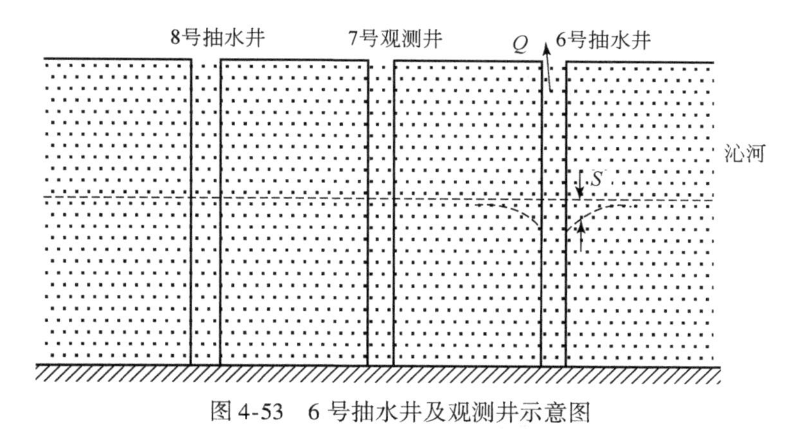

图4-53　6号抽水井及观测井示意图

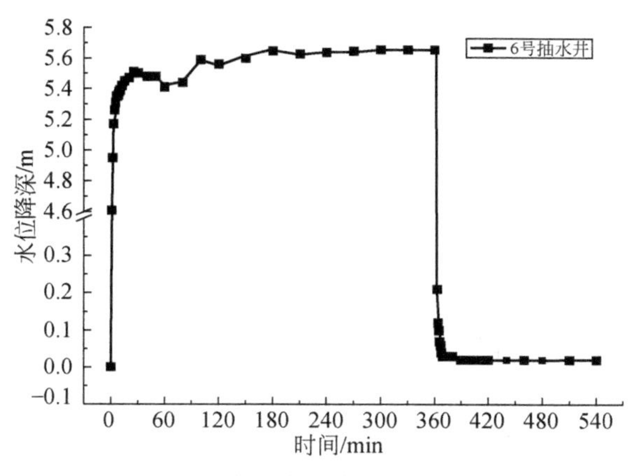

图4-54　6号抽水井水位降深随时间的变化过程

4.4.3.2 渗透系数和抽水影响半径的计算

抽水井开始抽水后，井周围的潜水面下降，在抽水井影响半径内形成以井为轴心的漏斗状地下水面。本章抽水过程中流量恒定，因此选用库萨金经验公式和 Dupuit 公式来估算抽水的影响范围。

前人的研究表明，抽水时若水位降深不大，只有几米时，影响半径通常在下列范围内变化：①细砂 R = 25 ~ 200 m；②中砂 R = 100 ~ 500 m；③粗砂 R = 400 ~ 1000 m（李佩成，1993）。经计算，研究区滨河滩区含水层渗透系数 K 为 0.137 ~ 0.275 m/d，抽水影响半径 R 为 16.7 ~ 25.1 m（表 4-14）。研究结果表明，武陟滩区农田灌溉井进行抽水时，会在抽水井周围形成降落漏斗，但抽水时各个灌溉井之间相互影响较小。

表 4-14　地下水观测井估算的渗透系数及抽水影响半径

观测井编号	流量/(m^3/h)	井半径/m	含水层厚度/m	水位降深/m	K/(m/d)	R/m
1	33	0.2	45	4.54	0.137	22.6
2	33	0.2	45	4.02	0.163	21.8
3	33	0.2	45	2.52	0.257	17.2
4	33	0.2	45	2.37	0.275	16.7
6	33	0.2	45	5.66	0.109	25.1

4.4.3.3 抽水过程对地下水位的影响

本节选取了距离河岸 2000 m 以内的 5 眼农业灌溉井分别作为抽水井，研究分析了抽水过程对滨河湿地地下水位的影响。研究结果表明，研究区农田灌溉井进行抽水时，会在抽水井周围形成降落漏斗，但抽水时各个灌溉井之间相互影响较小，抽水半径 R 为 16.7 ~ 25.1 m。滨河湿地含水层渗透系数 K 为 0.137 ~ 0.275 m/d。

单井抽水时，抽水井水位下降十分明显，瞬时水位降深为 1.91 ~ 4.61 m（抽水后 1 min），地下水位降深为 2.37 ~ 5.66 m，但对周边其他灌溉井水位的影响非常小。在其他条件都相同的情况下，抽水井所处区域含水层渗透系数的不同决定了抽水井抽水时水位降深的差异，渗透系数越大，抽水井水位降深越小，距离河岸的远近对抽水井水位降深影响很小。各个抽水井地下水位下降过程趋势相同，可以分为两个阶段，第一阶段为快速下降阶段，抽水初期，潜水面下降速度较快，抽水量主要来自于含水层弹性释水，含水层不能马上通过重力作用把其中的水排出来，而是由于压力降低引起水的瞬时释放，此时，抽水井对含水层的影响范围非常小，水位下降的深度决定了出水量的大小，在出水量一定时，井内的水位下降非常迅速；第二阶段是缓慢下降阶段，抽水井对含水层的影响不断增大，使得影响范围内的整个含水层都对排出的水量做出贡献，造成了所能提供的水量大大增加，水位下降的速度逐渐变得越来越缓慢，此阶段也反映了重力疏干排水作用对水位降深的影响。水位的下降主要发生在开始抽水的前 30 min，此后很长一段时间内，水位缓慢下降，下降幅度很小，一般在 0.1 ~0.16 m（2 号井除外，具体原因有待进一步分析），大约 5 h 后趋于稳定。

停止抽水后，水位恢复过程也十分明显，瞬时恢复水位为 1.94 ~4.39 m（停止抽水后 1 min）。与水位降深过程相同，所有观测井中水位恢复的变化比较类似，观测井的水位的变化几乎可以忽略不计。抽水井水位恢复过程也经历了快速恢复和缓慢恢复两个过程，停止抽水的瞬间，漏斗地区地下水位迅速得到恢复，在很短的时间内，漏斗中心区的地下水面变得平缓，含水层基本恢复到未抽水前的水平，之后转为缓慢恢复过程。水位的恢复主要发生在停止抽水的后 10 min 左右，此后很长一段时间内，水位缓慢上升，上升幅度很小，一般为 0.1 ~0.2 m，大约 0.5 ~2 h 后趋于稳定，也说明地下水漏斗基本消失，水位恢复过程结束。

4.4.4 水质变化特征

通过分析检测地下水电导率、浊度、高锰酸钾指数和总氮，揭示滨河湿地地下水总溶解离子、悬浮物、有机物和养分浓度。

4.4.4.1 地下水电导率变化特征

黄河北岸武陟滩区 2013 年 6 月 ~2015 年 8 月河水及观测井地下水电导率变化如图 4-55 所示，小浪底水库调水调沙期间电导率变化如图 4-56 所示。在气温较低的 11 月到次年 1 月，武陟滩区地下水的电导率相对较低。但是，在气温较高的 6 月到 9 月，其电导率相对较高。随着季节变化温度逐渐升高，蒸发量逐渐增大，浓度效应导致浅层地下水电导率升高，7 月地下水电导率达到最高。由于高温与河流水位升高在同一个时期，当地下水接近地面时，有利于水分的蒸发和浓缩。距离河岸 2400 m 的 10 号观测井地下水电导率高于其他观测井，具体原因有待进一步分析。在小浪底水库调水调沙期间内，武陟滩区地下水电导率变化显著。一般来说，在调水调沙初期，电导率开始上升，调水调沙中期达到最高值，之后又缓慢下降。河水电导率高于地下水电导率，进一步反映了河水与地下水在调水调沙期间的补给排泄关系，即地下水电导率上升，表明河水补给地下水进一步增强。

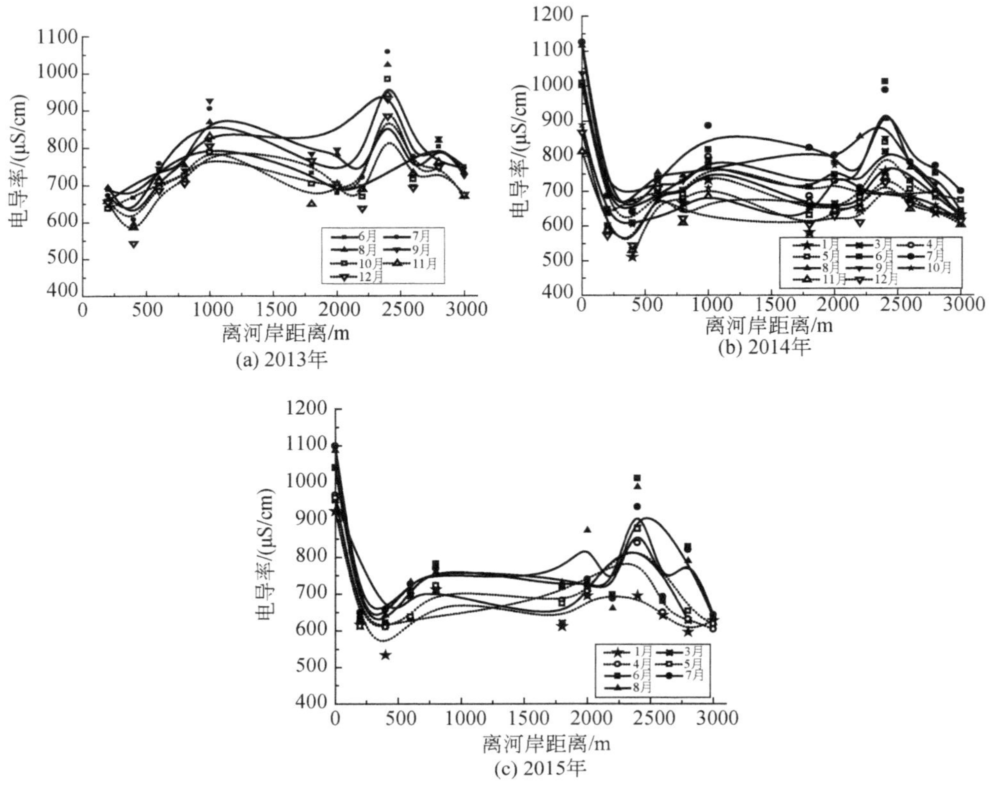

图 4-55 武陟滩区地下水电导率月变化特征

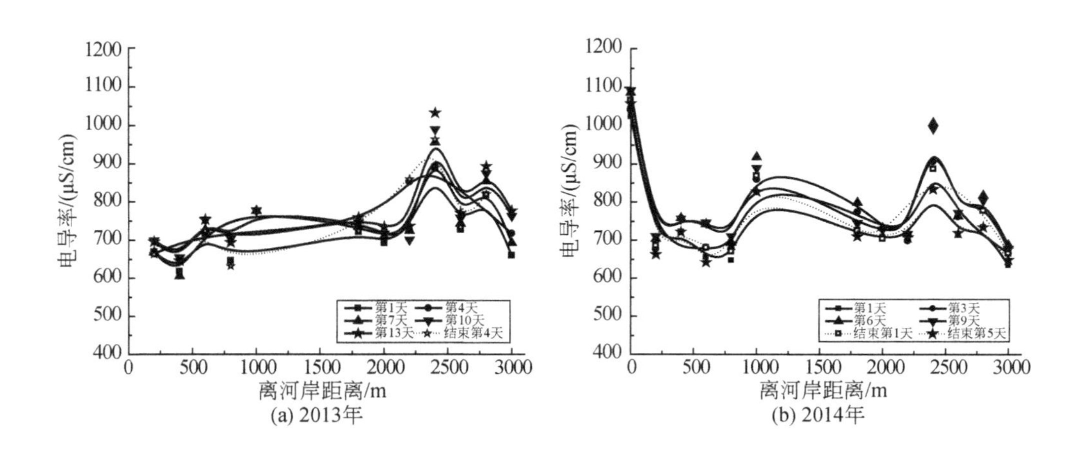

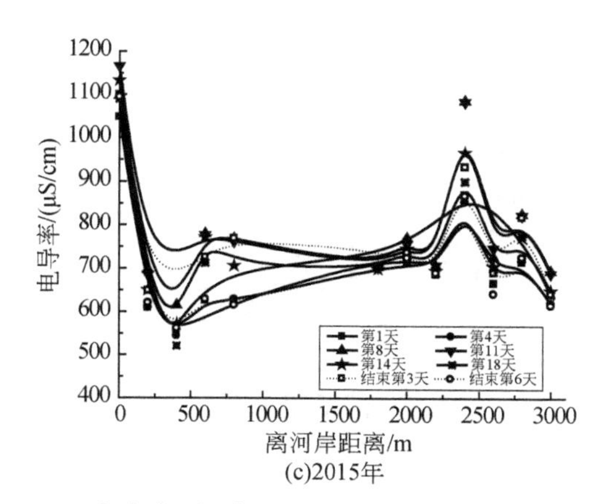

(c)2015年

图 4-56 武陟滩区调水调沙期间地下水电导率变化特征

4.4.4.2 地下水浊度变化特征

黄河北岸武陟滩区 2013 年 6 月 ~2015 年 8 月河水及观测井地下水浊度变化如图 4-57 所示，小浪底水库调水调沙期间浊度变化如图 4-58 所示。河水的浊度远远高于地下水浊度。河水浊度及观测井地下水浊度全年规律性不明显，河水浊度在小浪底水库调水调沙期间高于其他时期，武陟滩区地下水浊度均小于 100 NTU，大多数观测井地下水浊度低于 20 NTU。地下水浊度较高的观测值为雨季，雨季距离河岸 200 m 的地下水浊度较高；此外，离畜禽养殖场较近的 5 号观测井地下水浊度相对较高。小浪底水库调水调沙期间地下水浊度与年度地下水浊度变化相似。河水和临近河岸的地下水之间水位相差较小，小浪底水库调水调沙结束初期，位于河岸的边坡底部易形成暗流，大量的泥沙在水力作用下涌入河流，影响到河岸边坡的稳定性。因此，退水初期临近河岸的地下水浊度明显增加。由此可见，洪水退却初期，河岸边坡的稳定性影响了土壤的侵蚀程度，与黄河南岸的研究成果一致。

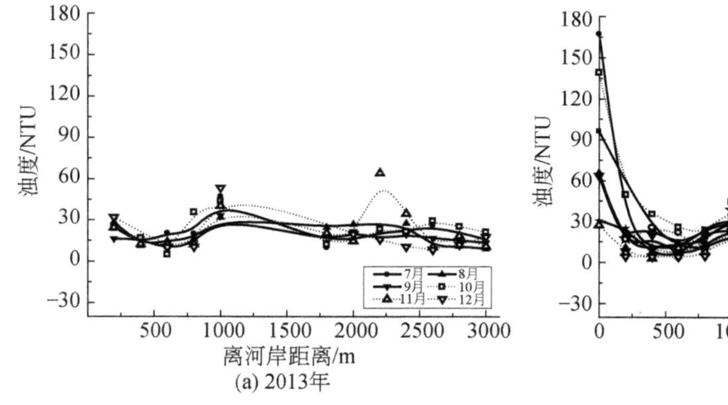

(a) 2013年

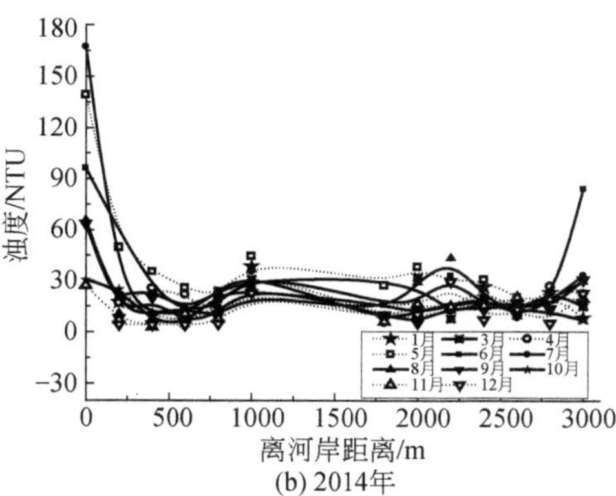

(b) 2014年

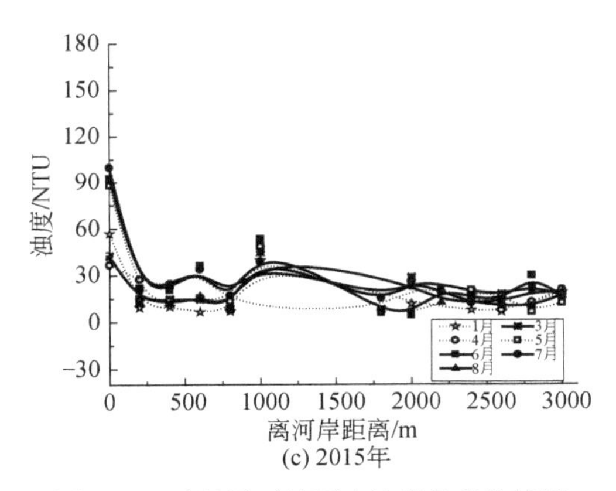

(c) 2015年

图 4-57　武陟滩区地下水浊度月变化特征

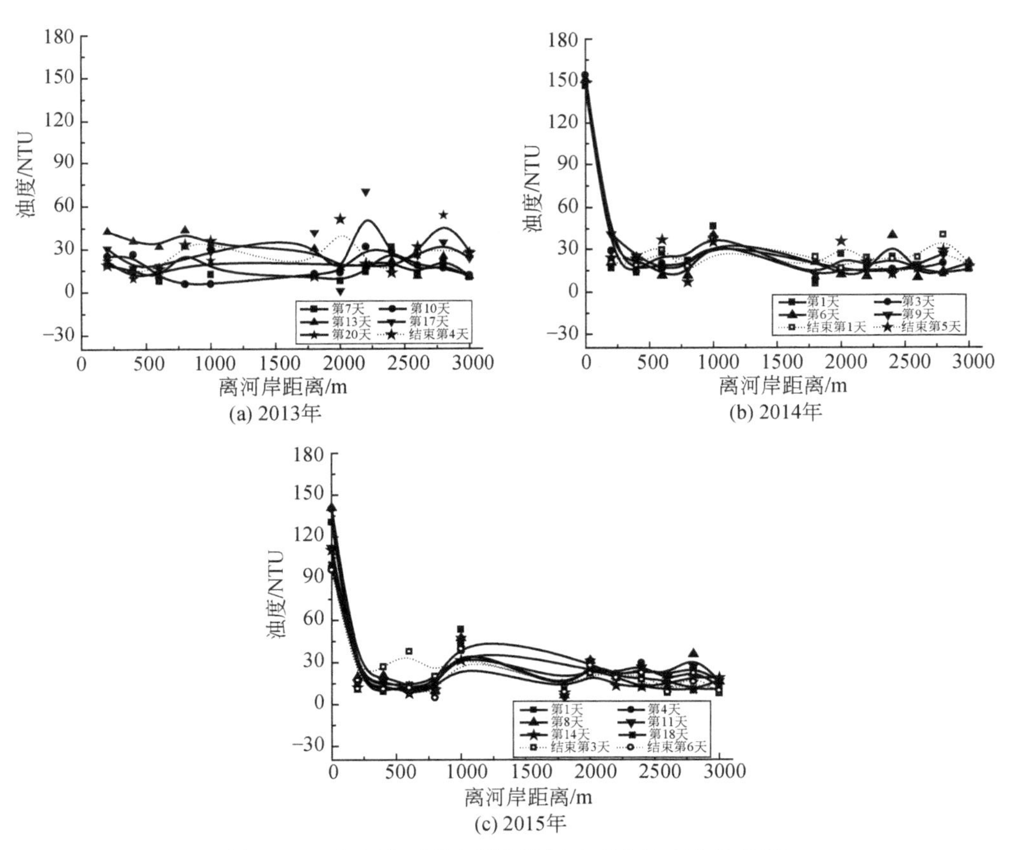

图 4-58　武陟滩区调水调沙期间地下水浊度变化特征

4.4.4.3 地下水总氮变化特征

黄河北岸武陟滩区 2013 年 6 月 ~2015 年 8 月河水及观测井地下水总氮变化如图 4-59 所示，小浪底水库调水调沙期间总氮变化如图 4-60 所示。从全年变化趋势来看，6 ~9 月总氮含量相对较高。河水总氮为 2.68 ~5.86 mg/L；观测井地下水总氮为 0.34 ~8.68 mg/L；河水总氮含量高于地下水（5 号观测井除外）。位于畜禽养殖场附近的 5 号观测井总氮含量最高，表明畜禽养殖场废水的下渗影响了地下水水质。小浪底水库调水调沙期间距离河岸 1000 m 的地下水总氮呈现复杂的波动，规律不明显。在这个时期，除了受畜禽养殖影响的 5 号观测井外，河水的总氮含量远高于地下水中的含量，且距离河岸近的观测井地下水总氮含量相对较高，表明河水补给地下水影响了近岸地下水水质。

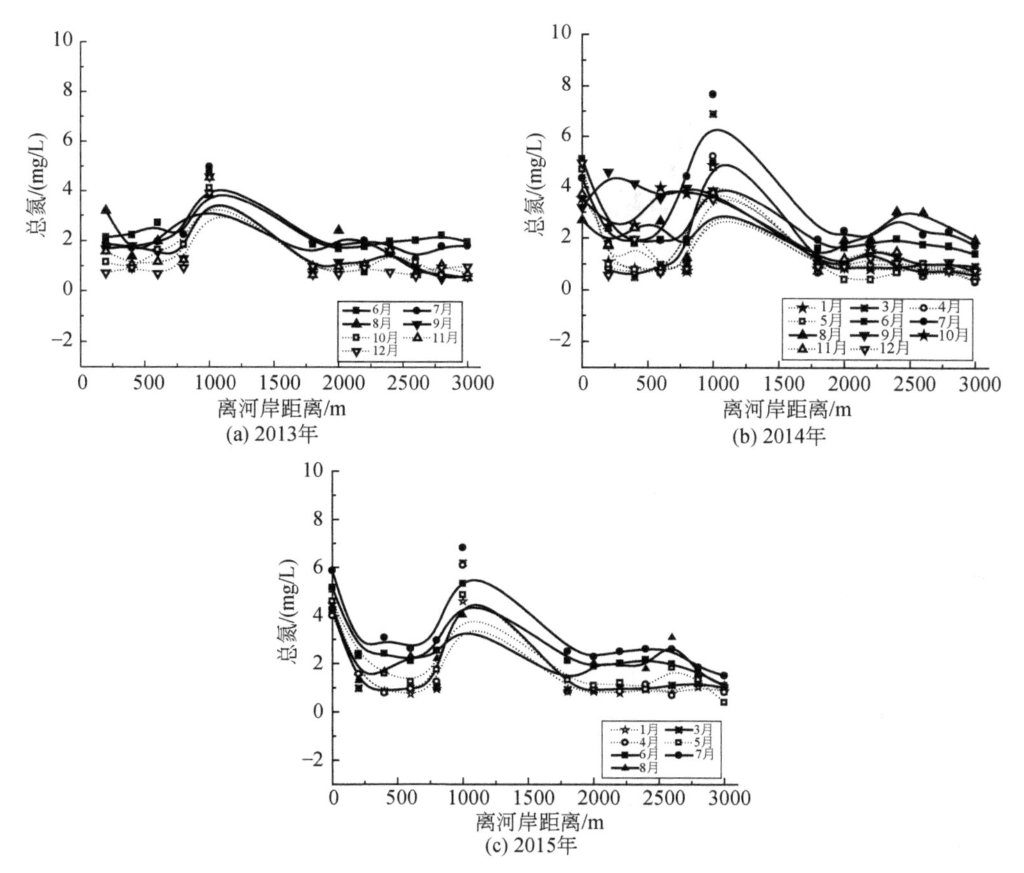

图 4-59 武陟滩区地下水总氮含量月变化特征

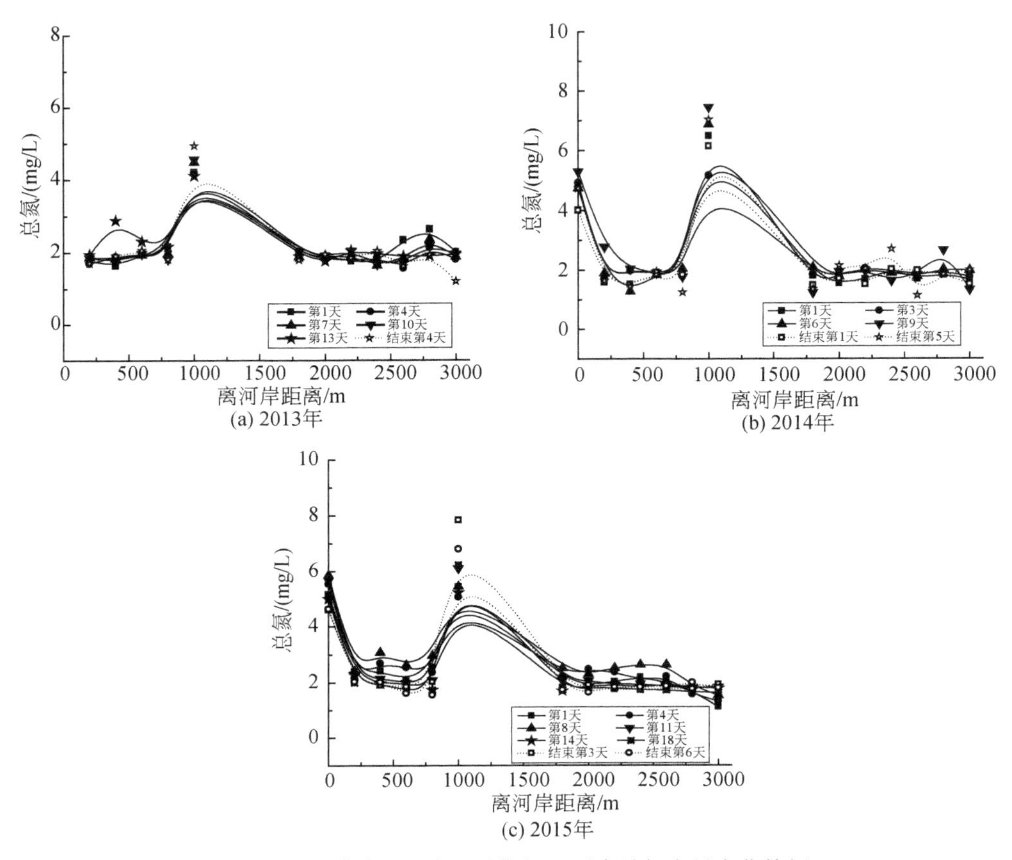

图 4-60 武陟滩区调水调沙期间地下水总氮含量变化特征

4.4.4.4 地下水高锰酸钾指数变化特征

黄河北岸武陟滩区 2013 年 6 月 ~ 2015 年 8 月河水及观测井地下水高锰酸钾指数变化如图 4-61 所示，小浪底水库调水调沙期间高锰酸钾指数变化如图 4-62 所示。河水高锰酸钾指数一般为 3.04 ~ 5.75 mg/L；观测井地下水高锰酸钾指数一般为 1.09 ~ 8.65 mg/L，均值为 1.96–3.67 mg/L。位于畜禽养殖场附近的 5 号观测井高锰酸钾指数增高，进一步表明污染源于畜禽养殖场废水的下渗，影响了地下水水质。小浪底水库调水调沙期间距离河岸 1000 m 的地下水高锰酸钾指数呈现复杂的波动，在这个时期，河水的高锰酸钾指数（均值 8.01 mg/L）远高于地下水中的含量（均值为 2.15 ~ 3.67 mg/L），且距离河岸近的观测井地下水高锰酸钾指数含量相对较高，表明河水补给地下水影响了近岸地下水水质。

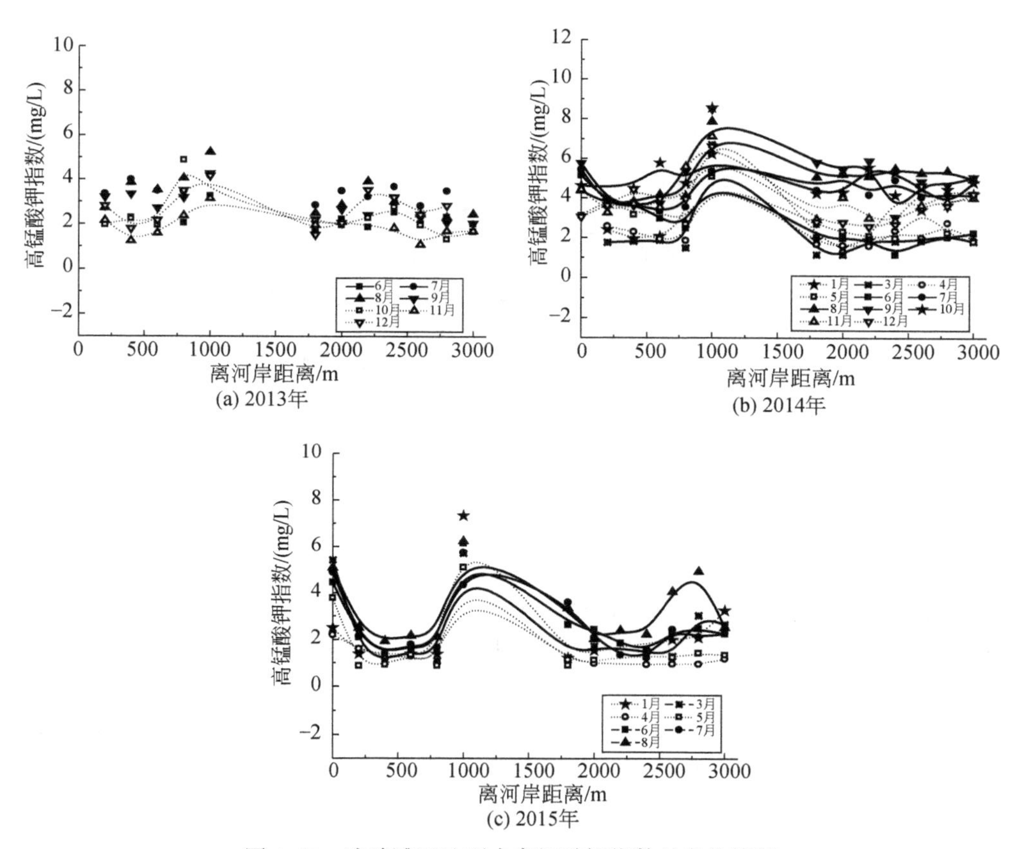

图 4-61 武陟滩区地下水高锰酸钾指数月变化特征

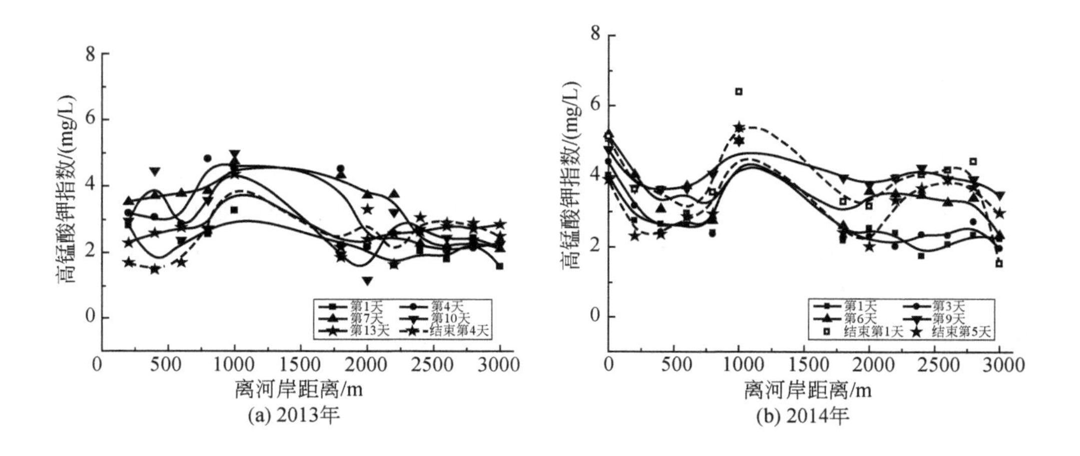

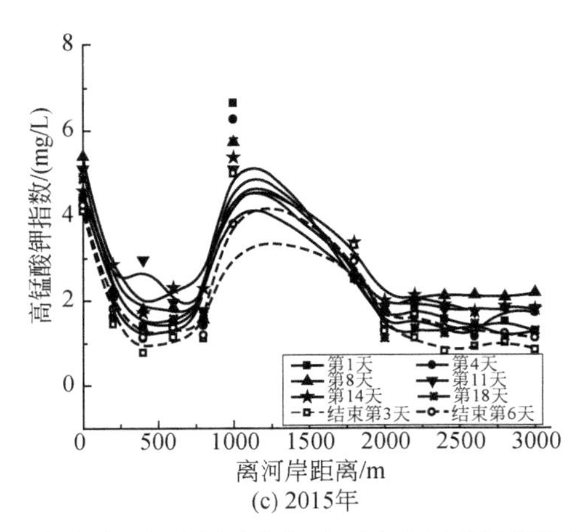

(c) 2015年

图 4-62 武陟滩区调水调沙期间地下水高锰酸钾指数变化特征

一般认为，电导率反映了滨河湿地浅层地下水受自然过程的影响程度，浊度、高锰酸钾指数和总氮则反映了其受人为影响的程度。由上述水质分析结果可知，研究区地下水浊度的年平均值为 14.09 ~ 32.66 NTU，均高于《地下水环境质量标准》（GB/T 14848—1993）Ⅴ类水质标准（10 NTU），表明研究区地下水不能直接饮用。地下水高锰酸钾指数的年平均值为 1.96 ~ 3.67 mg/L，部分观测井高锰酸钾指数高于《地下水环境质量标准》（GB/T 14848—1993）Ⅲ类水质标准（3 mg/L）。《地下水环境质量标准》（GB/T 14848—1993）无总氮参考标准，但是，黄河北岸武陟试验区 7 月底畜禽养殖区域地下水的监测数据峰值为 8.68 mg/L，表明滩区人类活动加剧，已经使地下水水质受到显著的影响。此外，河水在补给地下水的过程中，影响了靠近河岸的地下水水质。地貌、地形、含水层岩性以及季节性变化等诸多因素影响了河水与地下水之间的相互作用，河水与地下水进行水量交换的同时，也发生着水质的交换，水流携带的污染物质在水力坡度的影响下随着水流迁移（胡俊峰等，2004）。大坝下游黄河干流两侧滨河湿地的含水层主要是粗砂及砂砾石层，局部有较薄的黏土夹层，尤其是在小浪底水库调水调沙期间，河水与地下水的相互作用均表现为河水侧向补给地下水，因此，沿黄两岸滨河湿地地下水水质受河水水质的影响明显，与崔健等（2014）在浑河的研究结果相似。由于大坝控制了洪水，无序管理的农业开放的增加导致了洪水得到控制后的一些额外的间接影响，随着农业集约化的进行，原始自然植物已经完全被破坏，导致了大量的化学肥料进入湿地，破坏了滩区水体的自净功能，甚至发生变异，作为一种新的农业非点源污染源通过地表径流和降水进入河水，通过渗透进入用于灌溉的地下水。畜禽养殖场附近地下水高锰酸钾指数和总氮含量高，表明人类活动已经影响了地下水水质。大坝建设不仅直接改变了滨河湿地水文过程，而且改变了自然环境，迅猛的土地开发利用导致了滨河湿地自然植被破坏、地下水水质下降和生态功能减弱。

4.4.5 地下水与河水补给–排泄关系

大型水坝建设已经被证明是自然水生栖息地破坏、物种灭绝和人类赖以生存的生态系统丧失的一个主要原因，大坝的社会和经济价值也随之明显提升。大坝建设显著改变了滨河湿地的水文情势，从而导致了滨河湿地生态功能的改变。小浪底水库大坝建设在带来了巨大的社会和经济效益的同时，也给滨河湿地和区域环境带来了深远的影响。与小浪底水库建坝前相比，湿地的水文情势发生了非常大的变化。小浪底水库建坝前，下游滨河湿地每年被洪水淹没，能够维持湿地干湿交替的环境，通过垂直渗透，河水反补地下水，地下水位上升到地表。现在洪水已经完全被大坝控制，影响滨河湿地地下水位的洪水已经消失，每年最高河流水位不再淹没滩区，河水侧向反补地下水而不再垂直补给地下水。

武陟滩区 2014 年 1 月 ~2015 年 8 月河水与地下水位的月变化规律均表现为河水的水位高于滩区观测井地下水位，距离河流越远，观测井的地下水位越低。由此可见，黄河北岸，地下水与河水的补给–排泄关系为河水补给地下水。运用达西定律进行计算该期间河流补给地下水单宽流量（表 4-15），其月变化规律如图 4-63 所示。研究期内，研究区 2014 年 7 月河流水位最高，10 月河流水位最低；其月单宽流量最大的月份也是 7 月，为 0.567 m^2/d；最小的月份仍是 10 月，为 0.134 m^2/d。2015 年 7 月河流水位最高，8 月河流水位最低；7 月的月单宽流量最大，为 0.400 m^2/d；8 月的月单宽流量最小，为 0.104 m^2/d，最大侧渗补给量的时间与小浪底水库调水调沙时间一致。根据达西定律估算全年河水对地下水侧渗补给的单宽流量为 2.94 m^2/d。侧渗量年内变化规律与河流水位变化一致，表现为年内分配不均，也呈现出季节性变化。总之，黄河水位越高，侧渗补给量越大，两者的变化趋势基本一致。此外，侧渗补给量除了与河流水位有关外，还与滩区地下水位有关，黄河水位与地下水位差决定了侧渗补给量的大小。

黄河北岸，农业用水需要开采大量的地下水，地下水开采将降低地下水位，增大黄河水位与地下水位差，在其他条件不变的情况下，根据达西定律，将增加黄河侧渗量。廖资生等（2004）在井组抽水试验中发现，黄河侧渗量随着抽水井接近河流而增大，远离河流而减少。目前，地下水已经成为黄河下游沿岸地区的主要供水水源，而黄河侧渗则是沿黄地下水的重要补给来源。通过小浪底水库的运行，人类可以根据需要来调节黄河水位。

表 4-15 武陟滩区河流补给地下水单宽流量

时间	河流水位/m	单宽流量/(m^3/d)	时间	河流水位/m	单宽流量/(m^3/d)
2014 年 1 月	93.67	0.137	2015 年 1 月	93.59	0.161
2014 年 3 月	95.56	0.247	2015 年 3 月	94.57	0.308
2014 年 4 月	94.39	0.231	2015 年 4 月	94.51	0.260
2014 年 5 月	94.41	0.216	2015 年 5 月	94.64	0.277
2014 年 6 月	95.12	0.397	2015 年 6 月	95.52	0.372
2014 年 7 月	96.94	0.567	2015 年 7 月	96.00	0.400
2014 年 8 月	94.89	0.303	2015 年 8 月	92.98	0.104
2014 年 9 月	95.31	0.347	—	—	—
2014 年 10 月	93.52	0.134	—	—	—
2014 年 11 月	93.73	0.167	—	—	—
2014 年 12 月	94.04	0.195	—	—	—

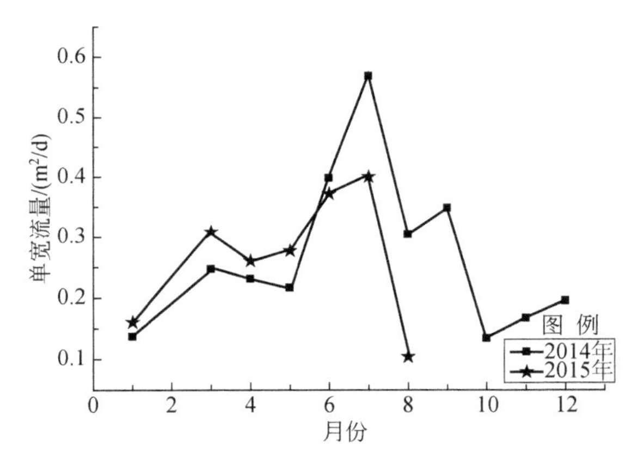

图 4-63 武陟滩区河流补给地下水单宽流量月变化规律

武陟滩区 2014 年和 2015 年小浪底水库调水调沙期间河水与地下水位的日变化规律也表现为河流水位高于地下水位。由此可见，黄河北岸，小浪底水库调水调沙期间地下水与河水的补给–排泄关系仍为河水补给地下水。运用达西定律进行计算该期间河流补给地下水单宽流量（表 4-16），其日变化规律如图 4-64 所示。调水调沙初期，河流水位开始增高，河水补给地下水增加，河流侧渗补给量开始增加；调水调沙中期，上游来水量加大，河流水位急剧升高，达到每年的峰值，河流侧渗补给量也随之达到最高；调水调沙后期，河流水位迅速下降，相应地河流侧渗补给量降低。

表 4-16 武陵滩区调水调沙期间河流补给地下水单宽流量

时间		河流水位/m	单宽流量/(m^3/d)	时间		河流水位/m	单宽流量/(m^3/d)
2014 年	第 1 天	94.89	0.280	2015 年	第 1 天	94.83	0.314
	第 2 天	95.12	0.397		第 2 天	95.52	0.372
	第 3 天	96.84	0.651		第 3 天	95.54	0.371
	第 4 天	97.04	0.698		第 4 天	95.64	0.377
	第 5 天	97.04	0.707		第 5 天	95.54	0.364
	第 6 天	96.94	0.567		第 6 天	95.49	0.368
	第 7 天	96.79	0.668		第 7 天	95.79	0.385
	第 8 天	95.24	0.598		第 8 天	96.00	0.400
	第 9 天	95.44	0.448		第 9 天	95.65	0.362
	第 10 天	95.44	0.531		第 10 天	95.44	0.338
	第 11 天	95.14	0.549		第 11 天	95.44	0.337
	—	—	—		第 12 天	95.44	0.335
	—	—	—		第 13 天	95.27	0.318
	—	—	—		第 14 天	95.18	0.309
	—	—	—		第 15 天	94.75	0.315
	—	—	—		第 16 天	94.45	0.231
	—	—	—		第 17 天	94.30	0.217
	—	—	—		第 18 天	94.21	0.207

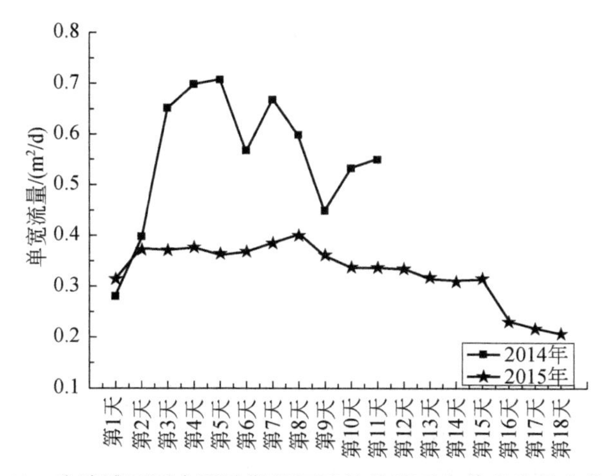

图 4-64 武陵滩区调水调沙期间河流补给地下水单宽流量变化趋势

小浪底水库调水调沙期间，2014 年河流对地下水的单宽补给流量为 0.280 ~ 0.707 m^2/d，河流水位为 94.89 ~ 97.04 m；2015 年单宽补给流量为 0.207 ~ 0.400 m^2/d，河流水位为 94.21 ~ 96.00 m。黄河对滨河湿地地下水的侧渗量与河水水位变化一致，但 2014 年河流侧渗量明显高于 2015 年，分析其原因主要与农业灌溉抽水有关。地下水位的动态变化引起水力坡度的变化，从而影响黄河侧渗量（雷万达，2008）。2014 年小浪底水库调水调沙期间，该区域气温较高且少雨，当地社区居民昼夜不停的抽水以满足农作物生长的需要，造成了河流水位与滨河湿地地下水位之间存在较高的水位差，导致了河流对地下水的侧身补给量增大；2015 年小浪底水库调水调沙期间，该区域多雨，滩区几乎没有发生灌溉抽水，河流水位与滨河湿地地下水位之间的水位差相对小一些，使得河流对地下水的侧身补给量相对较小。

天然条件下，浅层地下水一般向河流或湖泊排泄（薛禹群和张幼宽，2009）。由于地下水开采等影响，天然地下水流场发生改变，导致地表-地下水补给-排泄关系发生改变。滨河湿地地下水-河水的补给-排泄关系也发生了变化，从河水补给地下水、地下水反补给河水的一个复杂多变的体系转变为单一的体系。小浪底水库的蓄水运行，使得河流洪水对湿地地下水的显著影响已经减弱，黄河北岸，河水长期补给地下水，小浪底水库调水调沙期间补给增强。

由此可见，受地质条件的影响，黄河南北两岸地下水与河水相互作用表现出明显的差异性，洪水期，受河水水位急剧上涨的影响，均表现为河水补给地下水；平水期黄河南岸表现为地下水补给河水，而黄河北岸则仍是河水补给地下水。大坝控制下，滨河湿地地下水的水文调节功能已经几乎完全丧失。

4.5 滨河湿地水文交错带及生态修复关键地带

研究区黄河主河道北岸是广阔的河漫滩和太行山前冲洪积扇互为交错的地带，地势较为平坦；南岸为邙山，山河之间滩地狭窄，略向黄河倾斜。两岸地形地貌的显著差异，决定了黄河主河道两侧滩区水文过程存在显著差异，也决定了滩区水文交错带和生态修复关键地带（“两带”）必然会存在较大差异。

4.5.1 黄河北岸“两带”

由于黄河北岸试验观测采用的不是专门构建的水文观测井，而是正在使用的农田灌溉井，观测过程中，地下水位变化受到了农业灌溉的影响。湿地水源的稳定性决定了整体湿地生态系统的稳定性，其水分条件深刻影响着湿地生物的分布

(王兴菊，2008)。本节以滩区地下水位及河流对地下水补给单宽流量的变化来研究滩区水文交错带和生态修复关键地带。

图4-39～图4-41反映了武陟滩区地下水位逐月变化特征，图4-42～图4-44反映了调水调沙期间地下水位变化特征。从地下水逐月观测数据看，地下水位的波动与河岸距离显著负相关，在距离河岸大约1000 m的区域（1号观测井～5号观测井），滩区地下水位随着河流水位的升高而升高；而距离河岸较远的区域（大约2000 m以外），滩区地下水位受河流水位影响较小，上游来水量大的6～7月，河流水位达到最高，滩区地下水位相对较低，河流枯水期的12月～次年1月滩区地下水位相对较高。

从调水调沙期间地下水位变化的趋势来看，调水调沙初期，河流水位开始增高，地下水位随之开始上升，但上升速度不明显；调水调沙中期，河流水位急剧升高2 m左右，滩区地下水位达到峰值；调水调沙后期，河流水位迅速下降，相应地地下水位回落。从观测的数据来看，2013年，与河道距离1000 m的区域水文变化强烈，地下水位与黄河水位共同涨落，地下水位变化振幅为0.57～0.77 m；距离河岸1000～2000 m的区域地下水与河流水力联系较为密切，地下水位变化振幅为0.36～0.44 m；而距离河岸2000 m以外的区域，地下水的波动受河流水位的影响较小，地下水位变化振幅为0.24～0.28 m。2014年，该期间农业灌溉抽水频繁，强烈影响了滩区地下水位的变化，导致了观测井地下水位变化规律性不明显。2015年，河流水位在调水调沙期间波动的振幅为2.01 m，与河道距离1000 m的区域水文变化强烈，地下水位与黄河水位涨落一致，地下水位变化振幅为0.49～0.51 m；距离河岸1000～2000 m的区域地下水与河流水力联系较为密切，地下水位变化振幅为0.33～0.38 m；而距离河岸2000 m以外的区域，地下水的波动受河流水位的影响较小，地下水位变化振幅为0.18～0.22 m。

武陟滩区2014年河水补给地下水的单宽流量逐月变化特征如图4-65所示。

由图4-65可知，2014年，河水补给地下水的侧渗流量与河岸距离显著负相关，距离河岸越近其侧渗流量越高。与河道距离1000 m的区域河水补给地下水的侧渗流量变化最大，单宽流量变化振幅为0.062～0.084 m^2/d；距离河岸1000～2000 m的区域河水补给地下水的侧渗流量变化较大，单宽流量变化振幅为0.011～0.028 m^2/d；而距离河岸2000 m以外的区域河水补给地下水的侧渗流量变化较小，单宽流量变化振幅为0.005～0.009 m^2/d。

武陟滩区2015年河水补给地下水的单宽流量逐月变化特征如图4-66所示。

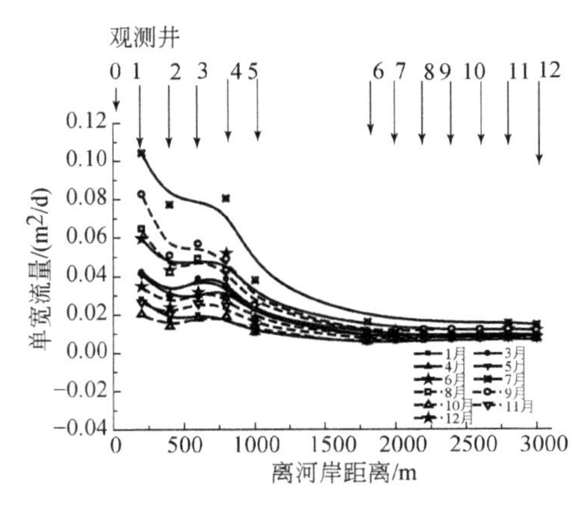

图 4-65 武陟滩区 2014 年河水补给地下水单宽流量月变化特征

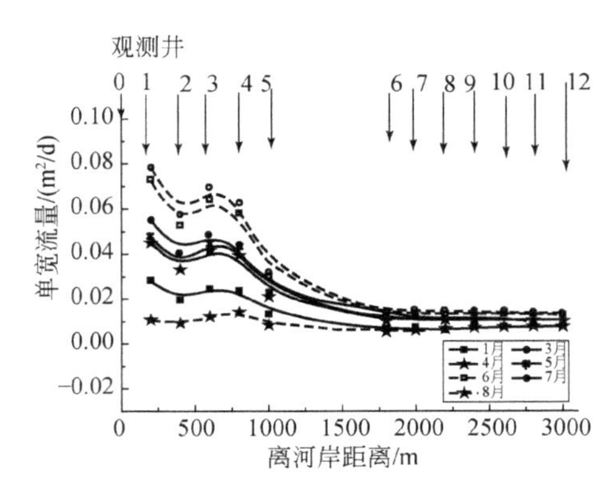

图 4-66 武陟滩区 2015 年河水补给地下水单宽流量月变化特征

由图 4-66 可知，2015 年，与河道距离 1000 m 的区域河水补给地下水的侧渗流量变化最大，单宽流量变化振幅为 0.048 ~ 0.068 m^2/d；距离河岸 1000 ~ 2000 m 的区域河水补给地下水的侧渗流量变化较大，单宽流量变化振幅为 0.009 ~ 0.023 m^2/d；而距离河岸 2000 m 以外的区域河水补给地下水的侧渗流量变化较小，单宽流量变化振幅为 0.005 ~ 0.007 m^2/d。

武陟滩区 2014 年小浪底水库调水调沙期间河水补给地下水的单宽流量变化特征如图 4-67 所示。

由图 4-67 可知，2014 年调水调沙期间，河水补给地下水的侧渗流量仍表现为与河岸距离显著负相关，距离河岸越近其侧渗流量越高。与河道距离 1000 m 的区域河水补给地下水的侧渗流量变化最大，单宽流量变化振幅为 0.053 ~ 0.087 m^2/d；距离河岸 1000 ~ 2000 m 的区域河水补给地下水的侧渗流量变化较大，单宽流量变化振幅为 0.007 ~ 0.023 m^2/d；而距离河岸 2000 m 以外的区域河水补给地下水的侧渗流量变化较小，单宽流量变化振幅为 0.004 ~ 0.007 m^2/d。

武陟滩区 2015 年小浪底水库调水调沙期间河水补给地下水的单宽流量变化特征如图 4-68 所示。

由图 4-68 可知，2015 年调水调沙期间，与河道距离 1000 m 的区域河水补给地下水的侧渗流量变化最大，单宽流量变化振幅为 0.033 ~ 0.048 m^2/d；距离河岸 1000 ~ 2000 m 的区域河水补给地下水的侧渗流量变化较大，单宽流量变化振幅为 0.006 ~ 0.013 m^2/d；而距离河岸 2000 m 以外的区域河水补给地下水的侧渗流量变化较小，单宽流量变化振幅为 0.003 ~ 0.004 m^2/d。

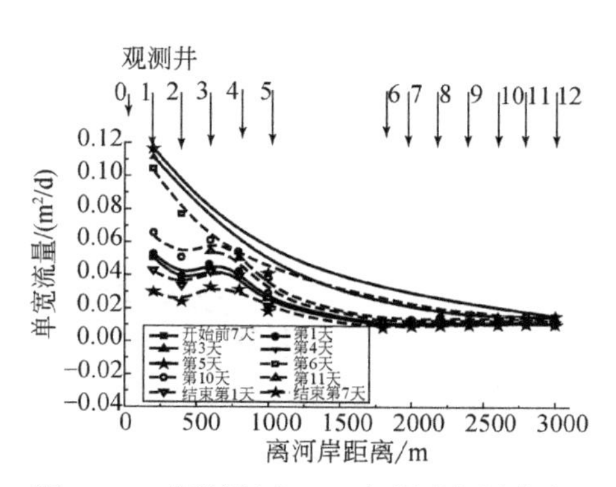

图 4-67 武陟滩区 2014 年调水调沙期间河水补给地下水单宽流量变化特征

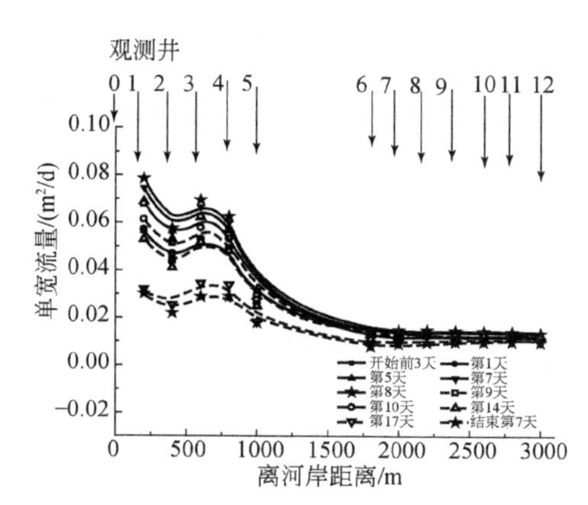

图 4-68 武陟滩区 2015 年调水调沙期间河水补给地下水单宽流量变化特征

根据地下水位和黄河侧渗补给量的变化情况分析，与河道距离 1000 m 的区域水文变化强烈，说明地下水与河流的水力联系非常密切，随河流水位波动会产生强烈变化，该区域的合理保护，无论是对于保护河流水质还是地下水水质都非常关键。同时，黄河北岸河岸受河水冲蚀垮岸现象严重，观测期两年多的时间，河岸被河水冲蚀近 100 m。因此，从生态安全和湿地水文过程等方面来考虑，距离河道 1000 m 左右的区域内应作为典型的滩区生态修复关键地带。

距离河岸 2000 m 左右的区域内地下水位和黄河侧渗补给量变化较为显著。调水调沙初期，河流水位开始增高，地下水位随之开始上升，但上升速度不明显；调水调沙中期，河流水位急剧升高 2 m 左右，滩区地下水位达到峰值；调水调沙后期，河流水位迅速下降，地下水位相应地回落，地下水位的变化稍微弱一些。该区域内河水补给地下水的单宽流量变化幅度与 1000 m 以内的区域相比，也有明显的降低。距离河岸 2000 m 以外的区域，地下水位和河水补给地下水的单宽流量的变化不明显。以上结果反映了距离河道 2000 m 左右的区域内地下水与河流联系较为紧密，为典型的滩区河流–地下水的水文交错带。

4.5.2 黄河南岸“两带”

图 4-69 反映了黄河南岸孟津滩区地下水位月变化特征，图 4-70 反映了孟津滩区调水调沙期间地下水位变化特征。与黄河北岸的变化规律一致，地下水位的波动与河岸距离显著负相关，在距离河岸 200 m 区域处，地下水位随河流水位变化曲线的斜率发生显著变化，这一点在调水调沙期间更为显著，一些日曲线开始

出现趋向“极值点”特征。距离河岸 400 m 以内区域，随着河流水文季节性波动，地下水位变化显著；400 m 以外区域，虽然随着河流水位变化也会发生变化，但是变化幅度相对较小。

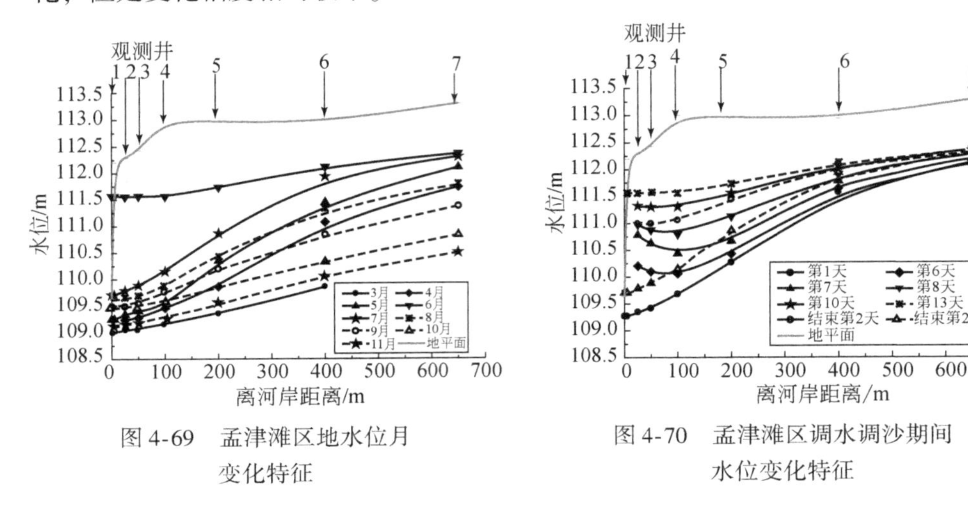

图 4-69 孟津滩区地水位月变化特征

图 4-70 孟津滩区调水调沙期间水位变化特征

调水调沙期间地下水位的日变化更加清晰地呈现出上述规律，小浪底水库调水调沙初期，水库释放的水和沉积物使得河水水位急剧增高，河水反补给地下水，导致滩区地下水位上升，其中 200 m 以内的区域水位上升非常显著；400 m 以内区域水位上升较为显著；调水调沙后期，河流水位迅速下降，地下水相应地位回落，其中 200 m 以内的区域水位回落速度非常显著；400m 以内区域水位回落速度较为显著。该时期 200 m 以内的区域水位波动振幅为 1.46 ~ 2.30 m；200 ~ 400 m 的区域水位波动振幅为 0.54 m 左右；400 m 以外的区域水位波动振幅为 0.21 m 左右。距离河岸 650 m 远的第 7 个观测井水位波动幅度不大，但是距离河岸较近的观测井水位波动幅度差异性大，在小浪底水库调水调沙的第 6 ~ 第 10 天，距离河岸 100 m 的观测井形成了地下水岭，但是在调水调沙结束后第 27 天，河水水位回落到起低的水位时，这条地下水岭也随之消失。此外，在观测的横断面上有两个关键的位置，即距离河岸 200 m 和 400 m 处。水位曲线在 400 m 处出现“拐点”，而 200 m 处个别日水位曲线逼近“极值点”。

根据地下水位的变化情况分析，距离河道 200 m 以内区域水位与河流的水力联系极为紧密，随河流水位波动会产生强烈变化，该区域的合理保护，无论是对于保护河流水质还是地下水水质都是非常关键的。因此，距离河道 200 m 左右的区域内应作为典型的滩区生态修复关键地带。

距离河岸 400 m 以内区域，随着河流水文季节性波动，地下水位变化较为显著；距离河岸400 m以外区域，虽然随着河流水位变化也会发生变化，但是变化幅度相对较小。调水调沙期间地下水位的日变化更加清晰地呈现出上述规律。因此，距离河道400 m左右的区域内地下水与河流联系紧密，为典型的滩区河流-地下水的水文交错带。

大坝蓄水运行后，河流水文情势发生了非常大的变化。季节性洪水被有效控制，滩区湿地不再被季节性淹没，滩区水文过程发生了显著的变化，下游滨河湿地地下水与河水的相互作用由以漫滩洪水垂直补给地下水向以河流侧向补给过渡，影响滩区水文过程的一个重要因素是农田灌溉。与黄河南岸地下水补给河水，调水调沙期河水反补给地下水不同，黄河北岸，河水长期补给地下水，调水调沙期间补给增强。黄河北岸，距离河道2000 m左右的区域内地下水与河流联系较为紧密，为典型的滩区河流-地下水的水文交错带，而距离河道1000 m左右的区域内应作为典型的滩区生态修复关键地带；对于黄河南岸，距离河道400 m左右的区域内地下水与河流联系紧密，为典型的滩区河流-地下水的水文交错带，而距离河道200 m左右的区域内应作为典型的滩区生态修复关键地带。

5 滨河湿地水质净化功能与净化机制研究

5.1 概　　述

5.1.1 农业非点源污染及其控制

非点源污染（non-point source pollution）又称面源污染，是指溶解性或固体污染物在大面积降水和径流冲刷作用下汇入受纳水体而引起的水体污染。与点源污染相比，非点源污染的时空范围更广，不确定性更大，成分、过程更复杂，因而加深了相应的研究、治理和管理政策制定的难度（Novotny and Olem，1994；金相灿，2001）。

从世界范围来看，非点源已成为水环境的一大污染源或首要污染源。20 世纪 80 年代末 90 年代初美国、英国均相继报道了相关水体中氮的数量在快速增加。美国 60% 的水环境污染起源于非点源，丹麦 270 条河流中 94% 的氮负荷、52% 的磷负荷是由非点源污染引起的，荷兰农业非点源提供的总氮、总磷分别占水环境污染总量的 60% 和 40% ~50%（金相灿，2001）。在我国，随着工业点源的有效控制，非点源污染已经成为我国水环境重要污染类型，在太湖和滇池等重要湖泊，非点源污染已经成为引起水质恶化的主要原因之一。1995 年进入并滞留于巢湖中的污染物，69.5% 的总氮和 51.7% 的总磷来自非点源污染；滇池外海的总氮和总磷负荷中，农业非点源污染分别占 53% 和 42%（金相灿，2001；马蔚纯等，2003；李恒鹏等，2006）。科学地认识并有效控制非点源污染，越来越成为当前环境科学领域的热点研究问题。

将非点源污染作为一种严重的环境问题进行研究，始于 20 世纪 60 年代中期的美国。最早的研究是从研究农药对水质的污染开始的，主要集中在确定农田径流污染性质、影响因素，单场暴雨和长期平均污染负荷输出方面的初步认识研究中。20 世纪 80 年代以来，随着对非点源污染形成机制及其危害认识的深入，各国对非点源污染问题日益重视，并从多角度、多层次进行全方位研究，涉及生态、水文、地理以及计算机技术等多个领域，成为一个多领域的交叉学科

(Bhaska et al. , 1992; Corral et al. , 2000; 马蔚纯等, 2003)。非点源污染物的检测指标逐渐细化，不再局限于总氮、总磷和总有机碳等常规指标，而是具体到某类甚至某个污染物。

陆生生态系统向水生生态系统硝氮的传输主要通过两个过程来完成，在未受干扰森林流域，当融雪和降雨事件发生时，河水硝氮高于基流中硝氮浓度时，有迹象表明河岸带是硝氮源，其峰值常早于河水排水峰值（Denning et al. , 1991; Stottlemyer and Troendle, 1992; Hill, 1993; Creed and Band, 1998; Ohrui and Mitchell, 1998; Correll et al. , 1999; Hill et al. , 1999; Campbell et al. , 2000; Coats and Goldman, 2001; Bechtold et al. , 2003)，这种现象在混合土地利用的农业流域也可以观测到（Schnabel et al. , 1993; Correll et al. , 1999; Royer et al. , 2004)。这种暂时行为是一种“脉冲效应”，当水位达到土壤表层，随后流向土壤表层及其附近的营养库（Creed et al. , 1996; Creed and Band, 1998)。当饱和穿越流位于土壤表层深部，土壤中积累的氮就会少量地向附近水体输出。当饱和穿越流贯穿土壤表层，土壤中积累的氮就会大量地向附近水体输出，使河岸带成为硝氮源。硝氮也可以通过地下水发生传输（Creed et al. , 1996)。硝氮极易溶于水，在任何浓度下都不能被土壤吸收（Johnson, 1992)。所以渗透到土壤剖面的溶于降水和灌溉水的硝氮不能被植被和微生物吸收，随水迁移至地下水位，进入地下水。

中国在非点源污染问题的研究起步较晚，目前仅在一些重要湖、河（太湖、滇池、三峡库区等）开展过相关研究（金相灿，2001)。研究手段较为单一，局限于总氮、总磷和总有机碳等常规指标，且宏观多、微观少，应用多、开发少，基础研究十分薄弱。已有的研究结果研究表明，各类非点源污染所造成的水环境质量恶化已日益明显和突出，以滇池为例，滇池外海的总氮和总磷负荷中，农业非点源污染分别占53%和42%；到2005年，来自农业非点源污染的总氮、总磷和化学需氧量将分别占总负荷的60%～70%、50%～60%和30%～40%。在中国一些水体严重污染的流域，农田、农村畜禽养殖和城乡结合部的生活排污是造成水体氮磷富营养化的主要原因，其贡献率远远超过来自工业和城市点源污染。目前，我国非点源污染控制技术中，污水土地处理系统以其设备简单、操作管理方便、能耗低得到大力推广；入湖河道污染削减技术方面，依靠人工湿地处理装置，利用滤床过滤-植物净化系统对河水进行强化净化处理，取得了很好的效果。

5.1.2 滨河湿地对农业非点源氮污染控制研究

滨河湿地定义为毗邻小溪、河流和湿地的植被带，严格意义上讲，只是由河岸及河床两侧的植被构成，本章中将河岸缓冲带（riparian buffer）、河岸带（riparian zone）、缓冲带（buffer strip）、过滤带（filter strip）和植被过滤带（vegetated filter strip）看作同义词。河水的化学性质反映一个流域内的生物地球化学过程。然而，对河水成分变化的研究比单纯的化学和生物上的研究更加深入。从这个角度上说，作为陆地生态系统的景观连接单元的滨河湿地，也许是流域生态系统中最重要的组成部分。

河流附近饱和带和滨河湿地是氮的生物地球化学过程动力学的活跃区，在此区域，氮素发生复杂的迁移转化，影响着水、养分和其他外源物质从高地向河流流动以及在河内的运移，水边植被带能够在农田退水和暴雨径流进入湖泊和溪流之前，通过固定、吸附、沉淀、铵化、硝化、反硝化和植被同化等作用，尤其是植物吸收和反硝化作用有效的去除氮，从而可以减少非点源污染、改善下游水环境质量。Salvia-Castellví 等（2005）研究了卢森堡农业流域溶解态和颗粒态营养元素的输出。结果发现在森林（4 $kg/hm^2 \cdot a$）、农业（27 ~ 33 $kg/hm^2 \cdot a$）和混合流域（17 ~ 22 $kg/hm^2 \cdot a$）氮输出存在显著差异，同时季节上变化较大。Casey 和 Klaine（2001）研究了高尔夫球场暴雨径流中硝氮和磷酸盐负荷，以及当径流流经河岸带湿地时这种负荷的截留作用。在 11 次降水事件中，硝氮和磷酸盐被截留了 80% 和 74%；随后添加硝氮和磷酸盐及溴离子，模拟自然降雨并让其流经河岸带湿地，结果发现当径流流经河岸带湿地渗滤到湿地地表以下，磷酸盐很快完全地被截留，湿地排水中没有检测到磷酸盐，硝氮截留发生在以后的几个小时里，这可能是由于被反硝化酶重新活化造成的；在所有试验中，开始硝氮被截留 60%，后来增加到 100%。这些结果表明，在自然暴雨事件的时间尺度上，河岸带湿地能成功截留间歇输入到其中的硝氮和磷酸盐。

Vellidis 等（2003）研究了美国佐治亚州沿海平原恢复的森林河岸带湿地对邻近施肥区域和肥沃草场水质影响，收集了 1991 ~ 1999 年的水质和水文数据。河岸缓冲带宽 38 m，硝氮浓度超过 10 mg/L 的浅层地下水呈羽状进入恢复森林河岸带湿地，在 25 m 内，羽状水流的前端硝氮浓度小于 4 mg/L，田地边缘地表径流中总氮、溶解性活性磷和总磷平均浓度分别为 8.63 mg/L、1.37 mg/L 和 1.48 mg/L，在森林河岸带湿地出口处减少为 4.18 mg/L、0.31 mg/L 和 0.36 mg/L；截留和除去效率硝氮最高达 78%，氨氮达 52%，总磷和溶解性活性磷截留率均为 66%，大部分氮截留和去除都是通过反硝化作用完成的；恢复森林河岸带湿地出流总氮和总磷年均浓度为1.98 mg/L和0.24 mg/L。Balestrini等（2011）研究了意大利北部Po River流域农业密集区狭窄河滨植物带对地下水中氮的去除规律，结果表明河滨植物带外缘几米宽草本植物的反硝化作用在地下水硝酸盐去除中起主导作用，而内侧的林木则通过根部吸收除去水中的氮素。

未受干扰源头区（Mcdowell et al.，1992；Campbell et al.，2000；Sueker et al.，2001；Sickman et al.，2003）、农业（Peterjohn and Correll，1984；Jordan et al.，1993；Hill，1996；Campbell et al.，2000）和区域土地利用（Hedin et al.，1998；Ostrom et al.，2002）河岸带地下水中硝氮均发生衰减。2005年*Ecological Engineering*刊登社论，详细阐述了农业流域滨河湿地的净化过程、生态功能及其规划和设计。Mander等（1997）详细讨论了农业流域滨河湿地的功能和尺度效应。Busse和Gunkel（2001；2002）对滨河湿地是氮源还是氮汇进行了深入的讨论。Hefting等（2005）研究了欧洲滨河湿地植被和凋落物在氮动力学方面的作用后认为，滨河湿地对氮去除主要是通过反硝化作用和植物吸收两个方面来完成的。近来对滨河湿地氮去除的实验研究表明，反硝化作用比植物吸收更重要（Verchot et al.，1997；Matheson et al.，2002）。Hill（1996）通过计算20个流域穿越河岸带的地下水硝氮除去率后发现，有14个流域硝氮去除率超过90%，20个流域中硝氮去除率达到65%～100%。

Hutchins等（2010）采用水质模型（QUESTOR）模拟分析了英国乌斯河流域水质变化，在气候变化影响下河水将在2080年转为中等/富营养性河流。为了改变这种趋势，模型模拟不同控制措施下的效果，结果发现减少营养污染物对抑制浮游生物生长效果没有代价更低的河岸带措施明显，在污水处理工作中减少磷负荷仅能减少11%的浮游生物，而覆盖有森林的河岸带则能减少44%的浮游生物；通过削减源头区农业来削减硝氮负荷可以减少10%的浮游生物，河岸带则能减少47%。

农业流域河岸带地下水硝氮衰减主要是通过反硝化作用、植被吸收和微生物固定完成（Cooper，1990；Pinay et al.，1993；Devito et al.，2000）。植物吸收和微生物固定是由氮暂时固定，在其死亡腐烂后会返还生态系统。反硝化能将氮从生态系统中除去。反硝化是将硝氮转化成氧化亚氮，随后进一步转化为氮气的生物化学过程。

$$5CH_2O + 4NO_3^- \rightarrow 2N_2 + 4HCO_3^- + CO_2 + 3H_2O \quad (5\text{-}1)$$

反硝化速率只能在有土壤有机质和低氧气条件下测定，同时受控于地下水中硝氮浓度的时空变化（Cooper，1990；Pinay et al.，1993；Hedin et al.，1998；Jacinthe et al.，1998；Devito et al.，2000；Clement et al.，2002；Ostrom et al.，2002；Hill et al.，2004）。通过整理土芯（Jacinthe et al.，1998）、原位及野外田

间尺度（Clement et al.，2002；Hill et al.，2004）和横穿河岸带地下水井横切面（Puckett and Cowdery，2002）的反硝化作用研究发现：①不管是潜在的还是实际反硝化潜力，在土壤剖面上有强烈的垂向梯度；上层土壤拥有最高的反硝化速率，该层有机碳含量也最高。②所有季节中深层土壤拥有较低的反硝化速率，这些观测值表明即使是非常小的有机碳含量也能支持反硝化作用，引起的地下水硝氮下降也能观测到。河岸带水文能通过地下水和有机碳的相互作用来控制反硝化作用，所以深层地下水硝氮衰减可以忽略不计，但一旦地下水向上运移通过河岸带就会发生100%衰减（Devito et al.，2000）。

岩床地质条件也是影响硝氮衰减的因素，某些矿物能够通过提供电子受体提高反硝化速率。尽管反硝化反应中有机碳是普通的电子提供者，但是还存在其他的电子供给，如黄铁矿（Fe_2S）中的含铁离子以及辉石、角闪石等硅酸盐矿物（Puckett and Cowdery，2002）。在缺少氧气的情况下，硝氮衰减和硫铁矿中硫氧化反应一同发生，这一反应以噬硫杆菌脱氮为中介（Grimaldi et al.，2004）：

$$5FeS_2 + 14NO_3^- + 4H^+ \rightarrow 7N_2 + 10SO_4^{2-} + 5Fe^{2+} + 2H_2O \quad (5\text{-}2)$$

反硝化速率空间变化研究发现反硝化速率最高地区为河岸带上坡边缘，而最低速率位于土壤-河流交界面附近（Cooper，1990；Groffman et al.，1992；Pinay et al.，1993），这主要是因为土壤-河流交界面上坡反硝化作用，使邻近土壤-河流交界面上硝氮浓度较低所致。当测量穿越脊顶（流域分界线）到土壤-河流分界面的斜坡上的反硝化速率时，相关土壤-河流交界面上坡反硝化速率较大，而排水不畅趾坡位置一般具有较高的反硝化速率，与排水良好的山脊上通过微生物固定的氮有差异。排水良好区域，有大量的微生物固定，这就导致反硝化（或硝化）作用较弱；在排水不畅的区域，只有少量的微生物固定，氨氮转化为硝氮的硝化细菌数量较大，硝化速率较高。硝氮积累，加上高土壤湿度，促使了较高反硝化作用氮损失发生。

反硝化速率研究发现，硝氮衰减全年都可发生，但其衰减机制并不一样，其中反硝化作用往往是主要过程（Groffman et al.，1992；Pinay et al.，1993）。生长季，植物吸收、反硝化作用和微生物固定都能使硝氮发生衰减，但在冬季非生长期，硝氮衰减就仅仅靠微生物过程来完成。

尽管大多数的硝氮衰减研究主要集中于农业流域，也有研究表明高海拔未受干扰的流域河岸带反硝化过程也能也能引起硝氮的短暂变化（Mcdowell et al.，1992；Campbell et al.，2000；Sueker et al.，2001；Sickman et al.，2003）。在美国科罗拉多州和内华达州高海拔流域，河水中硝氮浓度峰值通常早于或者与春季融雪峰值一致，整个夏季发生衰退，在冬季又有轻微上升，这主要是硝化速率、反硝化速率和微生物固定作用速率存在相对差别所致。早春硝化作用是非常重要的过程，晚春反硝化作用又变为主导作用，在夏天微生物固定和植物吸收变得非常重要，秋天又变为反硝化作用，冬天微生物作用又占主导地位（Sickman et al.，2003）。早春冰冻/融雪循环有利于硝化作用发生，晚春融水使土壤饱和加上相对较高的硝氮浓度，从而有利于反硝化作用发生。

滨河湿地对农业非点源氮污染的控制过程如图 5-1 所示（陆健健等，2006），农业区滨河湿地一般氮循环模型如图 5-2 所示（Christopher and Jeffrey，1997）。在这个模型中，有机氮的铵化作用和氨氮扩散作用被作为影响硝化速率和反硝化速率的因素被考虑。这个模型被用于不同的水文条件，包括：①从不被水浸泡的含氧土壤层；②被水间歇性淹没或者浸水的区域；③永久性淹水的区域。在含氧区主要发生有机氮氨化、氨氮硝化作用及植物对无机氮的吸收作用，而在缺氧区则存在无机氮氨化和反硝化作用，氨氮在含氧区和缺氧区之间可以发生迁移，硝氮在含氧区、缺氧区和地下水系统之间也可以发生迁移。在这些不同的区域，反硝化能力非常不均匀，很少在任何一个河岸带区域有规律地完成。这个模型的建立能够代表大部分水文学和氮的迁移转化过程，但并不能反映现实的复杂性，这种复杂性是由陆地生态系统和水生生态系统界面上错综复杂的水文过程（如地下水位的快速升高，大孔隙流等）决定的。

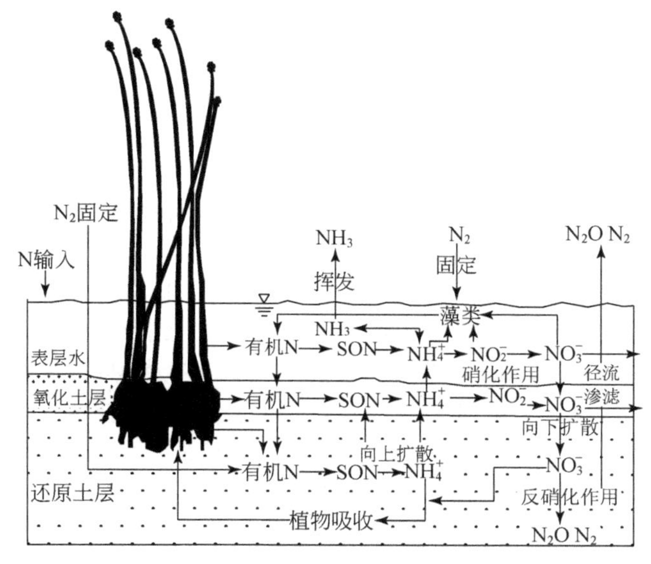

图 5-1　滨河湿地对农业非点源氮污染的控制过程（陆健健等，2006）

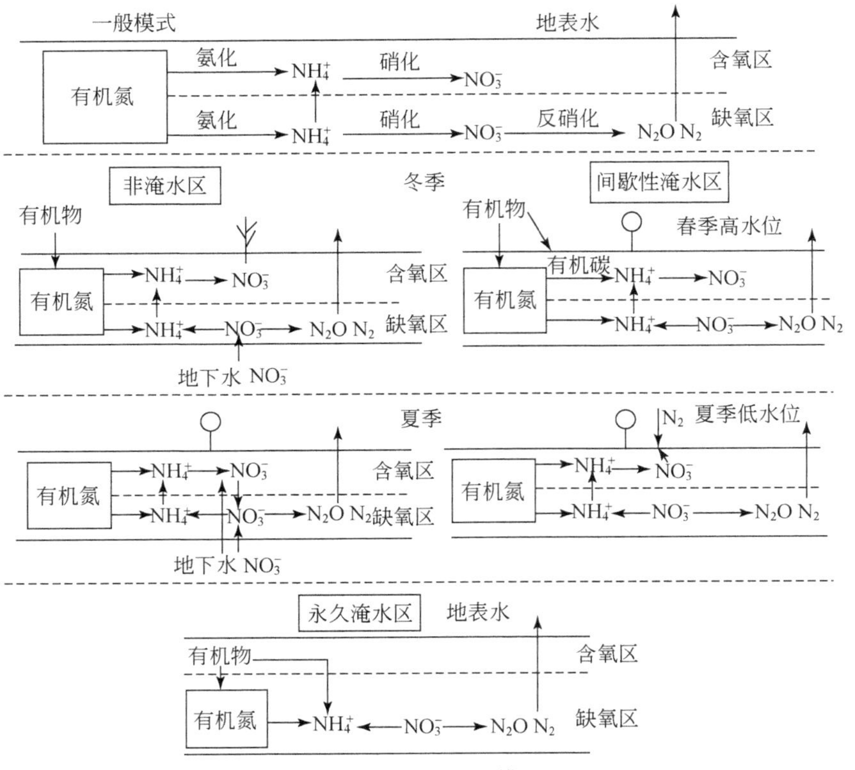

图 5-2 河岸带氮迁移转化的水文及生物地球化学模型（Christopher and Jeffrey，1997）

5.1.3 ^{15}N 同位素示踪技术及其在滨河湿地氮循环中的应用

同位素是指具有相同质子数和不同中子数的一组核素，按其原子核的稳定性可以分为放射性同位素和稳定同位素两大类。美国化学家 Urey 对同位素物质热力学性质的深入研究、Nier 研制成功比值质谱计以及 Mckinney 等（1950）对 Nier 型质谱计的改进等一系列工作，最终使稳定性同位素技术成为一种有效的分析方法。近年来，稳定性同位素技术以其安全、准确及不干扰自然等优越性引起了生态学家的重视（Ziegler，1995），在生态学的各个领域都展现了极好的应用前景。^{15}N 同位素示踪技术因具有示踪和区分氮素物质的来源与去向的作用，而在研究生态系统氮生物地球化学循环中发挥了极为重要的作用（Robinson，2001）。

应用稳定同位素检测生态系统中氮的来源、运移过程和归趋主要有两种方法，一种是人工富集 ^{15}N 同位素稀释法，另外一种是利用自然条件下氮源和氮汇中^{15}N不同丰度的$\delta^{15}N$天然丰度法。^{15}N同位素稀释法的基本原理是将一定丰度的标记体投放到既有固氮植物也有参照植物生长的微区内，因固氮植物要从空气中固定一定比例的N_2，故微区内生长的固氮植物与非固氮植物的^{15}N就有了一定的差异，据此来计算生物固氮对固氮植物氮素营养的贡献百分比（Chalk，1985）。与^{15}N同位素稀释法相比，^{15}N天然丰度法不需要投放标记体，而是通过生长在同一地点的固氮植物和非固氮植物$\delta^{15}N$值的差异（非固氮植物的$\delta^{15}N$值要比固氮植物的大）来估算固氮植物的生物固氮量（Shearer and Kohl，1986）。

我国在^{15}N稳定同位素示踪技术应用于生态系统氮循环方面的研究起步较晚。自然丰度法应用方面，邢萌等（2010）对西安市周边浐河、涝河硝酸盐污染来源进行了研究，通过测定河流不同断面和区域内主要氮源的$\delta^{15}N$值，得出了沿河工业排污可能是该河流硝氮浓度增高主要原因之一。王珺等（2010）对白洋淀府河中含氮污染物来源进行了辨析，研究认为府河氮污染物主要来源于保定市生产生活废水，而白洋淀淀区则主要来源于农业土壤和化肥中过量氮素流入；丰水期河流氨氮主要通过植物吸收去除，硝氮则44.6%由反硝化作用去除、55.4%被植物吸收。徐徽等（2009）对太湖梅梁湾水土界面反硝化和厌氧氨氧化速率进行了定量研究，给出了湾北部河口区水土界面总脱氮能力明显高于南部及开敞湖区的原因。Li等（2010）研究了太湖蓝藻水华释放氮素的归趋以及湖滨带无植被、有植被沉积物对季节性水华控制的有效性，研究表明部分微囊藻分解氮素被快速同化，湖滨带芦苇丛对于截留控制氮素具有重要作用。对于反硝化作用产生的温室气体N_2O排放研究才刚刚起步。至今国内还鲜有将^{15}N示踪技术用于天然滨河湿地氮素生物地球化学过程研究的相关报道。

国外学者已将^{15}N同位素示踪技术广泛应用到生态系统氮素生物地球化学过程的研究中，并在氮素输入、在生态系统中的迁移转化过程、氮素在生态系统中重新分配以及最后离开生态系统等方面进行了大量较为成功的研究。Bedard-haughn等（2003）总结了1964~2002年研究人员所得出的氮源或氮汇中不同有机氮或无机氮中$\delta^{15}N$的范围，以及20世纪90年代研究人员在景观尺度和流域上成功的应用$\delta^{15}N$作为氮示踪剂研究氮源和汇$\delta^{15}N$之间的差异。Revsbech等（2005）采用同位素稀释法研究了滨河湿地微环境下氮的迁移转化，结果表明硝氮发生在表面好氧地带，这些地带在浅水中最大厚度可以达到几毫米，而在富营养化非常严重环境的生物膜中只有100 μm。在缺氧地带，脱氮作用也集中在这最大几毫米的地带，通过硝化作用脱去的氮占到硝氮的一半，另一半进入到水体；以上所有硝氮的供应主要受控于扮演扩散屏障的好氧层。

Clement等（2003b）利用反硝化作用导致土壤中残留硝氮同位素富集这一分馏规律，研究了法国西部滨河湿地浅层地下水中硝氮的去除过程，得出丰水期反硝化作用和植物吸收均起重要作用，而枯水期则只有反硝化作用是脱氮的主要机制。Fukuhara 等（2007）研究了湖滨芦苇湿地对外源硝酸盐输入的去除作用，研究表明硝酸盐的总去除率在 38.4% ~73.1%，其中，反硝化作用的贡献为 6% ~28%，植物吸收占 72% ~94%。Bruland 和 Mackenzie（2010）比较了 5 个夏威夷岛屿上的 34 个滨海湿地中草本植物的 $\delta^{15}N$ 值，并研究了其与土地利用、人口密度、硝氮等地表水水质参数之间的关系，发现开发强度和人口密度相对较大的 Oahu 和 Maui 岛植物 $\delta^{15}N$ 值明显高于其他 3 岛，湿地植物 $\delta^{15}N$ 值可以作为监测 N 输入负荷变化的重要指标。Elsner（2010）认为 $\delta^{15}N$ 值可以作为推断污染物来源的“指纹”，并系统阐述了利用同位素分馏特征和不同转化态来定性定量研究其污染物迁移转化过程的方法。Akamatsu 等（2008）研究了滨河湿地植被氮吸收与湿地高程及河道距离之间的关系。采用稳定同位素技术对从洪泛区高处流到低处的沉积物增加滨河湿地植被对河水 N 吸收的假设进行了检测，结果发现水体中的 $\delta^{15}N$ 值（8‰）比土壤（3‰）高出很多，虽然土壤和水体中氮源 $\delta^{15}N$ 值没有显著变化，但滨河湿地植被中的 $\delta^{15}N$ 值由沉积物移动前的 3‰增加到沉积物移动后的 9.6‰。

Drake 等（2006）采用 $^{15}N-NH_4^+$ 示踪模拟了美国华盛顿肯尼迪小河大马哈鱼死亡腐烂后氮的衰减过程，在 4 个 50 m^2 实验场地中加入 ^{15}N 示踪剂模拟 7.25 kg 新鲜的大马哈鱼死亡后沉积产生的 N。一年中跟踪了土壤和树中 ^{15}N 示踪剂，发现 ^{15}N 示踪剂在生物学上摄取发生非常快，14 天里 64% 的 ^{15}N 示踪剂被土壤微生物群结合，同时河岸带树种优势种西部红雪松根在七天里开始吸收 ^{15}N 示踪剂，且根部吸收持续了整个冬季；土壤有机质 ^{15}N 示踪剂达到最大值 52%，5 个月内达到 40% 的相对平衡，添加示踪剂 6 个月后，至少 37% 的示踪剂在树组织中被发现，其中叶子中占 23%、根部占 11%、茎中占 3%；一年以后，至少还有 28% 的示踪剂存在于树组织中，实验场地中损失的示踪剂仅占 20%，很大一部分示踪剂是在秋季被植物吸收的，在随后的一年内重新在叶和茎中重新分配。Billy 等（2010）发现淋滤硝氮和土壤有机质氮中 $\delta^{15}N$ 值比来自合成肥料、大气沉降以及共生和非共生 N_2 固定初级氮源中的 $\delta^{15}N$ 值高出很多。在土壤的垂直剖面上，土壤有机质氮中 $\delta^{15}N$ 值随深度增加而增大（最大值达到 8‰），尤其是那些经常被水淹没的地方，如下坡农田和河岸缓冲带；硝化作用、挥发和反硝化作用是主要分馏过程，能改变土壤氮的同位素构成；使用一种新设计的算法计算所有土壤氮种类的同位素构成平衡，从它们转化的平均年平衡结果看，其趋势可以用反硝化脱氮行为来解释，土壤有机氮同位素构成能作为一种百年以上时期反硝化强度的半定量指示物。

不管是 $\delta^{15}N$ 自然丰度法还是 ^{15}N 同位素稀释法都要求氮源和背景中的 ^{15}N 的原子百分比有显著的差异。已有学者讨论了使用 $\delta^{15}N$ 作为示踪剂需要注意的相关问题（Handley and Scrimgeour，1997；苏波等，1999；Robinson，2001）。当使用人工富集源作为示踪剂，分馏过程的发生和固有 $\delta^{15}N$ 变化对研究结果没有影响（Broadbent et al.，1980）。在 ^{15}N 同位素稀释法研究中，土壤中固有的 $\delta^{15}N$ 变化仅仅在使用的示踪剂被高度稀释时才有影响（Cheng et al.，1964），此时源和汇之间 ^{15}N 原子百分比变得很小。因此，^{15}N 同位素稀释法更适合于研究检测氮的消亡、转化以及氮从源到汇的路径，而自然丰度法可能在分析模型和建立假说上具有优势（Hauck and Bremner，1976；Handley and Scrimgeour，1997；Robinson，2001）。

在 ^{15}N 自然丰度法研究结果可信度上，Handley 和 Scrimgeour（1997）认为 ^{15}N 自然丰度法检测的氮气固氮和氮输入之间缺乏显著相关性，因此 $\delta^{15}N$ 自然丰度法不适合做氮示踪剂来研究生物固氮。而 Boddey 等（2000）与他们的观点产生巨大的分歧。Middelburg 和 Nieuwenhuize（1998）认为可以用 ^{15}N 自然丰度法来追踪氮源，而 Graham 等（2001）则认为检测结果缺乏相关性从而对这种方法产生置疑。^{15}N 天然丰度法和 ^{15}N 同位素稀释法优缺点见表 5-1。

表 5-1　^{15}N 示踪剂、$\delta^{15}N$ 天然示踪剂比较

项目	^{15}N 示踪剂	$\delta^{15}N$ 天然示踪剂
^{15}N 度范围	远高于自然丰度	在自然丰度范围内
系统干扰	大	小或者为零
示踪剂成本	大	零
检测灵敏度	非常高	一般
研究持续时间	<1h～1 年	≥1h～1 年
研究尺度	点，样地或者小流域	景观上的点
样品采集要求	一般	非常严格
需要条件	示踪剂 $\delta^{15}N$>天然范围，接受者有稳定状态的标记	$\delta^{15}N$ 和所有的潜在源之间有明显差异
同位素信息要求	$\delta^{15}N$ 示踪剂加入系统之前，系统氮库之前和之后示踪剂的总量	所有潜在氮源中的 $\delta^{15}N$，系统不包含示踪剂，系统库中包含示踪剂，如果有两个以上的源，氮在库之间能够流动。
应用领域	生态学、生物学和历史学的研究	生态学、生物学和历史学的研究
解释的模型	混合	混合
信息的获得	混入示踪剂氮到没有示踪剂氮库中的数量和速率	混入示踪剂氮到没有示踪剂氮库中的数量和速率

资料来源：Robinson，2001

上述这些研究局限于某一过程中的某一个或者几个环节，缺乏系统性和连续性，尤其是在生态系统氮素运移过程等方面研究较少，而这一方面恰恰是 ^{15}N 同位素示踪技术的优势所在。国外许多学者对影响滨河湿地生态系统氮素迁移转化的因素做了非常多的深入的研究，如氧化还原条件、温度、土壤饱和度、土壤质地、地形地貌等。但对土地利用格局的变化以及水文条件变化等大的影响因素研究还不深入。国外关于生态系统氮素的矿化作用、硝化作用和反硝化作用的模型都采用一级反应动力学模型（Jφrgensen et al.，1988；Sikora et al.，1995），缺乏^{15}N技术与现有氮素模型的结合研究。同时相关研究缺乏毗邻生态系统之间因氮素物质交换所产生的生态效应和不同生态系统之间完整的对比研究。到目前为止国内外还没有一本完整的系统论述^{15}N同位素示踪技术研究滨河湿地生态系统氮素生物地球化学过程的专著（白军红等，2005）。

滨河湿地氮循环大致可分为三个过程：①氮素的输入［主要有生物固氮、大气氮沉降、人为输入（农作物施肥）及径流输入］；②氮素在湿地生态系统中的迁移转化（主要包括矿化作用、硝化作用、NH_4^+的同化作用、植物吸收和氮素在食物网中的转化等）；③氮素的输出（主要是反硝化作用产生的气态损失，NH_3挥发、径流输出、侵蚀和植物收获等）（孙志高等，2005）。

随着全球氮污染及水体富营养化程度加剧及人类对全球气候变暖的日益关注，全球氮循环已成为生态学家研究的热点，滨河湿地作为氮素生物地球化学作用的活跃区更是研究的焦点。滨河湿地氮素的生物地球化学过程也是世界气候计划（WCRP）和国际陆界生物圈方案（IGBP）等国际研究计划的重要组成部分。这些都为^{15}N示踪技术应用于湿地生态系统氮素的生物地球化学过程研究提供了契机。

国内学者在研究基础十分薄弱的前提下，需要充分利用前人已有的研究成果，紧跟国际前沿领域，正视差距、发现不足，不断提高研究水平，积极与国际前沿研究领域接轨，推动^{15}N同位素示踪技术在滨河湿地生态系统氮素循环中的应用。

5.2 试验设计与研究方法

5.2.1 试验设计

试验区位于小浪底水利枢纽下游约40 km处、黄河中游河南孟津县东北部的黄河湿地国家级自然保护区内。地理坐标为北纬34°47′～34°53′，东经112°29′～112°49′，海拔高度为120～130 m。原黄河滩区自然湿地面积较大，随着小浪底水库的建成，季节性洪水得到有效控制，滩地受到高强度的开发利用，大面积自然湿地转变为人工林、旱田、水田、荷塘、鱼塘等。靠近黄河河道两侧，由于受小浪底水库调水调沙影响季节性淹没，仍保存有一定面积的自然湿地，植被以湿生及湿生-陆生过渡类型草本植物为主，夏秋季节覆盖度高，冬春受火烧、刈割、放牧等人为影响，植被稀疏、沙土裸露。样方调查结果表明，分布面积较大的优势植物包括水烛（*Typha angustifolia*）、藨草（*Scirpus triqueter*）、芦苇（*Phragmites australis*）等。

不同的土地利用类型径流产生氮污染差异较大（孟红旗等，2008），不同的植被类型影响农业非点源氮污染的控制。在野外实地调查的基础上，根据前期该研究区农业非点源野外径流监测结果，配置相近浓度的人工暴雨径流，结合样方调查结果，兼顾野外实验的可操作性，选取地势平坦的芦苇、藨草和水烛为受试植被，将前期加工好的移动径流板组装成5 m×5 m 实验样方（图5-3），将配置好的 $K^{15}NO_3$ 溶液装入药品槽，通过转子流量计调节流量，泵前混合注入样方（表5-2），间隔一定时间采样分析土壤、植物和地下水样品中的 ^{15}N 的百分含量，研究滨河湿地对农业非点源氮污染控制功能和控制机制。其中 $K^{15}NO_3$ 氮元素原子百分比为10.25%（购自上海化工研究院）（Zhao et al.，2009）。

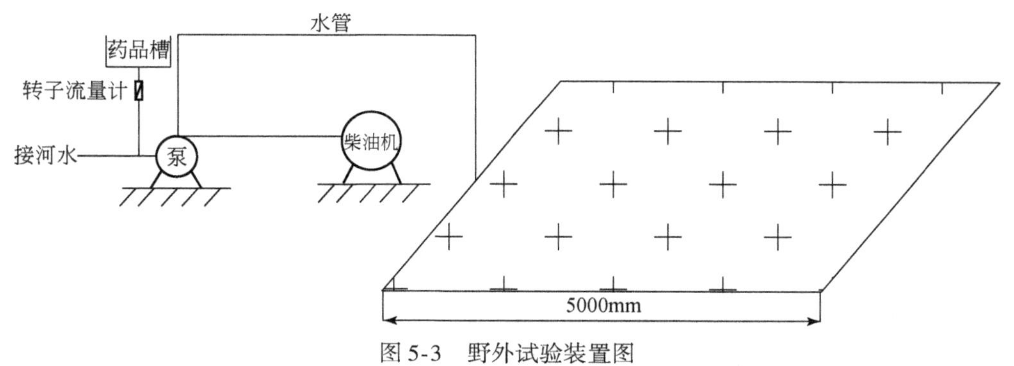

图5-3 野外试验装置图

表5-2 野外实验参数

样方	水泵出口流量 /(m^3/h)	注水持续时间/h	总注水量 /m^3	$K^{15}NO_3$ 投加量/g	$K^{15}NO_3$ 浓度/(mg/L)	样方积水深度/cm
芦苇	0.880	3.5	3.07	30	9.77	10
水烛	1.756	2	3.51	30	7.02	20
藨草	1.800	1.5	2.70	30	11.11	15

土壤和植物对农业非点源氮的吸收通过式（5-3）计算（Dahlman et al.，2002；Nordbakken et al.，2003）：

$$\text{相对氮的吸收} = (^{15}N_S - ^{15}N_C) \times (\text{Tot}N/0.1025) \tag{5-3}$$

式中，$^{15}N_S$ 为样品 ^{15}N 的原子百分比；$^{15}N_C$ 为对照样品 ^{15}N 的平均原子百分比；Tot$N$

为总^{15}N+^{14}N 浓度（mg/g 干重）；0.1025：标记^{15}N 的丰度（10.25%）。

5.2.2 样品采集与预处理

每个样品样本数为 3 个，取样时间、样品类型和数量见表 5-3。

表 5-3 样品采取时间、类型和数量

采样时间	样品类型	样品个数	备注
2007-7	植物	9	样品^{15}N 本底值，植物处于生长季
	土壤	27	
	地下水	3	
2007-7	土壤	9	1 天后土壤和地下水^{15}N 丰度值
	地下水	3	
2007-8	植物	9	1 个月后土壤、植物、地下水^{15}N 丰度值。植物处于生长季，嫩芽指刈割的芦苇萌发的新芽经一个月生长后的植株
	土壤	27	
	地下水	3	
2007-10	植物	9	3 个月后土壤、植物^{15}N 丰度值。植物处于收获季，嫩芽指刈割的芦苇萌发的新芽经三个月生长后的植株
	土壤	27	

1）植物样品

在样方内随机选择 3 处植株（芦苇分芦苇嫩芽和正常生长植株分别采集），连根采集、洗净，带回实验室处理成 1 cm 左右小段，自然条件下晾干后放入 70 ℃烘箱连续烘制 24 h，取出粉碎，过 50 μm 筛子，取筛下物装袋备用，消煮时称取 0.2 g，测定^{15}N 原子百分比含量。样品^{15}N 含量测定在中国科学院南京土壤研究所采用 MAT-251 同位素质谱仪完成（鲁如坤，2000）。

2）土壤样品

在样方中随机选取 3 处，用土钻分 0～10 cm、10～20 cm 和 20 cm 层以下采集土壤样品，每个层次采样 1kg 左右，装入袋中密封并做好标记，全氮分析前充分混匀，消煮时称取混匀的新鲜土样 1.5 g 左右，测定^{15}N 丰度。

3）地下水样品

地下水样品采样方法参照《水和废水监测分析方法》（第四版）进行。将样品装入洗涤干净的500 mL聚乙烯样品瓶中，每个样品采集1000 mL，采用硫酸酸化后放入放有冰袋的保温箱中低温保存运回实验室，测定总氮。水体总氮中^{15}N测定采用同位素质谱法，其预处理采用半微量开氏法（鲁如坤，2000）。

5.2.3 数据处理

采用Kolmogorov-Smirnov方法检验各变量的正态分布，如不服从正态分布，通过自然对数转换使之标准化；采用方差分析检验正态分布或标准化后变量之间的差异性，如对数转换无法实现标准化，则用非参数方法（Mann-Whitney U和Kruskal-Wallis Post Hoc test）比较变量的差异。分别采用Pearson和Spearman方法检验正态分布的变量之间和非正态分布环境变量之间的相关性，除特殊说明，所有分析数据的置信度均为95%，对所有残差进行独立性、一致性和正态性检验，误差统一采用标准偏差表示。

所有分析采用SPSS 13.0完成。

5.3 实验结果与分析

5.3.1 土壤对农业非点源氮的持留作用

实验前后不同时期四批土壤样品的^{15}N原子百分比含量变化情况如图5-4所示。

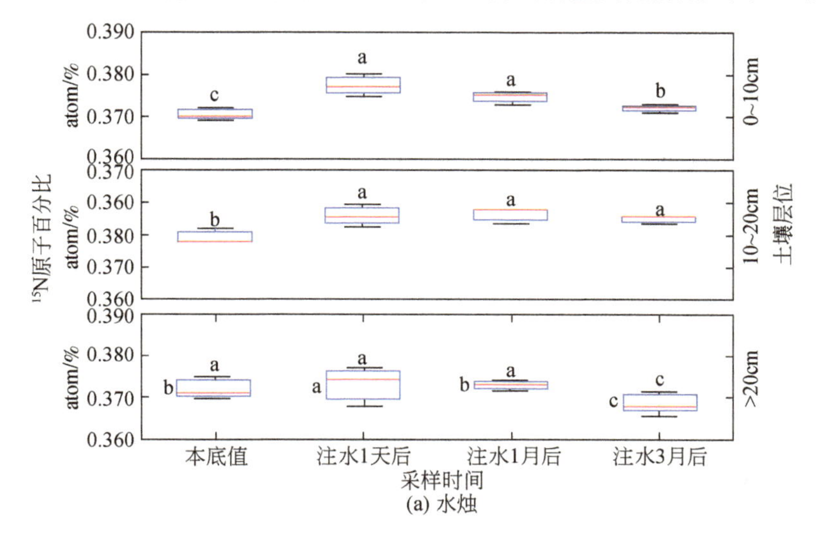

(a) 水烛

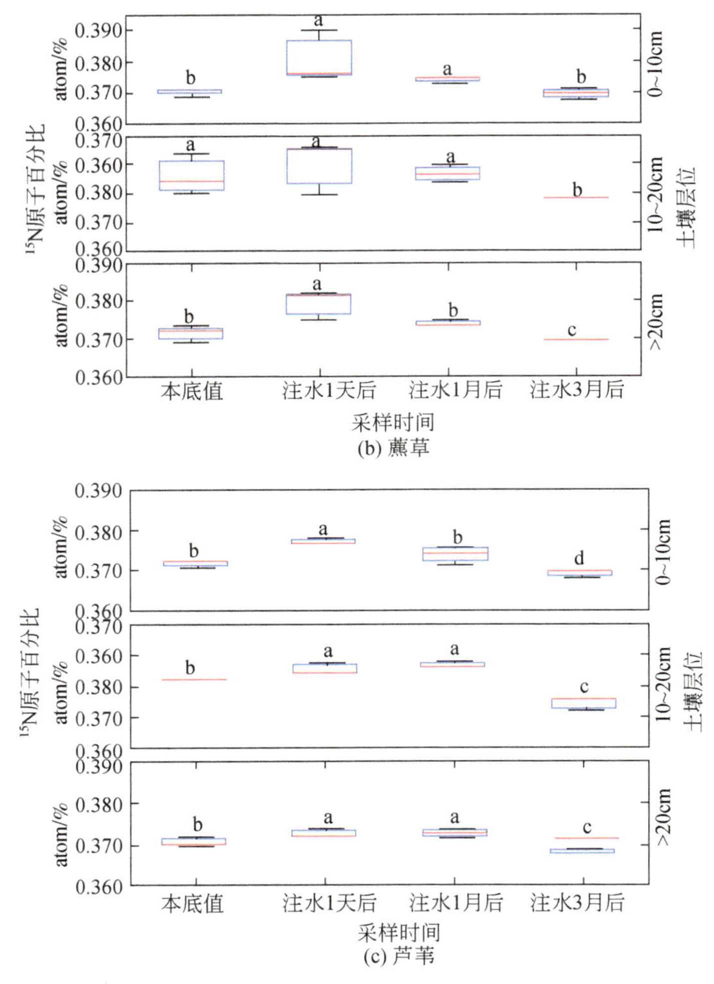

图 5-4　不同时期土壤样品 ^{15}N 原子百分比含量变化

注：具有相同字母表示差异不显著（$p<0.05$）

SPSS 的 LSD 比较结果显示，三种植被样方 0～10 cm 层的 ^{15}N 原子百分比在试验期间存在显著性差异，10～20 cm 及 20 cm 以下层位则没有 0～10 cm 层变化显著。受试植被在注水 1 天后，^{15}N 原子百分比显著高于注水前，说明滨河湿地土壤对农业非点源氮污染的滞留作用主要发生在这一层，该层在对农业非点源氮污染的控制上相当于一个过滤器的作用，其滞留能力大小分别为芦苇（0.045mg/g）>藨草（0.036 mg/g）>水烛（0.032 mg/g），占到土壤滞留氮的 59.2%、56.3% 和 56.1%。

外源氮变化速度最快的是0～10cm，不同样方对滞留在土壤中的外源氮的净化能力不同，1个月后，芦苇（77.8%）>水烛（68.8%）>蘼草（8.3%）；3个月后，芦苇（93.3%）>蘼草（72.2%）>水烛（37.5%），土壤对农业非点源氮的滞留能力见表5-4。

表5-4 不同植被样方不同土壤层位不同时期氮滞留能力

样方	土壤层位/cm	氮吸收量/（mg/g）		
		注水1天	注水1月	注水3月
水烛	0～10	0.032±0.011	0.010±0.002	0.020±0.002
	10～20	0.012±0.002	0.013±0.001	0.025±0.003
	>20	0.013±0.003	0.011±0.001	0.017±0.003
藨草	0～10	0.036±0.008	0.033±0.007	0.010±0.001
	10～20	0.023±0.003	0.023±0.005	0.018±0.001
	>20	0.005±0.001	0.006±0.001	0.014±0.002
芦苇	0～10	0.045±0.004	0.010±0.001	0.003±0.001
	10～20	0.007±0.000	0.001±0.000	0.011±0.003
	>20	0.024±0.001	0.005±0.002	0.003±0.001

5.3.2 农业非点源氮污染对地下水的影响

通过对注水前、注水后1天及注水后1个月地下水中^{15}N原子百分比差异性比较可知（图5-5），试验前后差异性不明显，说明农业非点源污染在本次试验浓度内通过湿地土壤滞留未对地下水造成影响。但注水一个月后，^{15}N跟其他时期差异显著，这可能与研究区地下水与河水交换频繁有关，同时也间接反映了滨河湿地地下水水文过程的复杂性。

5.3.3 植物对农业非点源氮的吸收作用

受试植被在不同生长期^{15}N原子百分比都经历先上升后下降的过程（图5-6）。SPSS的LSD比较结果显示，受试植被不同时期^{15}N原子百分比差异性显著。

不同植被样方对农业非点源的净化能力差别较大，处于生长旺季的芦苇嫩芽对氮的吸收能力最强（9.731 mg/g），其次是老芦苇（4.939 mg/g），再次为藨草（0.620 mg/g），水烛对农业非点源氮的吸收能力最弱（0.186mg/g）。在植物的

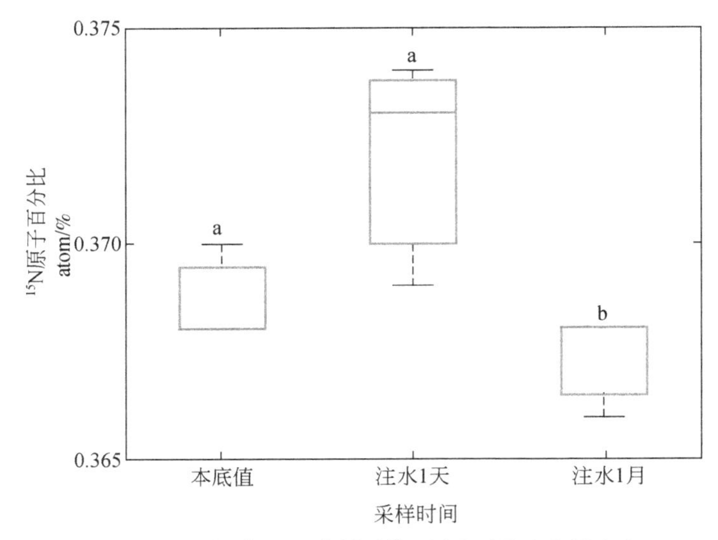

图 5-5　不同时期地下水样品^{15}N 原子百分比含量变化

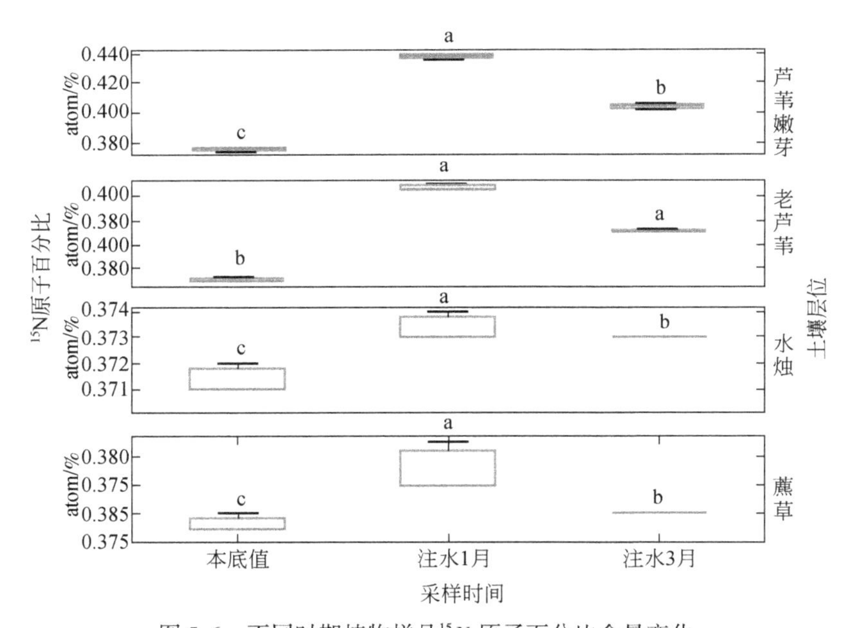

图 5-6　不同时期植物样品^{15}N 原子百分比含量变化

生长后期（10 月），随着植物生物量的增加，植物体中^{15}N 的原子百分比含量变化较大，依次为藨草（90.5%）>嫩芦苇（62.5%）>老芦苇（58.8%）>水烛

(19.4%)。植物对农业非点源氮污染的净化能力见表5-5。

表5-5 植物对外源氮吸收能力

植被类型	氮吸收量/(mg/g)	
	注水1月	注水3月
嫩芦苇	9.731±0.299	3.647±0.113
老芦苇	4.939±0.722	2.033±0.028
水烛	0.186±0.007	0.150±0.004
藨草	0.620±0.069	0.059±0.001

10月初，当植物生物量达到最大时，对实验样方中的生物量进行了测定，芦苇、水烛和藨草生物量分别为4.73 kg/m^2、2.50 kg/m^{2}和0.54 kg/m^2（地上和地下部分之和）。滨河湿地芦苇、水烛和藨草对农业非点源氮的吸收能力分别为氮吸收量96.11 kg/hm^2、3.76 kg/hm^{2}和0.32 kg/hm^2。

5.3.4 滨河湿地水质净化功能分析

滨河湿地通过有效截留地表径流中的营养元素从而具有净化水质的功能。滨河湿地对外源氮净化主要包括土壤持留、植物吸收、硝化作用、反硝化作用与微生物固化作用（Hefting et al.，2005）。滨河湿地对农业非点源氮的净化能力大小受到湿地覆盖植被类型、土地利用类型、水文过程、土壤类型、土壤/沉积物氧化还原电位、土壤/沉积物的物理性质和营养状态、土壤温度等因素（Sirivedhin and Kimberly，2006；王庆成等，2007）影响。

试验发现，通过地表径流进入滨河湿地的氮元素三个实验样方的垂向和侧向都发生了渗漏，这一点在其他的研究中也有相似结论（Aldous，2002；Heijmans et al.，2002）。如果进入滨河湿地的水流超过了土壤的渗透能力，超出的流量就会限制富营养径流水和滨河湿地土壤之间的相互作用（Aldous，2002）。径流垂直渗入地下进入有机湿地土壤中为径流、微生物群落和湿地中的根系之间建立了联系。垂向运动的^{15}N被限制在滨河湿地土壤的表层剖面上。滨河湿地土壤0～10 cm层^{15}N含量显著高于10～20 cm和20 cm以下层位，占到总滞留量的一半以上。0～10 cm的表层土壤^{15}N原子百分比含量的变化说明表层土壤截留了农业非点源的氮，相当于一个过滤器的功能。土壤中^{15}N原子百分比从表层（0～10 cm）到深层（10～20 cm和>20 cm）均有一个持续增加的过程，意味着非点源氮污染可能存在一个相对较长的效应。地表径流中的氮素主要通过沉积和渗透等实现截留。当地表径流发生时，吸附在颗粒物表面上的氮随径流发生迁移。颗粒吸附态氮随地表径流进入滨河湿地后，湿地植被使径流阻力增加，水流速度降低，径流中的颗粒物发生沉淀；同时滨河湿地茂盛的灌木丛和草本植物通过对地表径流的过滤作用，使径流中一部分含氮颗粒物滞留在滨河湿地（王庆成等，2007）。溶解态氮随水渗透到更深层的土壤，降低地表径流对可溶性氮的转移能力，为植物吸收、土壤吸附和反硝化作用创造了条件（王庆成等，2007）。

滞留在土壤中的氮元素扩散到植物根区时，植物根系吸收氮，将其同化为自身的组织，但大部分氮素会随着植物组织的衰老和凋落回归土壤，虽然如此，植物吸收依然被认为是滨河湿地截留转化氮的重要机制，对滞留在土壤中的氮元素起着关键的去除作用。研究发现，三种不同湿地植被植物组织内^{15}N原子百分比含量的增加说明滨河湿地植物吸收了外加的氮，同时同位素数据显示，实验期间氮的摄取量为0.186～9.731 mg/g和0.059～3.647 mg/g。不同植物对滞留在土壤中的氮吸收能力差异较大，反映了不同植被对农业非点源氮的净化能力不同，除去植物种类的差异外，不同植物生长可能有不同的氮源（Schulze et al.，1994；Casey and Klaine，2001；Dahlman et al.，2002；Nordbakken et al.，2003），硝氮的同化依赖于O_2，而氨氮同化则较少受到O_2缺失的影响，这也反映氨氮同化较硝氮还原需要较少的能量。在植物中优先吸收氨氮也是一种比较普遍的现象。同时，不同的植被其根系分布在不同的土壤层位，影响其对土壤中滞留的^{15}N的吸收。对于维管植物不同的根系分布为植物吸收不同土壤层的营养元素提供了可能。芦苇的细根系主要分布在10cm以上的表层土壤，而藨草和水烛其根系分布则比较分散，且没有芦苇絮状细根分布。从滨河湿地土壤对氮的滞留能力看出，在模拟暴雨事件到样方无积水时，由农业非点源污染引发的外源氮主要滞留于0～10 cm，这是芦苇组织中^{15}N含量显著变化的原因之一，同时也是藨草和水烛组织^{15}N含量较芦苇偏低的原因。

植物不同的生长阶段对滞留在土壤中的氮元素吸收能力也不一样，研究发现处于生长旺季的芦苇嫩芽对氮的吸收能力最强，水烛最弱。老芦苇组织中^{15}N的含量为0.969～1.008 mg/g，而在嫩芦苇组织中^{15}N含量显著高于老芦苇组织，达到1.310～1.600 mg/g。究其原因可能有两个，一是随着植物生长，其生物量不断增大，造成吸收的氮含量相对下降；二是老芦苇可能存在其他的氮源，如自身的固氮作用或者以NH_4^+作为其生长的氮源。对芦苇植被在其生长旺季进行收割，促使重新萌发新芽，有利于芦苇对农业非点源氮吸收。

滞留在土壤中的氮另一个重要过程是反硝化作用，需要滨河湿地土壤有很高的有机质含量和持续不断的饱和状态。该研究区土壤的反硝化作用有待进一步试验研究。

从地下水样品监测的结果初步判断，在模拟暴雨事件中的^{15}N没有进入地下水（数据未显示），这些数据也就证实模拟暴雨事件中硝氮没有对地下水造成污染。这些观测值还证实滨河湿地在暴雨事件中接收了输入暴雨径流的氮污染物，而且没有让它们继续向地下水中转移。但是模拟暴雨结束一个月后，^{15}N跟其他时期差异显著，这可能与研究区地下水与河水交换频繁有关。

5.3.5 小结

采取野外定位实验和同位素示踪相结合的方法，对黄河中游孟津扣马段湿地不同植被覆盖下滨河湿地对农业非点源氮污染净化功能和净化机制进行了研究，分析结果如下。

（1）不同植被样方土壤对农业非点源氮的滞留作用主要发生在0～10 cm，占到总滞留氮的一半以上；该层滞留氮元素减少速度也是最快的，主要是由于湿地植被的吸收和土壤微生物的反硝化共同作用的结果。

（2）不同植被样方对滞留在土壤中的农业非点源氮的吸收能力差别较大，大小顺序为芦苇嫩芽>老芦苇>藨草>水烛。滨河湿地芦苇、水烛和藨草对农业非点源氮的吸收能力分别为96.11kg/hm^2、3.76 kg/hm^2、0.32 kg/hm^2。

（3）滨河湿地通过截留、过滤、植物吸收等过程能有效地控制农业非点源氮对临近地表水体污染，对农业非点源氮污染控制有着十分重要的作用。

5.4 滨河湿地氮净化功能影响因素分析

即便是在管理严格的流域，也需要通过滨河湿地生物群落和水文循环之间的相互作用来缓解河流系统因受到流域非点源污染产生的负面影响。在滨水植物吸收氮盐的问题上，大部分的研究者都认为植物的重要性与其和微生物相互作用过程及其反硝化过程紧密相关（Groffman et al.，1992；Hill，1996）。由于湿地特有的生物地球化学环境主要在于河道两侧的饱和土壤-植物系统，因此河滨区域的生态水文意义比河流本身更为显著。具有完善功能的滨河湿地成为径流汇入河道前减少污染物的有效途径，并且可以保证河道的完整性和生物多样性（Sweeney et al.，2004），这种观念目前已经形成广泛共识。

滨河湿地对营养物质的富集作用还有待于进一步讨论，目前普遍认可的作用是氮化合物的源和汇。滨河湿地区域大小的差异、植被类型和土地利用类型差异、上游流域迥异的自然性质（面积、土地利用、地形）等因素导致了滨河湿地作用的不确定性（Naiman and Decamps，1997）。滨河湿地特殊的环境条件使其具备削减氮素的能力，减少汇入河道径流污染物的负荷，从而改善河流水质状况。由于地表径流的化学成分是由其所流经土壤的化学特性决定的，而滨河湿地土壤是坡面径流汇入河道之前接触到的最后介质，因此滨河湿地土壤特征直接影响河水的化学特征。滨河湿地也许是水文地貌单元中最重要的元素，在某种程度上同时扮演着疏导者和阻碍者的双重角色，既为陆生环境和水生环境建立联系，又从另外的角度上成为两者之间的障碍（Burt，2005）。

滨河湿地的水文特性、土壤特性及生物地球化学过程在时间和空间上都表现出很大的异质性，这种差异影响氮素在滨河湿地中的迁移速度（Hill，1996）。滨河湿地的脱氮能力是受其水文特性（水分在土壤中滞留时间以及土壤和地下水的接触程度）（Gold et al.，1998）和生态过程（植物吸收和反硝化作用）（Groffman et al.，1992；Groffman et al.，1996）两个因素控制的，而这些要素的相对影响强度取决于土壤特征和滨河湿地氮素的输入。此外，湿地植被类型（如森林、草地、农作物）也会影响到其脱氮效果。因此，影响滨河湿地氮去除的因素主要包括气候、地形地貌、水文条件、覆被状况及氮负荷等。

5.4.1 气候因素

正如气温和土壤湿度决定土壤呼吸作用、矿化作用和植被生长等生态过程一样，气候特征可以影响地下水水位及其流动过程，从而影响氮素去除。

欧洲联合研究项目（NICOLAS：农业环境景观结构对氮的调控）对欧洲不同地区涉及不同气候、水文、土地覆盖和非点源氮输入通量等因素的滨河湿地氮去除作用做了系统研究（王浩等，2009），所选择研究区域覆盖了从地中海到欧洲中北部的气候和土壤条件，研究表明大多数研究区域的滨河湿地都存在脱氮现象，法国森林地区每米宽滨河湿地的脱氮率接近 30%，而在 4 个研究区（罗马、荷兰、法国、西班牙）脱氮率为 10%/m，在另外的 4 个区域（法国、瑞士，2 个位于英国）的脱氮率降低到 5%/m 左右，在剩下的研究区（荷兰、波兰、英国、罗马）脱氮率则趋于零（图 5-7）。

氮盐在滨河湿地的迁移是通过土壤中微生物的反硝化作用和植被吸收来实现的，第一个过程造成回归大气的氮素的净损失，而第二个过程仅是氮的暂时减少（除非植物在收获季节被转移走），这两个过程与气候条件紧密相关。反硝化作用在土壤水饱和情况下，可以消除 50% ~90% 的氮，当土壤温度较低（中欧大陆性气候）或者湿度较低（地中海气候）时，反硝化作用可能会受到抑制。根据 NICOLAS 的研究成果，大部分研究区的滨河湿地都有明显的脱氮现象，脱氮

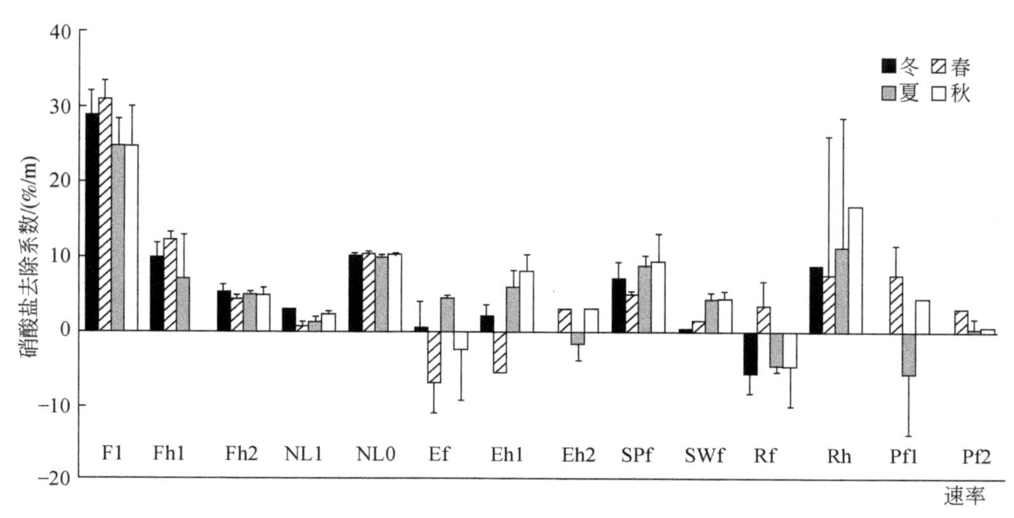

图 5-7　不同研究点的脱氮速率季节均值示意图（王浩等，2009）

率为5%～30%/m。这种差异性与气候类型并无明显关联，反而与滨河湿地缓冲区本身的特征有紧密联系（Hill et al.，2000）。

氮去除的两个主要过程（反硝化和植被吸收作用）可以在不同水文和温度条件下进行，而其他不确定性变化可能会弱化气候在氮去除过程中的作用（Pinay and Decamps，1988），如在气候温和的法国和荷兰，虽然不同研究区的氮去除效率有明显差异，同一研究区的氮去除率随季节变化并不明显。氮去除作用是由温度、地下水位及氮输入等一系列因素综合作用的结果（Clement et al.，2003b）。较高的脱氮速度出现在西班牙研究区，虽然这里的滨河湿地土壤在夏季比较干燥（Bernal et al.，2003），尽管这一地区的脱氮过程包括土壤水中微生物的同化作用，但植物吸收作用更大（Butturini et al.，2003）。在较干旱地区，土壤干燥条件下，植被吸收作用比反硝化作用更强（Hefting et al.，2005），很可能是最主要的氮去除过程。植被对氮的吸收作用要么和反硝化同时发生，要么在水文条件不支持反硝化作用时单独发生。

5.4.2　地形地貌因素

地形地貌控制着河流的流动过程和滨河湿地的发育与分布，决定着河道的坡降、稳定、侧向流动以及土壤侵蚀、泥沙运输和沉积过程，这些特征决定着滨河湿地的发育、持续变化和水文条件。同时，小的地形地貌变化意味着淹水厌氧环境和干燥好氧环境两种截然不同的微环境，决定着植物类型、分布以及湿地生物地球化学过程。因此，地形地貌因素也是控制湿地氮净化能力的重要因素之一。

5.4.2.1 坡度变化

从台地到滩区再到河道，河岸带周围的地貌特征控制着流入和流经滨河湿地的地下水量和变化范围，进而也控制着滨河滩区湿地的氮净化能力。Burt 等(2002）研究了 NICOLAS 项目中所选研究区的地下水位变动范围，研究表明洪泛区需要足够的宽度以保持较高的地下水位，从而使河岸缓冲区的功能得到有效的发挥；土壤的渗透率也会影响土壤水在滨河湿地的停留时间，冲积层的渗透性很强则其地下水位不会维持很长时间，相反如果冲积层不透水又无法为反硝化作用提供条件；虽然所有研究区的水位都有明显的年变化周期，气候对水位变化的控制作用似乎没有地形因素大，在坡面系统直接和河道系统连接的地区，地下水位往往太深而不适宜反硝化过程的进行；如果具备洪泛平原条件并且土壤有适中的渗透性，就能维持较高的水位和一定的流动性，滨河湿地缓冲区的功能才能有效发挥。Vidon 等认为地形地貌决定着滨河湿地对氮盐的迁移能力，如果山丘区含水层具有一定的广度且坡度大于 5%，则滨河湿地能够保持稳定的地下水水位，滨河湿地的氮去除功能增强，缓冲作用明显；而坡度较小或者含水层范围太小的情况下，由黏性土组成的平坦山丘区仅产生微弱的地下径流，径流仅以坡面汇流的形式产生，或者当存在地下排水系统时绕过土壤由暗渠或者暗沟排出，滨河湿地的缓冲作用将会受到削弱（Vidon and Hill, 2004）。

坡面系统和河道系统之间的生物地球化学过程强弱程度取决于不同来源水流在滨河区域汇集的时间以及流经滨河湿地时的滞留时间，而两者有受控于滨河区域的地形地貌和沉积层特征。就氮去除过程而言，最理想的条件是具有适度渗透性冲积层的洪积平原，在此条件下水在滨河湿地的停留时间可以得到保证，有足够的地下径流，从而为显著的反硝化作用提供有利条件（Burt, 2005）。

5.4.2.2 位置变化

滨河湿地位置变化对河岸带地下水流系统具有显著影响，决定了水流路径和水流滞留时间，进而对氮去除产生影响。Hill（1996）指出不能假设氮素衰减总是发生在河岸带地区，当地和局部地下水流系统特征及其与滨河湿地位置关系非常重要。Duval 和 Hill（2007）研究了加拿大安大略湖南部低地农业区域两个河岸带河流基流持续泄露对细空隙水中氮生物地球化学过程的影响，沿堤岸泄露水流路径季节性可延伸到滩区 25 m，河水中高浓度溶解氧和硝氮在河流和堤岸的交界面上很快被耗尽，表明好氧微生物呼吸作用强烈，而氨氮尽管发生季节性变化，从堤岸向滩区陆相沉积物的厌氧累积过程明显，河岸带堤岸边缘是生物地球化学活动的热点区域。Domagalski 等（2008）研究了美国加利福尼亚 Merced 河附近非饱和带、饱和带和河岸带对硝氮传输的影响，在农业灌溉背景下评估了从杏树果园到 Merced 河 1 km 的断面上硝氮的传输和转化，研究表明约 63% 的使用氮在 6.5 m 的非饱和带上传输，从补给点到河岸带边缘的传输时间从大约 6 个月到超过 100 年，通过一条 50 ~ 100 m 的河岸带的传输时间从少于 1 年到 6 年以上，这使得反硝化作用有一个适度还原条件；同位素检测和水体中超量的 N_2 浓度表明 Merced 河很高的反硝化速率；排水和硝氮进入河流主要依赖于受灌溉或水位梯度改变驱动。

即使在未受干扰的源头区小流域，其地下水流路径往往也比较复杂，不同地下水流路径的地下水滞留时间也有差异，这也会引起基流河水中硝氮的变化。Burns 等（1998）研究美国纽约卡茨基尔山脉两条河流中硝氮源时发现，形成基流的地下水分别来源于冰碛土壤中的浅层水和基岩破碎带及层理面以泉水排泄的深层水，浅层水中生长季由于微生物活动增加硝氮浓度能够降低到接近零，而深层水由于以泉的形式排泄，在生长季硝氮浓度保持在 20 μmol/L。

Vidon 和 Hill（2006）的研究发现地下水中氮输入与坡面冲积层厚度以及坡面-河岸带交界处的坡度有关，而氮负荷也与河岸带与分水岭之间的坡长呈正相关。Pei 等（2010）在河流拐弯处构建滨河湿地研究添加枯草芽孢杆菌对硝氮除去的影响，结果表明小河流拐弯处的滨河湿地具有很好的微生物除氮潜力。Nakagawa 等（2008）比较研究了两个日本北部山区河岸带的氮去除功能，一个宽度较大有延伸湿地的河岸带和一个狭长河岸带，研究表明两个河岸带都能使水体中的硝氮浓度下降，但是其水质差异比较显著，河岸带复杂的氧化和还原共存环境状况控制着河水中化学成分及其浓度变化。

5.4.2.3 流域尺度

对河岸带的研究往往集中在点尺度或者连续序列尺度上，但是水资源规划管理往往是在流域尺度上进行的。在流域尺度下，由于地形特征的复杂性，进行系统地空间分析并不容易，所以必须采用分区分析的方法。Burt（2005）将对坡面系统-洪泛平原-河道系统的二维分析扩展到流域三维尺度，认为在源头坡度较大的流域区对坡面径流的缓冲作用是有限的，这种情况下坡面与河道往往直接相连；而在具有宽广洪泛平原的河段，坡度落差可能很小甚至使河道与坡地基本丧失联系。不同区域其地形地貌差异显著，土壤和植被类型复杂多样，水流路径和滞留时间差异巨大，氮的生物地球化学过程也会存在很大的差异。Verhoeven 等（2006）的研究表明，氮的迁移和去除是与河岸带湿地的面积比例或具有湿生环境特征的土壤比例相关的，河流水质改善需要的最小湿地面积至少要占到整个流域面积的 2% ~5% 。

河流的等级也可能对流域氮的迁移转化产生影响。Montreuil 等（2010）评估了农业区滨河湿地和河流除氮效果受排水和河流等级的影响程度，结果发现缓冲带作用在更高河流等级中作用更加明显，且在低水位时更加依赖与河流等级，6 级河流硝氮平均浓度较 2、3 级河流要低 47% 。

5.4.3 水文条件

滨河湿地的水文条件往往是影响脱氮过程的最重要因素。研究发现，地下水水位越接近土壤表层的滨河湿地，对氮化合物的吸收能力越强（Hefting et al. , 2004）。较宽广平坦的滨河湿地（如洪泛平原），由于可以保持较高的地下水位，比起坡度较大地区的滨河湿地，有着更高的脱氮率（Burt et al. , 2002；Sabater et al. , 2003）。在滨河湿地研究中，水流路径也是研究人员的关注重要方向，因为底土层水流的实际路径通常十分复杂（Clement et al. , 2003a；Hefting et al. , 2005）。滨河湿地可能包含适宜脱氮和不适宜脱氮的两种地下水流路径，脱氮速度不单单取决于滨河湿地表面区域，还与水文联系长度和年代有关。

另一个引起穿越河岸带地下水硝氮衰减变化的原因是不同河岸带水文地质属性空间差异（Hill，1996；Gold et al. , 2001；Robinson，2001；Vidon and Hill，2004）。Robertson 和 Schiff（2008）研究发现，沉积物年龄和来源也是影响河岸带反硝化潜力的因素。Hill（1996）发现能有效除去硝氮的河岸带有相似的水文地质环境，如浅层地下水流由透水表层土壤和沉积物引起，在其之下有 1 ~4 m 不透水层；在这种环境下，少量的地下水沿着浅层水平流路径流动，增加了滞留时间，也增加了与植物根系和富含有机物的河岸带土壤之间的联系；当水流主要在地表或者深层流动时，地下水与植被和土壤之间的相互作用较小，河岸带对硝氮的传输影响也较小。如果河岸带没有浅层隔水层，很厚的表面含水层允许地下水沿着更深、更长的水流路径流过河岸带植被和土壤（Mayer et al. , 2005）。Jacks 和 Norrstrom（2004）研究了瑞典的一个森林湿地生态系统森林砍伐以后对氮的持留作用，结果表明暴雨径流主要通过泥炭层的表层，还有一部分耕作层下层排泄出来。在生长季节，表层 85% 的氮被去除，氮的浓度和氧化还原电位都显示氮的去除发生在滨河湿地泥炭层的 15 ~20cm。

滩区可渗透冲积层利于浅层地下水流形成，为反硝化作用和植物吸收提供了机会（Burt et al.，1999）。不透水冲积层使穿越洪泛平原下面含水层的地下水流偏离流向，或者在洪泛区表面穿越，任何一种情况下，滩区的缓冲能力大大降低。Rosenblatt 等（2001）和 Gold 等（2001）发现在美国罗德岛受冰河作用、有水成土的流域，地下水硝氮除去率超过 80%，而没有水成土区域、这一区域存在陡坡、较深的地下水位，其硝氮的除去率小于 30%；地下水硝氮高除去率的河岸带都有宽度大于 10 m 的水成土，不存在地下水渗漏，地下水流动速度慢，地下水在高硝氮转化速率、生物活跃的土壤中滞留时间较长；相反，在最小的水成土宽度或者有穿越河岸带快速流发生时，这些快速流因存在渗漏使地下水暴露出地表或者绕开河岸带土壤的生物活跃带，地下水硝氮除去受到限制。

景观水文特征（山地含水层大小、河岸带-沉积物岩石学和地形学）也影响着地下水氮去除。Vidon and Hill（2004）的研究发现，位于加拿大安大略省南部冰川冰碛和冰水沉积景观上的 8 个河岸带中有 7 个硝氮去除率大于 90%，对于渗透率较小的壤土河岸带氮去除作用主要发生在 15 m 以内的土壤表层（1～2 m），但是在那些渗透率较大的沙土和鹅卵石沉积物河岸带，除去 90% 硝氮需要的河岸带宽度达到 25～176 m，且作用深度达到 6 m。Young 和 Briggs（2007）研究了土壤-景观影响下的农田和河岸缓冲带的氮动力学过程，结果发现在接受相似强度氮输入情况下，排水较好的农田比排水不畅的农田地下水硝氮浓度要高出许多，氯化物显示大多数河岸带稀释作用较小，表明反硝化脱氮作用非常重要。Hoffmann 等（2006）通过三年时间研究了河流一级阶地河岸带草地地下水流和氮传输，基于达西定律建立了侧向地下水流、硝氮传输和硝氮除去的一维水力传输模型，同时建立了一个评估模型结果不确定性方法，研究表明三年里河岸带草地饱和带硝氮年除去率分别为 326 $kg/hm^2 \cdot a$、340 $kg/hm^2 \cdot a$ 和 119 $kg/hm^2 \cdot a$（占地下水输入量的 59%～68%），饱和带氨氮净损失为 0.4 $kg/hm^2 \cdot a$、6.7 $kg/hm^2 \cdot a$ 和 10.3 $kg/hm^2 \cdot a$，且最大氮除去率并未出现在生长季。

在沙质和砾石土壤河岸带氮去除需要的河岸带宽度一定程度上与水力传导度有关。在高渗透率的粗沉积层，地下水与含水层沉积物接触的滞留时间较短，限制了微生物环境进一步发展，降低了氮去除速率，而且沉积物颗粒较粗、有机质含量较低，也限制反硝化作用的发生。Rich 和 Myrold（2004）对比研究了美国俄勒冈州临近农业区土壤、滨河湿地土壤和小河沉积物的反硝化细菌群落组成和活性，结果发现在用乙炔为抑制剂的情况下，不同生境下脱氮酶的活性变化不大（0.5～1.8 μg/h），而在没有乙炔作抑制剂的情况下，滨河湿地土壤脱氮酶的活性（0.64±0.02）明显高于农业区土壤（0.19±0.02）和小河沉积物（0.32±0.03）。Woodward 等（2009）利用注入–捕获监测井法研究了澳大利亚昆士兰东南部一个非永久性河流河岸带湿地对地下水硝氮的去除过程，结果表明硝氮除去的同化作用和异化过程相对重要性主要依赖于含水层的环境条件，特别是水文过程及其影响的溶解氧浓度，且与季节和好氧与厌氧状态之间波动变化有关。Shabaga 和 Hill（2010）研究了加拿大安大略湖南部三个河岸带地下水补给地表水的水动力学与硝氮除去的关系，管道网络系统传输水流的流动速率是弥散流动水流流速的 13 倍，地下水中高浓度硝酸盐在管道网络系统中运移 100 m 以上浓度下降很小，说明这种水流路径对硝酸盐除去不起作用；三个河岸带弥散水流发生区域在夏季硝氮浓度降低了 50% ~95%，氮同位素分析表明硝氮去除的主要机理是反硝化作用。

5.4.4 河岸植被带宽度及植被类型

河岸植被带宽度和植被类型对氮素去除具有显著控制作用。Mayer 等（2007）总结了已有典型研究案例中不同河岸植被带宽度、不同植被类型、不同水流路径和氮浓度负荷条件下氮的去除作用（表 5-6）。上述研究案例结果的不一致性，反映了不同区域、不同自然环境条件下河岸带氮去除功能的复杂性。

5.4.4.1 河岸植被带宽度对氮去除的影响

有关河岸植被带宽度与氮去除率之间关系方面的研究案例较多，且不同区域、不同自然环境条件、不同氮负荷所得出的研究结果存在着一定的差异，但是一般而言，河岸植被带宽度越大则地表水径流和地下水径流中氮素的去除效率越高。Dhondt 等（2006）通过监测井监测滨河湿地对硝氮的去除效率，研究发现 10 ~30m 的滨河湿地植被带能有效地去除硝氮，30m 混合型植被带和草地植被带对地下水硝氮的去除率为 92% ~100%，而森林植被滨河湿地植被带则达到 72% ~90%。

Mayer 等（2007）通过对 45 篇已出版的 88 例河岸缓冲带研究总结发现，河岸缓冲带宽度越大氮的去除效率越高（表 5-7），宽度大于 50m 则平均氮去除率能够达到 85% 以上。

表 5-6 不同植被类型、水流路径、宽度河岸缓冲带对氮除去效率

植被类型	水流路径	缓冲带宽度/m	氮形态	硝氮浓度/(mg/L)		氮除去率/%	硝氮除去率/(mg/L·m)	参考文献
				进水平均	出水平均			
草本	地表流	4.6/9.2	总氮	—	—	-15/35	—	Magette 等(1989)
草本	地表流	7.5/15	总氮	68/68	44/33	35/51	—	Schmitt 等(1999)
草本	地表流	4.6/9.1	硝氮	1.86/1.86	2.37/2.13	-27/-15	-0.11/-0.03	Dillaha 和 Shanhdtz(1988)
草本	地表流	4.6/9.1	硝氮	—	—	27/57	—	Dillaha 等(1989)
草本	地表流	91	总氮	21.6	13.3	38	—	Zirschky 等(1989)
草本	地表流	27	硝氮	0.37	0.34	8	<0.01	Young 等(1980)
草本	地表流	26/26	氨氮/总凯	3.61/48.9	3.05/11.76	16/76	—	Schwer 和 Clausen(1989)
草本	地表流	7.1	硝氮	—	—	51	—	Lee 等(2003)
草本	地表流	13/33.4/26	硝氮	—	—	51/89/88	—	Bingham 等(1980)
草本	地下流	40/60/20/ 10.5/15/15	硝氮	0.35/1.7/12.42/ 0.08/11.56/12.35	0.23/0.14/0.30/ 0.13/7.34/2.79	34/92/98/ -63/37/77	<0.01/0.03/0.61/ -0.01/0.28/0.64	Sabater 等(2003)
草本	地下流	25	硝氮	15.5	6.2	60	0.37	Vidon 和 Hill(2004)
草本	地下流	70	硝氮	1.55	0.32	80	0.02	Martin 等(1999)
草本	地下流	39	硝氮	16.5	3	82	0.35	Osborne 和 Kovacic(1993)
草本	地下流	25	硝氮	12.15	1.92	84	0.41	Hefting 和 Klein(1998)
草本	地下流	16	硝氮	2.8	0.3	89	0.16	Haycock 和 Pinay(1993)
草本	地下流	10	硝氮	7	0.3	96	0.67	Hefting 等(2003)
草本	地下流	100	硝氮	375	<5	98	3.7	Prach 和 Rauch(1992)
草本	地下流	10	硝氮	7.54	0.05	99	0.75	Schoonover 和 Williard(2003)
草本	地下流	30	硝氮	44.7	0.45	99	1.48	Vidon 和 Hill(2004)
草本	地下流	50	硝氮	6.6	0.02	100	0.13	Martin 等(1999)
草本/森林	地表流	7.5/15	总氮	68/68	49/40	28/41	—	Schmitt 等(1999)

续表

植被类型	水流路径	缓冲带宽度/m	氮形态	硝氮浓度/(mg/L)		氮除去率/%	硝氮除去率/(mg/L·m)	参考文献
				进水平均	出水平均			
草本/森林	地表流	16.3	硝氮	—	—	78	—	Lee 等(2003)
草本/森林	地下流	8/15	硝氮	—	—	69/84	—	Dukes 等(2002
草本/森林	地下流	6	硝氮	6.17	0.56	91	0.94	Borin 和 Bigon(2002)
草本/森林	地下流	70	硝氮	11.98	1.09	91	0.16	Hubbard 和 Lowrance(1997)
草本/森林	地下流	66/33/45	硝氮	5.8/5.7/17.8	0.17/0.11/0.18	97/98/99	0.09/0.17/0.39	Vidon 和 Hill(2004)
草本/森林	地下流	70	硝氮	1.65	0.02	99	0.02	Martin 等(1999)
森林	地表流	30	硝氮	0.37	0.08	78	0.01	Lynch 等(1985)
森林	地表流	70	硝氮	4.45	0.94	79	0.05	Peterjohn 和 Correll(1984)
森林	地下流	50	硝氮	26	11	58	0.30	Hefting 等(2003)
森林	地下流	200	硝氮	11	4	64	0.04	Spruill(2004)
森林	地下流	10	硝氮	6.29	1.15	82	0.51	Schoonover 和 Williard(2003)
森林	地下流	14/30/50/15/20/20/15/20	硝氮	0.02/0.02/0.49/28.64/1.14/0.12/3.23/6.40	0.02/0.01/0.76/35.84/0.70/0.43/0.72/1.44	0/50/−55/−25/39/−258/78/78	0.00/<0.01/−0.01/−0.48/0.02/−0.02/0.17/0.25	Sabater 等(2003)
森林	地下流	55	硝氮	—	—	83	—	Lowrance 等(1984)
森林	地下流	20	硝氮	—	—	83	—	Schultz 等(1995)
森林	地下流	85	硝氮	7.08	0.43	94	0.08	Peterjohn 和 Correll(1984)
森林	地下流	204	硝氮	29.4	1.76	94	0.14	Vidon 和 Hill(2004)
森林	地下流	50	硝氮	13.52	0.81	94	0.25	Lowrance(1992)
森林	地下流	60	硝氮	8	0.4	95	0.13	Jordan 等(1993)
森林	地下流	16	硝氮	16.5	0.75	95	0.98	Osborne 和 Kovacic(1993)
森林	地下流	16	硝氮	6.6	0.3	95	0.39	Haycock 和 Pinay(1993)

续表

植被类型	水流路径	缓冲带宽度/m	氮形态	硝氮浓度/(mg/L)		氮除去率/%	硝氮除去率/(mg/L·m)	参考文献
				进水平均	出水平均			
森林	地下流	15	硝氮	—	—	96	—	Hubbard 和 Sheridan(1989)
森林	地下流	165	硝氮	30.8	1	97	0.18	Hill 等(2000)
森林	地下流	50	硝氮	6.26	0.15	98	0.12	Hefting 和 Klein(1998)
森林	地下流	220	硝氮	10.8	0.22	98	0.05	Vidon 和 Hill(2004)
森林	地下流	50	硝氮	7.45	0.1	99	0.15	Jacobs 和 Gilliam(1985)
森林	地下流	10	硝氮	13	0.1	99	1.29	Cey 等(1999)
森林	地下流	100	硝氮	5.6	0.02	100	0.06	Spruill(2004)
森林	地下流	30	硝氮	1.32	Nd	100	0.04	Pinay 和 Decamps(1998)
森林	地下流	100	硝氮	12	Nd	100	0.12	Spruill(2004)
森林	地下流	60	硝氮	—	—	27	—	Groffman 等(1996)
森林	地下流	30	硝氮	—	—	68	—	Spruill(2000)
森林/湿地	地下流	31	硝氮	62.7	25.9	59	1.19	Hanson 等(1994)
森林/湿地	地下流	38	硝氮	30.6	6.7	78	0.63	Vellidis 等(2003)
森林/湿地	地下流	14.6/5.8/5.8/6.6	硝氮	—	—	84/87/90/97	—	Simmons 等(1992)
森林/湿地	地下流	30	硝氮	1.06	Nd	100	0.04	Pinay 等(1993)
湿地	地表流	20/20	硝氮	57/57	50/15	12/74	0.35/2.10	Brusch 和 Nilsson(1993)
湿地	地下流	5/5	硝氮	6.56/3	1.55/1.44	76/52	1.00/0.31	Clausen 等(2000)
湿地	地下流	1	硝氮	1	—	96	—	Burns 和 Nguyen(1993)
湿地	地下流	200	硝氮	10.5	0.5	95	0.05	Fustec 等(1991)
湿地	地下流	40	硝氮	77.48	0.31	100	1.93	Puckett 和 Cowdery(2002)

资料来源：Mayer et al.,2007

表 5-7 不同河岸缓冲带宽度的氮控制效率

河岸带宽度	N	氮平均除去效率（% ±SE）	回归模型	R^2
所有研究	88	67. 5±4. 0	$y = 39.5x^{0.1644}$	0. 09
≤25m	45	57. 9±6. 0	$y = 42.1x^{0.1337}$	0. 01
26～50m	24	71. 4±7. 8	$y = 50.6x^{0.0964}$	0. 00
>50m	19	85. 2±4. 8	$y = 56.9x^{0.0883}$	0. 03

资料来源：Mayer et al.，2007

5. 4. 4. 2 河岸植被类型对氮去除的影响

关于不同河岸植被类型的氮去除率问题一直存在着较大的争议，尤其是在滨河带草本植物和森林的脱氮效率问题上尤为突出。

北美中部的研究发现一般情况下森林地区比草地地区对地下水中硝氮的去除能力要高，其原因是森林和灌木较深的根系允许它们从更大范围的地下水中吸收氮素，但也有一些被引用的研究发现相反情况，草地比森林能除去更多的氮（Lyons et al.，2000）。Mayer 等（2007）对已有 88 例河岸缓冲带的研究结果进行统计分析，发现草地植被氮除去效率相对森林、森林湿地和湿地来说相对较低（表 5-8）。而 Martin 等（1999）对加拿大安大略省南部森林和草地植被区开展的研究，以及 Sabater 等（2003）对 7 个欧洲国家一系列河岸带开展的研究，结果发现植被类型不是硝氮和溶解无机氮衰减的控制因素。

表 5-8 河岸缓冲带不同植被类型的氮控制效率

河岸带宽度	N	氮平均除去效率（% ±SE）	回归模型	R^2
所有研究	88	67. 5±4. 0	$y = 39.5x^{0.1644}$	0. 09
森林	31	72. 2±6. 9	$y = 45.7x^{0.1225}$	0. 04
森林/湿地	7	85±5. 2	$y = 85.0x^{0.0809}$	0. 00
草本	32	54±7. 5	$y = 18.0x^{0.3631}$	0. 21
草本/森林	11	79. 5±7. 3	$y = 41.5x^{0.2044}$	0. 39
湿地	7	72. 3±11. 9	$y = 67.8x^{0.0244}$	0. 01

资料来源：Mayer et al.，2007

当然，在比较不同植被类型对削减氮污染的影响研究中，需要考虑的一个问题是其他因素也许比植被覆盖类型的作用更为重要，尤其是滨河湿地上游区特征

（面积、土壤透水性、作物生长状况）以及滨河湿地自身属性特征（水位动态变化、水流路径、沉积类型、地形地貌等）。Hefting 和 Klein（1998）研究了荷兰两种不同植被类型滨河湿地的氮去除效率，结果发现通过滨河湿地后地下水中的硝氮浓度降低了 95%；森林植被覆盖情况下 0 ~ 30cm 层的反硝化速率为 9 ~ 200 kg/ hm^2·a，而草地植被覆盖情况下则为 1.2 ~ 32 kg/ hm^2·a，造成反硝化速率差别较大的原因是森林土壤较高的硝氮利用率以及森林植被状态下具有较长的滞留时间。Merrill 和 Benning（2006）比较研究了 Lake Tahoe 流域地区五种不同的丘陵滨河湿地生态系统的氮生物地球化学作用，研究结果表明不同生态系统类型的反硝化潜力、矿化作用、硝化作用和氮地下水中的迁移存在明显的差异。

Matheson 等（2002）对新西兰 Hamilton 丘陵区河口湿地土壤三种微区中［无植被生长、有植被糯甜矛（*Glyceria declinata*）生长以及控制 2 cm 高度的植被（*Glyceria declinata* 嫩芽）硝氮的归趋进行了研究，结果表明在两个生长着植被的微区并无明显差异且高于无植被生长区；反硝化作用和 DNRA（硝氮异化还原成氨）］作为硝氮的两条去除途径，其相对重要性受湿地植被的影响，在无植被生长的湿地土壤中 DNRA 是主要去除途径，而在生长着糯甜矛（*G. declinata*）的河口湿地土壤中反硝化作用是其主要去除途径；提高植被覆盖度能够促进反硝化作用，进而有利于河岸湿地水质净化功能的提高，而植物收获作为一种永久性的氮损失方式其重要性不大。

对于农业区来说，滨河带的氮净化功能由于氮负荷的差异也存在着比较大的差异。Fortier 等（2010）在加拿大魁北克省南部四种农业生态系统缓冲带种植五种不相关的杂交白杨，6 年后测定其对碳、氮、磷的固定作用，并与未管理草本植被覆盖的河岸缓冲带进行比较，结果发现四种农业生态系统缓冲带杂交白杨对碳、氮固定积累差异非常大，研究地点肥料也就是硝氮的供应量是控制生物体生长的主要因素，无性繁殖杨树种类是另一重要影响因素，与管理草本植被覆盖的河岸缓冲带进行比较，杂交白杨植被覆盖河岸缓冲带在固定碳和营养物方面具有显著优势。Mander 等（1995，2000）以爱沙尼亚 Porijõgi 河的农业流域为例研究了滨河湿地的氮动力学过程，研究结果表明可耕地土壤溶液中无机氮的年均浓度为 3 ~ 40 mg/L，但是赤扬林覆盖的滨河湿地总无机氮浓度从未超过 1 mg/L；在生长季节，滨河湿地植物生物量累积可达 70 g/m^2 和 6 g/ m^2，通过收割草本植物可以去除输入氮的 20% ~ 30%。Wigington 等（2003）研究了俄勒冈州威拉米特河谷商业牧草种植地区河岸缓冲带多牧场排水中硝氮的去除效率，结果显示由禾本-草本植物覆盖的未耕种河岸带能显著削减从牧场运移过来的浅层地下水中的硝氮。Lu 和 Yin（2008）研究了中国北方于桥水库河岸带浅层地下水硝氮对四种不同土地利用类型（农田、2 年恢复森林、5 年恢复森林和鱼塘）的响应，结果发现农田地下水硝氮浓度在4种土地利用方式中是最大的，2年恢复森林地下水中总溶解氮和硝氮浓度显著高于5年恢复森林，鱼塘中氮浓度最低；农田和2年恢复森林地下水中氮主要以硝氮形式存在，鱼塘和5年恢复森林地下水中氮则主要由硝氮和溶解有机氮组成；雨季含溶解氮的水流借助水力梯度从上坡流入水库，农田和水库之间的河岸植被带能削减流经浅层地下水中的氮。

6 滨河湿地生态系统服务功能定量表达方法

6.1 生态系统服务功能价值评价的理论与方法

6.1.1 生态系统服务功能价值及价值构成

6.1.1.1 价值的内涵

价值系统是控制人类判断和行为的标准和规则的内核，是人们用来赋予自身信仰和行为重要性和必要性的标准和道德框架（Farber et al.，2002）。我们用价值表示一个行为或物体对特定用户目标或状态的贡献，该行为或物体的特定价值是与用户的价值系统密切联系的，用户的价值系统决定了行为或物体相对于其他事物的重要程度（Costanza，2000）。

随着资源耗竭、生态破坏、环境恶化等一系列困扰全人类的生态问题的出现和加剧，许多西方经济学家对价值理论进行了深入的探索和发展，并逐渐形成了具有西方特色的价值观。西方经济学价值理论建立在效用价值论和资源稀缺论基础上，其认为价值不是客观事物的内在属性，价值的本质是主观和客观相互作用的结果，是主体和客体之间需求与满足需求的关系，即主体有某种需求，客体能够满足这种需要，则对于主体来说客体具有价值。自然生态系统能够满足人类生存、发展和享受所需要的物质性商品和舒适性服务，因而，对于人类而言生态系统是具有价值的。

西方经济学家认为价值可以分为主客观价值和非爱好价值两大类（陈应发，1996）。主客观价值即客体相对于主体的价值，根据人们对价值客体的态度和客体价值的表达两个方面的意义，又可分别称为认识价值和赋予价值，前者是人们对价值客体的认识，后者则是客体价值的外部量化表达；非爱好价值是事物具有的与人们的态度、爱好和行为无关的价值，更习惯被称作内在价值和内部价值（陈应发，1996）。Hargrove（1992）和 Turner 等（2003）则认为，关于自然价值的认识可概括为以人类为中心的价值和非人类为中心的价值两大类。其中，以人类为中心的价值包括以人类为中心的有用性价值和以人类为中心的内在价值；非人类为中心的价值则包括非人类为中心的有用性价值和非人类为中心的内在价值。目前，我们所取得的一些研究结果主要是围绕以人类为中心的有用性价值进行研究的。

有关自然服务具有何种价值或什么是自然服务价值的争论已经证明，其概念是复杂的和多维的（Turner et al.，1998）。由于市场和货币经济如此广泛，使用货币作为衡量自然服务效用的标尺可以为资产和属性的不同使用方式建立一个明晰的、更易被多数人所接受的关系。经济学观点认为，自然是为社会提供物质、美学、内在或精神的产品和服务流的人类资产，这种产品和服务的提供是支持生命和改善生活质量的必要工具，当这些产品和服务提供可以由其他一些方式替代时，则自然服务的丧失可以用这些方式来评价。但一些情况下替代技术并不一定是可行的或社会接受的。例如，对于严重退化甚至崩溃的生态系统的福利评价（复杂性、不确定性和缺乏了解），此外人类认知的局限性也限制了价值评价（尤其是非使用价值）。

从生态学观点来看，由于生态系统没有自身的价值系统，因而其价值与经济学价值观点相比具有不同的内涵。必须承认，经济学和生态学的价值衡量常常是不一致的。由于人类只是生态系统中众多物种之一，因此他们赋予生态系统功能、结构和过程的价值与这些生态系统特征对于物种或者维持生态系统自身（健康）来说可能存在着显著的差异（Turner et al.，2003）。上述原因造成了生态服务价值衡量的困难性和不确定性。

6.1.1.2 生态系统服务功能价值构成

生态系统服务功能的价值构成是指价值的组成要素和范畴，价值构成是生态系统服务功能评价的基础，决定了价值评价的研究内容和方法（赵同谦，2004）。

生态系统服务功能的价值构成源自对生物多样性的研究。1993 年，联合国环境规划署（UNEP）在其 *Guidelines for country study on biodiversity* 里，将生物多样性价值划分为五个类型，分别为有明显实物性的直接用途、无明显实物性的直接用途、间接用途、选择用途、存在价值。Pearce 和 Moran（1994）将生物多样性的价值分为使用价值和非使用价值两部分，其中使用价值又可分为直接使用价值、间接使用价值和选择价值，非使用价值则包括保留价值和存在价值。国际经济合作与发展组织（OECD）1995 年出版的《环境项目和政策的评价指南》，在 Pearce 和 Moran（1994）价值分类系统的基础上把选择价值、保留价值和存在价值进行了合并；在《中国生物多样性国情研究报告》一书中，提出生物多样性总价值应包括直接使用价值、间接价值、潜在使用价值和存在价值四个方面，其中，潜在使用价值包括潜在选择价值和潜在保留价值（图6-1）。

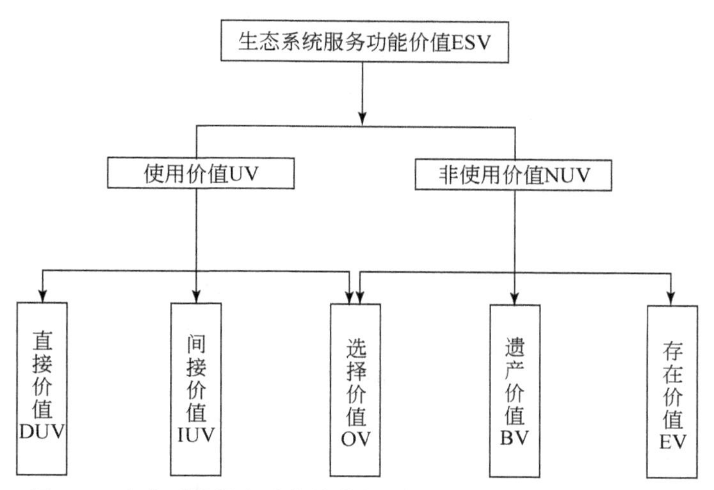

图6-1　生态系统服务功能价值构成（国家环境保护局，1998）

直接价值（direct value）是指生态系统服务功能中可直接计量的价值，是生态系统生产的生物资源的价值（毛文永，1998），对应于生态系统产品提供功能。这些产品可在市场上交易并在收入账户中得到反映，但也有相当多的产品被直接消费而未进行市场交易。除上述实物直接价值外，还有部分非实物直接价值。例如，生态旅游、动植物观赏、科学研究等。

间接价值（indirect value）是指生态系统给人类提供的生命保障系统的价值（欧阳志云和肖寒，1999），这种价值通常远高于其直接生产的产品资源价值，它们是作为一种生命保障系统而存在的。例如，CO_2固定和释放O_2、水土保持、涵养水源、气候调节、净化环境、生物多样性维护、营养物质循环、污染物的吸收与降解，生物传粉等。

选择价值（option value）是指个人和社会为了将来能利用（这种利用包括直接利用、间接利用、选择利用和潜在利用）生态系统服务功能的支付意愿。选择价值的支付愿望可分为为自己将来利用、为自己子孙后代将来利用、为别人将来利用。选择价值是一种关于未来价值或潜在价值，是在做出保护或开发选择之后的信息价值，是难以计量的价值，但并不代表该价值无关紧要，只是我们不知道、无法估算而已（肖寒，2001）。

遗产价值（bequeath value）是指当代人将某种自然物品或服务保留给子孙后代而自愿支付的费用或价格。遗产价值还可体现在当代人为他们的后代将来能受益于某种自然物品和服务的存在的知识而自愿支付的保护费用，遗产价值反映了一种人类的生态或环境伦理价值观——代间利他主义。

存在价值（existence value）是指人们为确保生态系统服务功能的继续存在（包括其知识保存）而自愿支付的费用。存在价值是物种、生境等本身具有的一种经济价值，是与人类的开发利用并无直接关系但与人类对其存在的观念和关注相关的经济价值。

根据前面对价值构成系统的评述可以看到，一般认为生态系统服务功能的总价值是其各类价值的总和。Pearce 和 Moran（1994）认为，总价值在实际操作中尚存在问题和争论，现有的评价技术可以区别使用价值和非使用价值，但是，企图将选择价值、遗产价值和存在价值分开是有问题的，它们之间在意义上存在一定程度的重叠（Pearce and Moran，1994）。此外，虽然在理论上将选择价值放在使用价值之中，但实际评估时还是常常将选择价值放在非使用价值之中。生物资源的存在价值是不能用经济计量的，如果一定要对它进行经济计量，那将意味着它们的存在是可以替代的，且只要替代物的价值能够超过这种货币化的存在价值，其灭绝也是可以允许的，这一结论无论从保护生物学角度还是环境伦理学角度都是不可能接受的。遗产价值也是无法用经济计量的，因为无论怎样给出的量值都不是由未来人而是由当代人代为做出的，故而没有客观性，在这些方面基于伦理观的判断比基于价值量的判断更具意义（徐嵩龄，2001）。近期未来的选择价值具有一定的可预测性，因而有一定的可计算性，但目前来说计算的实际意义不大、可信度差；而远期未来的选择价值则由于其不可预知性无法得到可信的计算结果。

总之，选择价值、遗产价值和存在价值之间是相互联系、密不可分的，它们之间可能存在部分重叠和交叉，同时，它们的精确计量还存在着极大的困难。

此外，还有相当一部分生态经济学家认为，生态系统价值可划分为生态价值、社会文化价值、经济价值三大类（De Groot et al.，2000；Farber et al.，2002；Limburg et al.，2002；Howarth and Farber，2002）。其中，生态价值由生态系统调节功能和生境提供功能构成，决定于一些生态系统参数如复杂性、多样性和稀缺性；社会文化价值则主要与信息功能有关；经济价值分为直接市场价值、间接市场价值、意愿价值和群体价值四类。

6.1.2 生态系统服务功能类型划分

生态系统服务功能的分类方法很多，有代表性的分类主要有以下几种（赵同谦，2004）。

Daily（1997）提出生态系统服务功能可以划分为生态系统产品（ecosystem goods）和生命支持功能（life-support founctions）两大类，其中生态系统产品功能包括食物、饲料、木材、薪柴、天然纤维、医药和工业原料，生命支持功能包括空气和水净化、水旱灾减缓、废弃物降解、土壤及肥力形成和恢复、作物和自然植被传粉、病虫害控制、种子传播和营养物迁移、生物多样性维持、太阳紫外线辐射防护、局部气候调节、减缓极端温度、风力和海浪、文化多样性维持、提供美学和知识等人类精神源泉。

Costanza 等（1997）将生态系统服务定义为气体调节、气候调节、干扰调节等 17 种类型。

Moberg 和 Folke（1999）认为可以按照其性质划分为再生资源产品、不可再生资源产品、物理结构服务（physical structure services）、生物服务功能（biotic services）、生物地球化学服务功能（biogeochemical services）、信息服务功能（information services）和社会文化服务功能（social and cultural services）。

Lobo（2001）则认为可以按功能形式分为调节功能（regulation）、输送功能（carrier）、提供生境（habitat）、产品功能（production）、信息服务功能（information）等。

De Groot 等（2002）定义为调节功能（regulation）、提供生境（habitat）、产品功能（production）、信息服务功能（information）4 大类、23 种功能类型。

目前，最新的并且得到国际广泛认同的生态系统服务功能分类系统是由 MA 工作组提出的分类方法（MA，2003）。

MA 的生态服务功能分类系统将主要服务功能类型归纳为产品提供功能、调节功能、文化功能和支持功能（图 6-2）。产品提供功能是指生态系统生产或提供的产品；调节功能是指调节人类生态环境的生态系统服务功能；文化功能是指人们通过精神感受、知识获取、主观印象、消遣娱乐和美学体验从生态系统中获得的非物质利益；支持功能是保证其他所有生态系统服务功能提供所必需的基础功能，支持功能对人类的影响区别于产品提供功能、调节功能和文化服务功能，是间接的或者通过较长时间才能发生的，而其他类型的服务则是相对直接的和短期影响于人类。一些服务类型，如侵蚀控制，根据其时间尺度和影响的直接程度，可以分别归类于支持功能和调节功能。

6.1.3 价值评价方法

生态系统服务功能评价可以以生态学为基础对从生态系统提供的产品与服务的物质数量进行评价，即物质量评价，以及可以对这些产品和服务进行经济评价，即价值量评价。因此，生态系统服务功能评价主要包括物质量评价与价值量评价（赵景柱等，2000；赵同谦，2004）。

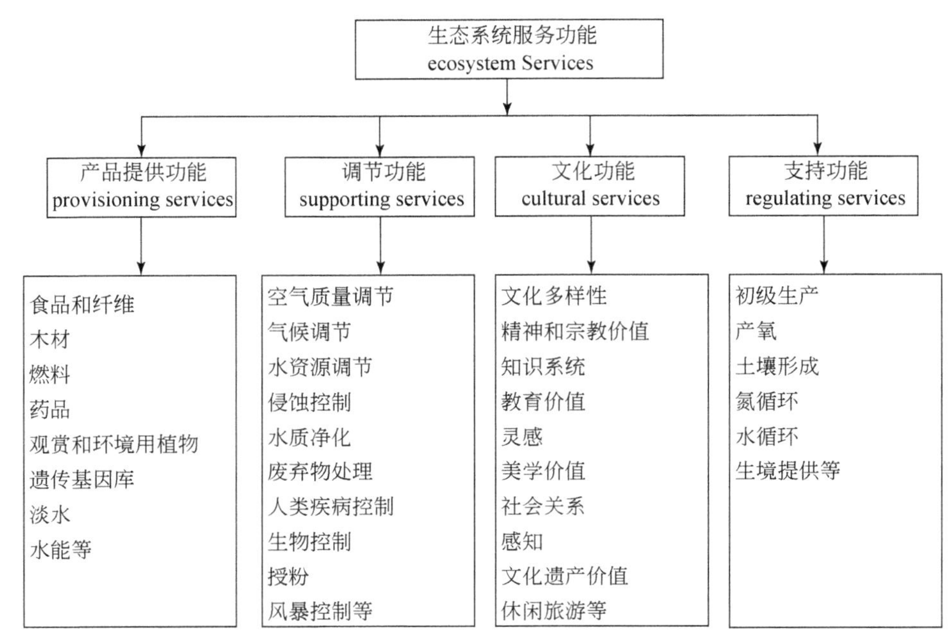

图 6-2 生态系统服务功能类型划分（MA，2003）

6.1.3.1 物质量评价

物质量评价主要是从物质量的角度对生态系统提供的各项服务进行定量评价，即根据不同区域、不同生态系统的结构、功能和过程，以生态系统服务功能机制出发，利用适宜的定量方法确定产生的服务的物质数量。物质量评价的特点是能够比较客观地反映生态系统的生态过程，进而反映生态系统的可持续性。运用物质量评价方法对生态系统服务功能进行评价，其评价结果比较直观，且仅与生态系统自身健康状况和提供服务功能的能力有关，不会受市场价格不统一和波动的影响。物质量评价特别适合于同一生态系统不同时段提供服务功能能力的比较研究，以及不同生态系统所提供的同一项服务功能能力的比较研究，是生态系统服务功能评价研究的重要手段。

物质量评价是以生态系统服务功能机制研究为理论基础的，生态系统服务功能机制研究程度决定了物质量评价的可行性和结果的准确性。物质量评价采用的手段和方法主要包括定位实验研究、遥感、GIS、调查统计等，其中，定位实验研究是主要的服务功能机制研究手段和技术参数获取手段，RS 和调查统计则是主要的数据来源，GIS 为物质量评价提供了良好的技术平台，但是不同尺度基础数据的转换和使用方法尚有待进一步研究。物质量评价研究往往需要耗费大量的人力、物力和资金。物质量评价是价值量评价的基础。

单纯利用物质量评价方法也有局限性，主要表现在其结果不直观，不能引起足够的关注，并且由于各单项生态系统服务功能量纲不同，所以无法进行加总，从而无法评价某一生态系统的综合服务功能（肖寒，2001）。

评价过程中，生态系统类型不同、服务功能不同，其物质量评价方法存在着极大的差异，各生态系统类型不同服务功能的物质量评价方法将在后续的章节中一一介绍，这里不作具体阐述。

6.1.3.2 价值量评价

价值量评价方法主要是利用一些经济学方法将服务功能价值化的过程，许多学者对价值评价方法进行了探索性研究，但是由于生态系统提供服务的特殊性和复杂性，其评价和价值计量至今仍是一件十分困难的事情。

根据已有的生态系统服务功能价值评价技术和评价方法，结合生态系统服务与自然资本的市场发育程度，可将价值评价方法划分为市场价值法（direct market valuation）、替代市场价值法（indirect market valuation）和假想市场法（surrogate market valuation）三大类，具体的一些生态系统服务功能的评价技术则包括市场价值法（direct market valuation）、机会成本法（opportunity cost approach，OC）、影子价格法（shadow price，SP）、替代工程法（replacement engineering，RE）、防护费用法（defensive expenditure，DE）、恢复费用法（replacement cost，RC）、因子收益法（factor income，FI）、人力资本法（human capital，HC）、享乐价值法（hedonic pricing，HP）、旅行费用法（travel cost，TC）、条件价值法（contingent valuation，CV）和群体价值法（group valuation，GV）等，这些经济学评价方法的主要特点如下（表6-1）。每种方法都有各自的优缺点，而每种服务有一套适合的评价方法，一些服务功能评价可能需要一些评价方法结合使用。

表6-1 生态系统服务功能主要价值评价方法

类型	具体评价方法	方法特点
市场价值法	生产要素价格不变	将生态系统作为生产中的一个要素，其变化影响产量和预期收益的变化。
	生产要素价格变化	
替代市场价值法	机会成本法（OC）	以其他利用方案中的最大经济效益作为该选择的机会成本
	影子价格法（SP）	以市场上相同产品的价格进行估算
	替代工程法（RE）	以替代工程建造费用进行估算
	防护费用法（DE）	以消除或减少该问题而承担的费用进行估算
	恢复费用法（RC）	以恢复原有状况需承担的治理费用进行估算

续表

类型	具体评价方法	方法特点
替代市场价值法	因子收益法（FI）	以因生态系统服务而增加的收益进行估算
	人力资本法（HC）	通过市场价格或工资来确定个人对社会的潜在贡献，并以此来估算生态服务对人体健康的贡献
	享乐价值法（HP）	以生态环境变化对产品或生产要素价格的影响来进行估算
	旅行费用法（TC）	以游客旅行费用、时间成本及消费者剩余进行估算
假想市场价值法	条件价值法（CV）	以直接调查得到的消费者支付意愿（WTP）或受偿意愿（WTA）来进行价值计量
	群体价值法（GV）	通过小组群体辩论以民主的方式确定价值或进行决策

1）市场价值法

市场价值法也称生产率法。其基本原理是将生态系统作为生产中的一个要素，生态系统的变化将导致生产率和生产成本的变化，进而影响价格和产出水平的变化，或者将导致产量或预期收益的损失（李金昌，1999）。例如，大气污染将导致农作物的减产、影响农产品的价格等。因此，通过这种变化可以求出生态系统的价值。市场价值法适合于没有费用支出的但有市场价格的生态系统产品和服务的价值评估，如没有市场交换而在当地直接消耗的林产品，森林中自然生长的野生动植物等，这些自然产品虽没有市场交换，但它们有市场价格，可以按市场价格来确定它们的经济价值。市场价值法可有两种情况，即生产要素价格不变和生产要素价格变化。从理论上讲这是一种合理方法，但实际上生态系统服务的种类繁多，同一种服务的效果也多样，其对产品的影响很难定量，实际评价时困难重重。

2）机会成本法

机会成本法常用来衡量决策的后果。所谓机会成本，就是做出某一决策而不作出另一种决策时所放弃的利益（毛文永，1998）。任何一种自然资源的使用，都存在许多相互排斥的备选方案，为了做出最有效的选择，必须找出社会经济效益最大的方案。资源是有限的，且具有多种用途，选择了一种方案就意味着放弃了使用其他方案的机会，也就失去了获得相应效益的机会，把其他方案中最大经济效益，称为该资源选择方案的机会成本。例如，政府想将一个湿地生态系统开发为农田，那么开发成农田的机会成本就是该湿地处于原有状态时所具有的全部效益之和（肖寒，2001）。

机会成本法是费用–效益分析法的重要组成部分，它常被用于某些资源应用的社会净效益不能直接估算的场合，是一种非常实用的技术。它简单易懂，能为决策者和公众提供宝贵的有价值的信息。由于生态系统服务功能的部分价值难以直接评估，因此，可以利用机会成本法通过计算生态系统用于消费时的机会成本，来评估生态系统服务功能的价值，以便为决策者提供科学依据，更加合理地使用生态资源。

3）影子价格法

众所周知，人们常用市场价格来表达商品的经济价值，但生态系统给人类提供的产品或服务属于“环境商品”或“公共商品”，没有市场交换和市场价格。经济学家利用替代市场技术，先寻找“环境商品”的替代市场，再以市场上与其相同的产品价格来估算该“环境商品”的价值，这种相同产品的价格被称为“环境商品”的“影子价格”（欧阳志云等，1999）。例如，评价森林提供氧气的经济价值时，先计算出森林每年提供氧气的总量并假设这些氧气可用于市场交换，再以氧气的市场价格作为“影子价格”，计算出森林提供氧气的经济价值。又如，评价生态系统营养循环的经济价值时，先估算生态系统持留营养物质的量，再以各营养元素的市场价值作为“影子价格”，计算出生态系统营养物质循环的价值。

4）替代工程法

替代工程法，又称影子工程法，是恢复费用法的一种特殊形式。替代工程法是在生态系统遭受破坏后人工建造一个工程来代替原来的生态系统服务功能，用建造新工程的费用来估计环境污染或生态破坏所造成的经济损失的一种方法（李金昌，1999）。当生态系统服务功能的价值难以直接估算时，可借助于能够提供类似功能的替代工程或影子工程的费用，来替代该环境的生态价值。例如，森林具有涵养水源的功能，这种生态系统服务功能很难直接进行价值量化。于是，可以寻找一个替代工程，如修建一座能贮存与森林涵养水源量同样水量的水库，则修建此水库的费用就是该森林涵养水源生态服务功能的价值；一个旅游海湾被污染了，则另建造一个海湾公园来代替它；附近的水源被污染了，需另找一个水源来代替，其污染损失至少是新工程的投资费用。再如，森林的土壤保持功能，算出该地区的总土壤保持量，而后用能拦蓄同等数量泥沙的工程费用来表示该森林土壤保持功能的价值。

5）费用分析法

生态环境的变化，最终会影响到费用的改变。这里所说的费用，一般是指环境保护费用。例如，为了躲避噪声的干扰，将窗子加上隔音器，或者举家迁往更安静的地区；为了防止生态环境的恶化，尽可能地对其做些修复保护工作等。费用分析法通过计算这些费用的变化，来间接地推测生态环境的价值。根据实际费用情况的不同，可以将费用分析法分为防护费用法、恢复费用法两类（欧阳志云等，1999）。

（1）防护费用法：防护费用是指人们为了消除或减少生态环境恶化的影响而愿意承担的费用。例如，在水环境不断恶化的情况下，人们为了得到安全卫生的饮用水，购买、安装净水设备；为了防止低洼的居住区被洪水吞噬，采取修筑水坝等预防措施（李金昌，1999）。由于增加了这些措施的费用，就可以减少甚至杜绝生态环境恶化及其带来的消极影响，产生相应的生态效益。避免了的损失，就相当于获得的效益，因此，可以用这种防护费用来替代生态环境的价值，尽管这种替代还存在一些缺点，但是，防护费用法对生态环境问题的决策还是非常有益的。因为有些保护和改善生态环境措施的效益，或生态环境价值的评估是非常困难的，而运用这种方法，就可以将不可知的问题转化为可知的问题。

（2）恢复费用法：生态环境的恶化会给人们的生产、生活和健康造成损害，为了消除这种损害，最直接的办法就是将恶化了的生态环境恢复到原来的状况。理论上可以用恢复措施所需的费用，来估算生态环境质量的价值。例如，一个水体（河、湖、水库等）受到污染，采取治理措施使受污染的水体基本恢复到原来未受污染时的状态，则该治理措施所需全部费用就是该水体的环境质量价值。森林破坏的直接后果之一就是随着水土侵蚀、养分流失，为了恢复流失掉的土壤养分，可以通过施用化肥的办法进行补偿，那么，所施用化肥的数量乘以化肥的市场价格之积，就可以作为森林保持土壤肥力的价值。

6）因子收益法

因子收益法是指以因生态系统服务而增加的经济收益作为生态系统服务价值的一种估算方法。典型的案例如河流、湖泊水质净化对于渔业及娱乐垂钓业增加收益的贡献，以此作为湿地服务的价值等。

7）人力资本法

人力资本法也叫工资损失法，它是通过市场价格和工资多少来确定个人对社会的潜在贡献，并以此来估算生态环境变化对人体健康影响的损益的。生态环境的破坏特别是环境污染对人体健康造成极大损害，甚至可能剥夺人的生命。生态环境恶化对人体健康造成的影响可以概括为三个方面：一是污染致病、致残或早逝，从而减少本人和社会的收入；二是开支增加，主要指医疗费用；三是精神或心理上的代价。一个健康的人在正常情况下，他参与社会生产，创造物质或精神财富，同时也获得一定的报酬。由于生态环境的破坏，他过早地死亡或者丧失劳动能力，那么他对社会的贡献就减少到零，甚至负贡献，从社会角度来看，这就是一种损失。这种损失，通常可以用个人的劳动价值来等价估算（肖寒，2001）。

人力资本法的出现为生命价值的计算找到了一条出路，但人力资本法在其发展过程中受到了来自各方面的冲击和考验。一是伦理道德问题，人力资本法认为人的生命价值等于他所创造的价值，它把人作为生产财富的一种资本，按其说法，退休、生病或失去劳动能力的人，因其没有工资收入，他们的生命价值就变为零，这一点是难以令人接受的；二是效益的归属问题，人力资本法评价的效益是风险的减少而不是生命价值；三是理论上的缺陷问题，该方法反映人们对避免疾病引起的痛苦等所具有的支付意愿，但所得结果与支付意愿并没有必要的关系，它不是从支付意愿演变而来的，因此其理论基础的可靠程度受到一定的怀疑。改进的人力资本法是由美国疾病控制中心于1982年提出，应用流行病学中用以衡量疾病负担的潜在寿命损失年（year of potential life lost，YPLL）作为指标，将直接计算人的生命价值改为计算每个人年的价值，从而避开了伦理道德难题。潜在YPLL法数据易获得，易于被接受和推广，但是YPLL法将未来的生命价值同现在的生命价值等同，这在理论上是欠缺的，因此该法仍需进一步完善。

8）享乐价值法

享乐价值法（又称资产价值法）就是利用生态环境变化对某些产品或生产要素价格的影响，来评估生态环境价值的（李金昌，1999）。任何资产的价值都与其本身特性和周围环境有关。例如，房地产的价格，它不仅与房屋本身的特征如地理位置、大小、建筑质量、朝向、层次等有关，而且与周围环境如房屋所在社区的特点——距商店和银行远近、社会生活福利设施状况、社会治安状况、生态环境状况等有关。享乐价值法自20世纪70年代以来得到了广泛的应用，特别是常用于评估环境污染对房地产价值造成的损失，以及环境质量与工资差别之关系的研究。

享乐价值法为了获得每个人的边际效益函数关系而作了三个假设：①假设边际效益即支付意愿函数是一条水平直线；②假设每个买主的边际支付意愿曲线，从他们的观测点起，直线下降到零；③假设所有买主的收入和效用函数都相同。这些假设是否切合实际有待于进一步验证。享乐价值法要求有足够大的单一均衡的资产市场，如果市场不够大，就难以建立相应的方程；如果市场不处于均衡状态，生态服务功能价值就不完全反映人们的福利变化。另外，享乐价值法需要大量数据，包括资产特性数据、生态环境数据、以及消费者个人的社会经济数据，这些数据采集得是否齐全和准确，将直接影响到结果的可靠性。这些局限性使得享乐价值法的适用性受到了限制（肖寒，2001）。

9）旅行费用法

旅行费用法又叫游憩费用法，起源于如何评价消费者从其所利用的环境中得到的效益（OECD，1995；李金昌，1999）。它是通过往返交通费和门票费、餐饮费、住宿费、设施运作费、摄影费、购买纪念品和土特产的费用、购买或租借设备费以及停车费和电话费等旅行费用资料确定某环境服务的消费者剩余，并以此来估算该项环境服务的价值。环境服务同一般的商品不同，它没有明确的价格。消费者在进行环境服务消费时，往往是不需要花钱的，或者只支付少量的入场费，而仅凭入场费很难反映出环境服务的价值。研究表明，尽管环境服务接近于免费供应，但是在进行消费时仍然要付出代价，这主要体现在消费环境服务时，要花往返交通费、时间费用及其他有关费用。

旅行费用法是发达国家最流行的游憩价值评价标准方法之一。旅行费用法是在20世纪五六十年代提出并完善的，随后遭到一些经济学家的批评，但80年代后日益盛行，并广泛用于评价各种野外游憩活动的利用价值。旅行费用法自问世以来其方法也渐趋完善，已发展出三个模型，即分区模型、个体模型和随机效用模型。个体模型和随机效用模型是针对分区模型存在的问题而设计的，个体模型较适用于以当地居民为主要游客的旅游地的环境服务的价值评估，分区模型则宜于以广大范围人口为主要游客的旅游地的环境服务价值评估，随机效用模型则常用于评估旅游地环境质量变化引起的价值变化和新增景观的价值。这三种模型的理论基础是相同的，可以说它们是在同一理论下的三种表达方式。

旅行费用法是通过旅行费用建立描述无价格的环境服务的需求曲线，进而求出环境服务的价值的方法。旅行费用法的最大贡献是对消费者剩余的创造性应用，其局限性表现在于：一是旅行费用法将效益等同于消费者剩余，即用旅游者的消费者剩余代替环境服务的价值，这就导致其结果难以与通过其他方法得到的货币度量结果相比，其主要原因是两者对待消费者剩余有不同的态度。二是效益是现有收入的分配函数，与区域的社会经济条件密切相关，因此旅行费用法计算出的消费者剩余并未反映游憩地的自身价值，而是区域社会经济结构的一种反映。例如，游客年龄构成对评价结果影响较大，此外，该理论中效益是通过那些能够支付得起旅游费用的人的效益来体现的，忽略了收入低暂时不能去旅游的人的效益。三是旅行费用法中的许多费用并不是为享受森林游憩而支出的；四是该方法不能说明游憩者少的森林如热带雨林的巨大游憩价值；此外，处理多目的旅游问题也存在着一定的难度。

10）条件价值法

条件价值法（CV）也叫调查评价法、支付意愿调查评估法和假设评价法，它是通过对消费者直接调查，了解消费者的支付意愿，或者他们对商品或服务数量选择的愿望来评价生态服务功能的价值（徐中民等，2003）。CV 属于模拟市场技术方法，它的核心是直接调查咨询人们对生态系统服务的支付意愿（WTP）并以支付意愿和净支付意愿来表达生态系统服务的经济价值（Boyd，1996；Loomis et al.，2000）。CV 属纯粹的市场调查方法，它从消费者的角度出发，在一系列的假设问题下，通过调查、问卷、投标等方式来获得消费者的 WTP 或 NWTP（NWTP 还需要知道消费者的实际支出），综合所有消费者的 WTP 或 NWTP，得到生态系统服务功能的经济价值。CV 的基本理论依据，是效用价值理论和消费者剩余理论。具体地说，它依据个人需求曲线理论和消费者剩余、补偿变差及等量变差两种希克斯计量方法，运用消费者的支付意愿或者接受赔偿的愿望来度量生态系统服务功能的价值。

20 世纪 80 年代以后，该方法在西方国家得到较为广泛的应用，研究案例和著作日益增多，调查和数据统计方法也迅速发展，已经成为一种评价非市场环境物品与公共资源经济价值的最常用和最有用的工具（徐中民等，2003）。CV 适用于缺乏实际市场和替代市场交换的公共商品的价值评估，能够评价各种环境效益（包括无形效益和有形效益）的经济价值，从各种使用价值、非使用价值（如存在价值和遗产价值）到各种可用语言表达的无形效益。由于社会体制、生活习惯、文化传统等多种因素的影响，CV 在发展中国家应用的案例不多。

条件价值法的局限性主要表现在假想性和偏差两方面。假想性是指 CV 确定个人对环境服务的支付意愿是以假想数值为基础，而不是依据数理方法进行估算的；偏差是指 CV 可能存在以下多种偏差，包括策略偏差、手段偏差、信息偏差、假想偏差、嵌入效应引起的偏差等，在实施和数据处理过程中，应尽量避免或减少上述偏差对评价结果产生大的影响。

11）群体价值法

生态经济学在协调生态系统与经济系统的关系上有三个标准观念，即经济效益、生态可持续和社会公平性。从社会公平性角度看，关键问题是生态系统产品和服务价值评价如何包含不同社会群体的公平处理，群体价值法（GV）正是基于此点而逐渐发展起来的。群体价值法源于经济学、社会心理学、决策科学、政治理论，建立在如下假设基础上——“公共商品的价值评价不应该是个体偏好的总和，而应通过一个自由的、公开的辩论过程得到”，基本含义是一些小的公民占有者群体聚集在一起商讨公共商品的经济价值，并且能够将由此得到的价值直接用于指导环境政策，其作用是帮助社会各阶层知晓并表达对选择性生态系统产品和服务的偏好。群体之间所做的并不是协商谈判，而是通过辩论过程做出意见一致的判断。与基于个人偏好的意愿调查法相比，群体价值法更能体现社会公平性（Wilson and Howarth，2002）。

6.2 滨河湿地生态系统服务功能内涵和分类

滨河湿地对河流变化极为敏感，同时也是人类活动密集、区域生物多样性最容易丧失的地区，人类历史上首先从自然界夺取河滨加以开发利用。健康的滨河湿地生态系统，是国家及区域生态安全体系的重要组成部分，是实现区域经济与社会可持续发展的重要基础。

由于长期人类活动的影响，大面积的河滩湿地被开垦为农田、牧场、鱼塘甚至村镇居住地，滨河湿地生态系统结构和生态过程遭到严重破坏，导致生物多样性不断降低，洪水调蓄能力下降，水质净化和面源污染控制减弱，河流水质日趋恶化。例如，黄河、长江中下游大面积河滩湿地被围垦，直接导致洪水调蓄能力下降、水质污染加重、生物多样性降低等诸多生态环境问题。滨河湿地已成为我国生态环境问题最为突出、经济发展和生态环境保护最为尖锐的地区之一。

6.2.1 滨河湿地生态系统服务功能内涵

生态系统服务功能也被部分研究者称作生态系统服务、生态服务、自然服务、自然系统服务、环境服务等。世界上许多著名的生态学家、生态经济学家和相关组织对生态系统服务功能的内涵进行了深入的研究和阐述。Daily（1997）认为，生态系统服务功能是指生态系统与生态过程所形成及所维持的人类赖以生存的自然环境条件与效用，它不仅给人类提供生存必需的食物、医药及工农业生产的原料，而且维持了人类赖以生存和发展的生命保障系统。Costanza 等（1997）则将生态系统提供的商品和服务统称为生态系统服务功能。Cairns（1997）认为生态系统服务功能是对人类生存和生活质量有贡献的生态系统产品和生态系统功能。MA（2003）则将生态系统服务功能定义为人类从生态系统获取的利益。

综合上述观点可以发现，生态系统服务功能实质上是指自然生态系统及其组成物种产生的对人类生存和发展有支持作用的状况和过程，即自然生态系统维持自身的结构和功能过程中产生的对人类生存和发展有支持和效用的产品、服务、资源和环境。人们逐步认识到，生态服务功能是人类生存与现代文明的基础，由于人类对生态系统的服务功能及其重要性的不了解，导致了生态环境的破坏，从而对生态系统服务功能造成了明显损害，威胁着人类赖以生存的环境。研究表明，区域与全球生态环境问题的实质在于生态系统服务功能的损害和削弱（赵同谦，2004）。

对于滨河湿地生态系统而言，其服务功能的内涵是指滨河湿地生态系统与生态过程所形成及所维持的人类赖以生存的自然环境条件与效用。概括起来，滨河湿地生态系统服务功能主要包括为人类提供生产和生活资源、洪水调蓄、净化水质、护岸固堤、改善区域环境、气候调节、生物多样性维持、旅游休闲和教育科研等（Acharya，2000）。

6.2.2 滨河湿地生态系统服务功能分类

结合目前生态系统服务功能的研究现状，认为滨河湿地生态系统服务功能的类型划分应采用 MA（2003）提出的框架更为适宜，尤其是在开展不同类型比较研究过程中结果能够得到更加清晰的表达，因而更为合适（图 6-3）。

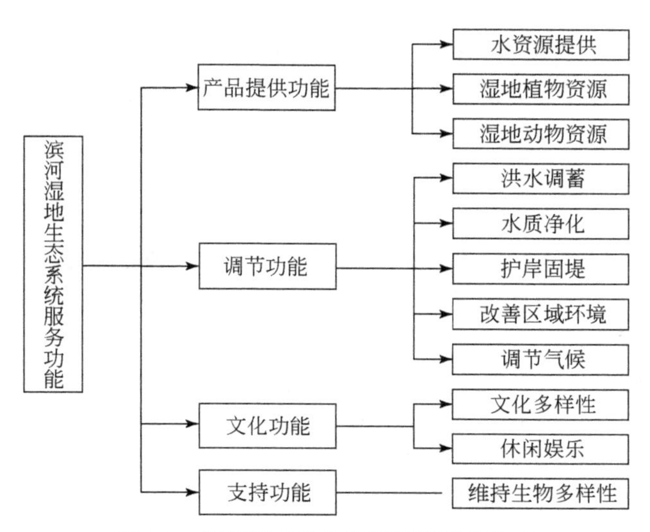

图 6-3 滨河湿地生态系统服务功能分类

6.3 滨河湿地生态系统服务功能机制分析及定量表达方法

滨河湿地生态系统作为淡水资源的赋存空间和来源，不仅提供了维持人类生活生产活动的基础产品和社会经济发展的基础资源，还起到维持自然生态系统的结构、生态过程与区域生态环境的功能。对于湿地生态系统，目前人们已经普遍认识到其具有重要的生态价值（Ewel，1997；Barbier et al.，1997），但是在区域湿地生态系统是否具有最高经济使用价值、应该在何种程度上对其进行保护和恢复等问题上，仍存在着持续的争论（Woodward and Wui，2001）。对滨河湿地生态系统的各项服务功能进行深入分析和定量评价，尤其是通过服务功能的价值化，将有助于全面认识其价值，从而更加科学合理地保护与利用湿地资源，达到湿地资源利用的生态效益和经济效益最优化。因此，客观地衡量湿地生态系统的服务效能对湿地和水资源保护及其科学利用具有重要意义。

滨河湿地生态系统服务功能的形成机制分析是构建服务功能评价指标体系、开展物质量评价以及价值量评价的基础，对于特定生态系统服务功能的正确辨识和定量表达至关重要。以下按照滨河湿地生态系统服务功能类型划分体系开展服务功能形成机制分析，并探讨其定量表达方法（许静宜，2010）。

6.3.1 产品提供功能

生态系统产品是指生态系统所产生的，通过提供直接产品或服务维持人的生活和生产活动、为人类带来直接利益的因子。滨河湿地生态系统提供的产品主要包括水资源、湿地植物资源、湿地动物资源等。

6.3.1.1 水资源提供

连片的湿地对地表径流具有重要的调节功能，特别是通过维持河流的基流而维系河道生态，并对地下含水层的补给起到重要的调节作用，使水资源在一定尺度上具有可持续性。

滨河湿地的水文过程和水文特征，决定了其能够为周围社区提供大量的地表及浅层地下水资源，也为人类生产、生活使用地表水提供了便利。其提供的直接服务就是为周边村镇提供生活用水，以及提供农林牧渔业生产用水。

水资源提供功能的定量评价可通过统计生活用水和生产用水量实现。其价值量用式（6-1）表示：

$$V_{w} = Q_{L} \cdot P_{L} + Q_{p} \cdot P_{p} \tag{6-1}$$

式中，V_w为水资源提供价值；Q_L、Q_P分别为生活用水量和生产用水量；P_L、P_P分别为生活用水和生产用水价格。

6.3.1.2 湿地植物产品

滨河湿地植物资源丰富，不仅可以提供芦苇等生产生活原材料，饲草和蜜源植物，还可以提供莲藕、菱角等水产作物，滩区经农业开发可用于水稻、小麦、玉米、棉花、大豆等农作物生产。此外，滩区也是杨、柳等林木和苹果等经济园林的重要产地，提供木材和水果产品。

湿地植物资源生产功能的定量评价可通过统计各类植物资源和作物的收获和生产量来实现。其价值量用式（6-2）表示：

$$V_V = \sum_{i=1}^{n} V_{Vi} = \sum_{i=1}^{n} (Q_i \cdot P_i - C) \tag{6-2}$$

式中，V_V为植物资源产品总价值；V_{Vi}为某类植物资源产品总价值（$i=1, 2, \cdots, n$）；Q_i、P_i分别为某类植物资源产量和价格；C为生产成本。

对于湿地乔灌木活立木年增长量的价值评价，可采用式（6-3）计算：

$$V_t = G \cdot T \cdot (P - C) \tag{6-3}$$

式中，V为林木生产的收益，元/亩；G为林木年净生长量，m^3；T为出材率,%；P为每m^3木材平均销售价，元；C为每m^3木材平均生产成本费，元。

6.3.1.3 湿地动物产品

湿地独特的水、草条件为动物产品提供了良好的条件。滩区渔业养殖得天独厚，肥美的水草为牛、羊、猪、鸭、鹅等畜禽养殖提供了良好的场所。此外，还提供一些野生的鱼、虾、蟹、龟鳖等水产品。

湿地动物资源生产功能的定量评价可通过统计各类动物资源的收获和生产量来实现。其价值量与湿地植物产品评价方法相同，可用式（6-2）表示。

6.3.2 调节功能

调节功能是指人类从生态系统过程的调节作用中获取的服务功能和利益。滨河湿地生态系统的典型调节作用主要包括水文调节（洪水调蓄）、水质净化、护岸固堤、改善区域环境、气候调节等。

6.3.2.1 水文调节

河流湿地与湖泊湿地等对调节河川径流具有重要意义，尤其是在平原区，滨河湿地通过独特的水文过程能够起到调蓄径流洪水、防止自然灾害的作用。许多研究证明，湿地以低地条件和特殊的介质结构而有巨大的持水能力，具有突出的滞洪功能。天然条件下，湿地在汛期滞蓄大量洪水资源，在干旱季节通过蒸散和地下水转化等作用调节和维持局部气候及局部生态系统水平衡。对于季节性积水的湿地系统，经过旱季土壤水分的亏损为随后的汛期洪水腾出了有效的蓄滞空间，因此对洪水季节的径流具有较大的缓冲作用。湿地与洪水的相互作用关系可以看做是大自然将洪水转化为资源水的过程。

根据本次针对黄河孟津湿地水文过程的研究结果，对于季节性积水的滨河湿地，地下水在水文交换中的作用非常显著，地下水和地表水存在明显的相互补排关系。地下水长期观测数据表明，一般情况下河流长期接受地下水补给，粗略计算得出年均单宽流量约为0.24 m^3/d。但是在上游小浪底调水调沙期内，河流得以持续保持高水位，河流回补滩区地下水现象明显，回补量主要由每年的小浪底水库调水量决定。

滨河湿地的水文调节（或调蓄洪水）能力主要由两部分构成，即低地条件和特殊介质结构形成的储洪能力，以及地下水的调节能力。其价值评价方法可用式（6-4）表示：

$$V_h = P_r \cdot (Q_S + Q_t) = P_r \cdot (A \cdot h + \int q \cdot B) \tag{6-4}$$

式中，V_h为水文调节价值；Q_s、Q_t分别为储洪水量和调节水量；P_r为单位库容造价；A为湿地面积；h储洪水头高度；$\int q$为年单宽流量；B为湿地截面宽度。

6.3.2.2 水质净化

湿地水空间不仅对水资源量起到调节作用，还能通过水–土壤–生物复合系统的作用滤过截留污染物质、净化水质，起到消解污染物，减轻水体的富营养化和被污染状况的作用。湿地生态系统的高生产力，以及湿地中复杂的物理、化学、生物过程相互结合，形成一个强大的可吸收、转化并固定污染物质的环境。因此，湿地能够分解、净化环境物质，起到“排毒”、“解毒”的功能，因此被人们喻为“自然之肾”，净化地球上的水环境。

湿地水–土壤–生物复合系统从周围环境吸收的化学物质，主要是它所需要的营养物质，但也包括它不需要的或有害的化学物质，从而形成了污染物的迁移、转化、分散、富集过程，污染物的形态、化学组成和性质随之发生一系列变化，最终达到净化作用。另外，进入湿地生态系统的许多污染物质吸附在沉积物的表面，而某些水体特别是沼泽和洪泛平原缓慢的水流速度有助于悬浮物的沉积，污染物黏结在悬浮颗粒上并沉积下来，从而实现这些污染物的固定和缓慢转化。

因此，滨河湿地的水质净化作用，一方面体现在截留、吸附河水中的污染物质，另一方面表现在控制滩区农业非点源污染、减少入河污染物（尤其是N、P等）。其水质净化能力由其自身的净化功能决定，其服务功能价值可用下式表示。

$$V_p = C_n \cdot N + C_P \cdot P \quad (6\text{-}5)$$

式中，V_p为水质净化价值；C_n、C_P分别为集中处理设施的氮、磷单位去除成本；N和P分别为滨河湿地生态系统的氮、磷净化能力。如果有其他特别关注的污染物，可以继续在此基础上累加。

6.3.2.3　护岸固堤

滨河湿地生态系统能够减缓河水流速和冲击力，稳定河床，起到固土护岸的作用。湿地乔灌草植物根系可固着土壤，提高土壤持水性，增加土壤有机质、改善土壤结构与性能，从而增加河岸和堤岸的抗侵蚀能力和抗冲刷能力；植物枝叶可截留雨水、降低浪高，抵消波浪的能量，从而起到保护堤岸的作用。其服务功能价值评价可以采用替代工程法，以堤防建设工程和维护成本来表示。

$$V_b = [(I_h - I_i)/N \cdot (1 + r) + C_m] \cdot L \quad (6\text{-}6)$$

式中，V_b为护岸固堤价值；I_h和I_i分别为堤岸高标准和低标准建设工程总投资；N为堤岸设计使用年限；r为贴现率；C_m为不同防洪标准堤岸的单位长度年维护成本差；L为单位面积湿地折合的保护长度。

6.3.2.4　改善区域环境

湿地生态系统通过水面蒸发和植物蒸腾作用可以增加区域空气湿度，有利于空气中污染物质的去除，从而使空气得到净化。例如，湿度增加能够大大缩短SO_2在空气中的存留时间，能够加速空气中颗粒物的沉降过程，促进空气中多种污染物的分解转化、植物光合释氧等。此外，湿地对于调节区域微环境、小气候，提高湿度、诱发降雨，减低周围地区夏日温度，增加区域舒适度具有显著作用。

其服务功能价值评价应集中于社区居民普遍承认与感知的功能类型，可以采用支付意愿调查等方法进行。

6.3.2.5　气候调节

滨河湿地植物通过光合作用固定大气中的CO_2，将生成的有机物质贮存在自身组织中。同时，植物通过凋落物等显著增加土壤有机物含量，一些区域形成泥炭累积并贮存大量的 C 作为土壤有机质，一定程度上起到了固定并持有 C 的作用。因此，滨河湿地生态系统通过固持 CO_2 而对全球气候变化具有缓冲作用。

当然，目前关于湿地淹水缺氧环境下 N_2O、CH_4、CO_2 等温室气体的产生和排放的研究和报道日渐增多，其副作用强度与区域自然条件、水文条件（淹水时间）等密切相关。评价过程中应予以考虑并区别对应。

植物生长固碳作用评价主要考虑有明确 C 累积和迁出的大型乔灌木，可以在计算其净初级生产力的基础上，采用光合作用反应式（6-7）来量化评价。根据该方程式，生产 1g 植物干物质能固定 1.63gCO_2、释放 1.20gO_2。

$$6CO_2 + 12H_2O \xrightarrow{6772\text{cal 太阳能}} C_6H_{12}O_6 + 6O_2 + 6H_2O \longrightarrow \text{多糖} \quad (6\text{-}7)$$

湿地土壤 C 累积，尤其是泥炭层固（持）碳效益，可以按式（6-8）计算土壤 C 固定总量，然后参照赵同谦等（2004）提供的效益系数进行价值评价。

$$M_c = \lambda \cdot \sum A_i \cdot H_i \cdot \rho_i \cdot C_i \quad (6\text{-}8)$$

式中，M_C 为湿地生态系统土壤有机质折合 C 总量；λ 为折算系数（有机质含 C 比例）；A_i 为各湿地植被类型面积；H_i 为各类型的平均土壤计算深度；ρ_i 为各类型的平均土壤容重；C_i 为各类型土壤有机质含量。

6.3.3 文化功能

文化功能是指人类通过认知发展、主观印象、消遣娱乐和美学体验，从自然生态系统获得的非物质利益。湿地生态系统的文化功能主要包括文化多样性、教育价值、灵感启发、美学价值、文化遗产价值、娱乐和生态旅游价值等。一方面，作为与人类生存密切的自然要素，水生态系统作为一种独特的地理单元和生存环境，对人类文化及民族文化的形成、演化和发展具有重要影响，对形成独特的传统、文化类型影响很大，可以说对产生和维持文化多样性具有十分特殊的意义；另一方面，水作为一类“自然风景”的“灵魂”，其娱乐服务功能是巨大的，由流域水体与沿岸陆地景观组合而提供的自然景观如河岸景致、河漫滩、江心洲风光等，在景观上的时空动态变化为人们带来的视觉及精神上满足和享受，减轻了现代人类的各种生活压力，改善了人们的精神健康状况，以水为载体的休闲娱乐活动如划船、游泳、渔猎和漂流等，更是给人们提供了休闲放松、强身健体的功用，是人类娱乐生活的重要组成部分。此外，河流湿地还是对人们实行教育，特别是环境教育的基地，越来越多的科学家投身于湿地功能的利用研究，湿地已成为重要的科学研究地点。

本次研究中滨河湿地的文化功能主要体现在生态旅游这一方面，该区秋冬、冬春的湿地观鸟，夏秋季节的万亩荷塘和休闲垂钓等吸引了大批游客。其服务功能价值评价可以用旅行费用法（阳柏苏等，2006）：

$$T_c = R + G + F + E + O \tag{6-9}$$

$$E = t \cdot s \tag{6-10}$$

式中，T_c 为旅行费用；R 为交通费用；G 为门票；F 为餐饮费用；E 为旅行时间成本；O 为其他费用（包括摄影费用、购买纪念品和土特产费用、停车费等）；t 为游客旅行总时间；s 为游客单位时间的机会工资。

6.3.4 支持功能

支持功能是指维持自然生态过程与区域生态环境条件的功能，是上述服务功能产生的基础，与其他服务功能类型不同的是，它们对人类的影响是间接的并且需要经过很长时间才能显现出来。例如，土壤形成与保持、光合产氧、氮循环、水循环、初级生产力和生物多样性维持等。以维持生物多样性为例，湿地以其高景观异质性为各种水生生物提供生境，它适于各类生物，例如，甲壳类、鱼类、两栖类、爬行类、兽类及植物在这里繁衍，是野生动物栖息、繁衍、迁徙和越冬的基地。在我国湿地生活、繁殖的鸟类有 300 多种，占全国鸟类总数 1/3 左右，一些水体是珍稀濒危水禽的中转停歇站，湿地还是许多名贵鱼类、贝类的产区，一些水体养育了许多珍稀的两栖类和鱼类特有种。

滨河湿地最突出的支持功能体现在生物多样性保护（提供生境）上。以研究区所在的黄河孟津湿地为例，该湿地地理位置十分重要，原为大量候鸟迁徙过程中的停留所，近些年随着全球气候变化、区域气温升高，湿地鸟类资源大量增加，并由鸟类迁徙过程中的停歇或路过变为在这里越冬，从而成为候鸟重要的越冬地。根据当地湿地保护管理部门的野外观测，共记录到鸟类 144 种，隶属于 16 目 42 科，属于国家一级重点保护动物的有东方白鹳、黑鹳、大鸨、白尾海雕、白肩雕、玉带海雕、白头鹤、白鹤、丹顶鹤等。

维持生物多样性功能的价值评价一直是一个国内外学术难点，本次研究认为，其评价可以采用如下公式进行（赵同谦，2004）：

$$V_b = C_b + V_p + \mathrm{WTP} \tag{6-11}$$

式中，V_b 为湿地维持生物多样性功能的价值；C_b 为湿地开发的机会成本；V_p 为湿地保护的地方政府投入；WTP 为湿地周围社区居民的支付意愿。

7　基于生态系统服务功能的滩区湿地生态恢复模式研究

随着人们对湿地生态系统生态功能重要性的认识不断提高，滨河湿地退化生态系统的恢复和重建已成为区域生态系统保护和管理的重点工作。我国的滨河湿地生态系统研究开展得较晚，且研究主要集中在定性方面，定量研究缺乏，河岸生态系统建设、保护和管理缺乏统一的衡量和评价标准，从而造成河岸生态系统建设、保护和管理具有一定的片面性和盲目性。在应该在何种程度上或采用何种方案对其进行保护和恢复等问题上缺乏足够的科学依据，仍存在着持续的争论。已实施的一些滨河湿地退化生态系统的恢复和重建工程，一定程度上改善了生态环境，加深了对生态河岸的理解，但由于人们对滨河生态系统认识较肤浅、理论研究和定量相对缺乏，往往只考虑到河岸的娱乐功能而忽略其生态功能，存在着过分注重工程技术和景观美化，而忽略其整体生态服务功能恢复的现象，没有从生态系统服务功能形成机制及其效用角度制定恢复方案，使滨河湿地退化生态系统的结构、过程和功能没有得到真正意义上的恢复，区域生态环境质量没有得到根本性的改善和提高。

生态系统服务功能的研究是连接自然与社会的桥梁（Daily，1997）。引入生态系统服务功能方法论，在系统研究滨河湿地生态系统服务功能形成机制的基础上，比较不同生态系统服务功能的大小和重要程度，深入了解地方社区居民的意愿，研究并制定兼顾湿地周围社区居民的意愿和既得利益的、适宜的湿地保护与利用模式，从而为滨河湿地保护和生态恢复措施提供必要的理论支持，为区域生态管理和决策提供依据。

7.1　不同利用模式下生态系统服务功能比较研究

7.1.1　生态系统服务功能比较研究的内涵

7.1.1.1　比较研究法

比较研究法是指对两个或两个以上的事物或对象加以对比，以找出它们之间的相似性与差异性的一种分析方法。它是人们认识事物的一种基本方法和一种思维方式。20世纪七八十年代以来，随着人们对跨学科研究和综合研究的重视，比较研究法也得到了广泛的应用。

比较研究法的运用要符合可比性原则。进行具体比较分析时，比较的要素是有层次的，它们之间必须具有可比性，要求对不同的对象要选择可比的方面和统一的标准进行比较。根据标准的不同，我们可以把比较研究法分成如下几种类型（黄金南等，1983），见表7-1。

表7-1　比较研究方法的分类

分类依据	类型	内涵
属性	单项比较	利用事物的单个属性进行比较
	综合比较	按事物的多种或所有属性进行比较
时空	横向比较	对在空间上对并存事物的既定形态进行比较
	纵向比较	时间上的比较，既比较同一事物不同时期的变化，从而认识其发展过程，揭示其发展规律
目标指向	求同比较	寻求不同事物的共同点的比较
	求异比较	比较两个事物的不同属性，从而说明两个事物的不同，以发现事物特殊性的比较
性质	定性比较	通过事物间本质属性的比较来确定事物的性质
	定量比较	对事物属性进行量化表达以准确判断事物的异同
范围	宏观比较	从宏观上把握事物的本质，对事物的异同点或基本规律进行比较
	微观比较	从微观上把握事物的本质，对事物的异同点或基本规律进步比较

7.1.1.2　生态系统服务功能比较研究

生态系统服务功能比较研究是指通过评价不同生态系统类型或类型区域服务功能的大小和重要程度，从而为生态管理与决策提供依据。其研究目的在于科学反映评价对象之间的差异性，类型上属于横向、综合和定量比较。

生态系统服务功能比较研究的基本过程包括：基于服务功能形成机制分析构建评价指标体系，选择评价方法，评价结果对比分析。研究过程中应遵循如下原则。

1）系统性原则

生态系统服务功能比较研究中，不同生态系统类型或类型区域服务功能对比评价的功能指标或评价因子，要符合环境、社会经济系统的整体性和协调性，并准确反映其结构、功能在时间和空间上的表现，满足全面反映滩区不同生态系统类型或类型区域服务功能的地域性特点，不遗漏广泛认同的重要因子。

2）可比性原则

不同生态系统类型或类型区域服务功能对比评价的功能指标或评价因子应有明确的内涵和可度量性，并具有统一的量纲，以使评价结果简单、明确、无歧义。研究过程中，生态系统服务功能评价应该尽量货币化，从而做到评价结果直观、可比。

3）普遍认同原则

生态系统服务功能比较研究的目的在于指导区域湿地生态保护与恢复实践。因此，比较研究中，尽量选择那些有代表性的综合指标和主要指标，选择的评价指标其服务功能类型必须能够被当地政府和社区居民所广泛认同，以保证评价结果的可信度和说服力。例如，湿地的洪水调蓄功能是能够被社区居民接收的，可以作为功能指标参与评价；而固碳、调节气候功能虽然意义重大，但是往往无法被多数当地社区居民认同，因此，构建评价指标体系时应该不予考虑。

4）可实现性原则

由于评价和比较研究的目的是指导实践、指导应用，因此研究过程中，不应该过分强调科学性和准确性，评价指标应概念明确，具有可测性并易于获取。应在确保结果正确性的前提下，尽可能简化评价方法，强调对比评价的直观、简便和可实现性。

7.1.2 不同土地利用模式下生态系统服务功能比较研究

根据滩区现有的土地利用类型，评价指标体系构建考虑自然湿地、林业种植、荷塘种植、鱼塘养殖、农田种植五类主要的土地利用类型（许静宜，2010）。

7.1.2.1 评价指标体系构建

滩区五种土地利用类型中，农田、鱼塘和荷塘的确定性目的是通过耕种、养殖获取农产品，这是毫无疑问的。此外，得益于滨河湿地的傍水自然环境、鱼类鸟类资源丰富等独特的环境特征，每年都会吸引大量游客来此参观、休闲、娱乐，鱼塘、荷塘这些农业开发活动也逐渐发展成为区域景观和旅游活动的组成部分，从而具有了一定的休闲娱乐功能。滩区种植人工林，其主要目的是用来获取林木产品、护岸固堤。自然湿地的众多服务功能中，能够（或者通过宣讲后能够）被社区居民所接受的包括植物资源产品、动物资源产品、水资源、水文调节、水质净化、旅游休闲、生物多样性。因此，在可比性、普遍认同性和可实现性原则指导下，构建评价指标体系如下（表7-2）。

表7-2 滩区生态系统服务功能评价指标体系

类型	产品提供功能	调节功能	文化功能	支持功能
农田	粮食（水、旱作物）	—	—	—
鱼塘	水产品	—	休闲娱乐	—
荷塘	莲藕、莲子等生产	—	休闲娱乐	—
人工林地	林木蓄积	护岸固堤；气候调节	—	—
自然湿地	动植物资源产品；水资源提供	水文调节；水质净化	休闲娱乐	维持生物多样性

7.1.2.2 评价方法

依据上述评价指标体系，根据对滨河湿地生态系统服务功能机制分析和定量表达方法的研究结果，参照“6.3节滨河湿地生态系统服务功能机制分析及定量表达方法”中给出的评价计算方法，对不同土地利用类型的生态系统服务功能开展比较研究。

评价过程中应该注意，评价结果为扣除投入成本后的净收益。涉及的投入成本计量，必须能够被当地政府和社区居民所广泛认同，以保证评价结果的可信度和说服力。

7.1.2.3 评价结果

1）农田

农田种植的目的是获取农业产品。其服务功能的评价可采用式（6-2）进行，仅计算单位面积农田收益。表7-3是滩区主要传统农业种植类型的投入产出和收益情况调查统计结果。

表 7-3 农作物投入产出及收益情况

种植类型	产出		投入			净收入/（元/亩）	年均收入/（元/亩）
	产量/（kg/亩）	单价/（元/kg）	化肥/亩	农药/亩	其他/亩		
水稻	400	2.6～2.8	尿素 100kg，220 元；复合肥 50kg，150 元	杀虫药和除草剂，40～50 元	耕种和收割 150 元，水费 90～140 元	390～410	400
玉米	300～400	1.6	复合肥 40kg115 元；尿素 20kg，44 元	20～30 元	耕种 100 元	200～350	275
小麦	300～350	1.5	碳酸氢铵 50kg，50 元；复合肥 25kg，75 元	20–30 元	耕种 70 元	235～310	272.5
棉花	50～60（皮棉）	16.0	复合肥 20kg 斤，60 元；尿素 20kg，44 元；专用肥 25kg，75 元	杀虫药 150 元	耕种 70 元	400～560	480
花生	150～200	5.0	钾肥 20kg，96 元；尿素 20kg，44 元；花生专用肥 40kg，100 元	杀虫药和催果药，30 元	耕种 70 元	410～460	435
平均收益	—						372.5

注：① 表中调查数据时间为 2008 年；② 以上计算未计入土地使用权所有者自身的人力投入成本

由表 7-3 中可以看出，水田种植的总产出约为每亩 1000 多元，但投入约占 60%，每亩净收益平均 400 元，种植效益较低。而旱田种植类型较多，产出和投入差异也较大，以种植面积最大的小麦、玉米、棉花、花生四种作物为代表，其总投入占总产出的比重为 30%～60%，旱田种植的净收益在每亩 272.5～480 元，平均收益不足每亩 400 元。这一结果尚不包括土地使用权所有者自身的人力投入成本。

同时，除了投入成本比重高、净效益低以外，当地社区居民农业耕作获取上述收益的过程中，施用的化肥、农药等数量较大、种类较多，这些都必然会对滩区环境产生较大影响。以化肥施用为例，根据“4.2 节降雨产流及非点源污染特征”的研究结果，滩区开发为农耕地后，面源污染物年际产生量为：颗粒物

45.0 kg/hm^2、总氮0.443 kg/hm^2、总磷0.050 kg/hm^2。此外，杀虫剂和除草剂的施用对区域生态环境，尤其是生物多样性维持造成一定的影响。如果上述计算结果中计入这些环境成本，那么，农业种植的效益将会更低。

因此，应该认为上述单位面积农田的年净收益计算结果是偏高的。

2）鱼塘

鱼塘的服务功能价值包括两部分，一是养鱼的直接净收益，二是作为滨河湿地生态旅游的组成部分而产生的旅游收益。

（1）养殖收益。其服务功能的评价可采用式（6-2）进行，仅计算单位面积鱼塘收益。鱼塘养殖的投入产出及净收益情况见表7-4。

表7-4 鱼塘养殖投入产出及收益情况

类型	产出		投入/元				年均净收入/（元/亩）
	产量/（kg/亩）	单价/（元/kg）	鱼苗	饲料	消毒	其他	
鱼塘	1300~1500	8.0	200	6800	600	700	2400

注：①表中调查数据时间为2008年；②消毒剂主要使用漂白粉、卤制剂、石灰、硫酸铜等，其他包括充氧等；③以上计算未计入鱼塘养殖户自身的人力投入成本

由表中可以看出，鱼塘养殖的总产出约为每亩10 000多元，但成本投入占近80%，净收益平均2400元，净效益相对农田较高，但是，事实上鱼塘养殖所需投入的人力成本是比较大的。以上净效益计算结果并未将鱼塘养殖户自身的人力成本计入其中。

此外，在当地社区居民在进行鱼塘养殖过程中，施用的化肥和消毒药剂等将会对环境产生较大影响。根据“4.2节降雨产流及非点源污染特征”的研究结果，估算出鱼塘每公顷年际流失污染物总量：颗粒物1208.9 kg、有机质125.86 kg、总氮48.3 kg、总磷8.61 kg，其非点源污染物排放比农田大的多。同时，一些消毒药剂等的施用对区域生态环境，尤其是对区域浅层地下水的影响严重。如果计入这些环境成本，那么其效益将会大幅降低。

（2）休闲娱乐收益。研究区所在的孟津湿地保护区扣马段已开发建设了“黄河荷花风景区”，以滨河湿地独有的自然景色为特色吸引点，以荷塘种植、鱼塘养殖等为辅助吸引点，开发了以万亩荷塘、荷塘荡舟、荷塘月色、采摘莲蓬、鱼塘垂钓、湿地观鸟、沙滩排球等多项旅游项目为内容的生态旅游，并在景区每年举办一次“洛阳会盟荷花”节，知名度不断提升。

其服务功能的评价可采用式（6-9）和式（6-10）进行，并折合为单位面积

鱼塘收益。经现场调查得知，该景区游客主要以洛阳市为主，近些年来随着知名度的提升，周围一些城市如三门峡、济源、运城等外地游客人数明显增加。根据景区统计数据，仅荷花节期间（其他时间不收门票），景区年接待游客 50 余万人次，门票直接收入达 20 多万元，荡舟、垂钓、购物、餐饮、娱乐等综合经济收益近 500 万元。

根据调查走访，鱼塘垂钓及其延伸的相关游乐活动约占景区生态旅游收益组成的 1/10。现有鱼塘面积约千亩，估算得到鱼塘养殖带来的生态旅游效益为 500 元/亩。

（3）总收益。鱼塘的服务功能价值为上述两部分之和，为 2900 元/亩。

3）荷塘

荷塘种植是滩区最普遍、面积最大的一种开发利用模式，其服务功能价值同样包括两部分：一是荷塘种植的直接净收益，二是作为滨河湿地生态旅游的组成部分而产生的旅游收益。

（1）荷塘种植收益。其服务功能的评价可采用式（6-2）进行，仅计算单位面积荷塘种植收益。荷塘种植的投入产出及净收益情况见表 7-5。

表 7-5　荷塘种植的投入产出及收益情况

类型	产出		投入		年均净收入/（元/亩）
	产量/（kg/亩）	单价/（元/kg）	化肥/亩	其他成本	
莲藕	1000-1500	2	尿素 25kg，计 55 元；磷肥 25kg，计 95 元	水费、雇工费等生产成本共计约 1000-1300 元	1200

注：① 表中调查数据时间为 2008 年；② 以上计算未计入荷塘种植户自身的人力投入成本

由表中可以看出，荷塘莲藕种植的总产出约为每亩 2000～3000 元，但成本投入占近 50%，净收益平均约为 1200 元，净效益相对农田较大，但同时莲藕种植所需投入的人力成本较高。以上净效益计算结果并未将鱼塘养殖户自身的人力成本计入其中。

荷塘种植过程中，施用的底肥、化肥、农药等对环境具有较大的影响。根据“4.2 节降雨产流及面源污染产生特征”研究结果，估算出荷塘每公顷年际流失污染物总量：颗粒物 81.12 kg、有机质 12.732 kg、总氮 6.348 kg、总磷 1.50 kg，其面源污染物排放高于农田。同时，检出的农药施用对区域生态环境具有一定影响。如果计入这些环境成本，那么其效益将会大幅降低。

（2）生态旅游收入。根据走访调查，“洛阳会盟荷花”节中的万亩荷塘以及荷塘荡舟、采摘莲蓬、荷塘月色等主题游乐活动，约占全区旅游要素组成的1/2，主景区现有荷塘面积约3千亩，得到荷塘种植带来的生态旅游效益为833元/亩。

（3）总收益。荷塘种植的服务功能价值为上述两部分之和，为2 033元/亩。

4）林业种植

滩区人工林地具有十分重要的生态功能，包括获取林木产品，并且作为消浪林，减缓河水流速和冲击力、保护堤岸，固定C减缓温室效应等。此外，片状林地对于为一些大型禽类提供栖息地和繁殖地，对于维持鸟类生境具有重要作用。本次主要界定为林木生产、护岸固堤和固定C（气候调节）三种功能类型开展评价。

（1）林木产品。采用林木活立木年增长量评价滩区林业种植价值。以滩区种植的代表性树种——杨树为评价对象，计算方法采用式（6-3）。计算得到滩区林木种植的效益为746元/亩·a。

（2）护岸固堤。其服务功能价值评价可以采用替代工程法，以减少的堤防建设工程和维护成本来表示。

根据张建春等（2002）在安徽大别山河岸带滩地植物护坡效能的实验研究成果，植物可以增加地表粗糙度，阻碍地表水流，降低径流速度和流量，相应的减轻流水特别是洪峰对河堤的冲刷，促进河堤滩地泥沙的淤积，保护河堤。两种植被试验地段林后风速分别下降82.5%和40.0%，波高衰减系数分别为0.77和0.39，与常用的块石护坡相比较，每100 m（按35 m宽计）河堤造价减少0.87万~0.92万元。采用此试验研究结果，采用式（6-6）进行估算，得到滩区林地的护岸固堤价值为35.99元/亩。

（3）固定C。林木通过光合作用和呼吸作用与大气物质进行交换，主要是CO_2和O_2的交换，固定大气中的CO_2，同时增加大气中的O_2，这对维持地球大气中的CO_2和O_2的动态平衡，减缓温室效应有着不可替代的作用。首先，计算年增生物量干物质量，然后根据光合作用方程式，生产1.00g植物干物质能固定1.63gCO_2、释放1.20gO_2，计算得到林木年净利用CO_2量及其折合固定C量。最后采用碳税法（1245元/tC）进行效益评价（赵同谦等，2004）。

根据上述方法计算得到滩区杨树种植的净固碳量为178kg/亩·a，折合其固碳效益为222元/亩·a。

（4）总效益。滩区人工林业种植的综合效益为1 004元/亩。此估算结果与目前一些研究结果相比是偏低的，主要原因是没有计算降低风速农田增产、生物多样性维持等功能。但是该结果符合当地社区居民对人工林地的生态功能认知现状。

5）自然湿地

根据评价指标体系，自然湿地的众多服务功能中，能够被社区居民所接受的包括直接产品（植物、动物和水资源）、水文调节（洪水调蓄）、水质净化、旅游休闲和生物多样性维持。各评价因子的评价方法见式（6-1）～式（6-11）。

评价采用基础数据为课题组在研究区开展的野外调查和原位试验研究结果（张华，2008；徐华山，2008）。其中，自然湿地的生态旅游收益为旅游总收益扣除荷塘、鱼塘等收益后的结果。具体评价结果见表7-6。

表7-6　自然湿地生态系统主要服务功能指标价值评价结果

服务功能类型	评价指标	物质量评价结果	折算单位面积价值量（元/亩）
产品提供	水资源提供	研究区生活用水4.2万m^3/a；农业灌溉用水600万m^3/a	28
	动植物资源	芦苇及饲草	46
调节功能	水文调节	$2.01\times10^4/(m^3/hm^2)$	895
	水质净化	$2740/(kg/hm^2)$	274
文化功能	生态旅游	—	950
支持功能	维持生物多样性	—	1820
合计	—	—	4013

7.1.2.4　不同利用模式服务功能比较及分析

将以上滩区不同利用模式下的生态系统服务功能价值汇总如下（表7-7）。由表可以看出，滩区开发进行农业种植的效益是最低的。而维持自然湿地状况下，其自然生态系统服务功能价值是最大的，约为进行农业种植的10倍。鱼塘和荷塘效益相对较高，但是计算过程中没有考虑其高强度的人力成本和环境成本。林木种植的效益同样较低，但是这是在没有考虑其维持生物多样性（尤其是一些大型禽类）等功能的情况下得出的。

表7-7　不同利用模式服务功能比较结果

滩区利用类型	单位面积价值/(元/亩)	备注
农业种植	372.5	未计入种植者自身人力投入和环境成本
鱼塘养殖	2900	未计入养殖者自身人力投入和环境成本
荷塘种植	2033	未计入种植者自身人力投入和环境成本

续表

滩区利用类型	单位面积价值/(元/亩)	备注
林木种植	1004	未考虑一些宏观性服务功能指标
自然湿地	4013	未考虑一些宏观性服务功能指标

那么，上述结果是不是就意味着为了谋求利益最大化，滨河湿地应该全部保护下来不允许进行任何开发活动呢？我们认为其答案应该是否定的，无数例证已经证明，忽视当地社区居民的意愿、单纯地进行划地保护，保护效果是得不到保证的。必须在保护的同时兼顾湿地周围社区居民的意愿和既得利益，激发社区自发的保护意愿和保护行为，从而实现湿地真正意义上的、可持续的保护。

我们需要做的是充分尊重客观规律和当地社区居民的意愿，研究并制定适宜的湿地保护与利用模式，在保护的基础上进行适度的、合理的开发。

7.2 滨河湿地资源保护与利用社区意愿调查

社区意愿调查是了解地方社区居民对于保护区的认知态度、资源依赖程度和利用愿景的有效手段，是协调解决自然保护与社区利用之间矛盾的必然途径（王艳玲等，2009）。一般而言，自然保护区与其周边社区居民具有长期的相互依存关系，能否得到当地社区居民的支持，直接关系到自然保护区管理效果。尤其是在发展中国家，保护区及其周边地区村镇及家庭等社会经济组织与自然保护区有着广泛而密切的联系，基于村镇及农户居民的保护区态度及其原因分析，可以辨识保护区发展过程中存在或潜在的问题，为保护区与当地社区协调发展提供决策依据（严圣华等，2007）。

在国外，从不同角度就村镇社区农户及居民对保护区建立和发展态度，及其动态变化进行了大量的实证研究。近年来，尽管我国在自然保护方面社区意愿调查的研究案例也积累了一些，但是，目前针对河滩湿地的自然保护与社区参与方面的研究却十分鲜见。本研究通过对当地社区居民进行关于滩区湿地保护与利用的意愿调查，充分了解社区居民对滩区湿地保护的认知及对滩区利用的诉求，阐明河滩湿地自然保护区与社区社会经济发展之间的矛盾及其根源，为滩区湿地保护与合理利用提供依据（许静宜等，2011）。

7.2.1 调查方法

为了解滩区周围社区居民对滩区湿地自然保护的认知和态度，分析社区与自然保护区及湿地开发之间的关系，课题组于2008年8月和2009年8月对孟津滨河湿地扣马段周边社区扣西、小寨等自然村进行了全面的调查，与保护区管理人员、林业局有关领导及当地村干部进行了深入调查和访谈。

调查方式是对社区管理人员及当地居民等利益相关者采用发放调查问卷、半结构提纲问答式访谈。问卷采取当场填写，当场收回的形式，当社区居民因种种原因无法填写问卷时，我们逐条讲解，询问调查者意见，然后代为填写。调查问卷设计主要围绕受调查人的基本情况、社区居民对湿地重要性的认知、湿地资源保护意识、湿地保护与社区居民的主要矛盾、社区居民对湿地开发利用的意愿诉求等主题开展，共20个问题。大部分被访者都积极配合，本次调查共发放调查问卷300份，收回264份。受调查人群特征见表7-8。

表7-8 调查人群特征情况表

年龄		受教育情况		人均收入情况	
大小/岁	比例/%	教育程度	比例/%	收入/(元·a)	比例/%
20~30	5.30	小学及以下	16.29	3 000 以下	52.65
30~40	33.33	初中	58.33	3 000~5 000	25.00
40~50	34.09	高中	21.97	5 000~10 000	16.67
50~60	20.08	大学	3.41	10 000 以上	5.68
60 以上	7.20				

调查区居民主要收入来源为农业、经济作物种植和鱼塘、牲畜养殖，年人均收入3000元左右。受调查人群年龄结构、受教育程度、收入情况在当地社区均具有一定的代表性。

7.2.2 调查结果与分析

7.2.2.1 湿地重要性的认知和保护意识

社区居民长期与保护区相伴，他们对自然保护和保护区的态度直接影响到其对自然保护事业的支持和行动。有关湿地重要性及社区居民保护意识的问题共7个，调查结果见表7-9。

表7-9 湿地重要性认知调查内容及结果

调查内容	调查结果				
当地居民有无捕杀鸟类	A 很严重	B 不太严重	C 没有	D 不知道	
	5.68%	26.89%	55.68%	11.74%	

续表

调查内容	调查结果				
当地居民有无破坏湿地植被行为	A 很严重	B 不太严重	C 没有	D 不知道	
	14.77%	28.79%	42.80%	13.64%	
湿地的重要性	A 很重要	B 重要	C 一般	D 没有作用	E 不知道
	35.98%	28.03%	20.08%	1.90%	14.02%
湿地破坏对鸟类生存繁殖有无影响	A 很大	B 不是很大	C 基本没有	D 不知道	
	22.73%	25.76%	40.91%	10.61%	
有无必要成立保护区	A 很有必要	B 有必要	C 无所谓	D 没必要	E 很没必要
	23.48%	48.48%	19.32%	6.06%	2.65%
保护区有无珍禽保护措施	A 有	B 没有	C 不知道		
	48.48%	29.55%	21.97%		
能否在保护区内进行垦荒、植林	A 不能	B 不清楚	C 可以		
	31.06%	21.21%	47.73%		

由调查结果可以看出，32.57%的人认为保护区内仍有比较严重的捕杀鸟类等野生动物行为，43.56%的人认为仍有比较严重的破坏湿地植被事件发生，48.49%的人承认湿地破坏对鸟类繁殖有较大影响。反映了当地社区居民中，尽管多数人已经认识到湿地的重要性，但是目前针对湿地保护区动植物资源的破坏性活动还是比较常见的。

在有无必要成立保护区问题上，71.96%的人认为成立保护区是有必要的，并且受访者大多认识到是为了保护自然环境，特别是保护鸟类。但是在“能否在保护区内进行垦荒、植林”问题上，除了21.21%的受访者不清楚外，有47.73%的答案是“可以”。上述结果说明，当地社区居民认为保护是应该的，但是如果严格进行划地保护，而禁止开垦利用，伤害到他们的根本利益则是无法接受的。这种矛盾的心理，正是目前自然保护区保护措施和效果无法得到保证的根本原因。此外，调查过程中，扣马、扣西等湿地周边的村民对湿地自然保护区了解较多，而距离稍远的大部分居民则表示很少接受关于环保方面的知识宣传和教育，只知道在滩区要保护鸟类，严禁非法打猎，反映了目前湿地自然保护的宣传力度是不够的。

7.2.2.2 保护区与社区之间的主要矛盾

有关保护区与社区居民之间矛盾焦点的问题共5个，调查结果见表7-10。由调查结果可知，保护区的建立对当地社区的影响集中在土地减少、鸟类啄食造成的作物减产、收成下降方面。随着自然保护区的建立，原先可以任意开垦的土地资源受到了一定程度的保护，耕作面积和收益大为减少。同时，由于禁止采挖、捕鸟，保护区的鸟类经常成群结队啄食庄稼，不仅大量吞食播下的种子，成熟期的水稻、小麦、莲藕、鱼塘等均会受到不同程度的损失。而且，保护区没有给出明确的说法，导致社区居民意见较大，绝大多数居民认为政府理应给予补偿，而就目前保护区的财力来说，这是不可能做到的。

表 7-10 保护区与社区之间的主要矛盾调查内容及结果

调查内容	调查结果				
保护区对社区居民的影响	A 土地减少	B 养殖受限	C 鸟类糟蹋粮食		
	49.24%	9.47%	41.29%		
保护区有无给居民补偿	A 有	B 没有			
	27.27%	72.73%			
保护区是否制约当地经济发展	A 严重制约	B 不很严重	C 没有制约	D 没有影响	E 不知道
	0.76%	33.11%	24.24%	20.30%	21.59%
保护区有无创造就业	A 有	B 没有	C 不知道		
	22.73%	57.58%	19.70%		
居民对保护区管理态度	A 非常满意	B 满意	C 不满意	D 非常不满意	
	7.20%	50.76%	38.26%	3.79%	

也正是由于上述原因，保护区一些严格的保护措施事实上并没有得到很好的贯彻落实，虽然个人开垦行为得到限制，但是以村集体为主体进行的开发活动则是有加速的趋势。例如，大面积的莲藕种植、鱼塘养殖，以及一些没有经过科学论证的林木种植、旅游设施建设等，这也是目前保护区管理不力、湿地资源破坏加速的直接原因。后 3 个问题的调查结果恰恰是这种状况的真实反映。

7.2.2.3 社区居民对湿地保护与利用的意愿诉求

有关湿地重要性及社区居民保护意识的问题共 5 个，调查结果见表 7-11。

表 7-11 社区居民意愿诉求调查内容及结果

调查内容	调查结果					
湿地用途的期望	A 水田	B 莲藕	C 旱地	D 鱼塘	E 经济林	F 保持原状	G 无所谓
	17.77%	19.29%	5.58%	11.68%	12.69%	20.81%	12.18%
是否愿意参与湿地保护教育培训	A 愿意	B 不愿意	C 无所谓				
	54.66%	3.11%	42.24%				

续表

调查内容	调查结果					
是否愿意被聘为护鸟工	A 愿意	B 不愿意	C 无所谓			
	68.55%	4.40%	27.04%			
是否愿意参与湿地保护的决策	A 愿意	B 不愿意	C 无所谓			
	62.50%	2.50%	35.00%			
是否愿意参与湿地保护与管理	A 愿意	B 不愿意	C 无所谓			
	65.63%	1.25%	33.13%			

对于湿地用途的期望，受访者意见非常分散，其中，维持现状、发展莲藕和水田种植相对较集中。无论何种意见，都表明了目前情况下当地居民对滩区湿地开发利用的意愿和利益诉求。同时，受访者中约60%都积极地表示愿意参与到湿地保护的活动中来，愿意参与湿地保护与管理，愿意参与湿地保护的环境保护和宣传教育工作，并且愿意放弃在保护区中开发利用资源的权利，这说明只要处理好保护区与社区居民的利益关系，给当地居民创造就业机会或者替代生计作为补偿，大部分人是能够理解并支持、参与保护区的保护工作。

例如，每年7～9月扣马段黄河滩“会盟荷花节”的万亩荷塘、垂钓等特色旅游项目，一定程度上带动了当地经济发展。可以在引导、协调好自然保护区与社区居民、自然保护与经济发展的前提下，有计划、有步骤地适度开发生态旅游，逐步规范旅游开发行为，为当地居民创造就业和增加收入的机会，激发他们的保护和参与热情，从而实现保护区与社区共管、保护与发展共赢的良好局面。

7.2.3　讨论

当地社区是湿地资源的传统使用者，自然保护区的建立和界标不仅使当地农民失去了大面积的农用土地，同时也失去了收获芦苇、饲草、渔获物等的机会，并且自然保护区内鸟类增加导致的啄食农作物现象日渐严重。当地社区的切身利益受到损害（严圣华等，2007），对湿地保护工作产生抵触情绪，出现滥采滥挖、捕杀水鸟等现象，导致湿地保护与地方社区经济发展之间的矛盾日益突出，湿地保护部门与地方社区的矛盾复杂化，保护效果并不理想（Nepal，2002；刘锐，2008）。

从以上调查结果我们可以看出，当地群众对自然资源的依赖性很强，当地群众进行大规模耕作活动，给原有滩区湿地资源造成很大的破坏。调查发现当地群众对湿地的态度也比较矛盾。一方面认为湿地很重要，大部分愿意参与到湿地的管理、决策当中；另一方面又想将湿地开发成农田获得实际利益，反映出尽管多数当地社区居民已经认识到湿地的重要性，但是如果严格进行划地保护、禁止开垦利用，伤害到他们的根本利益则是无法接受的。这种矛盾的心理，正是目前自然保护区保护措施和效果无法得到保证的根本原因。这一点与国内外相关研究的结果是一致的（湿地国际-中国办事处，2001；刘静等，2009；刘锐，2008）。

调查人群的年龄结构、教育程度和收入水平对调查结果的影响是比较大的。本次调查，受调查人群以青壮年为主（年龄在30～50岁之间的占67.42%），受教育程度为初中以下的占74.62%，且52.65%的人年均收入水平在3000元以下。大多数居民在当地生活了几十年，亲历了湿地变化对当地环境的影响，对湿地的重要性有一定的认知程度，64%的人觉得湿地很重要或重要，但限于所受的教育程度，加上当地有关部门缺乏对湿地环保知识的宣传，使得他们对湿地的认知只限于表面上模糊的概念，缺乏深层次的理解。由于当地土地资源比较紧张，比较多的人认为滩地应该保持现在的农业开发利用，应该允许用于种植莲藕、水田、鱼塘养殖和种植经济林，同时，在不影响生计的条件下，愿意放弃部分眼前利益并积极地参与到保护工作中来，但应该得到一些收入补偿。而事实上，目前的管理政策条件下，这些愿望是无法得到实现的。

目前，滨河湿地保护现状和未来发展态势是令人忧虑的。忽视当地社区居民的意愿、单纯地进行划地保护，其效果是不理想的，湿地面积持续萎缩、保护与开发的矛盾没有得到很好的处理。如何在保护的同时，兼顾湿地周围社区居民的意愿和既得利益，研究并制定适宜的湿地保护与利用模式，在保护的基础上进行适度的、合理的开发，激发社区自发的保护意愿和保护行为（Ross and Wall，1999；刘洋和吕一河，2008），已经成为改变湿地保护现状，实现湿地真正意义上的、可持续保护的关键所在。

7.3 滨河湿地生态保护与利用模式研究

自1989年荷兰莱顿国际湿地与发展大会提出“人民在湿地管理中的作用”这一议题以来，国外的湿地保护学者在世界范围内先后开展了一些关于社区参与湿地保护的案例研究；国内学者也先后在草海、拉市海、达赉湖、双台河口、黄河三角洲等地区开展了一些探索性研究（湿地国际-中国办事处，2001）。国内外长期的研究和实践表明，自然保护与社区开发利用之间的矛盾是必然存在的，单纯依靠政府行为强制建立自然保护区，并不能很好地解决湿地保护问题。传统的“隔离保护”正在向兼顾资源持续利用和周边社区发展的“综合管理”模式转变（Hostedde et al.，2007；刘静等，2009；Rao et al.，2002）。

因此，如何在保护的同时兼顾当地社区的利益，谋求最优化的管理模式，调动当地社区的积极性参与湿地资源的保护和持续利用，实现政府与社区、保护与利用的协调统一是摆在我们面前的一个亟待解决的问题（韩念勇，2000；Margules and Pressey，2000；Liu et al.，2001；Wainwright and Wehrmeyer，1998）。

7.3.1　湿地生态保护现状及问题分析

研究区原黄河滩区自然湿地面积较大，季节性淹水，最大洪水线达到120 m等高线，靠近现在的扣马村边，原设计的孟津国家级黄河湿地自然保护区外缘基本以此洪水线划定。随着位于河道上游约40 km处的小浪底水利枢纽的建成，彻底改变了保护区的水文条件，季节性洪水得到有效控制，原有滩区湿地已基本转化为永久性旱地，地势低平，坡度平缓，并随之受到湿地周边社区的高强度农业开发利用，由自然湿地转变为大面积的人工林、旱田、水田、荷塘、鱼塘等。仅在靠近黄河河道两侧，由于受小浪底调水调沙影响季节性淹没，仍保存有一定面积的自然沙洲湿地。因此，研究区受水库建成、季节性淹水条件变化的影响，大面积的滩区湿地失去了湿地的基本属性，为社区农业利用开发提供了客观可能。

滩区地方经济以农业生产为主，乡镇工业企业极不发达，缺乏一些第二、第三产业，加之人口增长迅速，人多地少，为社区农业利用开发滩区提供了主观可能。

地方保护区主管部门，由于机构不健全、人手缺乏、管理缺失，保护区管理没有严格按照原有的规划实施，为滩区的前期无序开发利用和后期的大规模开发利用提供了外部条件。

地方政府基于发展地方经济出发，不仅默认了已有的农业开发行为，甚至倡导并给予资金、政策等一系列的支持和帮助，如修建滩区水利灌溉渠等，组织周边社区居民进行大规模的滩区农业开发和基本农田建设，为滩区农业利用提供了驱动力。

综合上述因素，在客观可能、主观可能、外部条件及驱动力的共同作用下，大面积滩区已经被农业开垦利用。目前，滩区经济利用和开发已经成为事实，原有保护区界限实质上已经失去意义。

随之而来，滩区开发带来的生态环境问题日渐突出，主要表现在以下几个方面。

1）生态系统结构-过程-功能的改变

小浪底水库的建成彻底改变了滩区湿地的水文条件，原有滩区湿地已基本转化为永久性旱地，大面积的滩区湿地失去了湿地的基本属性，随之而来的高强度农业开发利用，使得滩区湿地生态系统的结构、过程与功能发生了深刻、甚至是彻底的改变，并直接影响到河床边缘保留的一部分自然湿地的结构、过程和功能，尤其是由水相向陆相生态系统的过渡趋势加剧，进而已经影响到河道水势流态。

2）生物栖息地的丧失

滩区湿地的丧失使得原有湿地生物栖息地空间局限于河床以内，原有大面积的栖息空间变得非常狭小，而且，滩区耕作等人类活动也直接影响到狭小空间内生物尤其是鸟类的栖息、繁殖，使得河流及滩区湿地原有的提供生境和生物多样性维持功能弱化。

3）农业面源污染加剧

已有研究表明，滨河湿地具有很强的控制农业面源污染、保护河流水质的功能。滩区湿地受到高强度农业开发以后，原有的控制农业面源污染功能丧失，代之而来的是鱼塘养殖、莲藕种植、水田及旱地耕作产生的农业非点源污染的排放，河流水质污染趋势的加剧。

4）农药对生物多样性的影响显著

滩区农业耕作中，尤其是棉花、水稻种植，大量施用除草剂和病虫害防治农药，对湿地野生生物产生毒害作用，鸟类被毒杀的现象在滩区屡见不鲜，直接影响到湿地生物多样性的维持。

总之，随着滩区的开发利用，原有湿地生态系统服务功能受到极大的影响，协调滩区生态保护与合理利用迫在眉睫。

7.3.2 滨河湿地生态保护与利用模式优化的原则

针对上述问题，根据生态系统服务功能比较研究和社区意愿调查结果，结合本区滩区土地开发利用现状，探索并提出滨河湿地生态保护与利用优化模式。模式优化过程中需遵循以下四项基本原则。

1）保护优先、兼顾社区居民意愿

该湿地地理位置十分重要，原为候鸟迁徙过程中的停留地，近些年随着全球气候变化，湿地鸟类资源大量增加，并由鸟类迁徙过程中的停歇或路过变为在这里越冬，从而成为候鸟重要的越冬地，湿地保护的生物学意义非常大。因此，无论是制定何种模式，保护是第一位的。但是，为了实现更好的保护，必须兼顾周边社区居民的利益诉求和意愿，从而在保护的前提下，探索兼顾社区居民意愿的协调优化模式。

2）基于生态系统服务功能比较研究的生态效益最优化

模式优化的出发点应该是使滩区生态系统服务功能得以正常发挥，实现综合生态效益、经济效益的最优化。河滩区的生态开发不应损害河流正常的生态服务功能。例如，不影响河流正常的泄洪功能，不丧失鸟类和野生动物的栖息地，不减少滨河湿地的洪水调蓄能力，不削弱河岸带滞留净化污染物的功能，不增加河流的污染负荷等。

3）遵循自然资源现状及其内在规律

河滩区的保护与利用必须严格遵循自然资源的现状及其内在规律。例如，河床受黄河干流流态影响，变化较大，尤其是小浪底水库调水调沙期间，河床受河水冲刷、淤积影响，地表形态和土壤沉积特征变化剧烈，不适合任何人为利用活动，应该严格予以保护；近河岸带河水与地下水联系密切，且为积盐带，应作为河岸缓冲区减少人为干扰等。

4）政府引导、社区共管

无论模式如何合理，最终其实现必须依靠地方政府进行统一的组织、规划、管理和协调。地方政府必须作为牵头人将非政府组织、社区居民以及其他利益方组织在一起，建立相互之间的信任和沟通机制，明确各方的责任和利益，建立共管模式和机制，共谋滩区湿地保护与发展的可持续性，只有这样保护与利用、社区共管的局面才能形成和维持。

此外，在滩区的保护和开发利用模式上，应避免单一类型的保护或全面开发，应在湿地保护的前提下，适当综合某些开发利用类型，扬长避短，最大效益地利用滩区的土地资源和水资源。

7.3.3 滨河湿地生态保护与利用优化模式

根据黄河干流两侧滨河湿地水文交错带和生态修复关键地带的研究结果，将黄河干流两侧的滩区分别划分为4个功能区，即河床自然湿地（Ⅰ带）、生态修复关键地带（Ⅱ带）、水文交错地带（Ⅲ带）和河漫滩外围区域（Ⅳ带）（图7-1）。

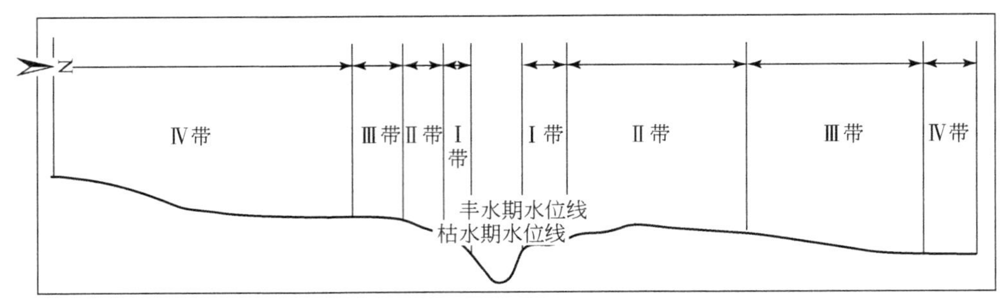

图 7-1 滩区湿地分区示意图

Ⅰ带．河床自然湿地；Ⅱ带．生态修复关键地带；Ⅲ带．水文交错地带；Ⅳ带．河漫滩外围区域

根据典型滨河湿地保护与开发利用现状，以典型滨河水文交错带和生态修复关键地带的划分为依据，并综合考虑课题组前期关于生态系统服务功能比较研究和社区意愿调查结果，提出了以河道为中心的研究区典型滨河湿地的恢复模式（图 7-2）。

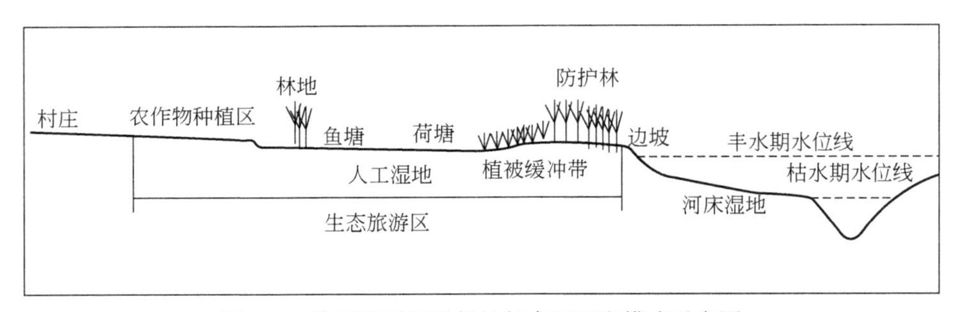

图 7-2 黄河滩区湿地保护与合理开发模式示意图

7.3.3.1 河床自然湿地（Ⅰ带），建成湿地保护区

黄河主河道两侧的嫩滩、河心洲是鸟类和两栖类爬行动物等的主要栖息地和繁殖场所，生物多样性丰富。目前，黄河北岸高强度的农业开发利用使得大部分区域的农田直抵河岸，河水侵蚀河岸现象严重，每年沿岸滩区土地被河水冲蚀近 100 m；黄河南岸河道外侧嫩滩仍零星保存着一部分自然湿地，主要为自然生长的湿生草本植物。该区域紧邻主河道，对农业非点源污染控制和河流水质保护具有重要意义，发挥了巨大的生态环境效益，因此，应该作为核心区严格保护，建成湿地保护区。

首先，对该区域实施封禁，全面停止农业开垦行为，禁止河道挖沙、渔猎和旅游开发等人类活动的干扰。其次，保护或恢复湿地植物，对于残存的自然湿地，仍保持自然的植被状态，尤其是春季及夏初一些鸟类的繁殖期，要严格禁止人畜进入；另一方面，对于已经开垦的区域，应停止农业开垦，利用黄河自身的水文周期、植物种子资源及自然肥力，依靠自然的力量进行湿地的生态修复。河床自然湿地植被保护和恢复的过程中，要在封禁地界放置醒目的标牌，植物生长期严格禁止人畜进入。植物生长末期可以允许周围社区居民进行有计划、有组织地适时收割芦苇等湿生植物，但严禁冬季烧荒和放牧。

7.3.3.2 生态修复关键地带（Ⅱ带），建成植被缓冲区

滨河湿地生态修复关键地带是黄河干流两侧滩区的一个地下水位浅且与河水水力联系非常密切的区域。研究结果表明，黄河北岸，距离河岸 1000 m 以内的区域为滨河湿地生态修复关键地带；黄河南岸，距离河岸 200 m 以内的区域为滨河湿地生态修复关键地带。该区域土壤质地为砂性土，容重小，导水性强，保水保肥能力差，地表农耕活动肥料的利用率低，易流失造成河水污染。因此，该区域也应进行保护，禁止农业开发利用，并根据微地貌特征，进行合理的近自然湿地恢复，建成植被缓冲区。

河岸带植被通过固定、吸附、沉淀、铵化、硝化、反硝化和植被同化等作用，有效去除农田退水和暴雨径流中的氮、磷等营养物质，减少农业非点源污染、改善水环境质量，发挥着廊道、过滤器和屏障作用等多重功能。研究区为典型的河漫滩，耕地与河流间无缓冲带，在进行植物优化配置时，应遵循以乡土植物为主，可行性原则、适地适树和乔、灌、草相结合的原则。在充分考虑植被缓冲带功能的基础上，结合植被的生长特性，合理地进行该区域植被的配置。

第一，易塌岸的区域构建自然防护林带。黄河干流两侧滨河湿地易坍塌的地方可以合理种植人工林形成自然的防护林，一方面能够起到护岸固堤的作用；另一方面也可以为大型鸟类提供栖息地，起到维持和保护生物多样性的作用；此外，还可以形成近自然的隔离带，从而减少和屏蔽耕作等人类活动影响。防护林的林木以固土能力强、耐淹、耐旱、耐盐碱、耐瘠薄的深根乡土乔、灌木为主，乔木选择小叶杨和毛白杨等；湿地灌木选择甘蒙柽柳、紫穗槐等。种植时要注意稀疏适中，以利于透盐性植物野艾蒿、油芒等以及野大豆等乡土野生草本植物衍生，并能够通过植物根系的提取和反硝化作用，达到对上游农业污染的屏蔽作用。两岸防护林的建设，一方面防护河岸被河水冲刷侵蚀，增强了河岸的稳定性；另一方面也可以防止泥沙进入河道，避免发生水土流失；此外，两岸形成的绿色长廊也为鸟类和其他生物提供了觅食和繁衍的场所。

第二，防护林外侧构建灌、草结合的植被带。防护林外侧选择种植以灌、草

为主的植物，一方面用于吸收流入湿地的大量营养物质；另一方面能够截留地表径流，从而使降雨径流等地表水转化为地下水。植被缓冲带应选择种植耐水的湿地灌木，如甘蒙柽柳、紫穗槐等，在水土流失较为严重的地带以紫穗槐种植为主，其他地带以甘蒙柽柳种植为主。草本植物应选择芦苇、水烛和水蓼等乡土湿地植物，结合滩区微地貌特征，确定其合理的分布，在地势低洼和易积水处以水烛和水蓼种植为主，在缓丘则以芦苇种植为主。此外，可以撒播根系发达、固土能力强和耐淹耐旱的乡土植物草种，如狗牙根、牛鞭草和蔗草等。灌、草植被缓冲区的建设，一方面增加了植被覆盖率，改善和提高了生态环境质量；另一方面从源头上保护和改善河流水质，拦截了流入河流的污染物；此外，能够将地表径流转化为片状流，从而提高了入渗量。

第三，河渠（入河）交汇处构建近自然人工湿地。农业排水沟渠是连接农田和河流水体的通道，不仅具有排水功能，而且具有人工湿地的生态功能，能够通过植物吸收、土壤吸附和生物降解等作用，降低进入下游水体中农业非点源污染物的含量，从而改善和保护河流水质。在河渠的交汇处应建成近自然的人工湿地，在充分考虑植被根系发达、茎叶茂盛、生物量大和耐污能力强的基础上，结合该区域土壤环境，在河岸种植乡土植物小叶杨、柳树等乔木进行固岸护坡；近水面种植芦苇、草等护坡植物；河道中种植挺水植物如芦苇和水烛。芦苇、水烛等挺水植物夏秋季生长旺盛，冬春季枯萎，在植物生长期能够有效地吸收流经水体中的氮、磷等农业非点源污染物；在冬季植物残体死亡后，组织周围社区居民进行有组织、有计划地收割，从而防止了二次污染。

7.3.3.3 水文交错地带（Ⅲ带），建成人工湿地

水文交错地带的地下水与河流水力联系较为密切。研究结果表明，黄河北岸，距离河岸 1000～2000 m 以内的区域为滨河水文交错地带；黄河南岸，距离河岸 200～400 m 以内的区域为滨河水文交错地带。该区域允许适度的人类活动，可以建成荷塘、鱼塘等人工湿地，但是应该尽量减少农业非点源污染，确保河流及地下水水质不受到污染。

莲藕是当地社区居民在滩区种植的重要经济作物类型，也是社区居民重要的经济来源，莲藕种植过程中的人为管护相对于水田、旱地相对较少，比较而言可以相对减轻人为干扰。在防护林外围规划种植莲藕，一方面可以照顾居民对自然资源利用的需求、稳定居民收入，另一方面，人工湿地也是为鸟类狭窄的河床湿地栖息地提供缓冲区、扩展区和觅食地，对维持湿地生物多样性具有一定的意义。但应注意，莲藕种植过程中，必须严禁施用高致毒、高残留农药，施肥也要科学合理，减少农业面源污染排放。

鱼塘养殖是当地社区居民利用滩区的重要类型和经济来源，合理开发进行鱼塘养殖是改善社区居民生活水平的重要途径。适度规划发展鱼塘养殖，可以满足居民利益诉求，同时，鱼塘作为人工湿地也可以为鸟类提供缓冲区和觅食地，对维持湿地生物多样性具有一定的意义。鱼塘养殖对区域地下水水质有一定的影响，并且鱼塘换水若直接排放会对河流水质会产生较大的影响。因此，鱼塘养殖一定要科学规划，鱼塘周边可以适当种植一定宽度的林带，此外，应注意鱼塘的科学养殖，减少换水周期。鱼塘排水应作为农作物或林地灌溉用水加以利用，严禁直接排入入河沟渠。

7.3.3.4　河漫滩外围区域（Ⅳ带），建成农作物种植区

农田耕作是研究区社区居民的传统土地利用方式，完全禁止耕作是无法被接受的。因此，照顾到当地社区居民的意愿，在尽量减少农业面源污染排放的情况下，在滨河水文交错带之外的区域，允许当地社区居民适当开垦，建成农作物种植区。

农业种植应以发展生态农业、观光农业为主，其种植一定要严格规划和管理，建成现代的产业园区。在道路两侧可以种植瓜果、蔬菜等经济作物，建成果蔬种植产业园区；在其他土地资源丰富的区域种植品种优良的小麦和玉米等粮食作物。果树的种植选用耐贫瘠、耐旱且经济效益好的品种，如核桃、西瓜、韩国梨等；蔬菜的种植选择有观赏价值和可供采摘的西红柿、黄瓜、丝瓜和茄子等。同时，对果蔬种植园区进行统一技术指导、统一供种、统一销售。黄河滩区现代农业的发展，一方面可以提高当地社区居民的经济收入，另一方面也可以为剩余劳动力提供了就业的机会，使当地社区居民在家门口打工成为“新常态”。目前，黄河滩区已经建设了部分果蔬种植园区，取得了比较好的效果。例如，温县黄河滩区种植了近 5000 亩的核桃林，武陟县建设了近 2000 亩滩区薄皮核桃基地、精品杂果基地，孟州市在黄河滩区建成了万亩无公害果品生产基地、千亩韩国梨生态示范园、3000 亩速生核桃示范基地，在改善黄河滩区生态环境的同时，也提高了当地社区居民的经济收益。

农业种植应禁止种植棉花等病虫害高发作物，农田化肥施用量要科学合理，尽量减少农业非点源污染物的排放影响河流水质。农业种植过程中严禁施用高致毒、高残留农药，同时，滩区严禁毒杀、捕杀鸟类行为的发生，尽可能减少对湿地鸟类的影响。

7.3.3.5　适度发展生态旅游

湿地生态旅游是湿地生态保护走向良性循环发展的方向之一。上述植被缓冲

区、荷塘种植和鱼塘养殖的人工湿地以及农作物种植区等可以适度规划，开展以湿地观鸟、徒步观光、荷塘荡舟、鱼塘垂钓和自然教育为主题的生态旅游，把黄河湿地建成以滨河景廊、水上活动区以及农业园区为主要功能区的特色旅游景区。第一，在保护区外建设旅游服务接待处，做到区外服务、区内旅游。第二，将植被缓冲区和荷塘连成一片，建成以“荷塘月色”为主题的生态植物园，努力打造滨河景廊观光区，园区内的植物以本土植物为主，建设的过程中应体现风景林的特色，在提供科学研究和观赏同时，也要为游客提供游憩活动项目以满足公众“回归自然”的愿望。第三，将荷塘和鱼塘等人工湿地建成水上活动区，开发荷塘荡舟、采摘莲蓬等休闲娱乐项目，建设水上垂钓中心，在每个鱼塘里搭建钓鱼台，鱼塘旁边建供休息的小木屋。第四，发展特色农业观光，开发以“采摘休闲、观光农业”为特色的游客参与性强的旅游产品。特色果蔬的生产应根据市场需求而生产具有观赏、食用等功能的瓜果和蔬菜。沿着道路两侧建设具有观赏价值和采摘品尝参与性强的瓜果园和蔬菜园，如核桃园、梨园和黄瓜园、西红柿园、丝瓜园等，根据各种瓜果蔬菜的成熟期，开展不同的采摘节，让游客在观赏到多种多样的瓜果蔬菜的同时，可以直接参与进来，充分体验农业生产的过程。

通过滨河湿地保护区、休闲渔业、特色农业观光等生态旅游产业的建设，逐步将黄河滩区打造成为中原城市群的休闲旅游产业带，满足当地社区居民的经济诉求。例如，孟津国家级黄河湿地自然保护区目前已开发的“黄河荷花风景区”，每年举办一次“洛阳会盟荷花节”以及开发的湿地观鸟、荷塘荡舟、采摘莲蓬等旅游项目收益呈逐年增长趋势。生态旅游的发展，在满足当地社区居民经济利益和就业需求的同时，也很大程度上减少了其对湿地资源的依赖，实现了真正意义上的湿地保护。

总体而言，研究区按照上述模式进行改造和整合，相信会对湿地保护与社区经济发展的协调统一、相互促进起到促进作用。上述滨河湿地保护与合理开发模式，对于我国中东部地区河流滨河湿地生态保护和合理开发利用具有一定的指导意义。

7.3.4 模式实施的保障性措施及建议

模式的科学、合理是确保滩区生态保护与合理利用的基础，而如何统一规划、协调实施则是确保生态保护效果和持续发展的保证。模式实施必须要在政府的统一组织下，有关利益方建立相互之间的信任和沟通机制，明确各方的责任和利益，形成共管模式和机制，才能实现滩区的生态保护和持续发展。模式实施应注意以下问题。

1）发挥政府的主导作用

在很多情况下，政府不愿意改变严格的自上而下的管理方式，并不热心支持社区参与，甚至把自己放在对手的地位，这种政府不参与的状态下，共管共赢的保护与利用模式实施的可能性几乎是不存在的。因此，政府的参与和主导是模式实施、社区参与共管的基础和前提。

政府的主导作用主要体现在：召集有关利益方参加研讨；协调相关利益方的利益均衡；制定统一的保护与利用规划和实施方案；与政府的其他部门联系和协调；必要时加强执法；提供技术、财政和政策支持；基础设施的开发投入等。

2）建立责任分担与利益共享机制

社区如果发现参与其中并承担部分管护责任将会带来明确的效益（短期和长期的），那么他们就会更加愿意出力参与湿地资源的管护和合理利用；相反，那么他们就可能会放弃协商和参与，维持原有的状态，而保护与利用的矛盾依然得不到解决，问题则会继续存在。

因此，在政府的统一组织下，建立有关利益方相互之间的信任和沟通机制，明确各方的责任和利益，形成共管模式和利益共享机制，是滩区湿地保护与可持续发展的基础。

3）合理规划、统筹实施

在保护优先的原则下，兼顾社区意愿和利益诉求，在提出的基本优化模式基础上，依托相关机构和专家，进一步因地制宜、科学规划，制订出滩区生态保护与利用详细规划，并本着投资、责任、利益相均衡、相一致的原则，制定出切实可行的实施方案。

规划与实施方案需在政府的组织下，湿地保护部门、河务水利管理部门、乡镇、村委、居民等有关利益方一起充分酝酿、充分协商，在达成共识的基础上，予以实施。实施过程中，出现的问题、矛盾甚至纠纷，要本着相互沟通、相互信任的出发点，予以协商解决。

4）加强滩区保护及社区参与共管的宣传，形成合力

一方面，要加大湿地保护重要性方面的宣传力度，必须让社区居民认识到湿地保护是与他们及其子孙后代的生存和发展是息息相关的，对湿地的认知不再仅仅停留在表面上的模糊的概念，从而激发他们自觉自愿参与湿地保护的内在意

识。另一方面，应广泛宣传湿地保护和合理利用模式实施的重要性，使他们意识到协调保护与利用、参与共管是实现湿地持续保护和永续利用的根本出路，即便是在个人利益暂时受到影响，也要坚信长远来看是对他们有利的，以损失暂时的不可持续的利益换取长期的可持续的利益是值得的，作为有关利益方应该积极参与到共管的行动中来。总之，积极开展湿地保护宣传教育工作，合理规划、适度增加投入并积极引导，让社区居民参与到湿地保护中来，并通过保护与合理利用获取必要的收益，是湿地生态保育和恢复的关键。

8 退耕湿地生态系统恢复特征研究

滨河湿地是河流生态系统与陆地生态系统进行物质、能量和信息交换的一个重要过渡带，边缘效应显著，生态系统结构、过程和功能独特（白军红等，2003）。近年来，盲目围垦和过度开发使得滨河湿地生态系统结构和和生态过程遭到严重破坏，导致生态功能减弱。因此，减缓和防止湿地生态系统的退化萎缩、恢复和重建受损的湿地生态系统已经受到国际社会的广泛关注和重视（毋兆鹏等，2012）。

退耕还湿是滨河湿地恢复的重要途径之一。退耕还湿过程中，土壤理化特征、营养物质赋存及变化状态、微生物群落结构变化特征等是确保湿地结构、过程和功能恢复的基础。氮素是土壤养分的重要组成部分，也是湿地土壤中关键生源要素之一，其含量变化显著影响着湿地生态系统的生产力，对维持生态系统的功能具有重要作用（Mitsch and Gosselin，2000）。湿地土壤氮素的分布特征在一定程度上对湿地植物群落组成、湿地系统生产力以及湿地系统的稳定与健康具有重要影响（孙志高和刘景双，2009）。土壤微生物参与湿地多种营养元素循环和有机质分解，在物质梯度变化明显的天然湿地环境中，微生物的群落结构变化往往反映着该地区特有的植物群落和土壤理化特征（Rogers and Tate，2002；田应兵等，2002）。

本章以黄河武陟渠首湿地为研究对象，系统开展了退耕还湿后滨河湿地不同植物群落恢复模式下植物及土壤的 pH、有机质、氮素（全氮、硝氮、氨氮）和氮储量的分布特征，以及土壤微生物的群落结构变化特征研究，为深入研究滨河湿地生态系统的恢复提供数据支撑。

8.1 概　　述

8.1.1 湿地退化

8.1.1.1 湿地退化概念

湿地的退化主要指由于自然环境的变化，或人类对湿地自然资源过度以及不合理地利用而造成的湿地生态系统结构破坏、功能衰退、生物多样性减少以及湿地生产潜力衰退、湿地资源逐渐丧失等一系列生态环境恶化的现象（王丽学等，2003；汪爱华等，2002）。湿地本身是一个完整协调的系统，具有一定的抗干扰能力，当这种能力不足以抵抗外来压力时，就会产生湿地退化（毛富玲，2005）。根据2014年1月公布的全国第二次湿地资源调查结果显示，全国湿地总面积为5360.26万hm^2，占国土面积的比率（即湿地率）为5.58%，与第一次调查同口径比较，湿地面积减少了339.63万hm^2，减少率为8.82%（王昌海，2015）。

湿地退化在宏观上主要表现在三个方面：①湿地面积锐减。如前所述，由于湿地土质肥沃，易于开垦，临近河流，取排水方便，使得湿地长期以来就是扩大耕地面积的首选对象；近几十年来，出于节约成本的目的，许多新建厂矿将厂址选在了临近湿地的地方，既会产生污染，又消耗了湿地资源，这种现象的直接后果就是湿地自我调控能力的快速衰退。②湿地结构条理被打破。湿地的组成结构主要包括生态系统中的不同种类生物组成的群落，以及它们与非生物因素结合后的景观表现。湿地退化后造成生态系统生产力下降，系统能够支持的食物链数量减少并单调化，物种种类减少并难以形成复杂稳定的食物网，长期下去就是湿地整体萎缩，缺乏有效的组织结构（陆健健等，2006）。③湿地功能消失。湿地的生态功能包括提供物质资料、调节环境状态、净化滤过污染物及有机质、调控洪水时空变化、维持生物多样性、提供生物栖息地等方面（刘振东等，2005）。湿地退化后，首先会使系统的不稳定性加大，自我恢复能力衰减，进而使生物多样性和生产力降低。显性方面的提供湿地经济作物、繁殖饲养水禽和鱼类、旅游服务和科研文化方面的价值将衰退，隐形方面的净化过滤营养物质、涵养水源、调节气候的功能也会消失（陆健健等，2006）。

8.1.1.2 湿地退化原因

湿地退化是生态环境脆弱性的具体表现，而脆弱性是生态环境的自然属性（安娜等，2008）。造成湿地退化的原因各异，类型多样，但归结起来可以分为自然因素和人为因素两大类（林炳挑，2010）。自然因素主要表现在全球气候变化，温室效应造成地表温度上升，高温和干旱现象持续，降水量显著减少，使得湿地得不到有效水资源补给，从而面积萎缩（陆健健等，2006）。其中，青藏高原为代表的高原湿地就是一个例子，青藏高原同南极、北极一样对气候变化反应敏感，观测记录显示近40年来该地区的平均温度呈逐渐增高趋势，而降水量却有减少的迹象，这与现在的高原湿地退化联系密切，充分反映了全球气候变化的宏观效应。

与自然因素相比，人为因素是造成湿地退化的最根本也是最直接的原因。长期以来，普通民众由于受到传统观念影响，认为湿地就是荒地，无足轻重，而管理者也未能正确处理其与社会经济发展的关系，使得湿地遭受到严重而持续的破坏，导致了湿地退化。具体表现在以下几个方面：①农业生产开垦湿地，畜牧业盲目扩张，给湿地植物群落带来严重负荷。②地下水的过量开采使湿地水调蓄功能失衡，造成其生态功能弱化。③众多的水利工程设施，人工修建的水库和堤防，虽然有着防洪发电的关键作用，但客观上减少了平原地区湖泊沼泽湿地的上流水源，使得湿地变干萎缩。④湿地退化的直接原因是环境污染，随着生产规模的不断扩大，随之而来的营养物质富集，农药杀虫剂滥用，以及重金属污染等一系列问题层出不穷，使湿地水体受损，水质恶化，功能减弱，退化加剧（陆健健等，2006）。例如，太湖流域原本曾是“鱼米之乡”，随着区域经济的发展，向太湖中随意排放各种工业废物和农药化肥，造成了触目惊心的后果，“水华”、蓝藻大面积爆发，水质降到劣五类以下，水体严重富营养化，这些问题虽然引起了社会和政府的高度重视，各方面都采取了积极措施，但已经造成十分严重的恶果和经济损失，需要后人引以为鉴（孙新恩和刘杰杰，2009）。

8.1.1.3 湿地退化后果

湿地退化的后果主要包括以下五个方面：①旱涝交替，灾害频发。这种现象在湖泊和河流湿地中表现得尤为明显。②湿地萎缩后丧失调蓄水资源的能力，加剧了淡水供需矛盾。与我国其他众多资源一样，水资源的总量较大，但人均占有量却极少，而现阶段我国经济结构不合理，发展方式仍较粗放，依靠的是“高投入低产出”的模式。例如，农业生产浪费大量的水资源，不得不过量开采地下水，而地下水位下降后，需要湿地补充，可是湿地水却在农业生产中受到农业非点源污染，不能直接利用，形成恶性循环，成为长期以来制约农业发展的瓶颈（刘振东等，2005）。③湿地退化间接导致了土壤侵蚀和流失加剧（王丽学等，2003）。湿地退化的表现之一，即为原生植被的破坏和消亡，导致水土保持、防风固沙能力的急剧下降。④湿地生物地球化学过程发生改变。随着湿地的破坏和急剧退化，原来储存在湿地土壤中的碳氮等温室气体释放出来，使得地球变暖速度加快；与此同时，湿地调节气候能力下降或丧失，使得气候干燥，降雨量减少。⑤湿地生境遭到破坏，生物多样性锐减。湿地生物生境逐渐萎缩使得野生动植物资源遭到毁灭性破坏，生物多样性急剧减少。

8.1.2 湿地恢复

8.1.2.1 湿地恢复的概念

湿地恢复（wetland restoration）指通过生态技术或生态工程对退化或消失的湿地进行修复或重建，再现干扰前的结构和功能，以及相关的物理、化学和生物学特性，使其发挥应有的作用（Coles，1995）。湿地恢复包括提高地下水位来养护沼泽，改善水禽栖息地；增加湖泊的深度和广度以扩大湖容，增加鱼的产量，增强调蓄功能；迁移湖泊、河流中的富营养沉积物以及有毒物质以净化水质；恢复泛滥平原的结构和功能以利于蓄纳洪水，提供野生生物栖息地以及户外娱乐区，同时也有助于水质恢复等。目前的湿地恢复实践主要集中在沼泽、湖泊、河流等湿地的恢复方面。

湿地生态恢复的原则主要包括三个方面：①可行性原则。湿地恢复的可行性主要包括两个方面，即环境的可行性和技术的可操作性。尤其对于干旱地区来讲，其环境相对恶劣，恢复难度会较大，恢复时间也较长，因此应全面考虑，合理设计，以保障恢复的成功率。②稀缺性和优先性原则。计划一个湿地恢复项目必须从当前最紧迫的任务出发，应该具有针对性。例如干旱半干旱地区湿地中一些濒临灭绝的动植物物种，它们的栖息地恢复就显得非常重要，即所谓的稀缺性和优先性。③美学原则。湿地具有多种功能和价值，不但表现在生态系统功能和湿地产品的用途上，而且具有美学、旅游和科研价值（王亮，2008）。

8.1.2.2 湿地恢复理论

退化湿地生态恢复研究历史较短，退化湿地成功恢复的例子相对较少，湿地恢复的理论体系还没有完全建立起来。国内外学者在有关湿地恢复理论方面进行了很多的研究，其中有 Middleton 撰写的《湿地恢复——洪水脉冲和干扰动态》（*Wetland Restoration*，*Flood Pulsing and Disturbance Dynamics*）及 Hey 和 Philippi 合撰的《湿地恢复案例》（*A Case for Wetland Restoration*），是湿地恢复理论的集中体现（Middleton，1999）。我国学者彭少麟等（2003）总结了湿地恢复理论，认为在退化湿地的恢复过程中，可应用自我设计和设计理论、演替理论、入侵理论、河流理论、洪水脉冲理论、边缘效应理论和中度干扰假说等理论做指导。

1）自我设计和设计理论

自我设计和设计理论据称是唯一起源于恢复生态学的理论。由 Vander

(1999)、Mitsch 和 Jorgensen (1989) 提出并完善的湿地自我设计理论认为，只要有足够的时间，随着时间的进程，湿地将根据环境条件合理地组织自己并会最终改变其组分 (Vander, 1988; Mitsch and Jorgensen, 1989)。Mitsch 和 Jorgensen (1989) 认为，在一块要恢复的湿地上，环境决定了植物的存活及其所处的位置，与是否种植植物没有关系。Mitsch (1996) 比较了一块种了植物与一块不种植物的湿地恢复过程，发现在前 3 年两块湿地的功能差不多，随后出现差异，但最终两块湿地的功能恢复得一样，该研究成果与 Odum (1969) 的观点一致，均认为湿地具有自我恢复的功能，种植植物只是加快了恢复过程，而湿地的恢复一般要 15~20 年。而设计理论认为，通过工程和植物重建可直接恢复湿地，但湿地的类型可能是多样的。这一理论把物种的生活史 (物种的传播、生长和定居) 作为湿地植被恢复的重要因子，并认为通过干扰物种生活史的方法可加快湿地植被的恢复。这两种理论不同点在于，自我设计理论把湿地恢复放在生态系统层次考虑，未考虑到缺乏种子库的情况，其恢复的只能是环境决定的群落；而设计理论把湿地恢复放在个体或种群层次上考虑，恢复可能是多种结果。这两种理论均未考虑人类干扰在整个恢复过程中的重要作用。

2) 演替理论

演替是生态学中最重要而又争议最多的基本概念之一，一般认为“演替是植被在受干扰后的恢复过程或从未生长过植物的地点上形成和发展的过程”。演替的观点目前至少已有九种，但只有两种与湿地恢复最相关，即演替的有机体论和个体论 (Vander, 1999)。有机体论的代表人 Clements 把群落视为超有机体，将其演替过程比作有机体的出生、生长、成熟和死亡，认为植物演替由一个区域的气候决定，最终会形成共同的稳定顶极。个体论的代表人 Gleason 则认为植被现象完全依赖于植物个体现象，群落演替只不过是种群动态的总和。上述两种演替观点代表了两个极端，而大多数的生态演替理论反映了介乎其间的某种观点 (Chris, 2000; Vander, 1999)。例如，Egler (1977) 提出的初始植物区系组成学说认为，演替的途径是由初始期该立地所拥有的植物种类组成决定的，即在演替过程中哪些种的出现将由机遇决定，演替的途径也是难以预测的。事实上，前两种演替理论与自我设计和设计理论在本质上是一回事。利用演替理论指导湿地恢复一般可加快恢复进程，并促进乡土种的恢复。Odum (1998) 提出了生态系统演替过程中的 14 个特征，Fisher 等 (1982) 在研究了美国 Arizona 的一条溪流的恢复过程后作了比较，他们发现所比较的 14 个特征中只有半数是相符的。因此，虽然可以用演替理论指导恢复实践，但湿地的恢复与演替过程还是存在差异的。

3）入侵理论

在恢复过程中植物入侵是非常明显的。一般地，退化后的湿地恢复依赖于植物的定居能力（散布及生长）和安全岛（适于植物萌发、生长和避免危险的位点）。Johnstone（1986）提出了入侵窗理论，该理论认为，植物入侵的安全岛由障碍和选择性决定，当移开一个非选择性的障碍时，就产生了一个安全岛。例如，在湿地中移走某一种植物，就为另一种植物入侵提供了一个临时安全岛，如果这个新入侵种适于在此生存，它随后会入侵其他的位点。入侵窗理论能够解释各种入侵方式，在恢复湿地时可人为加以利用。

4）河流理论

位于河流或溪流边的湿地与河流理论紧密相关。河流理论有河流连续体概念、系列不连续体概念两种。河流连续体概念从整个河流长度来描述河流生态系统的结构和功能特征，提出了河流物理参数呈现一种连续的梯度（Vannote，1980）。Ward 和 Stanford（1983）以河流连续体理论为基础，针对人类活动的干扰作用，提出了“序列不连续体概念”，认为大坝及水库的修建造成了河流连续体分裂，改变了下游河流生态系统的水流条件、河道稳定性、泥沙输送以及生物多样性等（Ward and Stanford，1983）。“序列不连续体概念”强调了水利工程等人类活动干扰对河流生态系统所产生的影响，较为真实地反映了现实情况（蔡庆华等，2003）。这两种理论基本上都认为沿着河流不同宽度或长度其结构与功能会发生变化。根据这一理论，在源头或近岸边，生物多样性较高；在河中间或中游，因生境异质性高生物多样性最高；在下游因生境缺少变化而生物多样性最低（Vannote，1980；Ward，1989）。在进行湿地恢复时，应考虑湿地所处的位置，选择最佳位置恢复湿地生物。

5）洪水脉冲理论

随着对滨河湿地生态功能研究的进一步深入，人们对河流的研究从纵向变化扩展到横向变化，1989 年 Junk 等提出了洪水脉冲理论，从纵向、横向和垂向三个方面描述了河流生态系统的结构特征，强调影响河流物种多样性和生产力的一个关键因素是河流与滨河湿地之间的水文连通性（Junk et al.，1989）。随着研究的进一步深入，人们对河流生态系统研究从三维结构扩展到四维结构。Ward（1989）提出河流生态系统具有四维结构，从纵向、横向、垂向和时间分量四个方面来描述河流生态系统的结构特征，认为河流生态系统纵向上具有形态多样性特征；横向上具有接纳和汇集地下和地表径流以及连通陆地和河流的廊道功能；

垂向上具有维持河流生态系统完整性的功能；在时间尺度上表现出年际和季节性变化的特点。

洪水脉冲理论认为洪水冲积湿地的生物和物理功能依赖于江河进入湿地的水的动态。被洪水冲过的湿地上植物种子的传播和萌发、幼苗定居、营养物质的循环、分解过程及沉积过程均受到影响（Middleton，1999）。在湿地恢复时，一方面应考虑洪水的影响；另一方面可利用洪水的作用，加速恢复退化湿地或维持湿地的动态。

6）边缘效应理论和中度干扰假说

湿地位于水体与陆地的边缘，又常有水位的波动，因而具有明显的边缘效应和中度干扰，是检验边缘效应理论和中度干扰理论的最佳场所。边缘效应理论认为两种生境交汇的地方由于异质性高而导致物种多样性高（Forman，1995）。湿地位于陆地与水体之间，其潮湿、部分水淹或完全水淹的生境在生物地球化学循环过程中具有源、库和转运者三重角色，适于各种生物的生活，生产力较陆地和水体高。湿地上环境干扰体系的时空尺度比较复杂，Connell（1978）提出的中度干扰理论认为在适度干扰的地方物种丰富度最高，即在一定时空尺度下，有适度干扰时，会形成缀块性的景观，景观中会有不同演替阶段的群落存在，而且各生态系统会保留高生产力、高多样性等演替早期特征，但这一理论应用时的难点在于如何确定中度干扰的强度、频率和持续时间。

湿地恢复和重建最重要的理论基础是生态演替。由于演替的作用，只要消除干扰压力，并且在适宜的管理方式下，湿地是可以恢复的。

8.1.2.3 湿地恢复研究现状

自20世纪60年代以来，减缓和阻止自然生态系统的退化萎缩，恢复重建受损的生态系统，越来受到国际社会的广泛关注和重视。湿地恢复涉及地理学、生态学和环境科学等众多学科（Royal，2009），自20世纪90年代以来，由于恢复生态学的发展，国际上掀起了湿地恢复研究的热潮（Margaret，2000），美国、加拿大、澳大利亚和德国等多国涌现了大量的有关退化和受损湿地生态系统植被恢复与重建的研究，并在国际上形成了湿地恢复研究的两大中心：第一是欧洲（含加拿大北部），以高位沼泽（贫营养沼泽）的恢复研究为主；第二是北美（含加拿大南部），以低位沼泽（富营养沼泽）的恢复研究为主。

近20年来，我国对太湖、滇池、白洋淀等浅水湖泊的富营养化控制和生态恢复进行了大量研究，其中较为成功的例子是贵州威宁的草海湿地恢复。为了扩大耕地面积，1970年曾排水疏干草海，湖中的鱼类、贝类、虾和水生昆虫等几乎绝灭，所剩水禽也寥寥无几，地下水位下降，农业减产，自然生态失去平衡。1980 年政府决定恢复草海，实施蓄水工程，恢复水面面积 20 km^2，平水期可达 29 km^2。目前，生物物种已得到恢复，被国外专家视为中国湿地生态恢复的成功典范。

近年来，有关湿地生态恢复的研究案例逐渐增多。唐娜等（2006）对黄河三角洲芦苇湿地的恢复进行了研究，结果表明以恢复湿地水文条件为核心措施的湿地恢复方案具有可行性。刘贵华等（2007）研究了土壤种子库在长江中下游湿地恢复与生物多样性保护中的作用，并根据国内外的最新研究进展提出了土壤种子库研究的研究重点。路峰等（2007）在黄河三角洲对芦苇湿地进行了为期两年的恢复研究，实验采取工程措施引黄河水恢复湿地地表径流的循环，增加湿地水量来洗碱脱盐，实验获得了较好效果；随着湿地土壤含水量的增加，水域面积扩大，明水面积达60%；土壤 pH 普遍降低，比恢复前低2.63%；各层土壤含盐量比恢复前明显降低，最高达54.1%，恢复后土壤改良为中、轻度盐化土；恢复后形成了以芦苇为主、伴生有香蒲等水生植物的植物群落，且生长旺盛。黄妮等（2009）以 RS 为数据源，分析了三江平原湿地恢复的潜力等级，结果表明，耕地是现有湿地恢复区的主要来源，尤其是相对土壤湿度高的耕地。一级恢复区的面积为 529 261 hm^2，占三江平原总面积的4.86%，该区域一般地势低洼，水分供应充足，恢复成湿地的潜力最大；二级恢复区的面积为 73 724 hm^2，占三江平原总面积的0.68%，可以作为中远期实施湿地恢复的区域；三级恢复区在整个研究区范围内都有分布，占三江平原总面积的21.11%，考虑到三江平原作为中国商品粮豆基地的重要性，以及目前的经济发展水平，该区域为目前不需要进行湿地恢复。刘贤德等（2012）对黑河流域典型湿地退化区开展了人工栽植芦苇、甘蒙柽柳和封育生态恢复技术试验研究，结果表明栽植芦苇后第 1 年和第 2 年的盖度分别较栽植前平均提高了36.8%和49.6%，甘蒙柽柳采用截顶造林方式恢复湿地，截顶苗年平均高和地茎生长量较未截顶苗分别提高 67.8%和30.8%；围栏封育恢复湿地区较未封育区植被总盖度由45.7%提高到77.2%，地上总生物量平均增加了73.1%。

8.2 研究方法

8.2.1 研究区概况

试验区位于小浪底水库枢纽下游约 100 km 处黄河中游河南省武陟县嘉应观

乡的人民胜利渠渠首湿地内（黄河北岸），地理坐标在北纬 34°48′～34°58′，东经 112°48′～114°41′。随着小浪底水库的建成，原黄河滩区自然湿地大规模开发利用，大面积的滩地转变为人工林和旱地等。近年来滩区主要种植小麦、大豆和玉米等。靠近黄河河道两侧，受小浪底水库调水调沙的影响，仍零星保存有一定面积的自然湿地，植被以湿生和湿生–陆生过渡类型草本植物为主。野外调查结果表明，试验区分布面积较大的优势植物为芦苇、水烛和水蓼。

8.2.2　试验设计

本研究试验区原为黄河滩区湿地垦殖后的农田，主要种植小麦，地势低洼，小浪底水库调水调沙期间被河水淹没。人工种植了芦苇、水烛和水蓼三种典型的湿地植物进行恢复试验。种植的植物均采自周边区域，尽量挑选长势良好、大小一致的幼苗。试验区土壤性质没有显著差异。

经过半年的恢复期，试验区植物的密度和盖度高，并且形成了以芦苇、水烛和水蓼为优势种的水生植物群落。

8.2.3　样品采集

8.2.3.1　土壤样品

土壤 N 素、有机质和 pH 测定：分别于 9 月（植物恢复半年后，秋季）、12 月［植物恢复大半年（0.75 年）后，冬季］、次年 3 月（植物恢复一年后，春季）、次年 9 月（植物恢复一年半后，秋季）4 个时期采集土壤样品。在试验小区内，用土钻沿对角线等距离钻取 5 个点，将钻取的土样分为 0～20 cm、20～40 cm 两个土层，并将同一小区相同土层的土样均匀混合，取混合样，每个混合样品约 1 kg。同时，用环刀测定土壤容重。

每一时期的样品采集后，立即带回实验室进行分析和测定。拣出根及其他枯落物，将一半新鲜土样于 0～4℃保存，进行土壤硝氮、氨氮的测定，另一半土样自然风干，用研钵研磨，过 100 目筛后进行土壤全氮、有机质、pH 等的测定。

土壤微生物测定：分别于 3 月植物种植前（植物恢复前，春季）、次年 3 月（植物恢复 1 年后，春季）两个时期采集土壤样品。在试验小区内，用土钻沿对角线等距离钻取 5 个点，将钻取的土样分为 0～5 cm、5～10 cm、10～20 cm、20～40 cm 四个土层，并将同一小区相同土层的土样均匀混合，取混合样，每个混合样品约 1 kg，并迅速去除石块、动植物残体等杂物，充分混合后装入标记好的无菌塑料袋内。带回实验室后于 4 ℃冰箱内保存，供土壤微生物指标分析。

8.2.3.2 植物样品

植物样品于植被恢复 1.5 年后采集，分别采集所种植的三种典型植物样品。植物样品采集方法如下：每种植物均随机选择三个样方，每个样方面积为 1 m×1m。将样方范围内所有植物整株采集，装入袋中保存并做好标记。

将各个植物样品按根、茎、叶分为三个部分，分别称取鲜重，用于测算植物生物量。然后，对植物样品进行干燥，先将鲜样在 80 ~ 90℃烘箱中鼓风烘 15 ~ 30 min（松软组织烘 15 min，致密坚实的组织烘 30 min），后降温至 60 ~ 70℃，直至干燥完全。样品干燥后研磨并过筛、装袋，备用。

8.2.4 样品测试与氮储量计算方法

土壤全氮含量采用元素分析仪（Flash EA1112 HT，Thermo Fisher Scientific，Inc.，USA）测定，土壤氨氮用 2 mol/L KCl 浸提后采用靛酚蓝比色法测定，土壤硝氮含量采用酚二磺酸比色法测定，土壤有机质采用重铬酸钾容量法测定，土壤 pH 采用电位法测定（土：水 = 1：2.5）。植物全氮含量采用元素分析仪（Flash EA1112 HT）测定，植物氨氮采用靛酚蓝比色法测定，植物硝氮含量采用硫酸-过氧化氢凯氏法测定。

土壤微生物数量测定采用混合平板计数法，细菌、真菌和放线菌培养时分别采用牛肉膏蛋白胨培养基、马丁氏琼脂培养基和改进后的高氏 I 号培养基。进行稀释接种后分别置于 28℃培养箱内培养 3 天、7 天和 10 天，当培养皿内均匀的长满菌落时观察计数。采用辛普森多样性指数描述微生物多样性，即

$$O = 1 - \sum P_i^2 \tag{8-1}$$

式中，O 为辛普森多样性指数；P_i为群落中物种 i 的个体占总个体的比例。

土壤氮储量计算方法：单位面积一定剖面深度（i 到 n 层）土壤氮库储量（SNM）为 i 到 n 层储量之和（王纯等，2011），即

$$\mathrm{SNM} = \sum_{i=1}^{n} C_{\mathrm{N}i} B_i H_i / 10 \tag{8-2}$$

式中，SNM 为土壤氮储量，kg/m^2；$C_{\mathrm{N}i}$为第 i 层土壤 N 氮含量,%；B_i为第 i 层土壤容重，g/cm^3；H_i为第 i 层土壤厚度，cm；n 为土壤分层数。

植物氮储量计算办法（白云晓等，2015）：

$$\mathrm{PNM} = B \times C \tag{8-3}$$

式中，PNM 为植物氮储量，g/m^2；C 为植物氮含量,%；B 为单位面积生物量，g/cm^2。

8.3 退耕湿地典型植物群落土壤动态变化特征

8.3.1 土壤 pH 变化

土壤 pH 影响微生物的活动，从而影响着土壤对碳氮的固定以及累积能力，是影响土壤有机碳及全氮的空间分布的环境因子之一（白军红等，2003）。本研究选择退耕还湿后典型湿地植物恢复过程中土壤 pH 值进行研究。结果见表 8-1。

表 8-1 研究区不同恢复时间土壤 pH

样地	土壤深度/cm	采样时间			
		恢复 0.5 年	恢复 0.75 年	恢复 1 年	恢复 1.5 年
芦苇	0～20	8.11	8.06	7.98	7.96
	20～40	8.22	8.12	8.11	8.08
水烛	0～20	8.25	8.24	8.18	8.13
	20～40	8.37	8.36	8.29	8.40
水蓼	0～20	8.28	8.17	8.21	8.13
	20～40	8.35	8.32	8.26	8.26
耕地	0～20	8.36	8.31	8.29	8.30
	20～40	8.42	8.35	8.35	8.38

恢复过程中三种典型湿地植物土壤 pH 为 7.96～8.37，呈弱碱性，均低于未恢复的滩区耕地土壤 pH，且差异不明显，出现波动，总体上呈现出随恢复时间增加而下降的趋势。与郑明喜等（2012）对人工恢复的黄河三角洲的研究结果相似，表明退化湿地的人工恢复可降低湿地土壤的碱度。

8.3.2 土壤有机质含量

土壤有机质是湿地植被有机营养和矿物质营养的重要来源，是反映土壤肥力质量的一个重要指标（李洁等，2013）。在无人为输入的环境中，土壤有机质含量主要取决于有机残体归还量以及有机质残体的腐殖化系数（丁秋祎等，2009）。恢复过程中三种典型湿地植物及滩区耕地土壤有机质含量变化如图 8-1 所示。在恢复区，随着恢复时间的增加，土壤有机质总含量呈逐渐增加趋势，恢复 0.5 年，0.75 年，1 年，1.5 年的湿地土壤有机质总含量分别为 8.57～15.92 g/kg，8.60～18.52 g/kg，12.85～29.44 g/kg，15.83～29.53 g/kg，显著高于未恢复的滩区耕地 7.69～10.08 g/kg（$p<0.05$）。恢复区内三种典型湿地植物土壤有机质含量在空间上的变化均表现为上层（0～20 cm）大于下层（20～40 cm）。

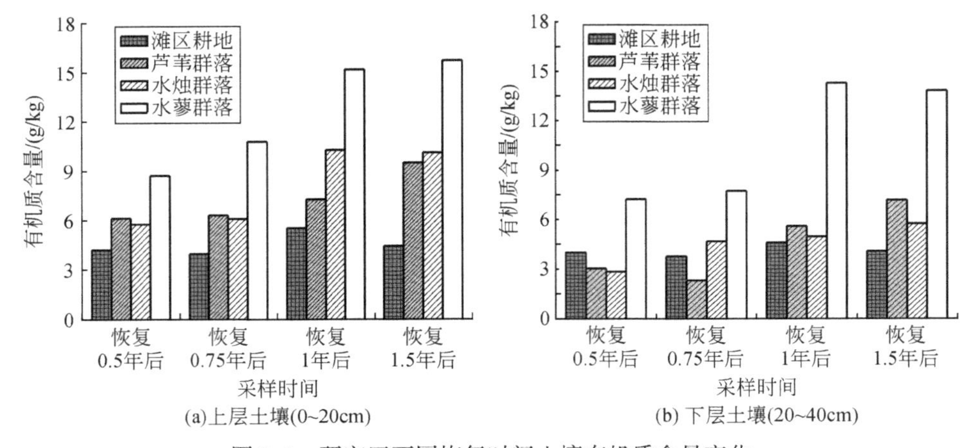

图 8-1 研究区不同恢复时间土壤有机质含量变化

退耕还湿后，恢复区每年受小浪底水库调水调沙影响，淹水 2～3 个月，水源充足，植物生长旺盛，植物生物量和地表凋落物不断增加；同时，退耕还湿后，影响湿地的人类活动为放牧或偶尔割草，相对于退耕前的农业耕作等人类活动强度明显降低，促进了湿地生态系统不断恢复，因此，土壤有机质含量随恢复时间的增加而不断增加。

恢复过程中三种典型湿地植物土壤有机质含量差异性明显（$p<0.05$）。水蓼群落土壤有机质含量最高（上层 8.70～15.72 g/kg，下层 7.22～14.28 g/kg），水烛群落次之（上层 5.72～10.28 g/kg，下层 2.82～5.72 g/kg），芦苇群落土壤有机质含量（上层 6.12～9.49 g/kg，下层 2.30～7.18 g/kg）最低。

不同植物群落也影响湿地土壤有机质含量。耕地退耕还湿后，芦苇群落和水烛群落地势较高，水蓼群落地势低，主要是因为水蓼群落土壤长期处于渍水条件下，土壤温度低，通气条件差，其还原环境不利于有机质分解，因而有机质含量相对较高。

8.3.3 土壤氮素含量变化

氮元素是湿地生态系统中极其重要的生态因子，显著影响湿地生态系统的生产力，是评价湿地土壤氮源汇功能的重要指示（董凯凯等，2011）。湿地生态系统土壤氮素含量取决于有机物的输入量与输出量，在无外源人为氮输入的环境中，氮素的输入量主要依赖于植物残体的归还量及生物固氮等（丁秋祎等，2009）。恢复过程中三种典型湿地植物及滩区耕地土壤全氮含量分布如图 8-2 所示。

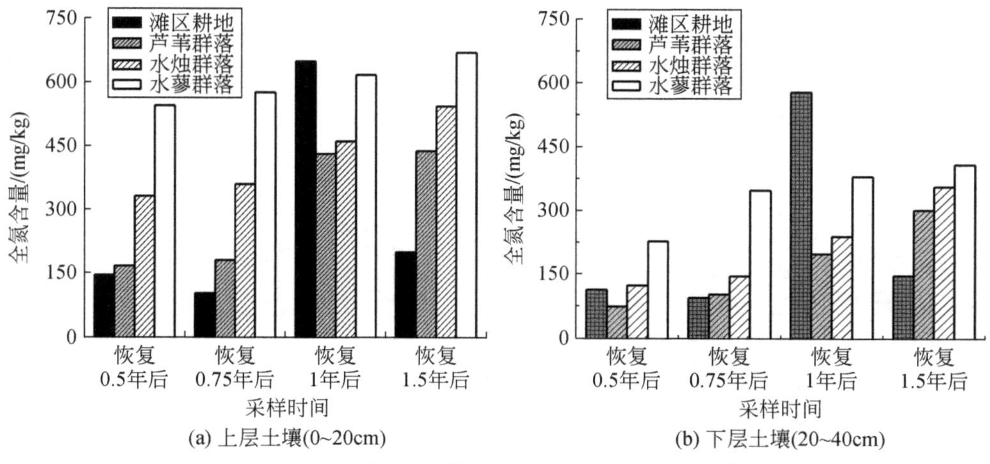

图 8-2　研究区不同恢复时间土壤全氮含量变化

在恢复区，随着恢复时间的增加，土壤全氮总含量呈增加的趋势，恢复 0.5 年、0.75 年、1.5 年的湿地土壤全氮总含量分别为 259.24 ~ 772.24 mg/kg、280.91 ~922.44 mg/kg、739.13 ~ 1076.99 mg/kg，显著高于未恢复的滩区耕地 174.44 ~344.13 mg/kg（$p<0.05$）。恢复 1 年则相反，采样时间为春季的耕地土壤全氮含量明显高于其他几个采样时期。恢复过程中不同湿地植物土壤中上层土壤全氮含量显著高于下层，土壤表层全氮变化较大，与罗先香等（2010）对黄河口湿地的研究结果相似。在恢复 1 年后的春季采样期，滩区耕地土壤全氮含量和氮储量高于恢复区湿地植物土壤，可能与春季施肥有关。罗兰芳等（2011）的研究也认为氮肥施用能够增加土壤氮含量，与本研究结果一致。

恢复过程中三种典型湿地植物土壤全氮含量差异性明显（$p<0.05$）。恢复 1.5 年后 3 种典型湿地植物土壤全氮含量的均值大小依次为：水蓼群落（538.50 mg/kg）>水烛群落（449.63 mg/kg）>芦苇群落（369.56 mg/kg）。湿地植物吸收土壤和水体中的氮素，经过一定时期后，其残体与吸收的氮素会一起沉降到土壤中。芦苇群落土壤全氮含量最低，表明芦苇的脱氮作用最为显著，作为湿地大型植物，芦苇可为脱氮细菌提供更多的有机质促进湿地脱氮作用的进行。此外，干湿交替也是导致其显著差异的主导因素，芦苇群落与水烛群落地势较高，较短的干湿交替周期有利于湿地脱氮；而水蓼群落地势低，长期淹水不利于湿地脱氮。

土壤中的无机氮主要以硝氮和氨氮存在，可为植物直接利用，是植物生长所必需的养分（董凯凯等，2011）。恢复过程中不同湿地植物及滩区耕地土壤硝氮和氨氮含量分布如图 8-3 和图 8-4 所示。恢复过程中的三种典型植物土壤中，硝氮含量均低于氨氮含量。在恢复时间内，硝氮含量均低于氨氮含量，说明湿地恢复过程中有机氮的氨化作用高于硝化作用，可能与黄河武陟湿地碱性土壤环境有关。同时，也与硝氮较易淋失，而氨氮易被带负电荷的黏土矿物和有机胶体吸附不易淋失有关。

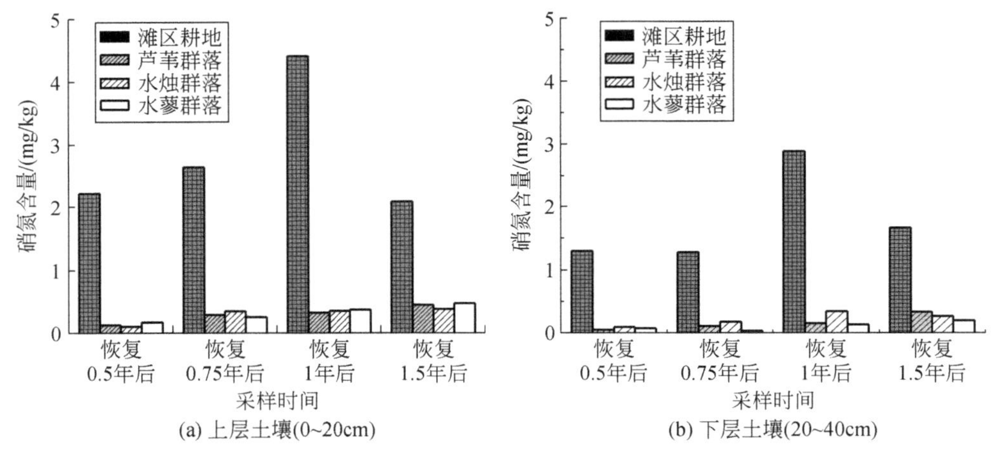

图 8-3 研究区不同恢复时间土壤硝氮含量变化

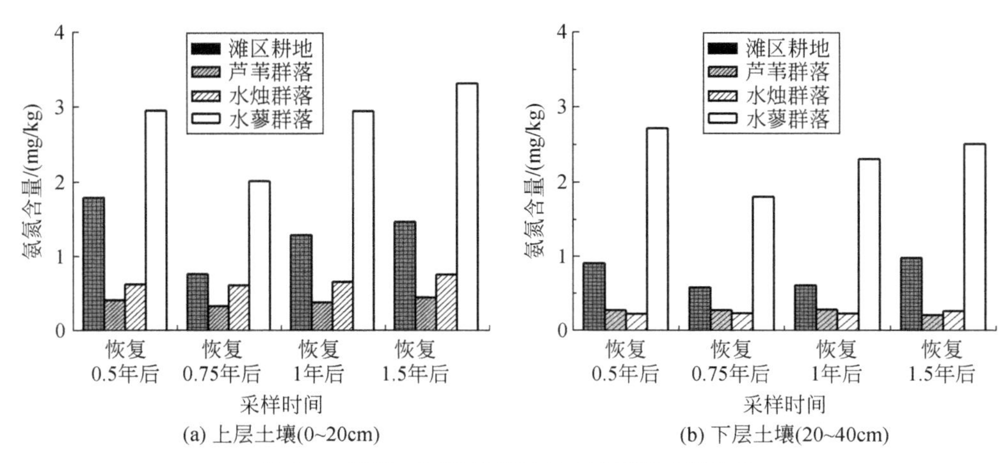

图 8-4 研究区不同恢复时间土壤氨氮含量变化

恢复过程中三种典型植物土壤硝氮含量均明显低于滩区耕地（$p<0.01$），土壤氨氮含量也显著低于滩区耕地（$p<0.05$），而水蓼群落土壤氨氮含量明显高于滩区耕地（$p<0.01$）。这可能是由于湿地经过一段时间的恢复，土壤pH、碳氮比、水分条件等均发生变化，影响土壤硝化作用的进行，具体原因有待进一步研究。

8.3.4　土壤微生物分布特征

8.3.4.1　土壤微生物数量

恢复前后武陟渠首湿地土壤不同层次微生物数量及其百分比见表8-2。

表8-2　武陟湿地土壤微生物不同层次数量百分比　（单位:%）

项目	采样深度/cm	恢复前			恢复1年后		
		细菌	放线菌	真菌	细菌	放线菌	真菌
芦苇	0～5 cm	88.59	11.37	0.04	94.50	5.45	0.05
	5～10 cm	83.59	16.36	0.05	94.53	5.44	0.03
	10～20 cm	83.52	16.41	0.07	91.78	8.18	0.04
	>20 cm	79.02	20.90	0.08	93.32	6.64	0.04
水烛	0～5 cm	86.72	13.14	0.14	87.15	12.74	0.11
	5～10 cm	86.83	13.01	0.16	86.21	13.67	0.12
	10～20 cm	84.84	15.07	0.09	84.88	15.03	0.09
	>20 cm	84.34	15.56	0.10	83.39	16.54	0.07
水蓼	0～5 cm	91.33	8.53	0.14	93.78	6.15	0.07
	5～10 cm	86.92	12.99	0.09	91.18	8.77	0.05
	10～20 cm	87.40	12.52	0.08	96.64	3.33	0.03
	>20 cm	83.66	16.21	0.13	90.85	9.08	0.07
农田对照区	0～5 cm	81.50	18.41	0.09	62.87	36.99	0.14
	5～10 cm	84.59	15.31	0.10	71.53	28.41	0.06
	10～20 cm	90.80	9.10	0.10	82.79	17.07	0.14
	>20 cm	81.75	18.16	0.09	73.09	26.80	0.11

从表8-2中可以看出，退耕湿地恢复前后，土壤中微生物数量以细菌占绝对优势，占微生物总数的62.87%～96.64%；其次为放线菌，占微生物总数的5.44%～36.99%；真菌数量最少，占微生物总数的0.03%～0.16%。微生物数量主要受细菌数量的影响，细菌数量较放线菌高1～2个数量级，为10^6～10^7个/

g 鲜土；真菌最少，为 $10^2 \sim 10^4$ 个/g 鲜土。试验结果表明，真菌数量偏少，其主要原因在于大多数真菌适宜在中性偏酸的环境中生存，而武陟湿地土壤偏碱性，这与曾繁富等（2009）在黄河湿地孟津段的研究结果一致。

在不同深度的土层中，微生物（细菌、放线菌和真菌）分布的差异性不显著。恢复前后，不同植物群落土壤，细菌数量均随着深度的增加呈递减趋势，其原因在于植物根部在 0～10 cm 的表土层分布较为集中，为细菌提供了适宜的生存环境，从而形成表层大于下层的分布特征。放线菌数量随着深度的增加呈递增趋势，分布情况较为反常，这可能是由于小浪底水库调水调沙造成河滩间歇性淹水，使土壤的含氧条件改变而影响其分布，但具体原因有待于进一步研究。比较而言，真菌数量随着深度增加变化趋势不显著。

恢复前后武陟渠首湿地三种典型湿地植物群落的土壤微生物数量变化如图 8-5 所示。

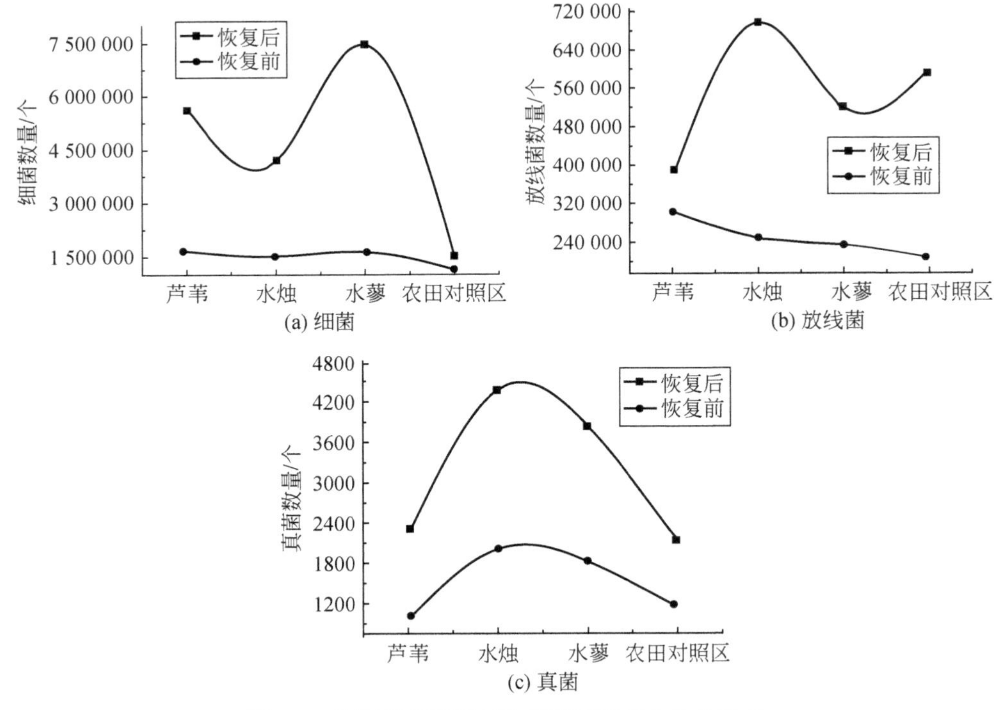

图 8-5 恢复前后不同植物群落三类微生物的数量

由图可以看出，三类土壤微生物数量在湿地植物恢复后均呈增加趋势。其中，水蓼群落土壤中微生物数量增长幅度最大，其次是芦苇群落，增长幅度最小的是水烛群落，且三种植物群落土壤中，微生物数量增加量均高于农田对照区。上述结果表明，在经过1年恢复期后，湿地植物自然生长对土壤微生物的数量产生了显著影响。已有的研究也表明，植物种植时间越长，植物根系的分泌物越多，微生物数量越多（徐惠风等，2004；尧水红，2010），这与本研究的结果一致。

恢复1年后，不同植物群落土壤中微生物数量出现较大差异。微生物主要以植物残体为营养源，不同的湿地类型土壤，由于其理化性质的差异以及不同湿地植物群落的种类组成结构不同，所形成的有机质的含量和营养成分也存在一定差异，这导致了土壤微生物在各类湿地土壤中分布的不均一性。

8.3.4.2 土壤微生物多样性

土壤微生物群落的多样性指数在一定程度上反映微生物群落结构的变化情况（Girvan et al.，2005）。恢复前后，不同植物群落不同层位间，土壤微生物辛普森多样性指数分别如图8-6和图8-7所示。

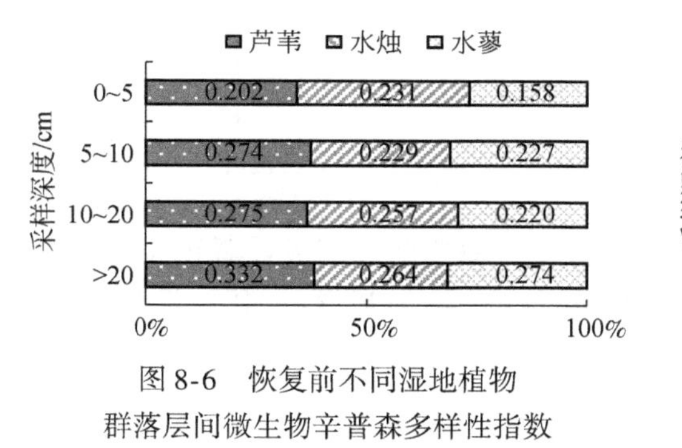

图8-6 恢复前不同湿地植物群落层间微生物辛普森多样性指数

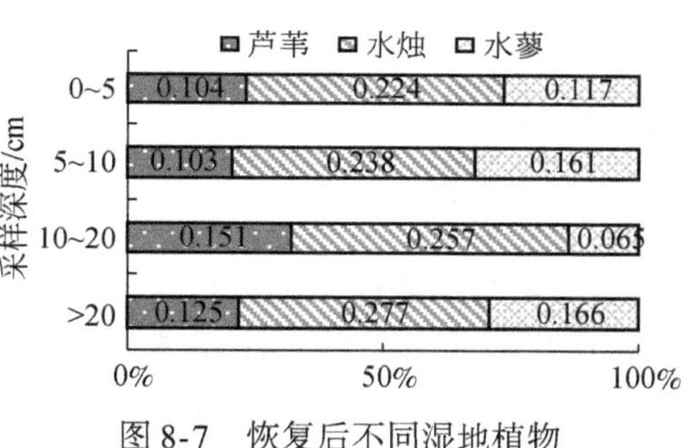

图8-7 恢复后不同湿地植物群落层间微生物辛普森多样性指数

由图8-7可知，河滩退耕地恢复前，微生物辛普森多样性指数范围值为0.158～0.332，不同层位上不同群落之间微生物多样性的指数变化不显著，总体上呈现出随深度增加而逐渐增大的趋势。恢复后，微生物辛普森多样性指数范围值为0.065～0.277，水蓼群落不同层位间微生物多样性指数有较大的变化，表现在10～20 cm层位的多样性指数值最小；芦苇群落和水烛群落不同层位上微生物多样性指数变化不明显。河滩退耕地恢复为湿地植物后，芦苇群落和水蓼群落的土壤微生物多样性指数呈下降趋势，水烛群落微生物多样性指数变化不明显。从结果来看，三种植物群落的土壤微生物多样性并没有呈现出明显的规律性，其原因可能与退耕恢复前的翻耕以及恢复期较短、没有形成稳定的土壤微生物群落有关。

8.3.5 土壤理化性质与土壤微生物数量的关系

本章分析研究了土壤理化性质（土壤 pH、有机质和全氮）与土壤微生物之间的关系。经检验，各组实验数据均符合正态分布。应用 SPSS 软件，采用 Pearson 相关分析方法对其进行相关性分析，结果列于表 8-3。

表 8-3 武陟渠首湿地土壤理化性质与土壤微生物的相关关系

指标	pH	有机质	全氮	真菌	细菌	放线菌	微生物总量
pH	1	-0.49*	-0.45*	-0.67	-0.60	-0.59	-0.57
有机质		1	0.80**	0.74	0.86*	0.62	0.62
全氮			1	0.56	0.87*	0.48	0.34
真菌				1	0.54	0.96*	0.47
细菌					1	0.45	0.67
放线菌						1	0.40
微生物总量							1

** 表示 0.01 水平上显著相关；* 表示 0.05 水平上显著相关

分析结果表明，研究区土壤中有机质含量与全氮之间存在极显著正相关关系（$r=0.80$；$p<0.01$），土壤真菌和放线菌之间也存在极显著正相关关系（$r=0.96$；$p<0.01$），土壤细菌与土壤有机质和全氮含量之间均存在显著正相关关系（$r=0.86$，0.87；$p<0.05$），土壤有机质含量与真菌、放线菌和微生物总量，土壤全氮含量与真菌、放线菌和微生物总量，土壤真菌与细菌、微生物总量，土壤细菌与放线菌、微生物总量以及土壤放线菌与微生物总量之间均存在一定正相关性，但未达到显著水平。土壤 pH 与有机质和全氮之间均存在显著负相关关系（$r=-0.49$，-0.45；$p<0.05$），与真菌、细菌、放线菌和微生物总量之间存在一定负相关性，但未达到显著水平。

土壤有机质与全氮之间存在极显著正相关关系，表明湿地土壤全氮含量与有机质具有相同的消涨趋势，与董凯凯等（2011）对人工恢复黄河三角洲湿地土壤的研究结果相似。土壤 pH 与有机质和全氮之间均存在显著负相关关系，表明土壤盐碱化会导致土壤氮素贫乏，与白军红等（2009）对向海湿地不同植物群落土壤的研究结果相似。土壤细菌数量与全氮和有机质呈显著相关，表明土壤主要养分的变化在一定程度上影响了细菌的分布。营养物质和能量是微生物新陈代谢的基础，土壤有机质和氮含量是微生物代谢过程中可利用的能源以及合成细胞所需要的主要营养元素（李先会等，2009）。陈为峰和史衍玺（2010）对黄河三角洲新生湿地的研究表明，氮和磷对细菌的数量影响最明显。由于细菌个体小，新陈代谢旺盛，繁殖速度快，对土壤养分需求较多，因此，土壤有机质和氮素含量与土壤细菌的数量密切相关。

8.4 退耕湿地氮持留能力研究

8.4.1 土壤氮储量变化

恢复过程中三种典型湿地植物土壤氮储量如图8-8所示。

由图8-8可知，恢复过程中三种典型湿地植物土壤氮储量的变化与全氮含量的变化基本一致，呈现随恢复时间增加而增加的趋势，恢复0.5年、0.75年、1.5年湿地土壤氮储量分别为0.07～0.24 kg/m²、0.08～0.28 kg/m²、0.22～0.33 kg/m²，显著高于滩区耕地0.07～0.09 kg/m²（$p<0.05$），恢复1年后则相反。

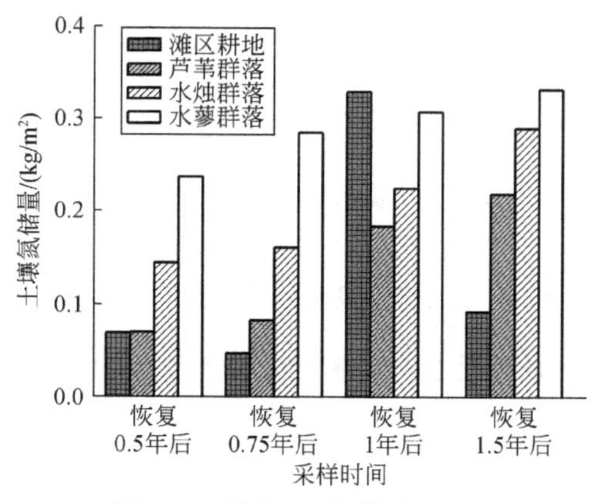

图8-8 研究区不同恢复时间土壤氮储量变化

恢复过程中三种典型湿地植物土壤氮储量差异性明显（$p<0.05$）。恢复1.5年后湿地植物土壤氮储量大小依次为：水蓼群落（0.33 kg/m²）>水烛群落（0.29 kg/m²）>芦苇群落（0.22 kg/m²）。土壤氮储量由氮含量和土壤容重共同决定（王维等，2010），长期处于淹水状态的水蓼群落全氮含量及土壤容重高于芦苇群落和水烛群落，因而土壤氮储量最高，与牟晓杰等（2012）对黄河口滨岸中潮滩和低潮滩湿地的研究结果相似。

8.4.2 植物氮素变化特征

氮素是湿地生态系统中植物生长发育必需的矿物质营养物质之一，同时也是其生产力受限制最大的元素之一（Jones et al.，2005）。湿地植物组织器官中氮素变化是湿地氮循环的一个重要环节，起到稳定湿地生态系统无机氮与有机氮转化平衡的作用（贾庆宇等，2008）。

8.4.2.1 生物量

恢复1.5年后三种典型湿地植物生物量如图8-9所示。

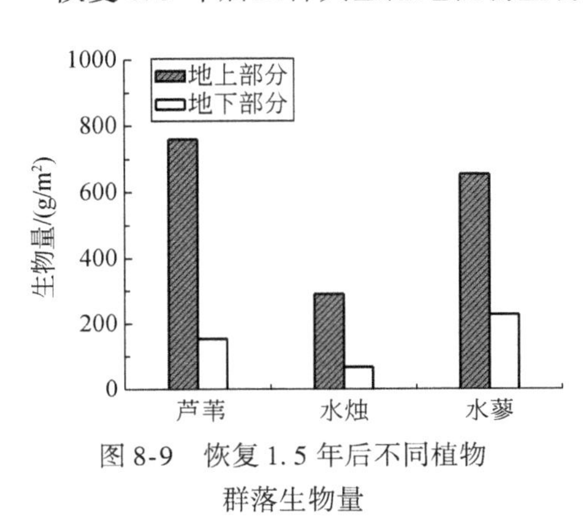

图8-9 恢复1.5年后不同植物群落生物量

由图8-9可知，三种典型湿地植物地上部分生物量差异显著，地上生物量由高到低为芦苇群落>水蓼群落>水烛群落。其地下生物量差异同样显著，由高到低为水蓼群落>芦苇群落>水烛群落。地上部分最大生物量为芦苇群落，为760 g/m^2，最小为水烛群落，仅有290 g/m^2；地下部分最大生物量为水蓼群落，为227 g/m^2，这与水蓼地下部分有大量根状茎有关，最小是水烛群落，地下生物量为67 g/m^2。

8.4.2.2 植物不同器官全氮含量

退耕湿地典型植物恢复1.5年后不同器官全氮含量见表8-4，不同植物地上与地下全氮含量分布如图8-10所示。

表8-4 恢复1.5年后不同植物群落地上及地下部分全氮含量

植物类型	全氮含量/(g/kg)	
	地上部分	地下部分
芦苇群落	29.72	11.89
水烛群落	26.73	10.25
水蓼群落	32.26	6.01
平均值	29.57	9.38

由图可知，三种植物群落不同器官所含氮量分布特征一致，均表现为叶>根>茎，茎作为占生物量比例最大的器官其所含氮量却最低，这与吴春笃等（2007）在北固山湿地对湿地植物生物量及氮素含量所做的研究结果相一致，白军红等（2010）对向海沼泽湿地植物群落氮素分布特征研究同样证明了这一点。

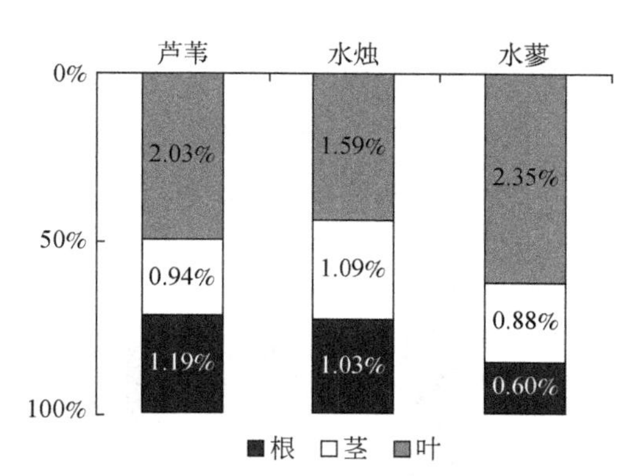

图 8-10 恢复 1.5 年后不同植物群落主要器官氮含量%

芦苇整株所含氮量为 41.60 g/kg，大于水烛的 36.99 g/kg 以及水蓼的 38.27 g/kg，由此可知，作为典型湿地植物芦苇对氮素的吸收利用效率更高；地上器官（主要为叶片）平均氮含量高于地下器官，在采样季节其平均含氮量最高达 29.57 g/kg，这表明植物叶片是一个重要的储存氮的库；而植物根中平均氮含量最低 9.38 g/kg。同时，恢复区植物氮含量与自然湿地氮含量相比仍较低，这与恢复期较短有关。

李玉文等（1995）提出可采用全氮含量表示植物对氮素的利用情况，植物各器官中全氮含量越高，则说明其对氮素利用效率越低。由此可以判断试验区湿地植物的茎对氮的利用效率最高，而叶片对氮的利用效率最低。不同植物群落土壤全氮含量分别为，水蓼群落（538.50 mg/kg）>水烛群落（449.63 mg/kg）>芦苇群落（369.56 mg/kg），土壤全氮含量越高其对应的植物体内所含全氮含量越低。由于叶片吸收氮素量最高，在利用植物净化湿地时，在植物生长期内采取多次收割的方式可以带走植物体内大量氮素，以达到净化的目的。

8.4.2.3 植物氮储量

随着湿地典型植物的生长，1.5 年恢复期后植物的氮储量如图 8-11 所示，三种典型湿地植物群落氮储量分别是，芦苇群落 24.41 g/m^2、水烛群落 8.44 g/m^2、水蓼群落 22.43 g/m^2，表现为芦苇群落>水蓼群落>水烛群落；三种植物氮储量明显小于北固山湿地以及岷江河口湿地（吴春笃等，2007），这可能与植物只进行了 1.5 年恢复，恢复期较短有关。

恢复 1.5 年后三种不同植物群落地上与地下部分氮储量如图 8-12 所示，不同植物群落地上生物量远远大于地下部分，其中水蓼地上、地下生物量差异最大，地上部分是地下部分的 15 倍；其次是芦苇 12 倍；水烛最小为 11 倍，表明

植物地上部分对于氮的吸收能力显著高于地下部分。

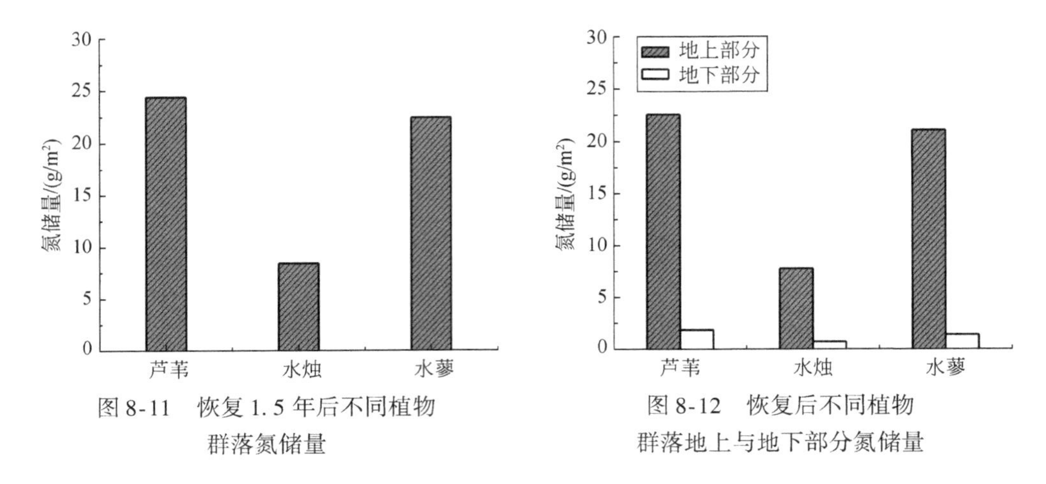

图 8-11 恢复 1.5 年后不同植物群落氮储量

图 8-12 恢复后不同植物群落地上与地下部分氮储量

8.4.3 土壤氮储量与植物氮储量分析

根据上述分析结果可知，恢复 1.5 年后湿地植物土壤氮储量分别为：水蓼群落 330 g/m^2、水烛群落 290 g/m^2、芦苇群落 220 g/m^2；植物体内地下部分氮储量分别为：芦苇 22.59 g/m^2、7.75 g/m^2、21.07 g/m^2。由此可以看出，芦苇群落土壤中氮素含量在三者中为最低，同时在其体内氮储量在三者中为最高，说明在所选中的三种湿地植物中，芦苇对于氮素的吸收能力最强。在 20 cm 及以下芦苇根部集中的区域，氮储量下降的最为明显。芦苇由根部将氮素吸收后，向上经由茎传输至叶片，最终在叶片中大量累积，从而达到了从湿地中吸收氮素、净化湿地的功能，而且在滨河湿地典型植物中芦苇的净化能力最强。

9 滩区农业非点源氮污染物来源辨识及控制措施

9.1 概 述

农业非点源污染作为较为重要的一种污染形式，越来越受到国内外学者的重视。在控制农业非点源氮污染物的过程中，应首先分析非点源氮污染物的主要来源。过去传统的方法在研究非点源氮污染物时，多是通过调查污染区的土地利用类型并结合水化学特征分析辨明污染源（李彦茹和刘玉兰，1996；Chang et al.，2002；Kendall and Mcdonnell，1998），

这种方法的局限性在于其所得结论为间接性的。同时，农业非点源氮污染具有污染物发生时间的随机性、迁移过程不明朗以及排放方式多样等特点，不同的地域和不同的耕作制度下污染物进入水体的主导途径和各种污染源的贡献比率不清晰，对于把握其主要来源带来了极大的困难。因此，提出可靠的辨识措施成为探索农业非点源氮污染物控制途径的关键问题之一。

滨河湿地生态系统作为水陆交错带，具有独特的植被、土壤、地形、地貌和水文特性，通过过滤和截留沉积物、水分以及营养物质等来协调河流横向和纵向的物质和能量流，在土壤侵蚀控制、稳定河岸、生态廊道、提供生物栖息地以及水质改善方面都起着重要的作用。已有研究表明，滨河湿地在农业非点源氮污染物控制过程中具有不可替代的作用，在控制农业非点源氮污染物的措施中，湿地去除氮的功能正在被越来越被重视；同时，湿地具有管理简单、成本费用低、除氮效果好的优势，因此利用滨河湿地植被带去除农业非点源氮污染物成为一种既节能又高效的控制措施。

本章选择小浪底大坝下游武陟黄河滩区为研究对象，通过野外调查和原位试验，利用氮同位素技术，结合研究区地形、地貌、环境、土壤、植被特征，从源头分析滩区主要农业非点源污染的来源，在此基础上，探讨通过开展滨河湿地植被带控制非点源污染的有效途径，以期为区域非点源氮污染物控制提供技术支持。

9.1.1 氮同位素技术在氮污染物来源辨识中的应用

氮元素在自然界有两种稳定同位素，分别是^{14}N和^{15}N，在氮原子中所占的比例分别是99.64%和0.36%（陈自祥等，2012）。由于氮元素在自然界存在多种化学价态，因此存在许多不同种类的氮化合物。例如，从正五价的硝酸根离子到负三价的铵根离子，这也导致了其同位素组成在自然界中变化幅度很大。

氮同位素最早被用来辨别地表水中的硝氮来源，之后氮同位素技术被不断地研究应用。在1971年氮同位素技术被Kohl等（1971）第一次应用在基础化学领域和水文学领域，以此辨识了密西西比河流域中主要的硝氮来源，研究指出河流硝氮的两个来源分别是水岩反应和地表径流；通过对比研究区未开垦的土壤中原生氮的$\delta^{15}N$值和当地使用化肥的氮的$\delta^{15}N$值，确定河水中有55%～60%的硝酸盐来自化肥。但Kohl等（1971）的研究遭到了各方的质疑，主要由于氮元素经过了不同程度的分馏效应，以及河流中生化作用对氮的影响，这些因素造成了结论的多解性和不确定性，并且该方法略显粗糙，得到的结论不尽可靠。在此之后，这种方法被水文专家引入到了地下水领域，通过定性研究来辨别含水层中的硝氮来源。

1）土壤氮污染来源辨识

土壤氮的$\delta^{15}N$值主要受环境的影响。不同环境条件下土壤氮的$\delta^{15}N$值存在比较大的差异，这种特征为识别土壤的利用方式和污染类型提供了可能。一般来讲，不同来源的铵盐在土壤中的$\delta^{15}N$值存在不同的差异，这些差异是辨识铵盐来源的重要基础。天然土壤中氨氮的$\delta^{15}N$值一般为-3‰～8‰，平均为5‰，主要是土壤有机氮的矿化作用造成的；而在经过垦殖过的土壤和受到生活污水污染的土壤中$\delta^{15}N$值为4‰～9‰；受粪肥污染的土壤$\delta^{15}N$值为10‰～20‰，产生差异的原因主要是因为粪肥中含有大量的氨，而氨能在常温下挥发，同时引起氮同位素的分馏；受化肥和工业废水污染的土壤$\delta^{15}N$值略高于空气（-4‰～5‰），这是因为多数氮肥中含铵基并存在不同程度的氨挥发（曹亚澄等，1993）。

2）地下水氮污染来源辨识

早期的地下水硝氮污染来源研究主要集中在农业耕作区，其中动物粪便、土壤原生氮和无机化肥为氮污染主要来源。大量研究表明，不同氮源的$\delta^{15}N$值不仅在结构上存在比较大的差异，而且具有一定的规律性。动物或人类粪便的$\delta^{15}N$值为8‰～20‰，据此分析在工业制作无机氮肥的过程中主要利用了大气中的氮作为原料，所以其$\delta^{15}N$值组成与大气一致，为-3.8‰～5‰。王东升（1997）在对华北地区的硝酸盐污染源研究中指出，地下水 $\delta^{15}N$ 值天然值<5‰，粪便的 $\delta^{15}N$ 值为 10‰~20‰，化肥的则为−2‰~5‰。

氨氮会随着污水下渗到地下水中，同时，在不同的水层中发生复杂的物理化学、迁移变化，其中主要的两种形式为吸附和硝化作用。在硝化作用中，反应物中氨氮的 $\delta^{15}N$ 值会富集造成原物质中的 $\delta^{15}N$ 值比例变小，而生成物中的 $\delta^{15}N$ 值会变大，以此来判断过程中是否发生变化。Smith 等（2006）在 Cape Cod 的砂和砾石含水层中进行了大量的单井注入示踪实验，利用同位素等技术定量分析得出了该地的硝化反应速率。

在判断地下水中氮的分布及其来源的过程中，可以根据氮的 $\delta^{15}N$ 值，同时结合其他的氮同位素加以判断。但是这种方法也存在不足，主要是因为要考虑在地下水含水层中复杂的化学过程中发生同位素分馏的程度。因此，在评价和分析氮来源的过程中，需要结合其他方法和技术来辨识地下水的氮污染。此外，由于氨氮相对于硝氮不稳定、易于发生氧化作用，造成在辨析源过程的不准确，也限制了氨氮作为受测主体来分析氮污染来源。

3）地表水氮污染来源辨识

土壤有机氮、动物排泄物、农业化肥、生活污水以及雨水和工业废水是地表水中氮污染物的主要来源。由于不同来源的氮都有其固定的同位素指纹，因此，利用氮同位素可以有效地辨识含氮物质的来源。国内外的研究结果表明，土壤有机氮的 $\delta^{15}N$ 值范围在 4‰~9‰，有机氮经氧化作用缓慢转化成氨氮，然后经硝化作用生成具有相近氮同位素组成的硝氮。含硝酸盐和铵盐的化肥主要利用大气中的氮加工而生产的，$\delta^{15}N$ 值多在−4‰~4‰（Kendall and Mcdonnell，1998）。而源于动物排泄物的氮素相较于其他来源的氮具有较高的 $\delta^{15}N$ 值，范围为在 8‰~20‰，在城市污水中以生活排泄物为主要来源其氮同位素值普遍高于 10‰，而主要是工业来源则低于 10‰（Kendall and Mcdonnell，1998；Heaton，1986）。

9.1.2 农业非点源氮污染物的主要来源

1）化肥施用

我国目前是世界上最大的化肥消费国，2008 年化肥消费量为 5 239×10^4 t，占世界总消费的 31.4%，单位面积施肥量达到 340.8 kg/hm^2，远远超出发达国家为防止水体污染所设置的 225 kg/hm^2 的安全上限值（胡宏祥，2010）。另外，目前我国氮肥利用率仅为 30%~35%（李静和李晶瑜，2011）。化肥使用量大而利用率低，导致大量的氮肥通过地表径流、土壤下渗进入水体中。

2）农村生活污水

伴随着城乡一体化发展，农村生活污水的排放量与生活污染物种类都在发生着巨大的变化，大量未经过处理的污水直接用于农田灌溉，造成土壤、作物及地下水的严重污染。

从水资源的有效利用来看，利用这些生活污水灌溉农田的做法本身是没问题的。基于水资源短缺的现状，农民利用这种方式作为农田补充水既有利于农作物的生长也实现了水资源的有效循环。但是，这些水未经过任何处理，里面含有大量的污染物包括氮、磷等物质。长期利用这种方式灌溉农田，会造成局部地下水污染乃至地表水污染。

3）农村畜禽养殖

目前，农村畜禽养殖业的发展势头迅猛，畜禽存栏量激增。作为整个农村经济结构的一个重要组成部分，畜禽养殖在农民增收方面起到了重要的作用。但由此引发了两方面变化，一方面伴随着农村城镇化的快速发展和城镇占地的迅速扩张，使得能有效容纳畜禽粪便的农田面积在急速减少；另一方面，采取产业区集中发展的模式，使得养殖业过度集中，超出了一些农田可承受的最大负荷。上述变化使得畜禽养殖导致的环境污染问题引人关注。例如，畜禽饲料中含有重金属成分，随着畜禽粪便排出并在环境中累积，使得一些地区的重金属污染问题开始凸显；畜禽粪便、养殖污水及屠宰废水中的BOD、COD、SS、氨氮及大肠菌群等超标，排入附近河流或渗入地下将对地表水和地下水水质安全造成极大威胁。

9.1.3 农业非点源氮污染物的控制措施

国内外对农业非点源氮污染物的控制措施主要包括：推行农田最佳养分管理、植被过滤带、人工湿地和沟渠控制等。

1）农田最佳养分管理

在全球范围内，农业非点源污染成为了水体污染的主要原因，对农业非点源污染的控制逐步成为水污染治理的重中之重，也是现代农业和社会可持续发展的重大课题。目前，发达国家在农业非点源污染治理上主要通过源头控制，对农业非点源进行分类控制。在控制农业非点源污染过程中，主要是在全流域范围内广泛推行农田最佳养分管理（best nutrient management practice，BNMP），通过对水源保护区农田轮作类型、施肥量、施肥时期、肥料品种、施肥方式的规定，进行源头控制（Monica et al.，2005）。例如，即使在对农民有巨额补贴的欧洲国家，能够采用污水处理设备的畜禽养殖场也很少，为此畜禽场非点源控制，主要通过制定畜禽场农田最低配置（指畜禽场饲养量必须与周边可蓄纳畜禽粪便的农田面积相匹配）、畜禽场化粪池容量、密封性等方面的规定进行。管理部门在进行监控时，主要不是检查农村畜禽场排放污水是否达标，而重点检查农田最低配置、畜禽场化粪池容量等。目前，农田最佳养分管理已在美国、加拿大等国家得到了成功应用（蒋鸿昆等，2006）。

2）植被过滤带

植被过滤带因自身生长需要而大量吸收土壤及水体中的氮素，从而达到除氮效果。Mayer 等（2007）系统总结了近年来 45 个研究案例、共 89 个河岸植被带氮去除的相关研究成果，发现 50 m 以上的宽植被带与 25 m 以下的狭窄植被带相比能够更加稳定地去除大部分氮素。Woodward 等（2009）研究了澳大利亚昆士兰东南部一条短暂性河流滨河带的地下水硝氮去除过程，结果表明，添加到地下水中的硝氮有 77% 和 98% 在滨河植被带 40 cm 以内得到去除，由于河水快速下渗使地下水含氧量增加反硝化作用受到抑制，植物吸收成为去除硝氮的最主要过程。Hu 等（2010）研究了太湖东部湖滨湿地不同水生植物组合的营养物质去除效果，结果表明，不同氮负荷条件下植物群落类型具有不同的除氮效率，并认为湿地植物的定期收获可以带走大量的氮，起到彻底去除氮素的效果。尽管一些研究认为植物吸收除氮是暂时的，相当一部分氮素会随着植物组织的衰老和凋落回归土壤，因矿化而释放返回湿地生态系统，但是植物吸收依然被认为是河岸带截留转化氮素的重要机制（王庆成等，2007）。它不仅减少了氮的流动性并增加了氮的停留时间，而且能够改变土壤氮素的存在位置并从地下水中吸收氮，通过人工收获和动物采食实现氮的移出，或者通过凋落、死亡等输送到地表，提供的有机质及矿化分解产物，为反硝化作用创造了条件。

3）人工湿地

人工湿地法是利用湿地沟槽同时在其中设置不同的湿地植被，构建人工湿地，从而有效去除氮污染物。已有研究表明，其清除作用效率最大在夏天，而在秋天和冬天最低（Li et al.，2010）。过于单一的人工湿地对于有效去除高浓度氮表现得较为乏力，采用垂直水流湿地能有效截留去除氨氮，但这种方法的脱氮效果相对有限，而水平水流湿地为脱氮作用提供了重要的条件，但其硝化作用却不佳，将两种人工湿地系统结合起来能有效解决此问题。

4）沟渠控制

沟渠具有双重作用，一方面它是农业非点源污染的最初聚集地，另一方面它又是河道和湖泊的营养输出源。生态沟渠利用农田排水沟渠结合其内部植物共同组成，沟渠能有效拦截径流和泥沙，同时植物滞留和吸收利用氮、磷，从而发挥生态拦截氮、磷的作用（Monica et al.，2007）。Kroger 等（2008）利用两年的时间来研究自然长有植物的两条沟渠对氮、磷的去除作用，发现沟渠具有吸收利用氮、磷功能。Moore 等（2010）通过植草和无植草的两类农田沟渠对氮、磷的控制研究发现，两种沟渠对营养物质都有一定的去除效果，其中植草沟渠对无机磷的削减作用比无植草沟渠高 35%。陈海生（2010）研究了培植多花黑麦草的生态沟渠和自然沟渠对水稻田出水中的氮、磷的拦截作用，研究结果表明人工强化生态沟渠对氮、磷的拦截作用要比自然沟渠高 36.19% 和 37.10%。

9.2 研究方法

9.2.1 样品采集

土壤和植物样品分两次进行采样，采样时期分别为小浪底水库调水调沙前后进行采样；水体样品于丰水期进行采样。

1）土壤样品

试验区内选择芦苇和水烛为试验样地，选择农田土壤作为对照。具体的采样方法见 8.2 节。所采集的土壤样品放在实验室内通风阴干后，在 65℃的干燥箱进行干燥 24 h，冷却后磨碎，过 100 目筛。磨好的样品放在自封袋里，做好标记密封保存。每个样品称量 5 g，剩余部分放入干燥器保存备用。

2）植物样品

试验区内选择芦苇、水烛两种类型试验样地。每个样地内随机选择三处植株，分为地上部分和根系（地下部分）两部分，三次重复。所采集的植物样品 105 ℃杀青 0.5 h 后在 65 ℃下烘干，冷却后磨碎。磨好的样品放在自封袋里，做好标记密封保存。剩余部分放入干燥器保存备用。

3）水体样品

试验区内采集农田暴雨径流、地下水和河水。预处理采用阴离子交换树脂富集硝氮，流量控制在8.33～16.67 mL/min；用3 mol/L HCl进行洗脱，将洗脱液放在冷水浴上，逐次向洗脱液中加入Ag_2O（总计约6.5 g），控制pH值为5.5～6.0，并用过滤方法除掉AgCl沉淀；将获得的$AgNO_3$滤液与过柱后的阳离子交换树脂冷冻干燥后，用锡箔纸包好，做好标记干燥保存。

9.2.2　样品分析方法

样品$\delta^{15}N$值和全氮的分析测试均在中国林科院稳定同位素实验室和完成。测试项目包括土壤$\delta^{15}N$值、土壤全氮、植物$\delta^{15}N$值、植物全氮、水体$\delta^{15}N$值和水体总氮。采用同位素比率质谱仪（Isotope Ratio Mass Spectrometer MAT 253，Thermo Fisher Scientific，Inc.，USA）和连接元素分析仪（Flash EA1112 HT，Thermo Fisher Scientific，Inc.，USA）测定，分析得到$\delta^{15}N$值和全氮含量。$\delta^{15}N$值是一个相对比例，用公式表达为

$$\delta^{15}N=\left(\frac{R_{sample}}{R_{standard}}-1\right)\times 1000 \tag{9-1}$$

式中，R_{sample}、$R_{standard}$分别表示为样品和标准（空气）之间$^{15}N/^{14}N$的比值。

土壤及植物样品硝氮和氨氮分别采用酚二磺酸比色法、靛酚蓝比色法；水体样品硝氮和氨氮分别采用酚二磺酸分光光度法和水杨酸分光光度法。

9.3　滩区农业非点源氮污染物来源分析

9.3.1　土壤理化特征及^{15}N丰度

9.3.1.1　土壤理化特征

受试土壤理化指标检测分析结果见表9-1。

表9-1　滨河湿地不同植物群落营养元素及理化性质

类型		土壤含水率/%	pH	硝氮/（mg/kg）	氨氮/（mg/kg）	全氮/（g/kg）	土壤容量/（g/cm^3）
农田	0～20cm	6.46	8.08	4.63	18.06	0.90	1.29
	20～40 cm	22.19	8.42	22.12	19.12	0.40	1.40
芦苇群落	0～20cm	28.19	7.92	31.23	33.16	0.60	1.39
	20～40 cm	21.90	8.08	16.62	14.93	0.20	1.59

续表

类型		土壤含水率/%	pH	硝氮/(mg/kg)	氨氮/(mg/kg)	全氮/(g/kg)	土壤容量/(g/cm³)
水烛群落	0～20cm	30.40	8.10	36.82	40.91	0.60	1.56
	20～40 cm	23.80	8.39	12.95	16.45	0.20	1.69

1）土壤 pH 及容重

黄河武陟渠首湿地植物群落土壤 pH 为 7.92～8.39，碱性；土壤含水率为 21.90%～30.40%，且随着土层深度的增加而减小。农田对照区土壤 pH 与湿地植物群落土壤的差别不大，而其土壤含水率与湿地植物群落土壤差异较大，造成这种结果的主要原因为农田、湿地植被在研究区内处于不同位置，植物群落地势较低，土壤湿润，含水率较高；农田地势则相对位置较高，表层土壤的含水率也就相对较低。

土壤容重是土壤熟化程度指标之一，熟化程度较高的土壤，土壤容重通常较小。一般含矿物质多而结构差的土壤（如砂土），土壤容重为 1.4～1.7；含有机质多而结构好的土壤（如农田土壤），为 1.1～1.4。由表 9-1 可知，研究区三种类型土壤中，湿地植物群落土壤容重为 1.39～1.69 g/cm^3，普遍高于农田对照区土壤容重；其中，水烛群落土壤 20～40 cm 容重最高，农田对照区土壤 0～20 cm 容重最低，主要原因为农田对照区土壤 0～20 cm 作被长期开垦所致。此外，土层深度也影响土壤容重，深层（20～40 cm）土壤容重高于表层（0～20 cm），主要原因为研究区为黄河滩区，而滩区土壤在 20 cm 以下主要为砂土，矿物质多，土壤容重相对较高。

2）土壤全氮

土壤全氮含量可以反映土壤氮库状况及其潜在的释放能力。湿地植被及农田对照区土壤全氮的空间变化如图 9-1 所示。多因素方差分析结果表明，植被类型、取样时间和土层深度对土壤全氮均有显著影响。三种土壤类型中，土壤全氮均为 0～20 cm 表层含量最高，随着土层深度增加，土壤全氮含量降低。这与马昌嶙等（1989）利用^{15}N 丰度法测结瘤的研究一致。农田对照区土壤中全氮含量明显高于植物群落土壤。

小浪底调水调沙前后芦苇群落土壤（0～20cm）全氮含量从 0.60 g/kg 减少到了 0.20 g/kg，含量减少了 50 %，芦苇群落土壤（20～40cm）全氮含量从 0.20 g/kg 减少到了 0.10 g/kg，含量也相应减少了 50 %；水烛群落土壤（0～

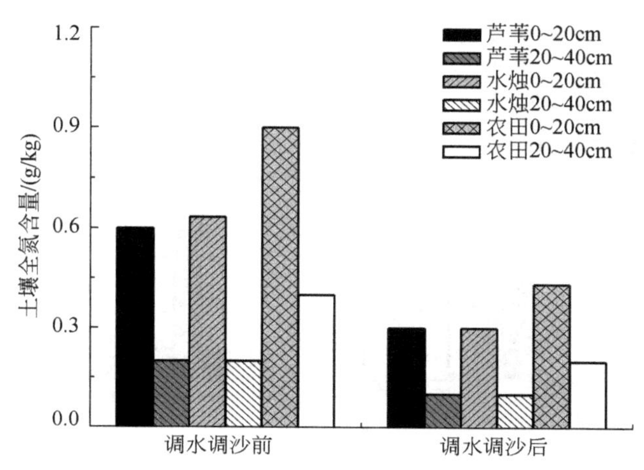

图 9-1　调水调沙前后土壤全氮含量空间变化

20cm）全氮含量从 0.60 g/kg 减少到了 0.30 g/kg，含量减少了 50 %，水烛群落土壤（20 ~ 40cm）全氮含量从 0.20 g/kg 减少到了 0.10 g/kg，含量减少了 50 %；农田土壤（0 ~ 20cm）全氮含量从 0.90 g/kg 减少到了 0.40 g/kg，含量减少了 55.56 %，农田土壤（20 ~ 40cm）全氮含量从 0.43 g/kg 减少到了 0.20 g/kg，含量减少了 57.5 %，两种湿地植物类型土壤的氮素变化程度基本一致。小浪底水库调水调沙期间，研究区土壤被河水淹没，使得土壤中的氮向水体释放，造成土壤全氮含量减少。此外，随着小浪底水库调水调沙，土壤全氮含量减少，可能与调水调沙期间为植物生长的旺盛期有关，植物生长的过程中从土壤中吸收了氮，导致土壤全氮含量降低。具体原因有待进一步分析。

3）土壤硝氮及氨氮

小浪底调水调沙前后土壤硝氮和氨氮分布特征如图 9-2 所示，小浪底调水调沙后，研究区三种不同类型土壤硝氮和氨氮的含量均有所减少。小浪底调水调沙前后，农田对照区土壤中硝氮含量发生的变化不大，水烛土壤（0 ~ 20cm）中硝氮含量变化最大。此外，三种不同类型土壤氨氮含量变化情况与硝氮一致，表现为水烛土壤（0 ~ 20cm）变化最大，农田对照区土壤中氨氮变化不明显。

分析其原因，可能土壤微生物的反硝化作用对其影响，同时也说明湿地植物群落土壤中的微生物较农田对照区更丰富，与朱宁等（2012）对滨河湿地恢复过程中土壤微生物分布特征研究一致，其研究结果表明滨河湿地微生物主要分布在 0 ~ 20cm 土层，使得土壤表层氨氮含量变化最大。

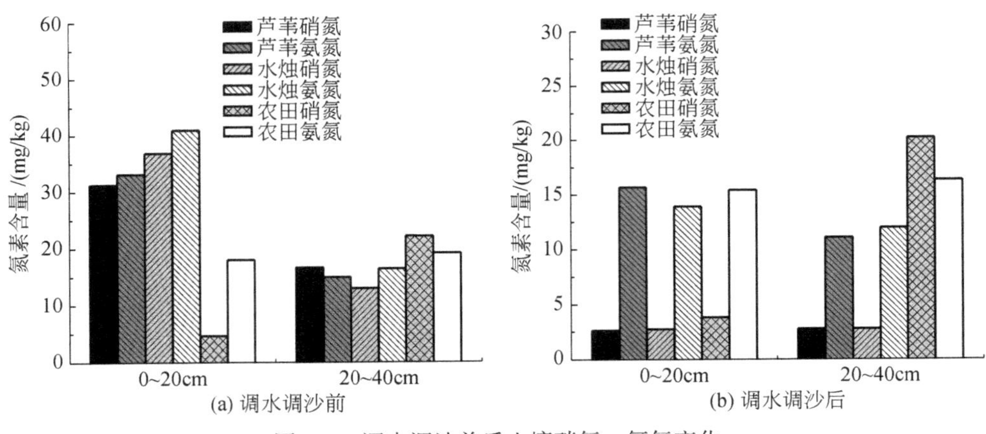

图 9-2 调水调沙前后土壤硝氮、氨氮变化

9.3.1.2 土壤 $\delta^{15}N$ 值

土壤和植物的自然 ^{15}N 丰度值是氮循环转化的综合结果，提供了氮输入、转化和输出的综合信息，间接反映了湿地生态系统氮循环的特征。调水调沙前后土壤样品中 $\delta^{15}N$ 值的变化情况如图 9-3 所示。土壤 $\delta^{15}N$ 值变化范围为 1.9 ‰ ± 0.04 ‰（调水调沙前农田对照区的 20 ~ 40 cm 土壤） ~ 5.1 ‰ ±0.08 ‰（调水调沙后芦苇样地的 20 ~ 40 cm 土壤）。各土壤类型的 3 个重复样品差异性不明显。多因素方差分析结果表明，植被类型、取样时间和土层深度对土壤 $\delta^{15}N$ 值都有显著影响。小浪底水库调水调沙前，湿地植物群落土壤 $\delta^{15}N$ 值高于农田对照区土壤 $\delta^{15}N$ 值。两种植物群落土壤中，随着土壤深度的增加，土壤 $\delta^{15}N$ 值增加。土壤 $\delta^{15}N$ 值随着土层加深而增加，这与 Ledgard 等（1984）、Nadelhffer 等（1996）、吴田乡等（2010）国内外多数的研究结果一致。以往的研究结果表明，由于土壤表层有 ^{15}N 贫化的凋落物输入，导致表层土壤较低的 ^{15}N 含量。而随着土层的加深，有机氮矿化、硝化及反硝化作用加剧，同位素分馏作用显著，土壤 $\delta^{15}N$ 值逐渐因富集而升高（Högberg，1997）。

小浪底水库调水调沙对土壤 $\delta^{15}N$ 值影响明显。调水调沙后土壤 $\delta^{15}N$ 值增加的幅度明显高于调水调沙前。小浪底水库调水调沙后，土壤 $\delta^{15}N$ 值明显增加（农田对照区 20 ~ 40 cm 层除外）。芦苇群落土壤（0 ~ 20cm） $\delta^{15}N$ 值从 2.06 ‰增加到 2.55 ‰，芦苇群落土壤（20 ~ 40cm） $\delta^{15}N$ 值从 2.62 ‰增加到 5.06 ‰，变化情况比较明显；水烛群落土壤（0 ~ 20cm） $\delta^{15}N$ 值从 1.94 ‰增加到1.99 ‰，水烛群落土壤（20 ~ 40cm） $\delta^{15}N$ 值从 2.66 ‰增加到 5.11 ‰，增加了将近一倍，

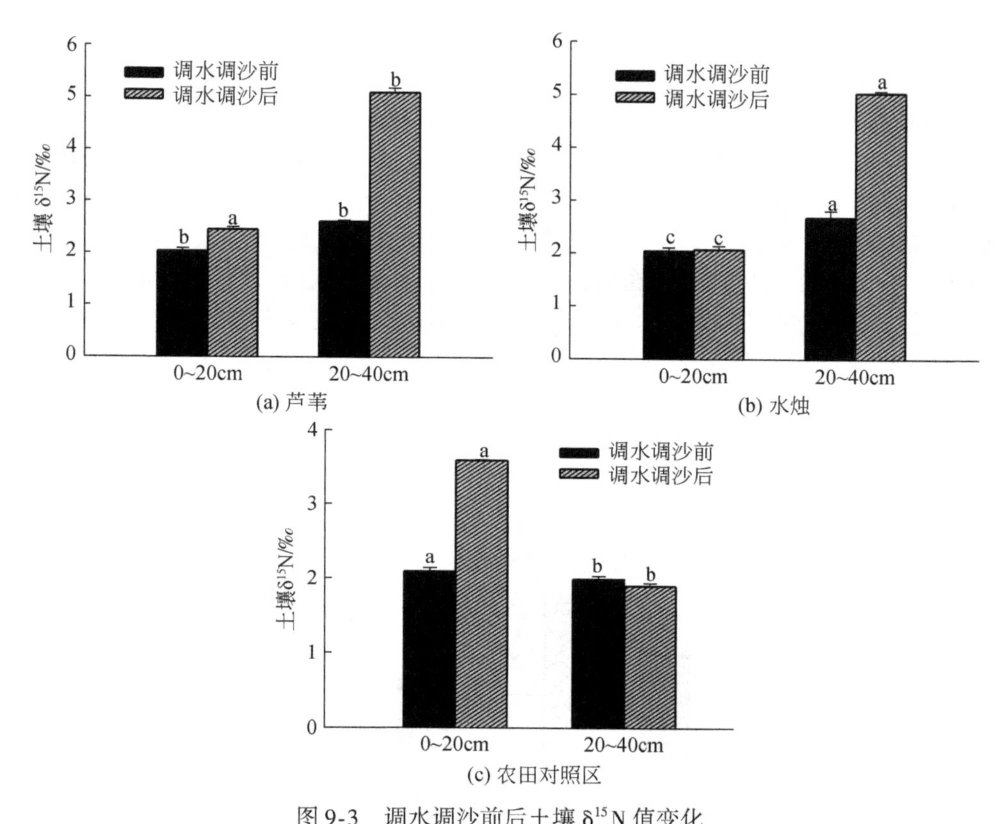

图 9-3　调水调沙前后土壤 $\delta^{15}N$ 值变化

注：不同样方间相同字母平均数表示差异不显著，不同字母平均数表示差异显著（$p<0.05$）

变化明显；农田土壤（0～20cm）$\delta^{15}N$ 值从 1.99 ‰增加到 3.57 ‰，变化较明显，农田土壤（20～40cm）$\delta^{15}N$ 值从 2.07 ‰降低到 1.98 ‰，与湿地植被土壤 $\delta^{15}N$ 值变化比较，农田土壤（20～40cm）的 $\delta^{15}N$ 值变化不大。调水调沙过程中及之后一段时间内，湿地处于淹水状态，土壤反硝化作用加剧，同位素分馏作用显著，使得土壤 $\delta^{15}N$ 值升高。其中，生长于相对低洼处的水烛群落，由于土壤处于淹水状态时间最长，其土壤 $\delta^{15}N$ 值最高。

9.3.2　植物 ^{15}N 丰度

9.3.2.1　植物全氮

调水调沙前后植物样品中全氮变化如图 9-4 所示。多因素方差分析结果表明，植被类型、取样时间和植物组织之间差异性显著。芦苇中全氮含量高于水烛，地上部分（茎和叶）全氮含量高于地下部分（根），与郭雪莲和吕宪国（2012）对三江平原湿地典型植物群落氮的累积与分配结果相似。

小浪底水库调水调沙前后对植物全氮含量存在一定影响，调水调沙前植物中全氮含量低于调水调沙后全氮含量。芦苇地上部分从 15.0 g/kg 变化到 16.8 g/kg，增加了 1.8 g/kg，增加比例达到 12%；水烛地上部分从 8.1 g/kg 变化到 12.6 g/kg 增加了 4.5 g/kg，增加比例达到 55.5%。芦苇地下部分从 3.90 g/kg 变化到 11.3 g/kg 增加了 7.4 g/kg，增加比例达到 189.7%。变化十分明显；水烛地下部分从 3.70 g/kg 变化到 9.00 g/kg 增加了 5.3 g/kg，增加比例达到 143.2%。每年的 6 月中下旬黄河小浪底水库调水调沙，研究区被河水淹没，带来大量的有机氮、无机氮，造成调水调沙后植被中全氮含量偏高，具体原因有待进一步研究。

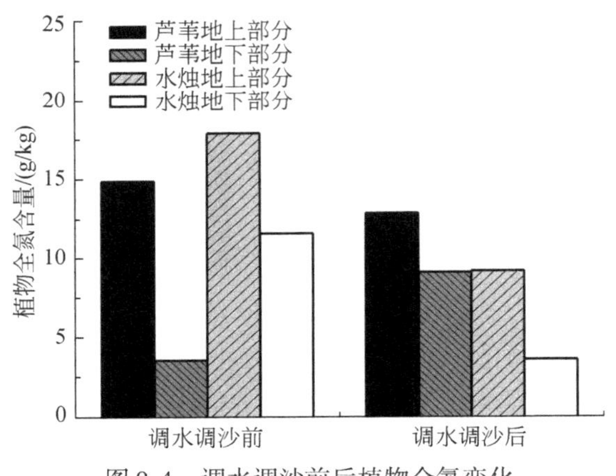

图 9-4 调水调沙前后植物全氮变化

9.3.2.2 植物 $\delta^{15}N$ 值

调水调沙前后植物样品中 $\delta^{15}N$ 值的变化情况如图 9-5 所示。

植物 $\delta^{15}N$ 值的范围在 0.67 ‰ ±0.013 ‰（调水调沙前水烛地下部分）~ 5.54 ‰ ±0.144 ‰（调水调沙后芦苇地上部分）。多因素方差分析结果表明，植被类型、取样时间和植物组织对植物 $\delta^{15}N$ 值都有显著影响。芦苇 $\delta^{15}N$ 值在小浪底水库调水调沙前后均明显高于水烛。在两个采样时期，芦苇中地上部分 $\delta^{15}N$ 值的变化为 2.5200 ‰，明显高于地下部分 $\delta^{15}N$ 值的变化（0.2467 ‰），同时高于水烛地上部分 $\delta^{15}N$ 值的变化（0.9233 ‰）。Aranibar 等（2004）的研究表明，土壤中有效氮的增加，使得土壤中氮循环存在质量歧视效应，从而使得土壤 ^{15}N

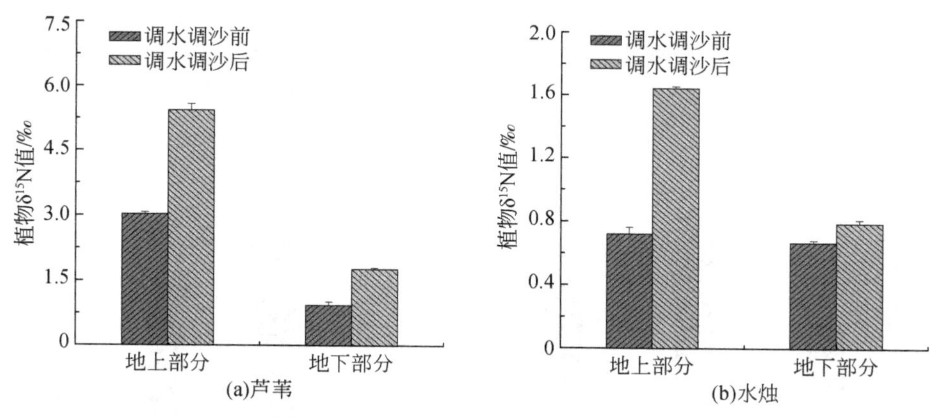

图 9-5 调水调沙前后植物 $\delta^{15}N$ 变化

富集，较重的^{15}N转移到植物茎叶中，导致植物茎叶中^{15}N较高。芦苇群落土壤$\delta^{15}N$值高于其他植物类型，因而其植物$\delta^{15}N$值最高。此外，小浪底水库调水调沙后，植物$\delta^{15}N$值明显增加。受试植被中，地上部分$\delta^{15}N$值均高于地下部分。

9.3.3 水体^{15}N丰度

9.3.3.1 水体氮素

研究区的水样分析结果如图 9-6 所示。

农田径流、河水及地下水总氮含量分别为：3.18±0.10mg/L、3.09±0.08mg/L 和 1.64±0.13mg/L，硝氮含量分别为：1.14±0.09mg/L、0.15±0.01mg/L 和 0.24±0.02mg/L，氨氮含量分别 ：1.72±0.12mg/L、1.53±0.11mg/L 和 0.08±0.007mg/L。水体中总氮含量大小关系为：农田径流>地表水>地下水。硝氮含量大小依次为：农田径流>地下水>地表水。氨氮含量大小依次为：地表水>农田径流>地下水。农田径流氮素含量最高，表明河水及地下水氮污染与滨河湿地农业非点源污染有关，与张东等（2012）对黄河滩区地表水的研究结果相似。在地下水中，硝氮是无机氮的主要形态，但是农田径流和河水中，氨氮是主要的无机氮形态。

9.3.3.2 水体$\delta^{15}N$值

农田径流、河水及地下水中$\delta^{15}N$值分布如图 9-7 所示，其大小分别为 1.97‰±0.25‰、3.2‰±0.43‰和 3.77‰±0.18‰。与徐华山等（2010）和张东等（2012）研究结果相似。水体样品中 $\delta^{15}N$ 值和硝氮含量的关系呈一定的规律性，$\delta^{15}N$ 值高，硝氮含量低，反之 $\delta^{15}N$ 值低，硝氮含量高。表明在硝氮的迁移过程中发生了一定的分馏作用，与刘君和陈宗宇（2009）的研究结果相似。

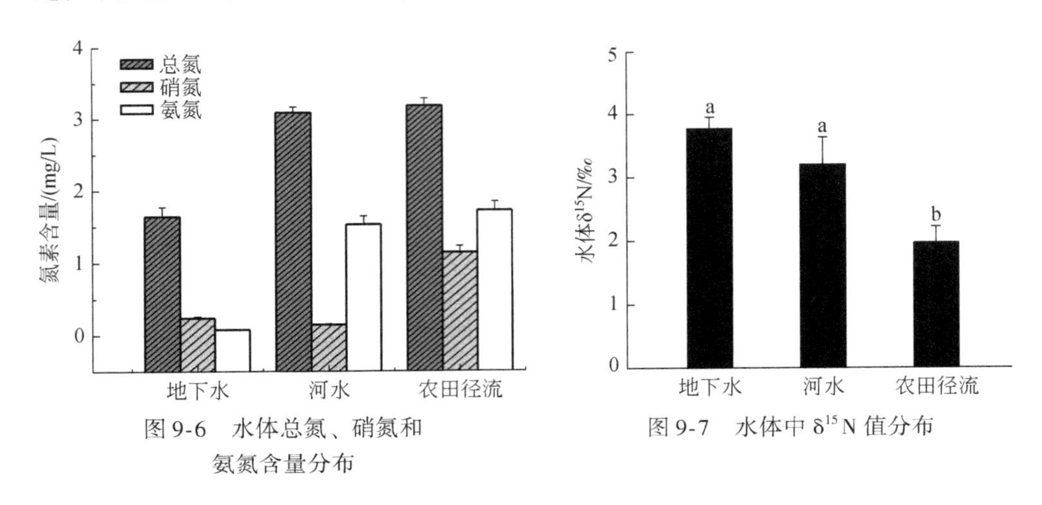

图 9-6 水体总氮、硝氮和氨氮含量分布

图 9-7 水体中 $\delta^{15}N$ 值分布

9.3.4 稳定同位素技术辨识氮污染物来源

稳定同位素技术能够追踪氮素物质的转化和归宿，能对植物吸收、反硝化作用等关键过程进行定性描述和定量表达，已经日益成为国内外学者定量评价河湖湿地外源氮输入及其去除过程、去除速率和控制因子的重要手段。自然丰度法是一种是利用自然条件下氮源、氮汇和氮转化过程中 $\delta^{15}N$ 值差异，研究氮素运移规律的一种方法。本章采用 $\delta^{15}N$ 自然丰度法研究滨河湿地农业非点源氮污染物来源。

9.3.4.1 土壤氮素来源分析

土壤氮的 $\delta^{15}N$ 值主要受环境的影响。在利用同位素 $\delta^{15}N$ 值辨识氮污染来源的过程中，首先考虑的是 $\delta^{15}N$ 值的分馏效应，稳定同位素之间没有明显的化学性差异，但其物理化学性质（如在气相中的传导率、分子键能、生化合成和分解速率等）因质量的缘故会发生变化，因而产生同位素分馏。土壤 $\delta^{15}N$ 值的分馏主要受到 pH、氨化和硝化作用的影响，其中氨挥发作用所造成的同位素分馏会对氮污染物来源的判断造成影响。氨挥发主要与土壤的 pH 密切相关：①pH = 9.3，NH_3 和氨氮的比例为 1∶1，氨挥发显著。②pH = 7.5～8.0，氨挥发不明显。

③pH<7.5，氨挥发可以忽略（Korom，1992）。

研究区土壤硝氮和 $\delta^{15}N$ 值、氨氮和 $\delta^{15}N$ 值之间的关系如图 9-8 所示。农田土壤中 $\delta^{15}N$ 值变化范围为 1.9‰~3.6‰，湿地植被土壤中 $\delta^{15}N$ 值变化范围为 2.0‰~5.1‰。研究区土壤的 pH 为 7.92~8.39，为弱碱性土壤，不利于土壤的硝化反应的连续进行，同时对于氨挥发的并不会表现为显著挥发。

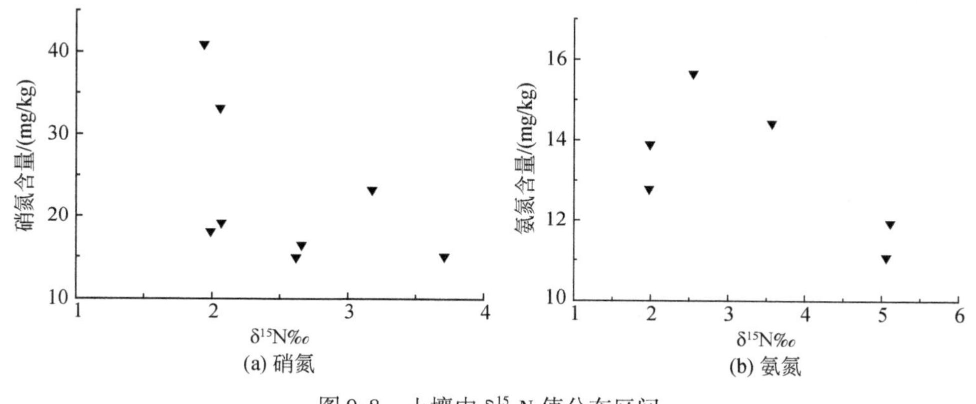

图 9-8　土壤中 $\delta^{15}N$ 值分布区间

不同来源的氮在土壤中 $\delta^{15}N$ 值存在不同的差异。天然土壤中的氨氮的 $\delta^{15}N$ 值一般为-3‰~8‰；经过垦殖过的土壤和受到生活污水污染的土壤中 $\delta^{15}N$ 值为 4‰~9‰；受粪肥污染的土壤 $\delta^{15}N$ 值为 10‰~20‰；化肥和工业废水污染的土壤 $\delta^{15}N$ 值略高于空气（-4‰~5‰）（罗绪强等，2007），因此，氨氮的 $\delta^{15}N$ 值在 1.9‰~4‰属于化肥和工业废水的混合污染，氨氮的 $\delta^{15}N$ 值在 4‰~5.1‰属于农田垦殖、生活污水、化学肥料和工业废水的混合污染。不同来源的硝氮 $\delta^{15}N$ 值在土壤中也存在较大的差异，土壤有机氮矿化形成的硝酸盐，$\delta^{15}N$ 值为 4‰~9‰；源自含氮化肥的硝氮，$\delta^{15}N$ 值接近于 0‰，一般为-4‰~4‰；动物粪便（厩肥）或污水土壤的硝氮的 $\delta^{15}N$ 值较大，一般为 8‰~22‰。曹亚澄等（1993）研究得出氮主要污染源的氮同位素组成的典型值域，即化肥和工业废水污染-4‰~5‰；生活污水 4‰~9‰；粪肥污染 8‰~22‰，因此，硝氮的 $\delta^{15}N$ 值在 1.9‰~4‰属于化肥和工业废水的混合污染，硝氮的 $\delta^{15}N$ 值在 4‰~5.1‰属于生活污水、化学肥料和工业废水的混合污染。

研究区位于黄河滩区，主要为农业种植，无工业生产以及生活污水的排放。由此可以得出，农田土壤中的氮污染主要来源于化肥。湿地植被土壤中 $\delta^{15}N$ 值高于农田土壤，且调水调沙后土壤 $\delta^{15}N$ 值增加的幅度明显高于调水调沙前。湿地植被无人为干扰，可见调水调沙过程中，河水的淹没给研究区土壤带来外源氮的污染。湿地土壤氮污染主要来源于农业种植的化肥和河水带来的外源氮。

9.3.4.2 植物氮素来源分析

植物吸收氮素的主要途径分别为：大气固氮、吸收土壤中的有机氮、生物固氮、吸收降雨中的氮素。主要依靠从土壤中吸收氮素的植物，其 $\delta^{15}N$ 比通过大气固氮获取氮素的植物的 $\delta^{15}N$ 值要大。因此，通过植物 $\delta^{15}N$ 值可以初步判别植物氮素主要来源。

黄河武陟渠首滩区植被全氮和 $\delta^{15}N$ 值之间的关系如图 9-9 所示。

植物 $\delta^{15}N$ 值的范围在 0.67‰±0.013‰～3.12‰±0.144‰，全氮含量和 $\delta^{15}N$ 值没有显著的相关关系。罗绪强等（2007）的研究表明，大气中的 $\delta^{15}N$ 值为 0，天然土壤中的有机氮 $\delta^{15}N$ 值在−4‰～4‰，无机化肥 $\delta^{15}N$ 值大多在 0～3‰。因此，$\delta^{15}N$ 值在 0.67‰～3‰属于无机化肥和土壤有机氮的混合污染，$\delta^{15}N$ 值在 3‰～4‰属于无机化肥的污染。研究区植被为人工种植的典型湿地植物，没有添加化肥。因此认为研究区两种植物中氮素主要通过土壤吸收获得。

9.3.4.3 水体氮素来源分析

氨氮相对于硝氮不稳定、易于发生氧化作用，造成在辨析源过程的不准确，限制氨氮作为受测主体来分析氮污染来源，本章主要研究水体中硝氮的 $\delta^{15}N$ 值分布来辨识氮污染源。

黄河武陟渠首滩区农田径流、河水及地下水中硝氮和 $\delta^{15}N$ 值之间的关系如图 9-10 所示。其 $\delta^{15}N$ 值分别为 1.97 ‰、3.2 ‰和 3.77 ‰；硝氮含量分别为：1.14 mg/L、0.15 mg/L 和 0.24 mg/L。硝酸盐污染的水体污染的主要类型之一。Kendall 和 Mcdonnell（1998）研究表明，不同来源的氮具有特征的和明显的同位

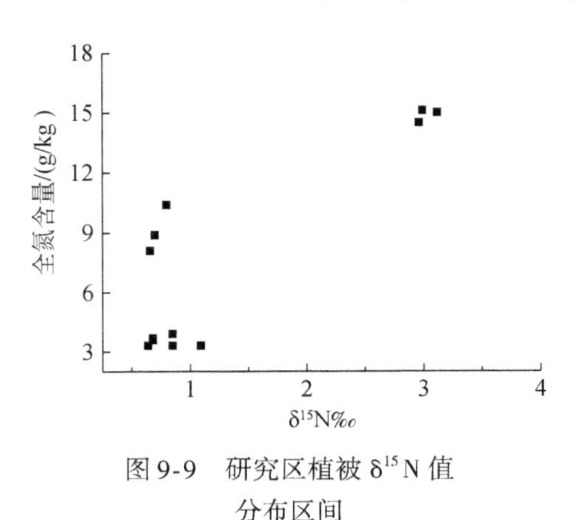

图 9-9 研究区植被 $\delta^{15}N$ 值分布区间

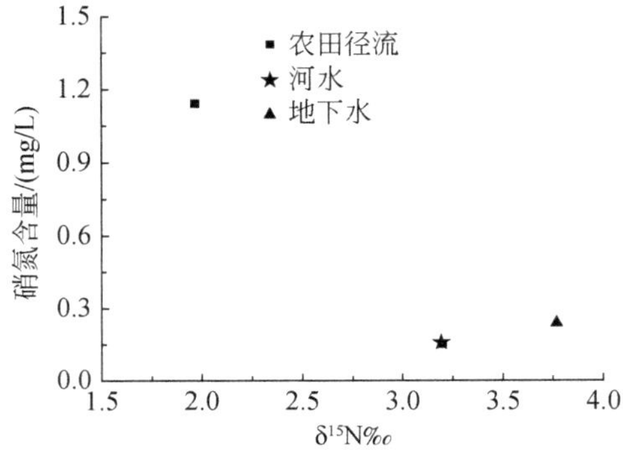

图 9-10 水体中 $\delta^{15}N$ 值分布区间

素组成。水体中硝酸盐有多种潜在的来源，不同氮源的 $\delta^{15}N$ 值存在显著的差异。各种来源的氮都有一定特征的 $\delta^{15}N$ 值分别范围：降水中硝氮的 $\delta^{15}N$ 值为-8‰ ~ 2‰；化肥源中硝氮的 $\delta^{15}N$ 值为-4‰ ~4‰；土壤中有机物硝氮的 $\delta^{15}N$ 值为 4‰ ~8‰；粪便源中硝氮的 $\delta^{15}N$ 值为 8‰ ~22‰；生活污水源硝氮的 $\delta^{15}N$ 值为 8‰ ~15‰（Hollocher，1984）。因此，$\delta^{15}N$ 在 1.97‰ ~2‰属于降雨和化学肥料的混合污染，$\delta^{15}N$ 在 3.2‰ ~4‰属于化学肥料的污染。

黄河武陟渠首滩区的硝氮污染源主要包括化学肥料和降雨等。农田径流中 $\delta^{15}N$ 值为 1.97 ‰、河水及地下水中 $\delta^{15}N$ 值分别为 3.2 ‰和 3.77 ‰。根据这些不同来源硝酸盐污染源的 $\delta^{15}N$ 特征值以及测定的水体中硝酸盐 $\delta^{15}N$ 值，结合研究区的农作物种植、施肥状况以及周边环境，研究认为黄河武陟渠首滩区水体中的硝酸盐来源于化肥污染，主要与滩区大量的农业活动有关。降雨对研究区水体氮污染的影响有待进一步的研究。

通过对研究区植物、土壤和水体中氮同位素结果分析，湿地植物中氮素主要通过土壤吸收获得，土壤氮污染主要来源于农业种植的化肥和河水带来的外源氮，水体中的硝酸盐来源于化肥污染，主要与滩区大量的农业活动有关。

9.4 渠首滩区农业非点源氮污染物控制措施

小浪底水利枢纽建成以前，研究区为典型的滨河滩区湿地生态系统，每年一次的黄河淹水为湿生植物提供了充足的水源和营养物质，主河道两侧 0.5 ~2 km 的范围内遍布芦苇和水烛等湿生植物。由于淹水频繁，滩区农业开发相对薄弱。小浪底水利枢纽发挥作用后，季节性洪水得到控制，大量的河滩地被无控制地开发为耕地，由于过量施肥等产生的非点源污染物，随着降雨冲刷、农业灌溉进入河道，滩区已成为影响河流水质的一个重要的非点源污染产生区。

结合研究区土地利用现状和农业非点源污染产生状况，综合已有研究成果，从构建滩区河岸植被缓冲带和源头控制两个方面入手，提出研究区农业非点源氮污染物控制措施。

9.4.1 滩区河岸植被缓冲带构建

河岸植被缓冲带能够在农田退水和暴雨径流进入水体之前，通过固定、吸附、沉淀、铵化、硝化、反硝化和植被同化等作用，尤其是植物吸收和反硝化作用有效去除氮，从而可以减少非点源污染、改善下游水环境质量。

河岸植被缓冲带设计的目的是基于区域降雨、径流、非点源污染浓度等区域基础参数，合理确定河岸植被带的空间布局、宽度、植物种类与组成，从而实现通过缓冲带的构建有效截留、吸收和转化非点源污染物，保护河流水质的目的。

9.4.1.1 设计原则

河岸植被缓冲带的设计应遵循以下原则。

1）环境效益最大化原则

河岸植被缓冲带的构建应充分考虑区域最大降雨及产流特征，估算可能出现的最大非点源污染产生量，并考虑一定的安全保护系数，以达到充分截留、吸收和转化非点源污染物的设计要求。

2）人地矛盾最小化原则

在确保环境效益最大化原则的同时，应考虑滩区开发利用现状，充分尊重当地社区居民的利益诉求，尽可能科学规划河岸植被缓冲带宽度，减少土地占用，从而使生态建设与地方经济发展有机结合，减少因植被带的建设引发大的矛盾，也有利于缓冲带的长期维护与管理。

3）植被选择乡土化原则

河岸缓冲带植被类型应以优先考虑乡土河岸植被，以耐湿、耐旱和对土壤要求不严的植物为主，增加植被缓冲带的稳定性，以自然生长为前提，减少长期维护与管理。

4）植被配置多样化原则

植被带的构建应充分考虑植被群落的多样性，并考虑河岸带植被横向结构的水陆自然过渡连续性特征。在布局上，考虑滩区微地貌和积水特征，合理配置植被结构和组成。

9.4.1.2 河岸植被缓冲带植被类型选择

1）滩区植被群落特征

根据前期野外调查结果，研究区植被主要分为两种类型，一种是人工栽培植被，另一种为野生植被。人工栽培植被中农作物主要是小麦、玉米、高粱、大豆、花生、棉花、红薯等。野生植物以禾本科、菊科、莎草科、豆科、十字花科、蓼科、藜科为主。滩区植被既有典型的湿地植被，又有典型的陆生植被，反映了滩区植被的湿生–陆生过渡性。随着当地局域气候的趋干性变化，特别是小浪底水库修建后湿地水文特征的变化，典型湿地植被分布区面积大大萎缩，反映了湿地植被向陆生植被的演化趋势。

分布面积较大的典型滩区湿地植被为芦苇和水烛（表 9-2）。

表 9-2　典型湿地植物群落样方调查结果

序号	群落类型	平均高度/m	建群种盖度/%	优势物种
1	水烛群落	1.5	80	水烛
2	芦苇群落	1.7	95	芦苇

2）缓冲带植物类型选择

根据植被选择乡土化原则，河岸缓冲带植物类型应以优先考虑乡土河岸植被，尤其是生长在岸边水陆过渡带的耐湿、耐旱、耐贫瘠的植物，因此，本次河岸植被缓冲带的选择应以芦苇、水烛两种滩区典型优势湿生植物为主。

根据植被配置多样化原则，植被带的构建应充分考虑植物群落的多样性，并且每种植物均有自己的生活型和适宜的生长环境，具体设计布局应结合滩区微地貌和积水特征，综合两种植物的适生条件，合理配置植物结构和组成。

9.4.1.3　河岸植被缓冲带宽度

1）宽度计算方法

河岸植被缓冲带的宽度设计，应根据不同植物群落的氮持留或吸收功能，并满足最大日降水量条件下全氮排放量的有效去除。考虑到植物对氮的吸收是一个长期、复杂的过程，而暴雨条件下非点源污染产生和排放相对快速，因此，这里主要采用不同植物群落土壤氮持留能力作为计算依据。

具体公式如下：

$$B = Q/D \tag{9-2}$$

$$Q = P \times R \times L \times N_c \tag{9-3}$$

$$D = N_s \times h \times \rho_b \tag{9-4}$$

式中：B 为河岸植被缓冲带的宽度；Q 为单位计算长度的全氮日最大排放量；D 为单位计算长度的土壤氮持留能力；P 为历史最大日降雨量；R 为径流系数；L 为滩区平均耕作宽度；N_c 为径流总氮平均含量；N_s 为植被群落土壤氮持留能力；h 为表土层厚度；ρ_b 为土壤容重。

2）主要设计参数

（1）降雨及径流特征。从降雨类型看，每年的8月容易出现强烈暴雨，是研究区产流的重要时期。研究区最大日降雨量选取1987年8月10日的降雨观测数据289 mm作为计算依据。根据前期研究结果，研究区的降雨可明显分为小雨集中型、暴雨集中型、均匀分布型。①小雨集中型，小雨一般超过总降雨历时的50%，降雨历时较长，降雨侵蚀力小，一般不产生径流；②暴雨集中型，暴雨超过总降雨历时的50%，降雨历时短，产生的径流量较少；③均匀分布型，各类型降雨时间占总降雨历时的比例大致相等，降雨历时较长，降雨量偏大，一般都能产生径流。从降雨径流引起的小流域非点源污染的角度看，20 mm以上的降雨是引起小流域农业非点源污染的主要降雨类型。根据试验区降雨集中期（6～8月）降雨与地表径流的监测结果，经分析、统计，计算各次降雨的径流系数见表9-3。

表9-3 试验观测期降雨径流系数

降雨事件	降雨历时/min	次降雨量/mm	次最大雨/(mm/h)	径流量/mm	径流系数/%
1	1490	67.9	33.0	1.69	2.49
2	1110	84.4	33.6	2.38	2.82
3	1080	30.0	11.6	0.41	1.37
4	805	22.4	28.8	0.43	1.92
5	1900	37.6	15.6	1.09	2.90
6	2400	37.9	10.0	0.98	2.59
7	780	51.5	33.6	1.15	2.23

由表9-3分析得出，滩区耕地的最大径流系数为2.9%，平均径流系数为2.33%。

（2）非点源氮污染物排放强度。研究区降雨集中期3次典型降雨地表径流氮浓度监测结果，见表9-4。

表9-4 耕地地表径流中氮浓度监测结果

降雨事件	1	2	3
总氮/(mg/L)	3.84～7.98	2.20～3.85	2.74～6.01
凯氏氮/(mg/L)	3.66～7.81	1.43～3.20	2.07～5.58
氨氮/(mg/L)	0.52～1.39	0.26～0.47	0～0.55
硝氮/(mg/L)	0.17～0.17	0.33～0.77	0.42～0.51

由表9-4分析得出，滩区河岸带开发成农耕地后径流中总氮浓度在2.20～7.98，平均为4.16 mg/L。其中，有机氮占总氮的比重约为77%，即有机氮是滩区耕地非点源氮污染的主要形式。

（3）滩区耕作平均宽度。根据野外调查和相关图件数据提取，近河岸滩区平均耕作宽度为1.2 km。

（4）土壤氮持留。课题组前期利用^{15}N同位素技术，对芦苇、水烛两种典型优势乡土湿地植物类型开展了氮去除功能的野外原位实验研究。研究结果表明，两种不同的植物群落的植物组织内^{15}N原子百分比含量的增加，说明滨河湿地植物吸收了外源氮，同时，同位素数据显示，实验期间氮的摄取量为0.1856～9.7312 mg/g和0.0587～3.6473 mg/g。不同群落对农业非点源氮的净化能力不同，处于生长旺季的芦苇嫩芽对氮的吸收能力最强，水烛最弱。

土壤对氮的持留作用是植物吸收、利用氮的基础。前期实验数据处里结果表明，利用SPSS的LSD比较结果显示，两种植被样方0～10 cm层^{15}N原子百分比在试验期间存在显著性差异，10～20 cm及20 cm以下层位则没有表层变化显著。受试植被在注水1天后，^{15}N原子百分比显著高于注水前，说明滨河湿地土壤对农业非点源氮污染的滞留作用主要发生在这一层，该层在对农业非点源氮污染的控制上相当于一个过滤器的作用，其滞留能力大小分别为芦苇（0.045mg/g）>水烛（0.032 mg/g）。

根据上述实验结果，土壤有效氮持留的表土厚度取10 cm，土壤容重采用实测值为1.65 g/cm^3。

3）单一植被缓冲带的宽度

基于非点源氮污染物排放强度，分别计算芦苇、水烛两种典型优势乡土湿地植物构建河岸植被缓冲带的宽度。

（1）芦苇。两种植物群落中，芦苇群落吸收氮素能力最强。根据式（9-2）～式（9-4）以及上述参数，计算芦苇植被截留带的宽度为5.63 m。

（2）水烛。根据式（9-2）～式（9-4）以及上述参数，计算水烛植被截留带的宽度为7.92 m。

4）植被配置及植被缓冲带宽度优化

单一植被缓冲带构建前提下，如果考虑植被缓冲带生长和截污的有效性，应在上述计算结果的基础上增加一定的保护过渡带（缓冲带向滩侧外扩1 m），即芦苇、水烛缓冲带的宽度应达到6.63 m和8.92 m，才能确保非点源污染的有效控制 。

然而，根据植被配置多样化原则，植被带的构建应充分考虑植物群落的多样性，因此，植被缓冲带的构建应采取两种类型共存的植物配置方案。尤其是河滩微地貌发育，存在一些微凸的缓丘和低洼处，两种植物均有自己的生活型和适宜的生长环境，如水烛宜生长在低洼和积水处，芦苇则在缓丘和低洼处均能生存。具体植被配置设计布局应结合滩区微地貌和积水特征，综合两种植物的适生条件，合理配置植被结构和组成。

综上所述，河岸植被缓冲带以采用两种芦苇、水烛植物共同构建，宽度为6.63～8.92 m为宜，具体宽度和植被选择应根据岸边微地貌特征确定。

9.4.2 源头控制措施

根据之前的氮污染物来源辨识分析了农业耕种区的主要氮污染物来源为化肥。在制定有效控制措施的过程中应首先从化肥的源头控制做起。

黄河渠首滩区农业面积约为23.6万余亩。据经验以每亩地施肥0.02 t计算，全区施肥量将达到4720 t。目前，我国化肥利用率较低，氮肥当季利用率只有30%～40%，氮肥施入土壤后有三个去向：一是被当季作物吸收利用（一般为30%～40%）；二是残留在土壤中（25%～35%）；三是离开土壤、作物而损失（20%～60%）。磷肥当季利用率为10%～25%，钾肥利用率为50%～60%。其中有将近三分之一的化肥流失，这对于沿岸河流的水质安全造成极大的危险。因此，提高化肥的利用率、解决农业区耕种方式、提高农业灌溉水平是解决农业非点源氮污染物的重要手段。

在控制化肥污染的过程中，通常要从两方面解决：一方面提高氮肥的利用率，另一方面要减少氮养分的损失。通过施用合理的化肥量，采取科学的施肥方式，同时结合节水、节肥，根据综合管理模式和农作物养分综合管理体系能有效控制农田氮流失。严格落实水源保护区相关保护规定，一级水源保护区内，禁止一切农业耕作与施肥；二级水源保护区内，限种植需肥水平低的作物并限制面积。实施农田最佳养分管理，结合农业部门的相关要求，根据耕地土肥实际状况和作物种植类型，合理确定化肥，减量化施肥、优化施肥方案。

1）采用适宜的土地利用方式，防止氮的溶出与侵蚀

科学地进行农业土地规划，当地气候条件、土质特征采用适宜的土地利用方式，有效控制农田氮流失。例如，若在适宜种植旱作的农耕区种植水稻类农作物，会大大增加土壤氮流失。在一些氮流失的高发区采取合理的轮作制度，则农业非点源氮污染物可大大减弱。另外少耕或免耕、丘陵地区营造梯田、保持良好

植被等措施均应大力推广。针对武陟渠首地区，该地区主要种植小麦、玉米，同时也种植花生、棉花的等经济型作物。其中小麦为主要的夏季作物，而秋季主要是玉米作物。就目前情况来讲，滩区的农业作物单一，不利于农民增产、增收，可以根据当地的农业区域面积、土质结构和气候特征等条件制定科学有效的长期规划。

不科学的施肥方式造成了化肥的大量流失，成为农业非点源氮流失的最主要根源。过量的化肥渗透到地下，对农业区域河段生态系统带来了严重的威胁。但是，如果少用化肥会严重制约农作物产量，进而给农业经济带来严重影响。农作物的产量会伴随着施肥量的增加而升高，当达到某施肥量时达到经济效益最佳，这一施肥量称经济施肥量。如何确定最佳的施肥用量，是平衡高产与环境保护的基础。就氮肥而言，普遍采用“以土定产，因产定氮”法，即以无氮区小麦的产量直接估算出氮肥适宜施用量的一种方法，其计算公式如下（李庆逵等，1998）：

$$N = A(Y - X)/E \tag{9-5}$$

式中，N 为需施用的化肥量；A 为单位产量的作物吸氮量；Y 为作物目标产量；X 为基础产量即无肥区的产量；E 为氮肥利用率。

在实际生产中，常用平均适宜施氮量法，即在某一地区某一作物上进行的氮肥施用量试验网中各田块上的适宜施用量的平均值。相较于同一地区的某作物来言，由于耕作施肥制度基本一致，因而可以用平均适宜施氮量作为该条件下大面积生产中推荐该作物的施氮量。

2）改进施肥方法，提高肥料利用率

在农田生态系统中，农田氮流失量的一个重要因素是肥料的利用率。因此如何改进施肥方法，提高肥料利用率，对于增加农业区产量，减少非点源氮流失对区域水环境影响都具有重要意义。

（1）配方施肥。配方施肥是施肥技术的重大改革和发展，是综合运用现代农业科技成果，根据作物吸肥规律、土壤供肥性能与肥料效应，在有机肥为基础的条件下，提出氮、磷、钾和微量元素肥料的适宜用量和比例，以及相应的施肥技术。以土壤养分测定值计算土壤养分供给量，肥料需求量按式（9-6）计算（李庆逵等，1998）：

$$T = (C \times A - E \times 0.15 \times a)/S \times b \tag{9-6}$$

式中，T 为施肥量；C 为作物单位产量养分吸收量；A 为目标产量；E 为土壤养分测定值；a 为土壤养分校正系数；S 为肥料中养分含量；b 为肥料当季利用率。

（2）施用化肥增效剂。已有研究表明，使用脲酶抑制剂可延缓尿素在土壤中的水解进程，从而减少氨的挥发和毒害作用（周俊国和杨鹏鸣，2012）。脲酶抑制剂，如二氨苯磷酸盐（PPD）能减少稻田中尿素的氨挥发，其减少的量与不加脲酶抑制剂时的氨挥发量呈良好的正相关，但是，并不一定能稳定的减少氮肥的总损失；氢醌能延缓尿素的水解和铵及亚硝酸演的氧化，但是其在降低旱作土壤中尿素的氮素损失中的作用并不稳定；硝化抑制剂是一种杀菌剂，其施用可抑制土壤中亚硝化毛杆菌的活力，从而能抑制或延缓土壤中铵的硝化作用，有可能减少氮的淋洗和反硝化损失。

此外，氮肥的施用过程中，应按作物生育期需要分次施用、深施，以及施用缓效氮肥。同时，利用膜控制释放（MCR）技术也能有效提高肥料的利用率。大大提高了肥效，成为一种有效减少氮素流失的方法。

3）加强水肥管理，实施控水灌溉

农田退水的大量排出大大增加了非点源氮流失的可能。许多情况下，通常采用的“大水漫灌”灌溉方式存在诸多不利，在农作物还没对氮肥进行吸收或者土壤还未固定的情况下，这些氮肥会被大水冲走。

武陟渠首滩区主要采用大水漫灌方式进行灌溉，这种灌溉方式一方面造成了水资源的浪费，另一方面使得化肥的利用率降低。因此，推进节水灌溉方法，如采取喷灌、滴管等节水措施，建立科学的灌溉体系，积极有效的推进实现基本农田建设和环境建设的有效整合。另外，通过加强田间水浆管理，采用潜水勤灌，干湿交替，减少排水量，可有效降低农田氮排出负荷。

4）推广应用沼肥，减少农业化肥使用量

针对农村地区大量的畜禽粪便处理而言，推广沼气技术同时将沼肥替代农业化肥施加农田，既有利于增加农田作物产量，也可以实现畜禽粪便的资源化利用。以沼肥作为农作物的肥源，比直接使用人粪尿和化肥产量有明显提高，其增幅分别为，粮食作物5%～8%，经济作物8%～16%，蔬菜增产幅度高达20%以上（刘君和陈宗宇，2009）。同时结合政策法规等配套措施的跟进，引导农民进行科学的使用沼肥，不仅有效提高了土壤有机质含量，同时减少了农民的种植成本。利用“养殖—沼气—种植”这种生态循环农业模式可在农村地区得以推广，有效实现资源环境的综合利用价值。

参考文献

安娜，高乃云，刘长娥．2008. 中国湿地的退化原因、评价及保护．生态学杂志，27（5）：821-828.

安琼，董元华，葛成军，等．2006. 南京市小河流表层沉积物中的有机氯农药残留及其分布现状．环境科学，27（4）：737-741.

白军红，邓伟．2002. 洪泛区天然湿地土壤有机质及氮素空间分布特征．环境科学，23（2）：77-81.

白军红，邓伟，张玉霞．2002. 内蒙古乌兰泡湿地环带状植被区土壤有机质及全氮空间分异规律．湖泊科学，14（2）：145-151.

白军红，邓伟，朱颜明．2002. 湿地生物地球化学过程研究进展．生态学杂志，21（1）：53-57.

白军红，邓伟，朱颜明，等．2003. 霍林河流域湿地土壤碳氮空间分布特征及生态效应．应用生态学报，14（9）：1494-1498.

白军红，丁秋祎，高海峰，等．2009. 向海湿地不同植被群落下土壤氮素的分布特征．地理科学，29（3）：381-384.

白军红，欧阳华，邓伟，等．2005. 湿地氮素传输过程研究进展．生态学报，25（2）：326-333.

白军红，王庆改，高海峰，等．2010. 向海沼泽湿地芦苇中氮含量动态变化和循环特征．湿地科学，8（2）：164-168.

白云晓，李晓兵，王宏，等．2015. 草地退化过程中典型草原氮储量变化——以内蒙古锡林浩特市典型草原为例．草业科学，32（3）：311-321.

包广静．2008. 大坝建设生态环境影响国外研究回顾．生态经济，3：145-148.

蔡庆华，唐涛，刘建康．2003. 河流生态学研究中的几个热点问题．应用生态学报，14（9）：1573- 1577.

曹亚澄，孙国庆，施书莲．1993. 土壤中不同含氮组分的 $\delta^{15}N$ 质谱测定法．土壤通报，24（2）：87-90.

陈飞，高佩玲，郎新珠，等．2012. 基于 GIS 和 Markov 模型的土地利用时空变化研究．干旱区资源与环境，26（8）：74-78.

陈刚起．1988. 三江平原沼泽径流的实验研究//黄锡畴．中国沼泽研究．北京：科学出版社．

陈海生．2010. 生态沟渠对农业面源污染物的截留效应研究．江西农业学报，22（7）：121-124.

陈利顶，齐鑫，李芬，等．2010. 城市化过程对河道系统的干扰与生态修复原则和方法．生态学杂志，29（4）：805-811.

陈利群，刘昌明．2007. 黄河源区气候和土壤覆被变化对径流的影响．中国环境科学，27（4）：559-565.

陈庆伟，刘兰芬，刘昌明．2007. 筑坝对河流生态系统的影响及水库生态调度研究．北京师范大学学报（自然科学版），43（5）：578-582.
陈求稳，韩瑞，叶飞．2010. 水库运行对下游岸边带植被和鱼类的影响．水动力学研究与进展，25（1）：85-92.
陈为峰，史衍玺．2010. 黄河三角洲新生湿地不同植被类型土壤的微生物分布特征．草地学报，18（6）：859-864.
陈应发．1996. 费用支出法——一种实用的森林游憩价值评估方法．生态经济，3：27-30.
陈自祥，柳后起，刘广，等．2012. 淡水水体中氮污染源的识别——利用硝酸根中氮和氧同位素组成．环境化学，31（12）：1855-1856.
程金花，张洪江，史玉虎．2006. 长江三峡花岗岩区林地优先流影响因子分析．水土保持学报，20：28-33.
崔保山，杨志峰．2006. 湿地学．北京：北京师范大学出版社．
崔健，都基众，王晓光．2014. 浑河河水及其沿岸地下水污染特征．生态学报，34（7）：1860-1869.
邓红兵，王青春，王庆礼．2001. 河岸植被缓冲带与河岸带管理．应用生态学报，12：951-954.
邓伟．2007. 湿地水空间效应．地球科学进展，22：725-729.
邓伟，胡金明．2003. 湿地水文学研究进展及科学前沿问题．湿地科学，1（1）：12-20.
邓伟，潘响亮，来兆擎．2003. 湿地水文学研究进展．水科学进展，14：521-527.
丁秋祎，白军红，高海峰，等．2009. 黄河三角洲湿地不同植被群落下土壤养分含量特征，农业环境科学学报，28（10）：2092-2097.
董凯凯，王惠，杨丽原，等．2011. 人工恢复黄河三角洲湿地土壤碳氮含量变化特征．生态学报，31（16）：4778-4782.
董哲仁．2006. 怒江水电开发的生态影响．生态学报，26（5）：1591-1596.
杜习乐，吕昌河，王海荣．2011. 土地利用/覆被变化（LUCC）的环境效应研究进展．土壤，43（3）：350-360.
段文秀．2012. 基于 GIS 和 Markov 模型的土地利用时空变化研究．干旱区资源与环境，26（8）：74-78.
段晓男，王效科，欧阳志云，等．2004. 三江平原草甸白浆土剖面 P、K 养分分布特征及影响因素分析．环境科学，25（1）：133-137.
段晓男，王效科，欧阳志云，等．2004. 乌梁素海野生芦苇群落生物量及影响因子分析．植物生态学报，28（2）：246-251.
范敬龙，金小军，雷加强，等．2013. 塔里木沙漠公路防护林工程抽水的地下水位响应．中国农学通报，29（2）：114-119.
高俊峰，闻余华．2002. 太湖流域土地利用变化对流域产水量的影响．地理学报，57（2）：194-200.
宫兆宁，宫辉力，赵文吉．2007. 北京湿地生态演变研究——以野鸭湖湿地自然保护区为例．北京：中国环境科学出版社．

郭东旭，陈利顶，傅博杰．1999. 土地利用/覆被变化对区域生态环境的影响．环境科学进展，7（6）：66-75.
郭会哲．2006. 黄河下游河南段河岸带植物区系、群落结构及多样性特征研究．郑州：河南农业大学硕士学位论文．
郭丽峰，郭勇，于卉．2005. 海河流域湿地现状及治理对策．海河水利，5：10-13.
郭文献，夏自强，王乾．2008. 丹江口水库对汉江中下游水文情势的影响．河海大学学报（自然科学版），36（6）：733-737.
郭文献，王鸿翔，徐建新，等．2011. 三峡水库对下游重要鱼类产卵期生态水文情势影响研究. 水力发电学报，30（3）：22-26.
郭雪莲，吕宪国．2012. 三江平原湿地典型植被群落氮的累计与分配．生态环境学报，21（1）：59-63.
郭跃东，何岩，邓伟，等．2004. 扎龙湿地生态水文格局特征及水环境功能分析．水土保持研究，11（1）：119-122.
国家环境保护局．1998. 中国生物多样性国情研究报告．北京：中国环境科学技术出版社．
国家环境保护总局《水和废水监测分析方法》编委会．2002. 水和废水监测分析方法（第四版）．北京：中国环境科学出版社．
国家环境保护总局．2004. 全国生态环境现状调查报告．环境保护，5：13-18.
韩路，王海珍，于军．2013. 河岸带生态学研究进展与展望．生态环境学报，22（5）：879-886.
韩念勇．2000. 中国自然保护区可持续管理政策研究．自然资源学报，15（3）：201-207.
何彬方，冯妍，吴文玉，等．2010. 安徽省近十年植被指数时空变化特征．生态学杂志，29（10）：1912-1918.
河南省林业厅野生动植物保护处．2001. 河南黄河湿地自然保护区科学考察集．北京：中国环境科学出版社．
胡宏祥．2010. 关于沟渠生态拦截氮磷的研究．水土保持学报，24（2）：141-145.
胡俊锋，王金生，滕彦国．2004. 地下水与河水相互作用的研究进展．水文地质与工程地质，1：108-113.
胡雄星，夏德祥，韩中豪，等．2005. 苏州河水及沉积物中有机氯农药的分布和归宿．中国环境科学，25（1）：124-128．
黄方，刘湘南，张养贞．2003. GIS 支持下的吉林省西部生态环境脆弱态势评价研究．地理科学，20（10）：95-100.
黄金良，李青生，洪华生，等．2011. 九龙江流域土地利用/景观格局：水质的初步关联分析．环境科学，32（1）：64-72.
黄金南，彭纪南，杨长桂．1983. 科学发现与科学方法．武汉：华中工学院出版社．
黄凯，郭怀成，刘永，等．2007. 河岸带生态系统退化机制及其恢复研究进展应用生态学报，18（6）：1373-1382.
黄乐艳，闫文德．2007. 亚热带城市森林中湿地松的降水化学性质变化．四川林业科技，69-73.

黄妮，刘殿伟，王宗明，等．2009. 基于水文与土地覆盖的三江平原湿地恢复．生态学杂志，28（3）：509-515.
贾庆宇，周广胜，周莉，等．2008. 湿地芦苇植株氮素分布动态特征分析．植物生态学报，32（4）：858-864.
贾忠华，罗纨，莫放，等．2003. 用 DRA INMOD 模型预测不同气候条件下排水及来水量对湿地水文的影响．水土保持学报，17：54-58.
蒋鸿昆，高海鹰，张奇．2006. 农业面源污染最佳管理措施（BMPs）在我国的应用．农业环境与发展，23（4）：64 - 67.
焦如珍，杨承栋，孙启武，等．2005. 杉木人工林不同发育阶段土壤微生物数量及其生物量的变化．林业科学，41（6）：163-165.
金秋艳，杨宇翔，马存世，等．2014. 生态旅游对石羊河下游湿地景观影响分析．甘肃林业科技，39（3）：70-73.
金相灿．2001. 湖泊水体富营养化控制和管理技术．北京：化学工业出版社．
靳治国，施婉君，高扬，等．2009. 不同土地利用方式下土壤重金属分布规律及其生物活性变化．水土保持学报，23（3）：74-77.
康跃惠，盛国英，傅家谟，等．2001. 珠江澳门河口沉积物柱样中有机氯农药的垂直分布特征．环境科学，22（1）：81-85.
雷万达．2008. 黄河下游侧渗对沿岸灌区地下水的补给研究——以柳园口灌区为例．南京：河海大学硕士学位论文．
李道峰，郝芳华，刘昌明，等．2003. 黄河小浪底水库蓄水前后库周土地覆被变化研究．水土保持研究，10（2）：5-8.
李新华，刘景双，孙志高，等．2007. 三江平原小叶章湿地生态系统硫的生物地球化学循环．生态学报，27（6）：2199-2207.
李恒鹏，黄文钰，杨桂山，等．2006. 太湖地区蠡河流域不同用地类型面源污染特征．中国环境科学学报，26（2）：243-247.
李洁，谭珊珊，罗兰芳，等．2013. 不同施肥结构对红菜园土有机质、酸性和交换性能的影响．水土保持学报，27（4）：258-262.
李金昌．1999. 生态价值论．重庆：重庆大学出版社．
李静，李晶瑜．2011. 中国粮食生产的化肥利用效率及决定因素研究．农业现代化研究，32（5）：566-568.
李佩成．1993. 地下水动力学．北京：农业出版社．
李庆逵，朱兆良，于天仁．1998. 中国农业持续发展中的肥料问题．南京：江苏科技出版社．
李先会，朱建坤，施练东，等．2009. 富营养化水体细菌去除氮磷能力研究．环境科学与技术，32（4）：28-32.
李彦茹，刘玉兰．1996. 东陵区地下水中三氮污染及原因分析．环境保护科学，21（1）：17-22.
李颖，田竹君，叶宝莹，等．2003. 嫩江下游沼泽湿地变化的驱动力分析．地理科学，

23（6）：686-69.
李玉文，集一新，赵晓红．1995. 森林群落N循环过程化学生态研究Ⅱ不同演替阶段的氮动态．生志学报，15（B）：147-158.
梁国付，丁圣彦．2007. 河南沿黄湿地景观格局及其动态研究．北京：科学出版社．
廖玉静，宋长春．2009. 湿地生态系统退化研究综述．土壤通报，40（5）：1199-1203.
廖资生，林学钰，石钦周，等．2004. 黄河下游傍河开采地下水的试验研究——以郑州北郊黄河滩地为例．中国科学（E辑）：技术科学，34（增刊）：13-22.
林炳挑．2010. 湿地保护与湿地生态恢复技术．资源与环境科学，（6）：314-315.
林泽新．2002. 太湖流域水环境变化及缘由分析．湖泊科学，14（2）：112-116.
刘殿伟．2006. 过去50年三江平原土地利用/覆被变化的时空特征与环境效应．长春：吉林大学博士学位论文．
刘贵华，肖蕨，陈漱飞，等．2007. 土壤种子库在长江中下游湿地恢复与生物多样性保护中的作用．自然科学进展，17（6）：741-747.
刘桂芳．2009. 黄河中下游过渡区近20年来县域土地利用变化研究——以河南省孟州市为例．开封：河南大学博士学位论文．
刘吉平，杨青，吕宪国．2005. 三江平原典型环形湿地土壤营养元素的空间分异规律．水土保持学报，19（2）：76-79.
刘纪远，刘明亮，庄大方，等．2002. 中国近期土地利用变化的空间格局分析．中国科学（D辑）：地球科学，32（12）：1031-1040.
刘静，苗鸿，郑华，等．2009. 卧龙自然保护区与当地社区关系模式探讨．生态学报，29（1）：259-271.
刘君，陈宗宇．2009. 利用稳定同位素追踪石家庄市地下水中的硝酸盐来源．环境科学，30（6）：1602-1607.
刘锐．2008. 共同管理：中国自然保护区与周边社区和谐发展模式探讨．资源科学，30（6）：870-875.
刘文俊，马友鑫，胡华斌，等．2011. 滇南热带雨林区土地利用/覆盖变化分析——以西双版纳勐仑地区为例．山地学报，23（1）：71-79.
刘贤德，孟好军，张宏斌，等．2012. 黑河流域中游典型退化湿地生态恢复技术研究．水土保持通报，32（6）：116-119.
刘兴土．2007. 三江平原沼泽湿地的蓄水与调洪功能．湿地科学，5：64-68.
刘兴土．2007. 我国湿地的主要生态问题及治理对策．湿地科学与管理，3（1）：18-22.
刘彦随，陈百明．2002. 中国可持续发展问题与土地利用/覆被变化研究．地理研究，21（3）：324-330.
刘洋，吕一河．2008. 旅游活动对卧龙自然保护区社区居民的经济影响．生物多样性，16（1）：68-74.
刘振东，肖辉，陈翠英．2005. 我国湿地资源保护利用存在的问题及其对策．河北林业科技，（5）：30-32.

刘正茂，孙永贺，吕宪国，等．2007. 挠力河流域龙头桥水库对坝址下游湿地水文过程影响分析．湿地科学，5（3）：201-207.
卢少勇，金相灿，余刚．2006. 人工湿地的氮去除机理．生态学报，26（8）：2670-2677.
鲁春霞，刘铭，曹学章，等．2011. 中国水利工程的生态效应与生态调度研究．资源科学，33（8）：1418-1421.
鲁如坤．2000. 土壤农业化学分析方法．北京：中国农业科技出版社．
陆健健．1989. 中国湿地．上海：华东师范大学出版社．
陆健健，何文珊，童春富．2006. 湿地生态学．北京：高等教育出版社．
陆琦，马克明，倪红伟．2007. 湿地农田渠系的生态环境影响研究综述．生态学报，27：2118-2125.
路峰，毕作林，谭学界．2007. 黄河三角洲芦苇湿地恢复评价．山东林业科技，2：52-54.
吕国红，周莉，赵先丽，等．2006. 芦苇湿地土壤有机碳和全氮含量的垂直分布特征．应用生态学报，17（3）：384-389.
吕家珑．2003. 农田土壤磷素淋溶及其预测．生态学报，23：2689-2700.
吕建霞，王亚韡，张庆华，等．2007. 天津大沽排污河河口沉积物多溴联苯醚、有机氯农药和重金属的污染趋势．科学通报，52（3）：277-282.
罗兰芳，聂军，郑圣先，等．2010. 施用控释氮肥对稻田土壤微生物生物量碳、氮的影响．生态学报，30（11）：2925-2932.
罗先香．2002. 三江平原挠力河流域沼泽湿地水系统研究．长春：中国科学院东北地理与农业生态研究所博士学位论文．
罗先香，闫琴，杨建强．2010. 黄河口典型湿地土壤氮素的季节动态及转化过程研究．水土保持学报，24（6）：88-93.
罗绪强，王世杰，刘秀明，等．2007. 稳定氮同位素在环境污染示踪中的应用进展．矿物岩石化学通报，29（3）：295-298.
马昌磷，姚允寅，陈明，等．1989. 用 $\delta^{15}N$ 天然丰度法估测结瘤作物的共生固 N_2 量。核农学报，36（2）：155-159.
马克平，刘玉明．1994. 生物多样性的测度方法 Ia 多样性的测度方法（下）．生物多样性，2（4）：231-239.
马婉丽．2010. 1991～2006 年无锡市土地利用类型与景观格局变化．南京：南京林业大学硕士学位论文．
马蔚纯，陈立民，李建忠，等．2003. 水环境非点源污染数学模型研究进展．地球科学进展，18（3）：358-366.
毛富玲．2005. 湿地研究概况与趋势．河北林果研究，2：143-145.
毛文永．1998. 生态环境影响评价概论．北京：中国环境科学出版社．
毛战坡，彭文启，王世岩，等．2006. 三门峡水库运行水位对湿地水文过程影响研究．中国水利水电科学研究院学报，4（1）：36-41.
孟红旗，赵同谦，徐华山，等．2009. 河岸带耕地降雨径流产流特征分析．农业环境科学学报，28：749-754.
孟红旗，赵同谦，张华，等．2008. 孟津黄河滩区降雨产流及面源污染特征分析．水土保持学报，22（1）：48-51.
苗长虹，钱乐祥．2006. 伊洛河流域土地利用、土地覆被变化可持续发展研究．北京：中国环境科学出版社．
莫剑锋，田昆，陆梅，等．2004. 纳帕海退化湿地土壤有机质空间变异研究．西南林学院学报，24（3）：25-28.
牟晓杰，孙志高，刘兴土．2012. 黄河口不同生境下翅碱蓬湿地土壤碳、氮储量与垂直分布特征．土壤通报，43（6）：1444-1449.
那晓东，张树清，孔博，等．2009. 三江平原土地利用/覆被动态变化对洪河保护区湿地植被退化的影响．干旱区资源与环境，23（3）：144-150.
欧阳志云，王如松，赵景柱．1999. 生态系统服务功能及其生态经济价值评价．应用生态学报，10（5）：635-640.
欧阳志云，王效科，苗鸿．1999. 中国陆地生态系统服务功能及其生态经济价值的初步研究．生态学报，19（5）：607-613.
欧阳志云，肖寒．1999. 海南岛生态系统服务功能及空间特征研究//赵景柱，等．社会-经济-自然复合生态系统可持续发展研究．北京：中国环境科学出版社．
潘澜，薛晔，薛立．2011. 植物淹水胁迫形态学研究进展．中国农学通报，27（7）：11-15.
彭佩钦，张文菊，童成立，等．2005. 洞庭湖典型湿地土壤碳、氮和微生物碳、氮及其垂直分布．水土保持学报，19（1）：49-53.
彭少麟，任海，张倩媚. 2003. 退化湿地生态系统恢复的一些理论问题. 应用生态学报，14（11）：2026-2030.
钱亦兵，周华荣，张立运，等．2005. 塔里木河中下游湿地及其周边土壤粒度的空间分布．干旱区地理，28（5）：509-613.
邱光胜，叶丹，陈洁，等．2011. 三峡水库蓄水前后库区干流浮游藻类变化分析．人民长江，42（2）：83-86.
任海，邬建国．2000. 生态系统管理的概念及其要素．应用生态学报，11（3）：455-458．
任玉芬，王效科．2005. 城市不同下垫面的降雨径流污染．生态学报，25：3225-3230.
尚玉昌．2002. 普通生态学．北京：北京大学出版社．
湿地国际—中国办事处．2001. 社区参与湿地管理．北京：中国林业出版社．
史培军．2000. 土地利用/覆盖变化研究的方法与实践．北京：科学出版社．
宋长春，阎百兴，王跃思，等．2003. 三江平原沼泽湿地 CO_2 和 CH_4 通量及影响因子．科学通报，48（23）：2473-2477.
宋述军，周万村．2008. 岷江流域土地利用结构对地表水水质的影响．长江流域资源与环境，17（5）：712-715.
宋献方，刘相超，夏军．2007. 基于环境同位素技术的怀沙河流域地表水和地下水转化关系研究．中国科学（D 辑）：地球科学，37：102-110.

宋晓林．2012．1950s 以来挠力河流域径流特征变化及其影响因素．北京：中国科学院研究生院博士学位论文．
苏波，韩兴国，黄建辉．1999．^{15}N 自然丰度法在生态系统氮素循环研究中的应用．生态学报，19（3）：408-416.
孙宏发，刘占波，谢安．2006．湿地磷的生物地球化学循环及影响因素．内蒙古农业大学学报，27（1）：148-152.
孙剑辉，王国良，张干，等．2007．黄河中下游表层沉积物中有机氯农药含量及分布．环境科学，28（6）：1332-1337.
孙剑辉，王国良，张干，等．2008．黄河表层沉积物中有机氯农药的相关性分析与风险评价．环境科学学报，28（2）：342-348.
孙儒泳．2002．基础生态学（第 1 版）．北京：高等教育出版社．
孙新恩，刘杰杰．2009．太湖污染浅析．机电信息，(33)：36-40.
孙志高，刘景双．2009．三江平原典型小叶樟湿地土壤氮的垂直分布特征．土壤通报，40（6）：1342-1348.
孙志高，刘景双，于君宝，等．2005．^{15}N 示踪技术在湿地氮素生物地球化学过程研究中的应用进展．地理科学，25（6）：762-768.
谭少华，倪绍祥．2005．区域土地利用变化驱动力的成因分析．地理与地理信息科学，21（3）：47-50.
唐娜，崔保山，赵欣胜．2006．黄河三角洲芦苇湿地的恢复．生态学报，26（8）：2616-2624.
田世英．2007．河道与河边湿地水文联系的初步研究．西安：西安理工大学硕士学位论文．
田世英，罗纨，贾忠华，等．2008．漫滩洪水在西安泾渭滨河湿地水文条件恢复中的作用．水利学报，39：115-119.
田应兵，宋光煜，艾天成．2002．湿地土壤及其生态功能．生态学杂志，21（6）：36-39.
田宇鸣，李新．2006．土地利用/覆被变化（LUCC）环境效应研究综述．环境科学与管理，31（5）：59-60.
汪爱华，张树清，张柏．2002．湿地信息系统结构功能总体设计研究．地球信息科学，4（2）：85-88.
汪迎春，赖锡军，姜加虎，等．2011．三峡水库调节典型时段对鄱阳湖湿地水情特征的影响．湖泊科学，23（2）：191-195.
王波，黄薇，尹正杰．2009．大型梯级水库对河流生态流量的影响：以金沙江下游梯级为例．长江流域资源与环境，18（9）：860-864.
王昌海．2015．我国湿地保护现状与问题分析——基于管理人员问卷调查．湖南大学学报（社会科学版），29（2）：63-69.
王纯，王维奇，曾从盛，等．2011．闽江河口区盐——淡水梯度下湿地土壤氮形态及储量特征．水土保持学报，25（5）：147-153.
王东升．1997．氮同位素比（$\delta^{15}N/\delta^{14}N$）在地下水氮污染研究中的应用基础．地球学报：中国地质科学院院报，18（2）：220-223.

王浩，严登华，秦大庸，等．2009. 水文生态学与生态水文学：过去、现在和未来．北京：中国水利水电科学出版社．
王洪君，王为东，卢金伟，等．2006. 植被型岸边带对藻类的捕获与水源保护研究．中国给水排水，22（7）：1-8.
王珺，高高，裴元生，等．2010. 白洋淀府河中氮的来源与迁移转化研究．环境科学，31（12）：2905-2910.
王丽学，李学森，窦孝鹏，等．2003. 湿地保护的意义及我国湿地退化的原因与对策．中国水土保持，（7）：8-9.
王亮．2008. 湿地生态系统恢复研究综述．环境科学与管理，33（8）：152-156.
王美玲，邴龙飞，郗凤明，等．2013. 老工业搬迁区土地利用变化时空特征及其驱动力——以沈阳市铁西老工业区为例．应用生态学报，24（7）：1969-1976.
王庆成，于红丽，姚琴，等．2007. 河岸带对陆地水体氮素输入的截流转化作用．应用生态学报，18（11）：2611-2617.
王韶华，刘敏，刘昆鹏．2004. 三江平原湿地保护措施的初步研究．灌溉排水学报，23（6）：29-33.
王思远，张增祥，周全斌，等．2002. 基于遥感与GIS技术的土地利用时空特征研究．遥感学报，6（3）：223-228.
王泰，张祖麟，莫俊，等．2007. 海河与渤海湾水体中溶解态多氯联苯和有机氯农药污染状况调查．环境科学，28（4）：730-735.
王万忠，焦菊英．1996. 黄土高原降雨侵蚀产沙与黄河输沙．北京：科学出版社．
王维，仝川，贾瑞霞．2010. 不同淹水频率下湿地土壤碳氮磷生态化学计量学特征．水土保持学报，24（3）：238-242.
王兴菊．2008. 寒区湿地演变驱动因子及其水文生态影响研究．大连：大连理工大学博士学位论文．
王艳玲，余鑫，李学友，等．2009. 周边社区对自然保护区影响的调查方法研究．林业调查规划，34（2）：69-72.
王洋，刘景双，孙志高，等．2006. 湿地系统氮的生物地球化学研究概述．湿地科学，4（4）：311-319.
韦翠珍，张佳宝，周凌云．2012. 黄河下游河滨湿地不同草本植物群落物种多样性研究．湿地科学，10（1）：58-64.
毋兆鹏，金海龙，王范霞．2012. 艾比湖退化湿地的生态恢复．水土保持学报，26（3）：211-215，221.
吴春笃，石驰，沈明霞，等．2007. 北固山湿地植物对氮磷元素吸收能力的研究．生态环境，16（2）：369-372.
吴坤，王文杰，刘军会，等．2015. 成渝经济区土地利用变化特征与驱动力分析．环境工程技术学报，5（1）：29-37.
吴田乡，黄建辉．2010. 放牧对内蒙古典型草原生态系统植物及土壤 $\delta^{15}N$ 的影响．植物生态学报, 34（2）: 160-169.
吴兆洪. 1988. 我国蕨类植物研究的历史和现状. 广西植物, 8（2）: 169-178.
吴征镒. 1991. 中国种子植物属的分布区类型. 云南植物研究, 增刊: 1-139.
伍德, 汉纳, 赛德勒. 2009. 水文生态学与生态水文学: 过去、现在和未来. 王浩等. 北京: 中国水利水电科学出版社.
伍星, 沈珍瑶, 刘瑞民. 2007. 长江上游土地利用/覆被变化特征及其驱动力分析. 北京市师范大学学报（自然科学版）, 43（4）: 461-466.
夏凡, 胡雄星, 韩中豪, 等. 2006. 黄浦江表层水体中有机氯农药的分布特征. 环境科学研究, 19（2）: 11-15.
肖寒. 2001. 区域生态系统服务功能形成机制与评价方法研究. 北京: 中国科学院生态环境研究中心.
邢萌, 刘卫国, 胡婧. 2010. 浐河、涝河河水中硝酸盐氮污染来源的氮同位素示踪. 环境科学, 31（10）: 2305-2310.
邢蓉蓉. 2014. 青岛市土地利用/覆被变化（LUCC）分析及预测研究. 青岛: 中国海洋大学硕士学位论文.
熊汉锋, 廖勤周, 吴庆丰, 等. 2005. 湖北梁子湖湿地土壤养分的分布特征和相关性分析. 湖泊科学, 17（1）: 93-96.
熊汉锋, 王运华. 2005. 湿地碳氮磷的生物地球化学循环研究进展. 土壤通报, 36（2）: 240-243.
徐华山. 2008. 滨河湿地土壤环境特征及其氮污染控制功能研究. 焦作: 河南理工大学资源环境学院.
徐华山, 赵同谦, 贺玉晓, 等. 2010. 滨河湿地不同植被对农业非点源氮污染的控制效果. 生态学报, 30（21）: 5759-5768.
徐华山, 赵同谦, 孟红旗, 等. 2011. 滨河湿地地下水水位变化及其与河水响应关系研究. 环境科学, 32（2）: 362-367.
徐徽, 张路, 商景阁. 2009. 太湖梅梁湾水土界面反硝化和厌氧氨氧化. 湖泊科学, 21（6）: 775-781.
徐惠风, 刘兴土, 白军红. 2004. 长白山沟谷湿地乌拉苔草沼泽湿地土壤微生物动态及环境效应研究. 水土保持学报, 18（3）: 115-117, 122.
徐嵩龄. 2001. 生物多样性价值的经济学处理: 一些理论障碍及其克服. 生物多样性, 9（3）: 310-318.
徐中民, 张志强, 程国栋. 2003. 生态经济学理论方法与应用. 郑州: 黄河水利出版社.
许静宜. 2010. 黄河孟津湿地扣马段生态保护与合理利用模式研究. 焦作: 河南理工大学资源环境学院.
许静宜, 贺玉晓, 赵同谦, 等. 2011. 河滩湿地资源保护与开发社区意愿调查——以黄河孟津湿地扣马段为例. 自然资源学报, 25（7）: 1228-1235.
许炯心. 2012. 黄河河流地貌过程. 北京: 科学出版社.

薛禹群，张幼宽．2009. 地下水污染防治在我国水体污染控制与治理中的双重意义．环境科学学报，29（3）：474-481.
严圣华，李兆华，周振兴．2007. 九宫山自然保护区社区居民对保护区态度调查及协调对策．林业调查规划，32（1）：162-167.
阳柏苏，赵同谦，尹刚强，等．2006. 张家界景区 1990～2000 年生态系统服务功能变化研究．林业科学研究，19（4）：517-522.
阳文锐．2015. 北京城市景观格局时空变化及驱动力．生态学报，35（13）：4357-4366.
杨爱民，王浩，王建华，等．2010. 我国库坝建设对河流生态系统服务功能的影响与战略对策．中国水利，21：8-11.
杨昆，邓熙，李学灵，等．2011. 梯级开发对河流生态系统和景观影响研究进展．应用生态学报，22（5）：1359-1367.
杨丽蓉，陈利顶，孙然好．2009. 河道生态系统特征及其自净化能力研究现状与发展．生态学报，29（9）：5066-5075.
杨青，刘吉平，吕宪国，等．2004. 三江平原典型环型湿地土壤-植被-动物系统的结构及功能研究．生态学杂志，23：72-77.
杨清书，麦碧娴，傅家谟，等．2005. 珠江干流河口水体有机氯农药的研究．中国环境科学，25：47-51.
杨荣金，傅伯杰，刘国华，等．2004. 生态系统可持续管理的原理和方法．生态学杂志，23（3）：103-108.
杨荣金，傅伯杰，刘国华，等．2006. 大坝的生态效应：概念、研究热点及展望，生态学杂志，25（4）：428-434.
尧水红，刘艳青，王庆海，等．2010. 河滨缓冲带植物根系和根际微生物特征及其对农业面源污染物去除效果．中国生态农业学报，18（2）：365-370.
姚维科，崔保山，刘杰，等．2006. 大坝的生态效应：概念、研究热点及展望．生态学杂志，25（4）：428-434.
姚允寅．1989. 用 $\delta^{15}N$ 天然丰度法估测结瘤作物的共生固 N_2 量．核农学报，36（2）：155-159.
于贵瑞．2001. 生态系统管理学的概念框架及其生态学基础．应用生态学报，12（5）：787-794.
于君宝，王金达，刘景双．2004. 三江平原泥炭地中营养元素垂直分布特征．应用生态学报，15（2）：265-268.
虞湘．2011. 1997-2004 年浙江省金衢盆地湿地动态变化分析和生态健康评价．杭州：浙江大学硕士学位论文．
郁亚娟，黄宏，王斌，等．2004. 淮河（江苏段）水体有机氯农药的污染水平．环境化学，23（5）：568-572.
曾从盛，钟春棋，仝川，等．2008. 土地利用变化对闽江河口湿地表层土壤有机碳含量及其活性的影响．水土保持学报，22（5）：125-129.

曾繁富，赵同谦，徐华山，等．2009. 滨河湿地土壤微生物数量及多样性研究．环境科学与技术，2009，32（10）：13-18.
曾业隆，李国庆，陈奇，等．2015. 山东半岛东部湿地景观格局变化及驱动力分析．人民黄河，37（8）：78-82.
张东，杨伟，赵建立，等．2012. 氮同位素控制下黄河及其主要支流硝酸盐来源分析．生态与农村环境学报，28（6）：622-627.
张枫，卜文娟．2009. 湿地旅游开发中的生态环境影响研究．社科纵横，24（10）：59-60.
张桂宾．2003. 河南省植物区系地域分异研究．地理科学，23（6）：734-739.
张华．2008. 滨河湿地水文过程及面源污染特征研究．焦作：河南理工大学资源环境学院．
张建春，彭补拙．2002. 河岸带及其生态重建研究．地理研究，21（3）：373-383.
张建春，彭补拙．2003. 河岸带研究及其退化生态系统的恢复与重建．生态学报，23（1）：56-63.
张建春，史志刚，彭补拙．2002. 皖西南大别山麓河岸带滩地生态重建与植物护坡效能分析．山地学报，20（1）：85-89.
张利平，夏军，胡志芳．2009. 中国水资源状况与水资源安全问题分析．长江流域资源与环境，18（2）：116-120.
张润森，濮励杰，刘振．2013. 土地利用/覆被变化的大气环境效应研究进展．地域研究与开发，32（4）：123-128.
张树清，张柏，汪爱华．2001. 三江平原湿地消长与区域气候变化关系研究．地球科学进展，16（6）：836-841.
张文菊，童成立，杨钙仁，等．2005. 水分对湿地沉积物有机碳矿化的影响．生态学报，25（2）：249-253.
张新荣，刘林萍，方石，等．2014. 土地利用/覆被变化（LUCC）与环境变化关系研究进展．生态环境学报，23（12）：2013-2021.
张修峰，陆健健．2006. 温州三垟湿地底泥疏浚对水体总磷浓度影响的生态模型研究．农业环境科学学报，25：158-162.
张祖麟，陈伟琪，哈里德，等．2001. 九龙江口水体中有机氯农药分布特征及归宿．环境科学，22（3）：88-92.
赵炳梓，张佳宝，周凌云，等．2005. 黄淮海地区典型农业土壤中六六六和滴滴涕的残留量研究Ⅱ空间分布及垂直分布特征．土壤学报，42（6）：916-922.
赵景柱，肖寒，吴刚．2000. 生态系统服务的物质量与价值量评价方法的比较．应用生态学报，11（2）：290-292.
赵同谦．2004. 中国陆地生态系统服务功能及其价值评价．北京：中国科学院生态环境研究中心.
赵同谦，欧阳志云，郑华，等．2004. 中国森林生态系统服务功能及其价值评价．自然资源学报，19（4）：480-491.
赵先丽，周广胜，周莉，等．2006. 盘锦芦苇湿地土壤微生物特征分析．气象与环境学报，

22（4）：64-67.

赵先丽，周广胜，周莉，等. 2007. 盘锦芦苇湿地土壤微生物初步研究. 气象与环境学报，23（1）：30-33.

赵云龙，唐海萍，陈海，等. 2004. 生态系统管理的内涵与应用. 地理与地理信息科学，20（6）：94-98.

甄霖，谢高地，杨丽，等. 2005. 泾河流域土地利用变化驱动力及其政策的影响. 资源科学，27（4）：33-37.

郑明喜，解伏菊，侯传美. 2012. 黄河三角洲退化湿地植被与土壤的恢复研究. 气象与环境学报，28（1）：11-16.

郑玉虎，张幼宽，梁修雨. 2015. 贾鲁河中牟段河岸带地下水流及水质特征研究. 高校地质学报，21（2）：234-242.

周德民，宫辉力. 2007. 洪河保护区湿地水文生态模型研究. 北京：中国环境科学出版社.

周俊国，杨鹏鸣. 2012. 不同肥料对土壤脲酶和碱性磷酸酶活性的影响. 西南农林学报，25（2）：577-579.

周玉杰，靳凤攒，高玉荣，等. 2015. 开封市城市空间扩展及其驱动力分析. 测绘地理信息，40（4）：67-69.

朱宁，赵同谦，肖春艳，等. 2012. 滨河湿地不同植被恢复模式土壤微生物分布特征. 河南理工大学学报，31（3）：352-356.

卓静，郭伟，邓凤东，等. 2013. 基于 GIS/RS 的榆林市土地利用时空格局动态分析. 水土保持通报，33（1）：271-275.

宗玮. 2012. 上海海岸带土地利用/覆盖格局变化及其驱动机制研究. 上海：华东师范大学博士学位论文.

Acharya G. 2000. Approaches to valuing the hidden hydrological services of wetland ecosystem. Ecological Economics, 35: 63-74.

Akamatsu F, Shimano K, Denda M, et al. 2008. Effects of sediment removal on nitrogen uptake by riparian plants in the higher floodplain of the Chikuma River, Japan. Landscape and Ecological Engineering, 4 (2): 91-96.

Aldous A. 2002. Nitrogen retention by Sphagnum mosses: responses to atmospheric nitrogen deposition and drought. Canadian Journal of Botany, 80 (7): 721-731.

Andersena D C, Nelsonb S M. 2006. Flood pattern and weather determine Populus leaf litter breakdown and nitrogen dynamics on a cold desert flootplain. Journal of Arid Environments, 64: 626-650.

Angier J T, Mccarty G W, Prestegaard K L. 2005. Hydrology of a first- order riparian zone and stream, mid-Atlantic coastal plain, Maryland. Journal of Hydrology, 309: 149-166.

Aranibar J N, Otter L, Macko S A, et al. 2004. Nitrogen cycling in the soil-plant system along a precipitation gradient in the Kalahari sands. Global Change Biology, 10 (3): 359-373.

Baird K J, Maddock Ⅲ T. 2005. Simulating riparian evapotranspiration: a new methodology and application for groundwater models. Journal of Hydrology, 312: 176-190.

Balestrini R, Arese C, Delconte C A, et al. 2011. Nitrogen removal in subsurface water by narrow buffer strips in the intensive farming landscape of the Po River watershed, Italy. Ecological Engineering, 37 (2): 148-157.

Bananzuk P, Kamocki A. 2008. Effects of climatic fluctuations and land-use changes on the hydrology of temperate fluviogenous mire. Ecological Engineering, 32: 133-146.

Banaszuk P, Czubaszek A W, Kondratiuk P. 2005. Spatial and temporal patterns of groundwater chemistry in the river riparian zone. Agriculture, Ecosystems and Environment, 107: 167-179.

Barbier E B, Acreman M, Knowler D. 1997. Economic Valuation of Wetlands. York : University of York & the Ramsar Convention Bureau.

Beauchamp V B, Stromberg J C, Stutz J C. 2006. Flow regulation has minimal influence on mycorrhizal fungi of a semi- arid floodplain ecosystem despite changes in hydrology, soils, and vegetation. Journal of Arid Environments, 68: 188-205.

Bechtold J S, Edwards R T, Naiman R J. 2003. Biotic versus hydrologic control over seasonal nitrate leaching in a floodplain forest. Biogeochemistry, 63 (1): 53-71.

Bedard-haughn A, Groenigen J W, Kessel C V. 2003. Tracing 15N through landscapes: potential uses and precautions. Journal of Hydrology, 272: 175-190.

Bennett E M, Carpenter S R, Caraco N F. 2001. Human impact on erodable phosphorus and eutrophication: a global perspective. BioScience, 51 (3): 227-234.

Bernal S, Butturini A, Nin E, et al. 2003. Leaf litter dynamics and nitrous oxide emission in a Mediterranean riparian forest: Implications for soil nitrogen dynamics. Journal of Environmental Quality, 32 (1): 191-197.

Bhaska N R, Wesley P J, Devulapalli R S. 1992. Hydrologic parameter estimation using geographical information system. Journal of Water Resources Planning and Management, 118: 492-512.

Billy C, Billen G, Sebilo M, et al. 2010. Nitrogen isotopic composition of leached nitrate and soil organic matter as an indicator of denitrification in a sloping drained agricultural plot and adjacent uncultivated riparian buffer strips. Soil Biology and Biochemistry, 42 (1): 108-117.

Bingham S C, Westerman P W, Overcash M R. 1980. Effect of grass buffer zone length in reducing the pollution from land application areas, Trans. ASAE, 23: 330-335.

Boddey R M, Peoples M B, Palmer B, et al. 2000. Use of the 15N natural abundance technique to quantify biological nitrogen fixation by woody perennials. Nutrient Cycling Agroecosyst, (57): 235-270.

Boers P C M. 1996. Nutrient emission from agriculture in the Netherlands: causes and remedies. Water Science Technology, 33: 183-190.

Borin M, Bigon E. 2002. Abatement of NO_3^--N concentration in agricultural waters by narrow buffer strips. Environmental Pollution, 117: 165-168.

Boyd M L. 1996. Book reviews. Journal of Comparative Economics, 22 (2): 210-212.

Braatne J H , Rood S B, Goater L A, et al. 2008. Analyzing the impacts of dams on riparian ecosystems: a review of research strategies and their relevance to the Snake River through Hells Canyon. Environment Manage, 41: 267-281.

Brinson M M , Swift B L, Plantico R C, et al. 1981. Riparian Ecosystems: Their Ecology and Status. Kearneysville: U. S. Fish and Wildlife Service.

Broadbent F E, Rauschkolb R S, Lewis K A , et al. 1980. Spatial variability of nitrogen-15 and total nitrogen in some virgin and cultivated soils. Soil Science Society America Journal, (44): 524-527.

Bruland G L, MacKenzie R A. 2010. Nitrogen Source Tracking with delta N-15 Content of Coastal Wetland Plants in Hawaii. Journal of Environmental Quality, 39 (1): 1-8.

Brusch W, Nilsson B. 1993. Nitrate transformation and water movement in a wetland area. Hydrobiologia, 251: 103-111.

Burns D A, Murdoch P S, Lawrence G B. 1998. Effect of groundwater springs on nitrate concentrations during summer in Catskill Mountain streams. Water Resources Research, 34 (8): 1987-1996.

Burns D A, Nguyen L. 2002. Nitrate movement and removal along a shallow groundwater flow path in a riparian wetland within a sheep-grazed pastoral catchment: results of a tracer study. New Zeal and Journal of Marine and Freshwater Research, 36 (2): 371-385.

Burt T P. 2002. Water table fluctuations in the riparian zone: comparative results from a pan-European experiment. Journal of Hydrology, 265: 129-148.

Burt T P. 2005. A third paradox in catchment hydrology and biogeochemistry: decoupling in the riparian zone. Hydrological Processes, 19 (10): 2087-2089.

Burt T P, Matchett L S, Goulding KWT, et al. 1999. Denitrification in riparian buffer zones: the role of floodplain hydrology. Hydrological Process, 1451-1463.

Burt T P, Bates P D, Stewart M D , et al. 2002. Water table fluctuations within the floodplain of the River Severn, England. Journal of Hydrology, 262: 1-20.

Busse L B, Gunkel G. 2001. Riparian alder fens-source or sink for nutrients and dissolved organic carbon? effects of water level fluctuations. Limnologica, 31: 307-315.

Busse L B, Gunkel G. 2002. Riparian alder fens-source or sink for nutrients and dissolved organic carbon? Major sources and sinks. Limnologica, 32 (1): 44-53.

Butturini A, Bernal S, Hellin C, et al. 2003. Influences of the stream groundwater hydrology on nitrate concentration in unsaturated riparian area bounded by an intermittent Mediterra, nean stream. Water Resources Research, 39 (4): 1-8.

Campbell D H, Macdonald LH, Mcknight DM, et al. 2000. Controls on nitrogen flux in alpine/subalpine watersheds of Colorado. Water Resources Research, 36 (1): 37-47.

Carins J. 1997. Protecting the delivery of ecosystem service. Ecosystem health, 3 (3): 185-194.

Carpenter S R , Caraco N F, Correll D L, et al. 1998. Nonpoint pollution of surface waters with phosphorus and nitrogen. Ecological Applications, 8 (3): 559-568.

Casey R E, Klaine S J. 2001. Nutrient attenuation by a riparian wetland during natural and artificial runoff events. Journal of Environmental Quality, 30 (5): 1720-1731.

Cey E E, Rudolph D L, Aravena R, et al. 1999. Role of the riparian zone in controlling the distribution and fate of agricultural nitrogen near a small stream in southern Ontario. Journal of Contaminant Hydrology, 37 (1-2): 45-67.

Chalk P M. 1985. Estimation of N_2 fixation by isotope dilution: an appraisal of techniques involving ^{15}N enrichment and their application. Soil Biology Biochemistry, (17): 389-410.

Chang C C Y, Kendall C, Silva S R, et al. 2002. Nitrate stable isotopes: tools for determining nitrate sources among differentland uses in the Mississippi River Basin. Can J Fish Aquat Science, 59 (12): 1874-1885.

Cheng H H, Bremner J M, Edwards A P. 1964. Variations in nitrogen-15 abundance in soils. Science, (146): 1574-1575.

Chris B . 2000. European Wet Grasslands. Chichester: John Wiley &Sons.

Christopher P C, Jeffrey J M. 1997. Linking the hydrologic and biogeochemical controls of nitrogen transport in near-stream zones of temperate-forested catchments: a review. Journal of Hydrology, 199: 88-120.

Clausen J C, Guillard K, Sigmund C M, et al. 2000. Ecosystem restoration-Water quality changes from riparian buffer restoration in Connecticut. Journal of Environmental Quality, 29 (6): 1751-1761.

Clement J C, Aquilina L, Bour O , et al. 2003a. Hydrological flowpaths and nitrate removal rates within a riparian floodplain along a fourth-order stream in Brittany (France) . Hydrological Processes, 17 (6): 1177-1195.

Clement J C, Holmes R M, Peterson B J, et al. 2003b. Isotopic investigation of denitrification in a riparian ecosystem in western France. Journal of Applied Ecology, 40 (6): 1035-1048.

Clement J C, Pinay G, Marmonier P. 2002. Seasonal dynamics of denitrification along topohydrosequences in three different riparian wetlands. Journal of Environmental Quality, 31 (3): 1025-1037.

Coats R N, Goldman C R. 2001. Patterns of nitrogen transport in streams of the Lake Tahoe basin, California-Nevada. Water Resources Research, 37 (2): 405-415.

Coles B J. 1995. Archaeology and Wetlands Restoration// Wheeler B D, Shaw S C, Fojt W J, et al . Restoration of Temperate Wetlands. Chichester: John Wiely & Sons.

Committee on Riparian Zone Functioning and Strategies for Management. 2002. Riparian Areas: Functions and Strategies for Management. Washington DC: National Academies Press.

Connell J H. 1978. Diversity in tropical rainforest and coral reefs. Science, 199: 1302-1310.

Cooper A B. 1990. Nitrate depletion in the riparian zone and stream channel of a small headwater catchment. Hydrobiologia, 202: 13-26.

Corral C, Sempere-Torres D, Revilla M, et al. 2000. A Semidistributed hydrological model using rainfall estimates by radar, application to Mediterranean basins, Physics and Chemistry of the Earth. Part B: Hydrology, Oceans and atmosphere, 25: 1133-1136.

Correll D L. 1996. Buffer zone and water quality protection: general principles//Haycock N E, Burt T P, Goulding K W T, et al. Buffer Zones: Their Processes and Potential in Water Protection. Harpenden: Quest Environment.

Correll D L, Jordan T E, Weller D E. 1999. Transport of nitrogen and phosphorus from Rhode River watersheds during storm events. Water Resources Research, 35 (8): 2513-2521.

Costanza R. 2000. Social goals and the valuation of ecosystem services. Ecosystem, 3: 4-10.

Costanza R, d'Arge R, de Groot R, et al. 1997. The value of the world' s ecosystem services and natural capital. Nature, 387: 253-260.

Creed I F, Band L E. 1998. Export of nitrogen from catchments within a temperate forest: Evidence for a unifying mechanism regulated by variable source area dynamics. Water Resources Research, 34 (11): 3105-3120.

Creed F, Band LE, Foster N W, et al. 1996. Regulation of nitrate-N release from temperate forests: a test of the N flushing hypothesis. Water Resources Research, 32 (11): 3337-3354.

Crutzen P J, Andreae M O. 1990. Biomass burning in the tropics: impact on atmospheric chemistry and biogeochemical cycles. Science, 250: 1669-1678.

Dahlman L, Näsholm T, Palmquist K. 2002. Growth, nitrogen uptake, and resource allocation in the two tripartite lichens Nephroma arcticum and Peltigera aphthosa during nitrogen stress. New Phytologist, 153 (2): 307-315.

Daily G C. 1997. Nature's Services: Societal Dependence on Natural Ecosystems. Washington D C: Island Press.

Dallo M, Kluge W, Bartels F. 2001. FEUWAnet: a multi-box water level and lateral exchange model for riparian wetlands. Journal of Hydrology, 250: 40-62.

De Groot R S, Wilson M A, Boumans R M J. 2002. A typology for the classification, description and valuation of ecosystem functions, goods and services. Ecological Economics, 41: 393-408.

Denning A S , Baron J, Mast M A, et al. 1991. Hydrologic pathways and chemical-composition of runoff during snowmelt in Loch Vale watershed, Rocky-Mountain-National-Park, Colorado, USA. Water Air and Soil Pollution, 59 (1-2): 107-123.

Devito K J, Fitzgerald D, Hill A R, et al. 2000. Nitrate dynamics in relation to lithology and hydrologic flow path in a river riparian zone. Journal of Environmental Quality, 29 (4): 1075-1084.

Dhondt K, Boeckx P, Verhoest N E C, et al. 2006. Assessment of temporal and spatial variation of nitrate removal in riparian zones. Environmental Monitoring and Assessment, 116 (1-3): 197-215.

Dillaha T A. 1989. Vegetative filter strips for agricultural nonpoint source pollution control. Transactions of the ASAE, 32 (2): 513-519.

Dillaha T A, Shanholtz V O. 1988. Evaluation of vegetative filter strips as a best management practice for feed lots. Journal of Water Pollution Control Federation, 60: 1231-1238.

Dimitriou E, Zacharias I. 2010. Identifying microclimatic, hydrologic and land use impacts on a protected wetland area by using statistical models and GIS techniques. Mathematical and Computer Modelling, 51: 200-205.

Domagalski J L, Philips S P, Bayless E R, et al. 2008. Influences of the unsaturated, saturated, and riparian zones on the transport of nitrate near the Merced River, California, USA. Hydrogeology Journal, 16 (4): 675-690.

Drake D C, Naiman R J, Bechtold J S. 2006. Fate of nitrogen in riparian forest soils and trees: An N-15 tracer study simulating salmon decay. Ecology, 87 (5): 1256-1266.

Ducharme C. 2005. Wetland Hydrology: determination of the hydrology of Missouri riparian wetlands. Charles DuCharme. Water Resourse Program. Geological Survey and Resourse Assessment Division. Missouri Department of Natural Resourse.

Ducharme C. 2005. Wetland Hydrology: determination of the hydrology of Missouri riparian wetlands.

Duff J H, Jackman A P, Triska F J, et al. 2007. Nitrate retention in riparian ground water at natural and elevated nitrate levels in north central Minnesota. Journal of Environmental Quality, 36 (2): 343-353.

Dukes M D, Evans R O, Gilliam J W, et al. 2002. Effect of riparian buffer width and vegetation type on shallow groundwater quality in the Middle Coastal Plain of North Carolina. Transactions of the Asae, 45 (2): 327-336.

Duval T P, Hill A R. 2007. Influence of base flow stream bank seepage on riparian zone nitrogen biogeochemistry. Biogeochemistry, 85 (2): 185-199.

Editorial. 2005. Purification processes, ecological functions, planning and design of riparian buffer zones in agricultural watersheds. Ecological Engineering, 24: 421-432.

Egler F E. 1977. The Nature of Vegetation. Norfolk: Connectut. .

Elsner M. 2010. Stable isotope fractionation to investigate natural transformation mechanisms of organic contaminants: principles, prospects and limitations. Journal of Environmental Monitoring, 12 (11): 2005-2031.

Ewel K C. 1997. Water quality improvement by wetlands//Daily G C. Nature's Services: Societal Dependence on Natural Ecosystems. Washington D C: Island Press.

Farber S C, Costanza R , Wilson M A. 2002. Economic and ecological concepts for valuing ecosystem services. Ecological Economics, 41: 375-392.

Ferone J M, Devito K J. 2004. Shallow groundwater- surface Water interactions in pond- peatland complexes along a Boreal Plains to pographic gradient. Journal of Hydrology, 292: 75-95.

Fink D F, Mitsch W J. 2004. Seasonal and storm event nutrient removal by a createdwetland in an agricultural watershed. Ecological Engineering, 23: 313-325.

Fisher S G. 1982. Temporal succession in a deserts tream ecosystem following flash flooding. Ecological Monographs, 52: 93-110.

Forman R T T. 1995. Land Mosaics. Cambridge: Cambridge University Press.

Fortier J L, Gagnon D, Truax B, et al. 2010. Nutrient accumulation and carbon sequestration in 6-year-old hybrid poplars in multiclonal agricultural riparian buffer strips. Agriculture Ecosystems and Environment, 137 (3-4): 276-287.

Frännzle O, Kluge W. 1996. Typology of water transport and chemical reactions in groundwater/lake ecotones //Gibert J, Mathieu J, Fournier F. Groundwater/Surface Water Ecotones. Cambridge: Cambridge University Press.

Fujieda M , Kudoh T, Cicco V D, et al. 1997. Hydrological processes at two subtropical forest catchments: the Serra do Mar, Sao Paulo, Brazil. Journal of Hydrology, 196: 26-46.

Fukuhara H, Nemoto F, Takeuchi Y, et al. 2007. Nitrate dynamics in a reed belt of a shallow sand dune lake in Japan: analysis of nitrate retention using stable nitrogen isotope ratios. Hydrobiologia, 584: 49-58.

Fustec E, Mariotti A, Grillo X, et al. 1991. Nitrate removal by denitrification in alluvial ground water: Role of a former channel. Journal of Hydrology, 123: 337-354.

Gause G F. 1937. Exprimental populations of microscopic organisms. Ecology, 18: 173-179.

Genereux D P, Wood S J, Pringle C M. 2002. Chemical tracing of interbasin groundwater transfer in the lowland rainforest of Costa Rica. Journal of Hydrology, 258: 163-178.

Girvan M S, Campbell C D , KillhamK, et al. 2005. Bacterial diversity promoted community structure stability and functional resilience after perturbation. Environmental Microbiology, 7: 301-313.

Gleick P H. 2003. Water use. Annual Review of Environment and Resources, 28 (1): 275-314.

Gold A J, Groffman P M, Addy K, et al. 2001. Landscape attributes as controls on ground water nitrate removal capacity of riparian zones. Journal of the American Water Resources Association, 37 (6): 1457-1464.

Gold A J, Jacinthe P A, Groffman P M, et al. 1998. Patchiness in groundwater nitrate removal in a riparian forest. Journal of Environmental Quality, 27 (1): 146-155.

Gordon E, Meentemeyer R K. 2006. Effects of dam operation and land use on stream channel morphology and riparian vegetation. Geomorphology, 82: 412-429.

Graf W L. 2006. Downstream hydrologic and geomorphic effects of large dams on American rivers. Geomorphology, 79: 336-360.

Graham M C, Eaves M A, Farmer J G, et al. 2001. A study of carbon and nitrogen stable isotope and elemental ratios as potential indicators of source and fate of organic matter in sediments of the Forth Estuary, Scotl and Estrarine, Coastal and Shelf. Science, (52): 375-380.

Griffioen J. 1994. Uptake of phosphate by iron hydroxides during seepage in relation to development of groundwater composition in coastal areas. Environmental Science Technology, 28: 675-681.

Crimaldi C, Viaud V, Massa F, et al. 2004. Stream nitrate variations explained by ground water head fluctuations in a pyrite-bearing aquifer. Journal of Environmental Quality, 33 (3): 994-1001.

Groffman P M, Howard G, Gold A J, et al. 1996. Microbial nitrate processing in shallow groundwater in a riparian forest. Journal of Environmental Quality, 25 (6): 1309-1316.

Groffman P M, Gold A J, Simmons R C. 1992. Nitrate dynamics in riparian forests-microbial studied. Journal of Environmental Quality, 21 (4): 666-671.

Gulley P A, Hore F R. 1981. Pollution potential and corn yields from selected rates and timings of liquid manure applications. Transaction of Asae, 24: 139-144.

Guo H, Hu Q, Jiang T. 2008. Annual and seasonal streamflow responses to climate and land-cover changes in the Poyang Lake basin, China. Journal of Hydrology, 355: 106-122.

Handley L L, Scrimgeour C M. 1997. Terrestrial plant ecology and ^{15}N natural abundance: the present limits to interpretation for uncultivated systems with original data from a Scottish old field. Advanced Ecology Research, (27): 133-212.

Hanson G C, Groffman P M, Gold A J. 1994. Symptoms of nitrogen saturation in a riparian wetland. Ecological Application, 4: 750-756.

Hargrove C. 1992. Weak anthropocentric intrinsic value. The Monist, 75: 183-207.

Harvey J W, Newlin J T, Krupa S L. 2005. Modeling decadal timescale interactions between surface water and ground water in the central Everglades, Florida, USA. Journal of Hydrology, 320: 400-420.

Hauck R D, Bremner J M. 1976. Use of tracers for soil and fertilizer nitrogen research. Advanced Agriculture, (28): 219-266.

Haycock N E, Pinay G. 1993. Groundwater nitrate dynamics in grass and poplar vegetated riparian buffers during the winter. Journal of Environmental Quality, 22: 273-278.

Heath S K, Plater A J. 2010. Records of pan (floodplain wetland) sedimentation as an approach for post-hoc investigation of the hydrological impacts of dam impoundment: The Pongolo river, KwaZulu-Natal. Water Research, 44: 4226-4240.

Heaton T H E. 1986. Isotopic studies of nitrogen pollution in the hydrosphere and atmosphere: a review. Chem Geol, 59 (1): 87-102.

Hedin L O, Fischer J C, Ostrom N E, et al. 1998. Thermodynamic constraints on nitrogen transformations and other biogeochemical processes at soil-stream interfaces. Ecology, 79 (2): 684-703.

Hefting M M, Bobbink R, Caluwe H D. 2003. Nitrous oxide emission and denitrification in Chronically nitrate-loaded riparian buffer zones. Journal of Environmental Quality, 32: 1194-1203.

Hefting M M, Clement J C, Bienkowski P. 2005. The role of vegetation and litter in the nitrogen dynamics of riparian buffer zones in Europe. Ecological Engineering, 24: 465-482.

Hefting M M, Klein J J M. 1998. Nitrogen removal in buffer strips along a lowland stream in the Netherlands: a pilot study. Environmental Pollution, 102: 521-526.

Hefting M, Clement J C, Dowrick D, et al. 2004. Water table elevation controls on soil nitrogen cycling in riparian wetlands along a European climatic gradient. Biogeochemistry, 67 (1): 113-134.

Heijmans M P D, Klees H, Visser W D, et al. 2002. Effects of increased nitrogen deposition on the distribution of ^{15}N labeled nitrogen between sphagnum and vascular plants. Ecosystems, 5 (5): 500-508.

Hernandez M E, Mitsch W J. 2007. Denitrification in created riverine wetlands: influence of hydrology and season. Ecological Engineering, (30): 78-88.

Hill A R et al. 2000. Subsurface denitrification in a forest riparian zone: Interactions between hydrology and supplies of nitrate and organic carbon. Biogeochemistry, 51 (2): 193-223.

Hill A R, Vidon P G F, Langat J. 2004. Denitrification potential in relation to lithology in five headwater riparian zones. Journal of Environmental Quality, 33 (3): 911-919.

Hill A R. 1993. Nitrogen dynamics of storm runoff in the riparian zone of a forested watershed. Biogeochemistry, 20 (1): 19-44.

Hill A R. 1996. Nitrate removal in stream riparian zones. Journal of Environmental Quality, 25: 743-756.

Hill A R, Kemp W A, Buttle J M, et al. 1999. Nitrogen chemistry of subsurface storm runoff on forested Canadian Shield hillslopes. Water Resources Research, 35 (3): 811-821.

Hoffmann C C, Berg P, Dahl M. 2006. Groundwater flow and transport of nutrients through a riparian meadow-Field data and modeling. Journal of Hydrology, 331: 315-335.

Hohensinner S, Habersack H, Jungwirth M. 2004. Reconstruction of the characteristics of a natural alluvial river-floodplain system and hydromorphological changes following human modifications: the Danube River (1812-1991) . River Research and Applications, 20: 25-41.

Hollocher T C. 1984. Source of the oxygen atoms of nitrate in the oxidation of nitrite by nitrobacter agilis and evidence against a P-O-N anhydride mechanism inoxidative phosphorrylation. Archives of Biochemistry and Biophysics, 233 (2): 721-727.

Horton R E. 1919. Rainfall interception. Monthly Weather Review, 47 (9): 603-623.

Hostedde B S, Walters S D, Powell C, et al. 2007. Wetland management: an analysis of past practice and recent policy changes in Ontario. Journal of Environmental Management, 82 (1): 83-94.

Howarth R B, Farber S. 2002. Accounting for the value of ecosystem services. Ecological Economics, 41: 421-429.

Hu L M, Hu W, Deng J, et al. 2010. Nutrient removal in wetlands with different macrophyte structures in eastern Lake Tai hu, China. Ecological Engineering, 36: 1725-1732.

Hubbard R K, Lowrance R. 1997. Assessment of forest management effects on nitrate removal by riparian buffer systems, Trans. ASAE, 40: 383-391.

Hubbard R K, Sheridan J M. 1989. Nitrate movement to groundwater in the southeastern Coastal Plain. Journal of Soil Water Conservation, 44: 20-27.

Hunt R J, Krabbenhoft D P, Anderson M P. 1996. Groundwater inflow measurements in wetland systems. Water Resources Research, 32: 495-507.

Hunt R J, Strand M, Walker J F. 2006. Measuring groundwater-surface water interaction and its effect on wetland stream benthic productivity, Trout Lake watershed, northern Wisconsin, USA. Journal of Hydrology, 320: 370-384.

Hutchins M G, Johnson A C, Deflandre- Vlandas A, et al. 2010. Which offers more scope to suppress river phytoplankton blooms: reducing nutrient pollution or riparian shading? Science of the Total Environment, 408 (21): 5065-5077.

Högberg. 1997. ^{15}N natural abundance in soil-plant systems. New Phytologist, 137: 179-203.

Jacinthe P A, Groffman P M, Gold A J, et al. 1998. Patchiness in microbial nitrogen transformations in groundwater in a riparian forest. Journal of Environmental Quality, 27 (1): 156-164.

Jacks G, Norrstrom A C. 2004. Hydrochemistry and hydrology of forest riparian wetlands. Forest Ecology and Management, 196 (2-3): 187-197.

Jacobs T C, Gilliam J W. 1985. Riparian losses of nitrate from agricultural drainage waters. Journal of Environmental Quality, 14: 472-478.

Jacobson P J, Jacobson K M, Angermeier P L, et al. 2000. Hydrologic influences on soil properties along ephemeral rivers in the Namib Desert. Journal of Arid Environments, 45: 21-34.

James S B, Gerg A. 2007. Modeling the hydrologic response of groundwater dominated wetlands to transient boundary conditions: Implications for wetland restoration. Journal of Hydrology, 332 (3-4): 467-476.

Jobbagy E G, Jackson R B. 2002. The vertical distribution of soil organic carbon and its relation to climate and vegetation. Ecological Applications, 10 (2): 423-436.

Johnson D W. 1992. Nitrogen- retention in forest soils. Journal of Environmental Quality, 21 (1): 1-12.

Johnstone I M. 1986. Plant invasion windows: a time- based classification of invasion potential. Biological Reviews, 61: 369-394.

Jones D L, Healey J R, Willett V B, et al. 2005. Dissolve d organic nitrogen up take by plants: An important Nuptake pathway? SoilBiology and Biochemistry, 37: 413-423.

Jordan T E, Correll D L, Weller D E. 1993. Nutrient interception by a riparian forest receiving inputs from adjacent croplands. Journal of Environmental Quality, 22: 467-473.

Judith M S, Jeffery C. 2001. Cornwell nitrogen, phosphorus and sulfur dynamics in a low salinity marsh system dominated by Spartina alterniflora. Wetland, 21 (4): 629-638.

Junk W J, Bayley P B, Sparks R E. 1989. The flood pulse concept in river- floodplain systems. Special Issue of Journal Canadian Fisheries and Aquatic Science, 106: 110-127.

Jørgensen S E. 2009. Ecosystem Ecology. Netherlands: Elsevier.

Jørgensen S E, Hoffman C C, Mitsch W J. 1988. Modelling nutrient retention by a reedswampand wet meadow in Denmark. New York: Elsevier.

Kellogg C H, Zhou X B. 2014. Impact of the construction of a large dam on riparian vegetation cover at different elevation zones as observed from remotely sensed data. International Journal of Applied

Earth Observation and Geoinformation, 32: 19-34.

Kendall C, Mcdonnell J J. 1998. Isotope Tracers in Catchment Hydrology. Amsterdam: Ⅱ Elsevier-Science.

Kershnerl J L. 1997. Setting riparian/aquatic restoration objectives within a watershed context. Restoration Ecology, 5: 15-24.

Kohl D H, Shearer G B, Commoner B. 1971. Fertilizer nitrogen: Contribution to nitrate in surface water in a corn belt water-shed. Science , 174 (9): 1331-1334.

Korom S F. 1992. Naturaldenitrification in the saturated zone: A review. Water Resources Research, 28 (6): 1657-1668.

Kok H L, Benjamin T L L, Mustafa A M . 2007. Contamination levels of selected organochlorine and organophosphate pesticides in the Selangor River, Malaysia between 2002 and 2003. Chemosphere, 66: 1153-1159.

Korom S F. 1992. Natural denitrification in the saturated zone: A review. Water Resources Research, 28 (6): 1657-1668.

Langhoff J H, Rasmussen K R, Christensen S. 2006. Quantification and regionalization of groundwater-surface water interaction along an alluvial stream. Journal of Hydrology, 320: 342-358.

Ledgard S, Freney J, Simpson J R. 1984. Variations in natural enrichment of ^{15}N in the profiles of some Australian pas-ture soils. Australian Journal of Soil Research, 22: 155-164.

Lee K H, Isenhart T M, Schultz R C. 2003. Sediment and nutrient removal in an established multi-species riparian buffer. Journal of Soil and Water Conservation, 58 (1): 1-8.

Lee K T, Tanabe S, Koh C H. 2001. Distribution of organchlorine pesticides in sediments from Kyeonggi Bay and nearby areas, Korea . Environmental Pollution, 114: 207-213.

Li K Y, Liu Z W, Gu B H. 2010. The fate of cyanobacterial blooms in vegetated and unvegetated sediments of a shallow eutrophic lake: a stable isotope tracer study. Water Research, 44 (5): 1591-1597.

Limburg K E, O'Neill R V, Costanza R, et al. 2002. Complex system and valuation. Ecological E-conomics, 41: 409-420.

Liu J, Linderman M, Ouyang Z, et al. 2001. Ecological degradation in protected areas: the case of Wolong nature reserve for giant pandas. Science, 292: 98-101.

Long E R, Field L J, Macdonald D D. 1998. Predicting toxicity in marine sediments with numerical sediment quality guidelines. Environmental Toxicology and Chemistry, 17 (4): 714-727.

Loomis J, Kent P, Strange L, et al. 2000. Measuring the total economic value of restoring ecosystem services in an impaired river basin: results from a contingent valuation survey. Ecological Economics, 33 (1): 103-117.

Lowrance R R, Todd R L, Asmussen L E. 1984. Nutrient cycling in an agricultural watershed: I. Phreatic movement. Journal of Environmental Quality, 13: 22-27.

Lowrance R. 1992. Groundwater nitrate and denitrification in a coastal plain riparian forest. Journal of

Environmental Quality, 21: 401-405.

Lu H M, Yin C Q. 2008. Shallow groundwater nitrogen responses to different land use managements in the riparian zone of Yuqiao Reservoir in North China. Journal of Environmental Sciences-China, 20 (6): 652-657.

Lynch J, Corbett E, Mussallem K. 1985. Best management practices for controlling nonpoint source pollution of forested watersheds. Journal of Soil Water Conservation, 1: 164-167.

Lyons J, Trimble S W, Paine L K. 2000. Grass versus trees: managing riparian areas to benefit streams of central North America. Journal of the American Water Resources Association, 36 (4): 919-930.

Magette W L, Brinsfield R B, Palmer R E. 1989. Nutrient and sediment removal by vegetated filter strips. Transactions of the American Society of Agricultural Engineers, 32: 663--667.

Malanson G P. 1993. Riparian Landscapes. Cambridge: Cambridge University Press.

Mander Ü, Kull A, Kuusemets V. 2000. Nutrient runoff dynamics in a rural catchment: influence of landuse changes, climatic fluctuations and ecotechnological measures. Ecological Engineering, 14: 405-417.

Mander Ü, Kuusemets V, Ivask M. 1995. Nutrient dynamics of riparian ecotones: a case study from the Porijõgi River catchment, Estonia. Landscape and Urban Planning, 31: 333-348.

Mander Ü, Kuusemets V, Lohmus K, et al. 1997. Efficiency and dimensioning of riparian buffer zones in agricultural catchments. Ecological Engineering, 8 (4): 299-324.

Margaret S R. 2000. Critique of present wetlands mitigation policiesin the United States based on an analysis of past restoration projects in San Francisco Bay. Environmental Management, 9 (1): 71-82.

Margules C R, Pressey R L. 2000. Systematic conservation planning. Nature, 405: 243-253.

Martin T L, Kaushik N K, Trevors J T, et al. 1999. Whiteley. Review: Denitrification in temperate climate riparian zones. Water Air and Soil Pollution, 111 (1-4): 171-186.

Mastorp A, Vitousek P M. 1990. Ecosystem approach to a global nitrous oxide budget. Bioscience, 40: 667-672.

Matheson F E, Nguyen M L, Cooper A B. 2002. Fate of ^{15}N-nitrate in unplanted, planted and harvested riparian wetland soil microcosms. Ecological Engineering, 19: 249-264.

Mayer P M, Reynolds S K, Mccutchen M D, et al. 2007. Meta-analysis of nitrogen removal in riparian buffers. Journal of Environmental Quality, 36 (4): 1172-1180.

Mayer P M, Canfield J S, McCutchen M D. 2005. Riparian Buffer Width, Vegetative Cover, and Nitrogen Removal Effectiveness: a Review of Current Science and Regulations, EPA/600/R-05/118.

Mayer P M, Jr R S, Mccutchen M D, et al. 2007. Meta-Analysis of Nitrogen Removal in Riparian Buffers. Journal of Environmental Quality, 36: 1172-1180.

Mayumi T, Futoshi N. 2011. Impacts of dam-regulated flows on channel morphology and riparian vegetation: a longitudinal analysis of Satsunai River, Japan. Landscape Ecology, 7 (1): 65-77.

Mccarthy T S. 2006. Groundwater in the wetlands of the Okavango Delta, Botswana, and its contribution to the structure and function of the ecosystem. Journal of Hydrology, 320: 264-282.

Mcdowell W H, Bowden W B, Asbury C E. 1992. Riparian nitrogen dynamics in 2-geomorphologically distinct tropical rain- forest watersheds- subsurface solute patterns. Biogeochemistry, 18 (2): 53-75.

McKinney C R, McCrea J M, Epstein S, et al. 1950. Improvements in mass spectrometers for the measurement of small differences in isotope abundance ratios. Review of Scientific Instruments, (21): 724-730.

Merrill A G, Benning T L. 2006. Ecosystem type differences in nitrogen process rates and controls in the riparian zone of a montane landscape. Forest Ecology and Management, 222 (1-3): 145-161.

Middelburg J J, Nieuwenhuize J. 1998. Carbon and nitrogen stable isotopes in suspended matter and sediments from the Schelde Estuary. Marine Chemistry, (60): 217-225.

Middleton B. 1999. Wetland Restoration, Flood Pulsing, and Disturbance Dynamics. New York: John Wiley & Sons.

Millennium Ecosystem Assessment Group (MA). 2003. Ecosystems and Human Well- being: A Framework for Assessment. Washington D C: Island press.

Mitsch M J, Gosselink J G. 1993. Wetlands. New York: Van Nostrand Reinhold Company.

Mitsch W J, Gosselink J G. 2000. Wetlands. New York: Van Nostrand Reinhold Company.

Mitsch W J, Gosselink J G. 2000. Gosselink Wetlands. New York: John Wiley and Sons.

Mitsch W J, Jorgensen S E. 1989. Ecological Engineering. NewYork: John Wiley & Sons.

Mitsch W J. 1996. Improving the success of wetland creation and restoration with know-how, time, and self-design. Ecological Application, 6: 77-83.

Moberg F, Folke C. 1999. Ecological goods and services of coral reef ecosystems. Ecological Economics, 29 (2): 215-233.

Monica V, Luciano S, Costantino V. 2005. Herbicide Losses in Runoff Events from a Field with a Low Slope: Role of a Vegetative Filter Strip. Chemosphere, 61: 717-725.

Montreuil O, Merot P, Marmonier P. 2010. Estimation of nitrate removal by riparian wetlands and streams in agricultural catchments: effect of discharge and stream order. Freshwater Biology, 55 (11): 2305-2318.

Moore M T, Kröger R, Locke M A, et al. 2010. Nutrient mitigation capacity in Mississippi Delta, USA drainage ditches. Environmental Pollution, 158: 175-184.

Motelay M A, Ollivon D, Garban B, et al. 2004. Distribution and spatial trends of PAHs and PCBs in soils in the Seine River basin, France. Chemosphere, 55: 555-565.

Nadelhoffer K J, Shaver G, Fry B, et al. 1996. ^{15}N natural abundances and N use by tundra plants. Oecologia, 107: 386-394.

Naiman R J, Decamps H. 1997. The ecology of interface: riparian zones. Annual Review of Ecology and Systematics, 28: 621-658.

Naiman R J, Décamps H, Pollock M. 1993. The role of riparian corridors in maintaining regional biodiversity. Ecological Applications, 3: 209-212.

Naiman R J, Décamps H. 1997. The ecology of interfaces: riparian zones. Annual Review of Ecology & Systematics, 28: 621-658.

Nasrallah H A, Coffman J A, Olson S C, et al. 1987. Response. Biological Psychiatry, 22 (8), 1043-1044.

Nakagawa Y, Shibata H, Satoh F, et al. 2008. Riparian control on NO_3^-, DOC, and dissolved Fe concentrations in mountainous streams, northern Japan. Limnology, 9 (3): 195-206.

Nepal S K. 2002. Linking parks and people: Nepal's experience in resolving conflicts in parks and protected areas. International Journal of Sustainable Development and World Ecology, 9 (1): 75-90.

New T, Xie Z Q. 2008. Impacts of large dams on riparian vegetation: applying global experience to the case of China's Three Gorges Dam. Biodiversiry Conservation, 17: 3149-3163.

Nilsson C, Berggren K. 2000. Alterations of riparian ecosystems caused by river regulation. Bioscience, 50: 783-792.

Nilsson C, Reidy C A, Mats D, et al. 2005. Fragmentation and flow regulation of the world's large river systems. Science of the Total Environment, 308: 405-408.

Nordbakken J F, Ohlson M, Högberg P. 2003. Boreal bog plants: nitrogen sources and uptake of recently deposited nitrogen. Environmental Pollution, 126: 191-200.

Novotny V, Olem H. 1994. Water Quality: Prevention, Indentification, and Management of Diffuse. New York: Van Nostrand Reinhold Compend.

Nunes I, Augej I. 1999. Land-use and land-cover change implementation strategy. Bonn: IHDP Report10.

Odum E P. 1969. The strategy of ecosystem development. Science, 164: 262-270.

Odum E P. 1998. Experimental Study of Self-organization in Estuarine Ponds//Mitsch W J, Jorgensen S E. Ecological Engineering. New York: John Wiley & Sons.

Ohrui K, Mitchell M J. 1998. Stream water chemistry in Japanese forested watersheds and its variability on a small regional scale. Water Resources Research, 34 (6): 1553-1561.

Organisation for Economic Co-operation and Development (OECD). 1995. The economic appraisal of environmental projects and policies: a practical guide.

Osborne L L, Kovacic D A. 1993. Riparian vegetated buffer strips in water-quality restoration and stream management. FreshwaterBiological Conservation, 29: 243-258.

Ostrom N E, Hedin L O, Fischer J C V, et al. 2002. Nitrogen transformations and NO_3^-removal at a soil-stream interface: A stable isotope approach. Ecological Applications, 12 (4): 1027-1043.

Pandit G G, Sahu S K, Sadasivan S. 2002. Distribution of HCH and DDT in the coastal marine environment of Mumbai, India. Environmental Monitoring and assessment, 4: 431-434.

Pang Z, Huang T, Chen Y. 2010. Diminished groundwater recharge and circulation relative to degrading riparian vegetation in the middle Tarim River, Xinjiang Uygur, Western China. Hydrological Processes, 24: 145-157.

Patten D T. 2006. Restoration of wetland and riparian systems: the role of science, adaptive management, history, and values. Journal of Contemporary Water Research and Education, 134: 9-18.

Pauwels H, Talbo H. 2004. Nitrate concentration in wetlands: assessing the contribution of deeper groundwater from anions. Water Research, 38: 1019-1025.

Pearce D M, Moran D. 1994. The Economic Value of Biodiversity. Cambridge: IUCN.

Pei Y S, Yang Z F, Tian B H. 2010. Nitrate removal by microbial enhancement in a riparian wetland. Bioresource Technology, 101 (14): 5712-5718.

Peterjohn W T, Correll D L. 1984. Nutrient dynamics in an agricultural watershed: observations on the role of a Riparian forest. Ecology, 65 (5): 1466-1475.

Peterjohn W T, Correll K L. 1984. Nutrient dynamics in an agricultural watershed: Observations on the role of a riparian forest. Ecology, 65: 1466-1475.

Petts G E, Gurnell A M. 2005. Dams and geomorphology: research progress and future directions. Geomorphology, 71: 27-47.

Pinay G, Decamps H. 1988. The role of riparian woods in regulating nitrogen fluxes between alluvial aquifer and surface water: a conceptual model. Regulated Rivers, 2: 507-516.

Pinay G, Roques L, Fahre A. 1993. Spatial and temporal patterns of denitrification in a riparian forest. Journal of applied ecology, 30: 581-591.

Pook E W, Moore P H R, Hall T. 1991. Rainfall interception by trees of Pinus radiata and Eucalyptus viminalis in a 1300 mm rainfall area of southeastern New South Wales: 1. Gross losses and their variability. Hydrological Processes, 5: 127-141.

Prach K, Rauch O. 1992. On filter effects of ecotones. Ekol CSFR, 11: 293-298.

Price J S, Waddington J M. 2000. Advances in canadian wetland hydrology and biogeochemistry. Hydrological Processes, 14: 1579-1589.

Puckett L J, Cowdery T K. 2002. Transport and fate of nitrate in a glacial outwash aquifer in relation to ground water age, land use practices, and redox processes. Journal of Environmental Quality, 31 (3): 782-796.

Quinn N W T, Hanna W M. 2003. A decision support system for adaptive real-time management of seasonal wetlands in California. Environmental Modelling and Software, 18: 503-511.

Raddy K R, Patrick W H. 1993. Wetland soils-opportunities and challenges. SoilSCiSocAm J, 57: 1145-1147.

Rao M, Rabinowitz A, Khaing S T. 2002. Status review of the protected-area system in Myanmar with recommendations for conservation planning. Conservation Biology, 16 (2): 360-368.

Rekha P N, Ambujam N K, Krishnani K K, et al. 2004. Groundwater quality in paper mill effluent irrigated area with special reference to organochlorine residues and heavy metals. Bull Environmental

Contam Toxicol, 72: 312-318.

Revsbech N P, Jacobsen J P, Nielsen L P. 2005. Nitrogen transformations in microenvironments of river beds and riparian zones. Ecological Engineering, 24: 447-456.

Rich J J, Myrold D D. 2004. Community composition and activities of denitrifying bacteria from adjacent agricultural soil, riparian soil, and creek sediment in Oregon, USA. Ecological Society of America Annual Meeting Abstracts, 89: 427.

Richardson D M, Holmes P M, Esler K J, et al. 2007. Riparian vegetation: degradation, alien plant invasions, and restoration prospects. Diversity and Distributions, 13: 126-139.

Robertson W D, Schiff S L. 2008. Persistent elevated nitrate in a riparian zone aquifer. Journal of Environmental Quality, 37 (2): 669-679.

Robinson D. 2001. δ^{15}N as an integrator of the nitrogen cycle. Trends in Ecology and Evolution, 16 (3): 153-162.

Rogers B F, Tate I R L. 2002. Temporal analysis of the soil micro bialcommunity along atoposequence in Pinel and soil. Soil Biology and Biochemistry, 33: 1389-1401.

Rosenblatt A E, Gold A J, Stolt M H, et al. 2001. Identifying riparian sinks for watershed nitrate using soil surveys. Journal of Environmental Quality, 30 (5): 1596-1604.

Ross S, Wall G. 1999. Ecotourism: towards congruence between theory and practice. Tourism Management, 20 (1): 123-132.

Royal C G. 2009. North American wetland mitigation and restoration policies wetlands. Ecological Management, 17: 1-2.

Royer T V, Tank J L, David M B. 2004. Transport and fate of nitrate in headwater agricultural streams in Illinois. Journal of Environmental Quality, 33 (4): 1296-1304.

Sabater S, Butturini A, Clement J C, et al. 2003. Nitrogen removal by riparian buffers along a European climatic gradient: Patterns and factors of variation. Ecosystems, 6 (1): 20-30.

Salvia-Castellví M, Iffly J F, Borght P V, et al. 2005. Dissolved and particulate nutrient export from rural catchments: a case study from Luxembourg. Science of the Total Environment, (244): 51-65.

Sawyer A H, Cardenas M B, Bomar A, et al. 2009. Impact of dam operations on hyporheic exchange in the riparian zone of a regulated river. Hydrological Processes, 15: 2129-2137.

Schilling K E, Li Z, Zhang Y K. 2006. Groundwater-surface water interaction in the riparian zone of an incised channel, Walnut Creek, Iowa. Journal of Hydrology, 327: 140-150

Schilling K E, Zhang Y K, Drobney P. 2004. Water table fluctuations near an incised stream, Walnut Creek, Iowa. Journal of Hydrology, 286: 236-248.

Schmitt T J, Dosskey M G, Hoagland K D. 1999. Filter strip performance and processes for different vegetation, widths, and contaminants. Journal of Environmental Quality, 28 (5): 1479-1489.

Schnabel R R, Urban J B, Gburek W J. 1993. Hydrologic controls in nitrate, sulfate, and chloride concentrations. Journal of Environmental Quality, 22 (3): 589-596.

Scholz M, Trepel M. 2004. Hydraulic characteristics of groundwater-fed open ditches in a peatland.

Ecological Engineering, 23: 29-45.

Schoonover J E, Williard K W J. 2003. Ground water nitrate reduction in giant cane and forest riparian buffer zones. Journal of the American Water Resources Association, 39 (2): 347-354.

Schot P, Winter T. 2005. Ground water- surface water interactions in wetlands for integrated water resources management. Journal of Hydrology, 320: 261-263.

Schultz R C, Colletti J P, Isenhart T M, et al. 1995. Design and placement of a multispecies riparian buffer strip. Agroforestry Systems, 29: 201-225.

Schulze E D, Chapin F S, Gebauer G. 1994. Nitrogen nutrition and isotope differences among life forms at the northern treeline of Alaska. Oecologia, 100 (4): 406-412.

Schwer C B, Clausen J C. 1989. Vegetative filter strips of dairy milkhouse wastewater. Journal of Environmental Quality, 18: 446-451.

Seitzinger S, Harrison J A, Böhlke J K, et al. 2006. Denitrification across landscapes and waterscapes: a sythesis. Ecological Applications, 16: 2064-2090.

Shabaga J A, Hill A R. 2010. Groundwater-fed surface flow path hydrodynamics and nitrate removal in three riparian zones in southern Ontario, Canada. Journal of Hydrology, 388 (1-2): 52-64.

Shearer G, Kohl D H. 1986. N_2 fixation in field settings: estimations based on natural ^{15}N abundance, Aust. Journal of Plant Physiology, (13): 699-756.

Sickman J O, Leydecker A, Chang C C Y, et al. 2003. Mechanisms underlying export of N from high-elevation catchments during seasonal transitions. Biogeochemistry, 64 (1): 1-24.

Sikora F J, Tong Z, Behrends L L. 1995. Ammonium removal in constructed wetlands with recirculating subsurface flow: removal rates and mechanisms. Water Science and Technology, 32 (3): 193-202.

Simmons R C, Gold A J, Groffman P M. 1992. Nitrate dynamics in riparian forests: Groundwater studies. Journal of Environmental Quality, 21: 659-665.

Sirivedhin T, Kimberly A G. 2006. Factors affecting denitrification rates in experimental wet ands: Field and laboratory studies. Ecological Engineering, 26: 167-181.

Smith R E. 1972. The infitration evelope: results from a theoretical infiltrometer. Journal of Hydrology, 17: 1-12.

Smith R L, Baumgartner L K, Miller D N, et al. 2006. Assessment of nitrification potential in ground water using short term, single well injection experiments. Microbial Ecology, 51 (6): 22-35.

Sposito G, Reginator J. 1992. Opportunities in Basic Soil Science Research. Madison: Soil Science Society of America, Wisconsin.

Spruill T B. 2000. Statistical evaluation of effects of riparian buffers on nitrate and ground water quality. Journal of Environmental Quality, 29 (5): 1523-1538.

Spruill T B. 2004. Effectiveness of riparian buffers in controlling ground-water discharge of nitrate to streams in selected hydrogeologic settings of the North Carolina Coastal Plain. Water Science and Technology, 49 (3): 63-70.

Sreenivasa R A. 2006. Distribution of pesticides, PAHs and heavy metals in prawn ponds near Kolleru lake wetland, India. Environmental Intemcation, 32: 294- 302.

Stottlemyer R, Troendle C A. 1992. Nutrient concentration patterns in streams draining alpine and sub-alpine catchments, fraser experimental forest, Colorado. Journal of Hydrology, 140 (1- 4): 179-208.

Sueker J K, Clow D W, Ryan J N, et al. 2001. Effect of basin physical characteristics on solute fluxes in nine alpine/subalpine basins, Colorado, USA. Hydrological Processes, 15 (14): 2749-2769.

Sumdquist E T. 1998. The global carbon dioxide budget. Science, 259: 934-941.

Sun G, Amatya D M, Skaggs R W, et al. 2002. A comparison of the watershed hydrology of coastal forested wetlands and the mountainous uplands in the Southern US. Journal of Hydorlogy, 263 (1): 92-104.

Sweeney B W, Bott T L, Jackson J K, et al. 2004. Riparian deforestation, stream narrowing, and loss of stream ecosystem services. Proceedings of the National Academy of Sciences of the United States of America, 101 (39): 14132-14137.

Súnchez-Pérez J M, Trémolières M. 2003. Change in groundwater chemistry as a consequence of suppression of floods: the case of the Rhine floodplain. Journal of Hydrology, 270: 89-104.

Tealdi S, Camporeale C, Ridolfi L. 2011. Modeling the impact of river damming on riparian vegetation. Journal of Hydrology, 396: 302-312.

Thomas A D, Walsh R P D, Shakesby R A. 1999. Nutrient losses in eroded sediment after fire in eucalyptus and pine forests in the wet. Mediterranean environment of northern Portugal. Catena, 36 (4): 283-302.

Tim U S, Jolly R. 1994. Evaluation agricultural nonpoint—source pollution using integrated geographic information systems and hydrologic/water quality model. Environmental Quality, 23 (1): 25-35.

Townsend A R, Davidson E A . 2006. Denitrification across landscapes and waterscapes: a sythesis. Ecological Applications, 16: 2064-2090.

Turgut C. 2003. The contamination with organochlorlne pesticides and heavy metals in surface water in Kucuk Menders River in Turkey, 2000-2002. Environmental Intemcation, 29: 29-32.

Turner B L I. 1990. The Earth as Transformed by Human Action. Cambridge: Cambridge University Press.

Turner R K, Adger W N, Brouwer R. 1998. Ecosystem services value, research needs, and policy relevance: a commentary. Ecological Economics, 25: 61-65.

Turner R K, Paavola J, Cooper P, et al. 2003. Valuing nature: lessons learned and future research direction. Ecological Economics, 46: 493-510.

UNEP. 1993. Guidelines for Country Study on Biodiversity. Oxford: Oxford University Press.

Vaithiyanathan P, Richardson C J. 1998. Biogeochemical Characteristics of the Everglades Sloughs. Journal of Environmental Quality, 27: 1439-1450.

Vander H. 1988. The influence of water level management on vegetation development. Agric Water Man, 14: 423-437.

Vander V. 1999. Succession theory and wetland restoration. Proceedings of Intecol' V International Wet lands Conference.

Vannote R L G W. 1980. The river continuum concept. Can J Fish Aqua Science, 37: 130-137.

Vellidis G, Lowrance R, Gay P, et al. 2003. Nutrient transport in a restored riparian wetland. Journal of Environmental Quality, 32 (2): 711-726.

Verchot L V, Franklin E C, Gilliam J W. 1997. Nitrogen cycling in Piedmont vegetated filter zones: Ⅱ. Subsurface nitrate movement. Journal of Environmental Quality, 26: 337-347.

Verhoeven J T A, Arheimer B, Yin C, et al. 2006. Global and regional concerns over the purification function of wetlands. Trends in Ecology and Evolution, (21): 96-103.

Vidon P G F, Hill A R. 2004. Landscape controls on nitrate removal in stream riparian zones. Water Resources Research, 40 (3) .

Vidon P G, Hill A R. 2006. A landscape-based approach to estimate riparian hydrological and nitrate removal functions. Journal of the American Water Resources Association, 42 (4): 1099-1112.

Vidon P, Allan C, Burns D, et al. 2010. Hot spots and hot moments in riparian zones: potential for improved water quality management. Journal of the American Water Resources Association, 46: 278-298.

Vogt K A, Gordon J C, Wargo J P. 1997. Ecosystems: Balancing Science with Management. New York: Springer.

Vorosmarty C J , Lough J A. 1997. Thestorage and aging of continental runoff in large reservoir systems of the world. Ambio, 26: 210-217.

Wainwright C, Wehrmeyer W. 1998. Success in integrating conservation and development? A study from Zambia. World Development, 26 (6): 933-944.

Walker K, Vallero D A, Lewis R G. 1999. Fates influencing the distribution of lindance and other hexachlorocylohexanes in the environment. Environmental Science Technology, 33 (24): 4373-4378.

Wang H Z , Qihui S, Rendong L, et al. 2013. Governmental policies drive the LUCC trajectories in the Jianghan Plain. Enviroment Monitoring Assessment, 185 (12): 10521-10536.

Wantzen K M, Junk W J. 2008. Riparian wetlands//Jørgensen S E. Ecosystem Ecology. Netherlands: Elsevier.

Ward J V, Standford J A. 1983. The serial discontinuity concept of lotic ecosystem. Ecosystems, 83: 166-179.

Ward J V. 1989. The serial discontinuity concept: extending the model to flood plain rivers. Res Man, 10: 159-168.

Webb R H, Leake S A. 2006. Ground- water surface- water interactions and long- term change in riverine riparian vegetation in the southwestern United States. Journal of Hydrology, 320: 302-323.

Whiles M R, Grubaugh J W, Gene E L. 2009. Benthic Invertebrate Fauna, River and Floodplain Ecosystems, Encyclopedia of Inland Waters. Oxford: Academic Press.

Wigington P J, Griffith S M, Field J A, et al. 2003. Nitrate removal effectiveness of a riparian buffer along a small agricultural stream in Western Oregon. Journal of Environmental Quality, 32 (1): 162-170.

William L G. 2006. Downstream hydrologic and geomorphic effects of large dams on American rivers. Geomorphology, 79: 336-360.

Wilson M A, Howarth R B. 2002. Discourse-based valuation of ecosystem services: establishing fair outcomes through group deliberation. Ecological Economics, 41: 431-443.

Winter T C. 1998. Relation of streams, lakes, and wetlands to groundwater flow systems. Hydrogeology Journal, 7: 28-45.

Wissmar R C, Beschta R L. 1998. Restoration and management of riparian ecosystems: a catchment perspective. Freshwater Biology, 40: 571-585.

Wolski P, Savenije H H G. 2006. Dynamics of floodplain-island groundwater flow in the Okavango Delta, Botswana. Journal of Hydrology, 320: 283-301.

Woo M K, Young K L. 2006. High Arctic wetlands: Their occurrence, hydrological characteristics and sustainability. Journal of Hydrology, 320: 432-450.

Wood D, Lenn J M. 2005. Received wisdom in agriculture land use policy: 10 years on from Rio. Land Use Policy, 22: 75-93.

Woodward K B, Doran J W, Power J F, et al. 2009. Nitrate removal, denitrification and nitrousoxide production in the riparian zone of an ephemeral stream. Soil Biology & Biochemistry, 41: 671-680.

Woodward R T, Wui Y S. 2001. The economic value of wetland services: a meta-analysis. Ecological Economics, 37: 257-270.

Wurl O, Obbard J P. 2005. Organochlorine pesticides, polybrominated biphenyls and polybromited diphenyl ethers in Singapore's coastal marine sediments. Chemosphere, 58: 925-933.

Wurster F C, Cooper D J, Sanford W E. 2003. Stream/aquifer interactions at Great Sand Dunes National Monument, Colorado: influences on interdunal wetland disappearance. Journal of Hydrology, 271: 77-100.

Young E O, Briggs R D. 2007. Nitrogen dynamics among cropland and riparian buffers: Soil-l and scape influences. Journal of Environmental Quality, 36 (3): 801-814.

Young R A, Huntrods T, Wanderson W. 1980. Effectiveness of vegetated buffer strips in controlling pollution from feedlot runoff. Journal of Environmental Quality, (8): 483-487.

Zhang Z L, Hong H S, Zhou J L, et al. 2003. Fate and assessment of persistent organic pollutants in water and sediment from Minjiang River Estuary, Southeast China. Chemosphere, 52 (9): 1423-1430.

Zhao R f, Chen Y, Shi P, et al. 2013. Land use and land cover change and driving mechanism in the arid inland river basin: a case study of Tarim River, Xinjiang, China. Environment Earth

Science, 68: 591-604.

Zhao T Q, Xu H S, He Y X, et al. 2009. Agricultural non-point nitrogen pollution control function of different vegetation types in riparian wetl and s: a case study in the Yellow River wetland in China. Journal of Environmental Sciences-China, 21 (7): 933-939.

Zhao T Q, Richards K S, Xu H S, et al. 2011. Interactions between dam-regulated river flow and riparian groundwater: a case study from the Yellow River, China. Hydrological Processes, 10: 1552-1560.

Ziegler H. 1995. Stable isotopes in plant physiology and ecology. Progress in Botany, (56): 1-24.

Zirschky J D, Crawford L, Norton S, et al. 1989. Water pollution. Control Fed, 61: 1225-1232.

Zorrilla M P, Palomo I, Gómez-Baggethun E, et al. 2014. Effects of land-use change on wetland ecosystem services: a case study in the Donana marshes (SW Spain). Landscape and Urban Planning, 122: 160-174.